大 学 数 学 系 列 教 材

Mathematics

# 概率论与数理统计

贺 勇 明杰秀 编著

**图书在版编目(CIP)数据**

概率论与数理统计/贺勇,明杰秀编著.—武汉:武汉大学出版社,2012.8(2024.7 重印)
大学数学系列教材
ISBN 978-7-307-10102-9

Ⅰ.概… Ⅱ.①贺… ②明… Ⅲ.①概率论—高等学校—教材 ②数理统计—高等学校—教材 Ⅳ.O21

中国版本图书馆 CIP 数据核字(2012)第 198748 号

责任编辑:顾素萍　　责任校对:黄添生　　版式设计:马　佳

---

出版发行:**武汉大学出版社**　(430072　武昌　珞珈山)
(电子邮箱:cbs22@whu.edu.cn　网址:www.wdp.com.cn)
印刷:湖北云景数字印刷有限公司
开本:720×1000　1/16　印张:21.5　字数:383 千字　插页:1
版次:2012 年 8 月第 1 版　2024 年 7 月第 7 次印刷
ISBN 978-7-307-10102-9/O·478　定价:49.00 元

---

# 序　言

概率论与数理统计是高等院校工科、理科及经管类专业的一门十分重要的基础课程。这不仅是因为它在各个领域中应用具有广泛性，而且从人才素质的全面培养来说，这门课程也是必不可少的。为此，我们在吸收国内外同类教材优点的基础上，结合自己多年的教学经验，并根据教育部“概率论与数理统计教学基本要求”，同时也考虑到独立学院学生数学基础，编写了这本突出应用性特点的教材。

本书有以下几个特色。

第一，突出概率论与数理统计的基本思想和基本方法。突出基本思想和基本方法的目的在于，让学生在学习过程中较好地了解各部分内容的内在联系，从总体上把握概率论与数理统计的基本方法，帮助学生掌握基本概念，理解概念之间的联系，提高教学效果。本书在教学理念上不过分强调理论的严密论证和研究过程，而更多的是让学生体会概率论与数理统计的本质及其价值。

第二，加强基本能力培养。本书的例题、习题较多，除每节有紧扣该节内容的习题外，每章还配有综合练习，习题的配置注意到知识点的覆盖面及习题的多样性，可以照顾到数学基础和能力不同的学生，总习题中收集了近年来的考研题。本书在解题方法上有较深入的论述，其用意就是让学生在掌握基本概念的基础上，熟练运用过程，精通解题技巧，最后达到加快运算速度、提高解题能力的目的。

第三，贴近工程实际应用。本书基本概念的叙述，力求从身边的实际问题出发，自然地引出。例题和习题多采用一些在客观世界，即自然科学、工程技术领域、经济管理领域和日常生活中经常遇到的现实问题，希望以此来提高学生学习概率论与数理统计的兴趣和利用概率论与数理统计知识解决实际问题的能力。

本书由贺勇和明杰秀共同编写，具体分工如下：第 1 章至第 4 章由武汉东湖学院的贺勇编写，第 5 章至第 8 章由武汉东湖学院的明杰秀编写，最后贺勇负责统稿、校对。在本书的编写过程中，武汉东湖学院高等数学教研室的黄象鼎、魏克让、张选群教授仔细审阅了书稿，提出了很多宝贵的意见和建议，在此感谢他们为本书所付出的劳动，同时武汉东湖学院教务处的领导、武汉大学出版社的领导及编辑对本书的出版给予了大力支持和热情帮助，编者在此对他们表示衷心的感谢。

本教材可作为独立学院经济管理类本、专科专业的教学用书（参考学时为48～54学时），也可作为普通高等院校工科专业少学时、专科的公共基础课教材。

由于编者水平有限，书中难免有若干缺点和错误，敬请同行、读者批评指正。

贺勇　明杰秀

2012年5月

# 目　录

# 第一章 随机事件与概率

概率论与数理统计是经管类各专业的基础课，其中，概率论研究随机现象的统计规律性，是本课程的理论基础，数理统计则从应用角度研究如何处理随机数据，建立有效的统计方法，进行统计推断，是本课程的应用部分. 本章重点介绍概率论的两个基本概念：随机事件及其概率，主要内容包括：随机事件和随机事件的概率的定义、古典概型与几何概型、条件概率与乘法公式、事件的独立性、全概率公式与贝叶斯公式.

## 1.1 随机事件及其运算

### 1.1.1 随机现象

自然界和社会生活中发生的现象可以分为两类，一类是在一定条件下必然发生或必然不发生的现象，称为**确定性现象**. 例如，带同种电荷的两个小球必互相排斥；一物体从高为 $h$（米）处垂直下落，必然在 $\sqrt{\frac{2h}{g}}$ 秒后落到地面. 另一类是在一定条件下无法准确预知其结果的现象，例如，投掷一枚硬币，将出现正面还是反面呢？ 明天会下雨吗？ 某种股票明天价格是多少呢？ 电视机价格在近期是否会下调？ 这类现象称为**随机现象**.

### 1.1.2 随机事件和样本空间

如果一个试验在相同条件下可以重复进行，而每次试验的可能结果不止一个，但在进行一次试验之前却不能断言它出现哪个结果，则称这种试验为**随机试验**，简称为**试验**，通常用字母 $E$ 表示. 试验的可能结果称为**随机事件**，简称为**事件**，通常用大写字母表示 $A,B,C,\cdots$ 表示.

例如，掷一枚硬币，出现正面及出现反面；掷一颗骰子，出现“1”点、“5”点和出现偶数点都是随机事件；电话接线员在上午 9 时到 10 时接到的电话呼唤次数(泊松分布)；对某一目标发射一发炮弹，弹着点到目标的距离为 0.1 米、0.5 米及 1 米到 3 米之间都是随机事件(正态分布).

随机试验的每一个可能出现的结果，叫**基本事件**，也叫**样本点**，用 $\omega$ 来表示，基本事件(样本点)的全体，称为试验的**样本空间**，用 $\Omega$ 表示. 样本空间就是样本点的集合，样本空间中的元素就是随机试验的每个结果. 例如，掷一次骰子，$\omega_i=\{$出现 $i$ 点$\}$，$i=1,2,3,4,5,6$，是基本事件，或叫样本点，样本空间为 $\Omega=\{1,2,3,4,5,6\}$. 随机试验的两个及其以上的可能结果叫**复杂事件**，例如，掷一次骰子，$A=$“出现偶数点”$=\{2,4,6\}$ 就是复杂事件. 随机事件是由某些样本点(基本事件 $\omega$)构成的集合，它们是 $\Omega$ 的子集.

每次试验只可能出现所有可能结果中的一种，在试验中，当事件中的某一个样本点出现时，就称**这一事件发生**. 例如，掷一次骰子，当掷的结果为 4 点时，$A=$“出现偶数点”$=\{2,4,6\}$ 这个事件就发生.

另外，我们应该还要注意到两个特殊的事件. 一是必然事件. 在一次试验中，一定出现的事件，叫**必然事件**，习惯上用 $\Omega$ 表示必然事件. 例如，掷一次骰子，点数 $\leqslant 6$ 的事件一定出现，它是必然事件. 另一是不可能事件. 在一次试验中，一定不出现的事件叫**不可能事件**，而习惯上用 $\varnothing$ 表示不可能事件. 例如，掷一次骰子，点数 $>6$ 的事件一定不出现，它是不可能事件.

**注** 必然事件与不可能事件原不是随机事件，但为讨论问题需要，人们将其看成是随机事件的两种极端形式，且在概率论中起着重要的作用.

### 1.1.3 随机事件的关系与运算

下面讨论事件间的关系及事件的运算，先讨论两个事件 $A$ 与 $B$ 之间的关系.

1. 事件间的关系

**事件的包含** 若事件 $A$ 发生则必然导致事件 $B$ 发生，则说事件 $B$ 包含事件 $A$，记为 $A\subset B$，如图 1-1 所示. 例如，掷一次骰子，$A$ 表示掷出的点数 $\leqslant 2$，$B$ 表示掷出的点数 $\leqslant 3$，于是

$$A=\{1,2\},\quad B=\{1,2,3\}.$$

所以 $A$ 发生则必然导致 $B$ 发生，即 $A\subset B$. 显然有 $\varnothing\subset A\subset\Omega$.

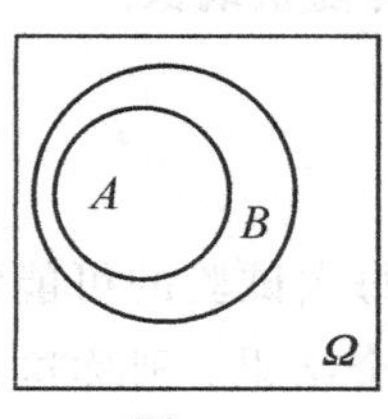

图 1-1

**事件的相等** 若$A \subset B$，且$B \subset A$，就记$A=B$，即$A$与$B$相等，事件$A$等于事件$B$，表示$A$与$B$实际上是同一事件.

**互不相容** 若事件$A$与事件$B$不能都发生，就说事件$A$与事件$B$互不相容(或互斥). 例如，掷一次骰子，$A=\{1,3,5\}$，$B=\{2,4\}$，则$A$与$B$互不相容.

**互补(或对立)** 若事件$A$与事件$B$不能都发生，且事件$A$与事件$B$不能都不发生，就说事件$A$与事件$B$互补(或对立). 例如，掷一次骰子，$A=\{1,3,5\}$，$B=\{2,4,6\}$，则$A$与$B$互补(或对立).

2. 事件间的运算

**并事件(和事件)** 事件$A$与事件$B$中至少有一个发生的事件叫事件$A$与事件$B$的和事件，它是由$A,B$中所有的样本点(相同的只记一次)组成的事件，记为$A \cup B$或$A+B$，即

$$A \cup B=\{A,B\text{至少有一个发生}\},$$

如图 1-2 阴影部分所示. 例如，掷一次骰子，$A=\{1,3,5\}$，$B=\{1,2,3\}$，则并事件$A \cup B=\{1,2,3,5\}$.

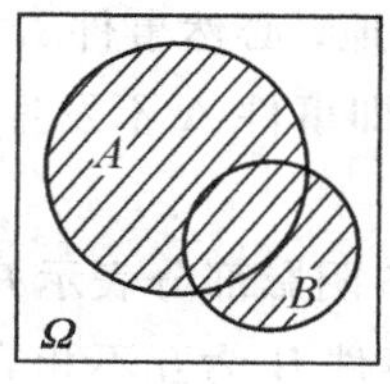


图 1-2

**交事件(积事件)** 事件$A$与事件$B$同时发生的事件叫事件$A$与事件$B$的交事件，它是由$A,B$中公共的样本点组成的事件，记为$AB$或$A \cap B$，即

$$A \cap B=\{A,B\text{同时发生}\},$$

如图 1-3 阴影部分所示. 例如，掷一次骰子，$A=\{1,3,5\}$，$B=\{1,2,3\}$，则

$$AB=\{1,3\}.$$

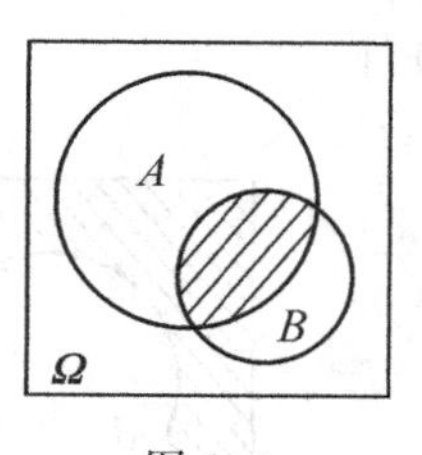


图 1-3

事件的并与交运算可推广到有限个或可列个事件，譬如有一列事件$A_1$，$A_2$，…，则$\bigcup\limits_{i=1}^{n} A_i$称为**有限并**，$\bigcup\limits_{i=1}^{\infty} A_i$称为**可列并**，$\bigcap\limits_{i=1}^{n} A_i$称为**有限交**，$\bigcap\limits_{i=1}^{\infty} A_i$称为**可列交**.

**差事件** 事件$A$发生且事件$B$不发生的事件叫事件$A$与事件$B$的差事件，它是由事件$A$中而不在$B$中的样本点组成的事件，记为$A \backslash B$或$A-B$，即

$$A \backslash B=\{A\text{发生且}B\text{不发生}\},$$

如图 1-4 阴影部分所示. 例如，掷一次骰子，$A=\{1,3,5\}$，$B=\{1,2,3\}$，则

$$A-B=\{5\}.$$

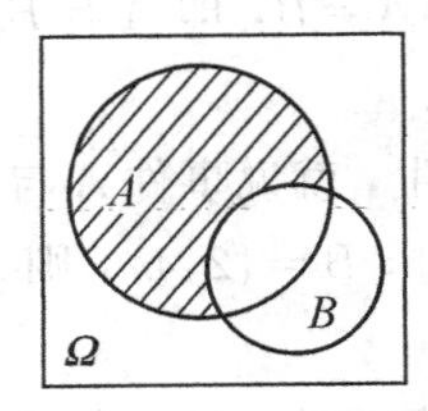


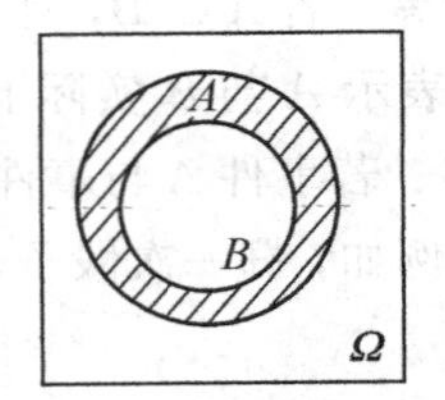


图 1-4

显然有如下性质：

(1) $A-B\subset A$；

(2) 若 $A\subset B$，则有 $A-B=\varnothing$；

(3) $A-B=A-AB$.

特别地，必然事件 $\Omega$ 对任一事件 $A$ 的差 $\Omega-A$ 称为事件 $A$ 的**对立事件**，记为 $\overline{A}$，即事件 $A$ 不发生. 事件 $A$ 与事件 $B$ 互为对立事件的充要条件是

$$AB=\varnothing \text{ 且 } A\cup B=\Omega$$

(如图 1-5 阴影部分表示 $B=\overline{A}$)，这也是判断两事件成为对立事件的准则. 事件 $A$ 与事件 $B$ 为互不相容事件的充要条件是

$$AB=\varnothing,$$

如图 1-6 所示. 可见，对立事件一定是互不相容事件，但互不相容事件未必是对立事件.

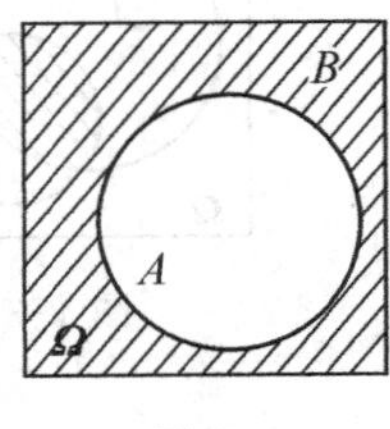


图 1-5

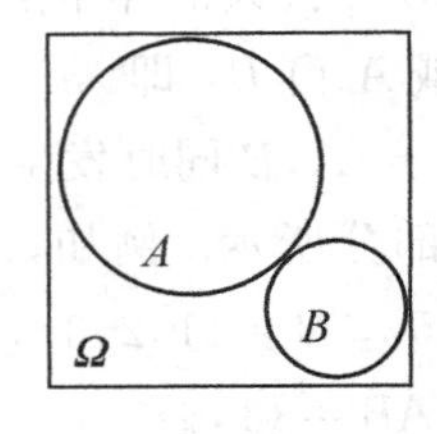


图 1-6

3. 事件的运算性质

事件的运算有如下性质：

(1) **交换律** $A\cup B=B\cup A$，$AB=BA$；

(2) **结合律** $(A\cup B)\cup C=A\cup(B\cup C)$，$(AB)C=A(BC)$；

(3) **分配律** $(A\cup B)\cap C=AC\cup BC$，$(A\cap B)\cup C=(A\cup C)\cap(B\cup C)$；

(4) **对偶律** $\overline{A\cup B}=\overline{A}\cap\overline{B}$，$\overline{A\cap B}=\overline{A}\cup\overline{B}$；一般地，

$$\overline{\bigcup_{i=1}^{n} A_i}=\bigcap_{i=1}^{n}\overline{A_i},\quad \overline{\bigcap_{i=1}^{n} A_i}=\bigcup_{i=1}^{n}\overline{A_i};$$

(5) $A-B=A-AB=A\overline{B}$.

**例 1.1**　某射手射击目标三次，$A_1$ 表示第1次射中，$A_2$ 表示第2次射中，$A_3$ 表示第3次射中. $B_0$ 表示三次中射中0次，$B_1$ 表示三次中射中1次，$B_2$ 表示三次中射中2次，$B_3$ 表示三次中射中3次. 试用 $A_1,A_2,A_3$ 的运算来表示 $B_0,B_1,B_2,B_3$.

**解**　(1) $B_0=\overline{A_1}\,\overline{A_2}\,\overline{A_3}$.

(2) $B_1=A_1\overline{A_2}\,\overline{A_3}\cup\overline{A_1}A_2\overline{A_3}\cup\overline{A_1}\,\overline{A_2}A_3$.

(3) $B_2=A_1A_2\overline{A_3}\cup A_1\overline{A_2}A_3\cup\overline{A_1}A_2A_3$.

(4) $B_3=A_1A_2A_3$.

**例 1.2**　设事件 $A,B,C$ 是同一样本空间中的三个事件，则

(1) 事件 $A,B,C$ 同时发生可以表示为 $ABC(A\cap B\cap C)$；

(2) 事件 $A,B,C$ 中至少有一个发生可以表示为 $A\cup B\cup C$；

(3) 事件 $A$ 发生而 $B,C$ 都不发生可以表示为 $A\overline{B}\,\overline{C}$ 或 $A-B-C$ 或 $A-(B\cup C)$；

(4) 事件 $A,B,C$ 中恰好发生一个可以表示为 $A\overline{B}\,\overline{C}\cup\overline{A}B\overline{C}\cup\overline{A}\,\overline{B}C$；

(5) 事件 $A,B,C$ 中恰好发生两个可以表示为 $\overline{A}BC\cup A\overline{B}C\cup AB\overline{C}$；

(6) 事件 $A,B,C$ 中没有一个发生可以表示为 $\overline{A\cup B\cup C}$ 或 $\overline{A}\,\overline{B}\,\overline{C}$.

## 习　题　1.1

1. 写出下列随机试验的样本空间及随机事件：

(1) 一个家庭有两个小孩，事件 $A=\{$该家庭至少有一女孩$\}$；

(2) 观察某交通路口某时段机动车的流量，事件 $A=\{$机动车的辆数不超过4辆$\}$；

(3) 从一批灯泡中随机抽取一只，观察其使用寿命(单位：h)，事件 $A=\{$寿命在 $1\,000\sim2\,000$ h 之间$\}$.

2. 若 $\Omega=\{1,2,3,4,5,6\}$，$A=\{1,3,5\}$，$B=\{1,2,3\}$，求(1) $A\cup B$；(2) $AB$；(3) $\overline{A}$；(4) $\overline{B}$；(5) $\overline{A\cup B}$；(6) $\overline{AB}$；(7) $\overline{A}\cup\overline{B}$；(8) $\overline{A}\,\overline{B}$.

3. $A,B,C$ 表示三事件，用 $A,B,C$ 的运算表示下列事件：

(1) $A,B$ 都发生且 $C$ 不发生；

(2) $A$ 与 $B$ 至少有一个发生且 $C$ 不发生；

(3) $A,B,C$ 都发生或 $A,B,C$ 都不发生；

(4) $A,B,C$ 中最多有一个发生；

(5) $A,B,C$ 中恰有两个发生；

(6) $A,B,C$ 中至少有两个发生；

(7) $A,B,C$ 中最多有两个发生.

4. (1) 化简 $AB\cup\overline{A}B$.

(2) 说明 $AB$ 与 $\overline{A}B$ 是否互斥.

5. $A,B,C$ 为三事件，说明 $AB\cup BC\cup AC$ 与 $AB\overline{C}\cup A\overline{B}C\cup\overline{A}BC$ 是否相同.

6. 设 $A,B,C$ 满足 $ABC\neq\varnothing$，将下列事件用互不相容事件的和表示：

(1) $A\cup B\cup C$； (2) $B-AC$； (3) $AB\cup C$.

## 1.2 事件的概率

### 1.2.1 频率与概率

对于一个事件来说，它在一次试验中可能发生，也可能不发生，我们常常希望知道某些事件在一次试验中发生的可能性大小，并希望寻求一个合适的数来衡量这种可能性的大小，对于事件 $A$，这个数通常记为 $P(A)$，称为事件 $A$ 在一次试验中发生的**概率**. 当然这是概率的通俗含义，还不能作为概率的正式定义. 在给出概率的正式定义之前，首先介绍频率的概念.

**定义 1.1** 在相同的条件下，进行了 $n$ 次试验，在这 $n$ 次试验中，事件 $A$ 发生的次数 $m$ 称为事件 $A$ 发生的**频数**，$\frac{m}{n}$ 称为事件 $A$ 发生的**频率**，并记为 $f_n(A)$.

由定义，不难验证频率具有如下性质：

**性质 1** $0\leqslant f_n(A)\leqslant 1$.

**性质 2** $f_n(\Omega)=1$，$f_n(\varnothing)=0$.

**性质 3** 若 $A_1,A_2,\cdots,A_k$ 是两两互不相容的事件，则

$$f_n(A_1\cup A_2\cup\cdots\cup A_k)=f_n(A_1)+f_n(A_2)+\cdots+f_n(A_k).$$

由于事件 $A$ 在 $n$ 次试验中发生的频率表示 $A$ 发生的频繁程度，频率越大，事件 $A$ 发生得越频繁，这就意味着事件 $A$ 在一次试验中发生的可能性越大. 因此，直观的想法是用频率来表示事件 $A$ 在一次试验中发生的可能性大

小. 但这是否合理呢? 请先看下面的例子.

**例 1.3** 考虑"掷硬币"试验. 历史上有不少统计学家做过成千上万次试验. 若规定"正面朝上"为事件 $A$, 其试验记录如表 1-1 所示.

表 1-1

| 试验人 | $n$ | $m$ | $f_n(A)$ |
|---|---|---|---|
| 摩根 | 2 048 | 1 061 | 0.518 1 |
| 蒲丰 | 4 040 | 2 048 | 0.506 9 |
| 费歇尔 | 10 000 | 4 979 | 0.497 9 |
| 皮尔逊 | 12 000 | 6 019 | 0.501 6 |
| 皮尔逊 | 24 000 | 12 012 | 0.500 5 |

从表 1-1 可见, 当试验次数 $n$ 大量增加时, 事件 $A$ 发生的频率 $f_n(A)$ 会稳定于某一常数, 我们称这一常数为**频率的稳定值**, 我们把这个常数就作为度量事件 $A$ 发生的可能性大小, 并称为事件 $A$ 的**概率**, 记为 $P(A)$. 例如, 从表 1-1 可见掷硬币试验, 正面出现的事件 $A$ 的频率 $f_n(A)$ 的稳定值大约是 0.5, 所以 $P(A)=0.5$.

在实际中, 当概率不易求出时, 人们常取试验次数很大时事件的频率作为概率的估计值, 称此概率为**统计概率**. 这种确定概率的方法称为**频率方法**. 它的理论依据我们将在后面介绍.

由频率的性质, 不难得到概率有如下性质:

**性质 4** $0 \leqslant P(A) \leqslant 1$.

**性质 5** $P(\Omega)=1$, $P(\varnothing)=0$.

**性质 6** 若 $A_1, A_2, \cdots, A_k$ 是两两互不相容的事件, 则

$$P(A_1 \cup A_2 \cup \cdots \cup A_k)=P(A_1)+P(A_2)+\cdots+P(A_k).$$

实际上, 用上述定义去求事件 $A$ 发生的概率是很困难的, 因为求 $A$ 发生的频率 $f_n(A)$ 的稳定值要做大量试验, 它的优点是经过多次试验后, 给人们提供猜想事件 $A$ 发生的概率的近似值. 统计概率虽有它的简便之处, 但若试验有破坏性, 则不可能进行大量的重复试验, 就限制了它的应用. 而对于某些特殊类型的随机试验, 要确定事件的概率, 并不需要重复试验, 而可以根据人类长期积累的经验直接计算出来, 从而给出概率的相应定义, 这类试验

称为**等可能概型试验**. 根据样本空间 $\Omega$ 是有限集还是无限集，可分为古典概型与几何概型.

### 1.2.2 古典概率

1. 古典概型

**定义 1.2** 若一个随机试验具有如下特点：

(1) 试验的样本空间 $\Omega$ 包含有限个样本点；

(2) 试验中每个样本点出现的可能性是均等的，

则称此试验为**古典概型试验**.

例如，掷一次骰子，它的可能结果只有6个，假设骰子是均匀的，则每一种结果出现的可能性都是$\frac{1}{6}$，所以相等，这种试验是古典概型. 下面介绍古典概型事件的概率的计算公式.

2. 古典概率

**定义 1.3** 在古典概型试验中，若样本空间 $\Omega$ 中样本点的个数为 $n$，事件 $A$ 包含的样本点的个数为 $k$，则事件 $A$ 的**概率**为 $P(A)=\frac{k}{n}$.

3. 古典概率的例子

**例 1.4** 将一枚均匀的骰子连掷两次，求

(1) 两次点数之和为 8 的概率；

(2) 两次点数中较大的一个不超过 3 的概率.

**解** 该试验的样本空间为

$$\Omega=\{(1,1),(1,2),(1,3),(1,4),\cdots,(6,4),(6,5),(6,6)\},$$

共 36 个样本点，由于骰子是均匀的，故每个样本点发生的可能性是相等的，属于古典概型.

(1) 设事件 $A=$"两次点数之和为 8"，则

$$A=\{(i,j)\mid i+j=8\}=\{(2,6),(3,5),(4,4),(5,3),(6,2)\},$$

$A$ 中共包含 5 个样本点，故 $P(A)=\frac{5}{36}$.

(2) 事件 $B=$"两次点数中较大的一个不超过 3"，则

$$B=\{(i,j)\mid \max\{i,j\}\leqslant 3\}$$
$$=\{(1,1),(1,2),(1,3),(2,1),(2,2),(2,3),(3,1),(3,2),(3,3)\},$$

$B$ 中共包含 9 个样本点，故 $P(B)=\frac{9}{36}=\frac{1}{4}$.

**注**　由于在古典概型中，事件$A$的概率$P(A)$的计算公式只需知道样本空间中的样本点的总数$n$和事件$A$包含的样本点的个数$k$就足够了，而不必一一列举样本空间的样本点，因此，当样本空间的样本点总数比较多或难以一一列举的时候，也可以用分析的方法求出$n$与$k$的数值.

**例1.5**　袋中有10件产品，其中有7件正品，3件次品，从中每次取一件，共取两次.

(1) 不放回抽样，第一次取后不放回，第二次再取一件，求第一次取到正品，第二次取到次品的事件$A$的概率.

(2) 放回抽样，第一次取一件产品，放回后第二次再取一件，求第一次取到正品，第二次取到次品的事件$B$的概率.

**解**　(1) 第一次取一件产品的方法有10种，由于不放回，故第二次取一件产品的方法有9种，由乘法原则知，取两次的方法共有$A_{10}^2$种，样本点总数为$A_{10}^2$. 第一次取到正品，第二次取到次品的方法有$A_7^1A_3^1$种，所以事件$A$共包含$A_7^1A_3^1$个样本点，故

$$P(A)=\frac{A_7^1A_3^1}{A_{10}^2}=\frac{7\times 3}{10\times 9}=\frac{7}{30}.$$

(2) 放回抽样. 由于有放回，所以第一次、第二次取一件产品的方法都是10种，由乘法原则知，抽取方法共有$10\times 10=100$种，所以样本点总数为$10\times 10=100$个. 第一次取正品方法有7种，第二次取次品的方法有3种，由乘法原则，事件$B$共包含$7\times 3$个样本点，故

$$P(B)=\frac{7\times 3}{10\times 10}=\frac{21}{100}.$$

**例1.6**　设有$N$件产品，其中有$M$件次品，今从中任取$n$件，问其中恰有$k$ $(k\leqslant n)$件次品的概率是多少？

**解**　所求的概率显然与抽样方式有关，下面分别来讨论.

(1) 放回抽样场合. 把$N$件产品进行编号，有放回抽取任取$n$次，则总的样本点数为$N^n$，其中恰有$k$ $(k\leqslant n)$件次品这种情况下包含的样本点数为$C_n^kM^k(N-M)^{n-k}$，故所求概率为

$$P=\frac{C_n^kM^k(N-M)^{n-k}}{N^n}=C_n^k\left(\frac{M}{N}\right)^k\left(\frac{N-M}{N}\right)^{n-k}.$$

这恰是二项式$\left(\frac{M}{N}+\frac{N-M}{N}\right)^n$展开式的一般项，故上述概率称为**二项分布**，后续章节将会具体讲到.

(2) 不放回抽样场合. 从$N$件产品抽取$n$件产品，总的样本点数为$C_N^n$，其

中恰有 $k$ $(k\leqslant n)$ 件次品这种情况下包含的样本点数为 $C_M^kC_{N-M}^{n-k}$，故所求概率为

$$\frac{C_M^kC_{N-M}^{n-k}}{C_N^n},$$

这个概率称为**超几何分布**.

**注** 在抽样问题中，在没有特别申明为有放回时，一般都理解为无放回抽样.

**例1.7** 袋中有10个球，其中有6个红球，4个白球，现从中任取3个，试求：

(1) 取出的3个球都是红球的概率；

(2) 取出的3个球中恰有1个白球的概率.

**解** 从10个球中任取3个球，共有 $C_{10}^3$ 种不同取法，每种取法对应一个样本点，所以样本点总数 $n=C_{10}^3$.

(1) 设 $A=\{$取出的3个球都是红球$\}$，则事件 $A$ 共包含 $C_6^3$ 个样本点，故

$$P(A)=\frac{C_6^3}{C_{10}^3}=\frac{1}{6}.$$

(2) 设 $B=\{$取出的3个球中恰有1个白球$\}$，则事件 $B$ 共包含 $C_6^2C_4^1$ 个样本点，故

$$P(B)=\frac{C_6^2C_4^1}{C_{10}^3}=\frac{1}{2}.$$

**例1.8（抽奖券问题）** 设某超市举办有奖销售，投放 $a+b$ 张奖券中有 $a$ 张有奖，每位顾客依次抽取一张，求第 $k$ $(k=1,2,\cdots,a+b)$ 位顾客中奖（记为事件 $B$）的概率.

**解** 根据问题的实际情况，抽奖券是无放回抽样，到第 $k$ 位顾客中奖为止，样本点总数为 $A_{a+b}^k$，当事件 $B$ 发生时，第 $k$ 位顾客从 $a$ 张有奖奖券中抽一张，剩下 $k-1$ 位顾客从剩下 $a+b-1$ 张中抽取，于是 $B$ 中包含了 $A_a^1A_{a+b-1}^{k-1}$ 个样本点，故

$$P(B)=\frac{A_a^1A_{a+b-1}^{k-1}}{A_{a+b}^k}=\frac{a}{a+b}.$$

值得注意的是 $P(B)$ 与 $k$ 无关，尽管抽奖的先后次序不同，但每个人中奖的概率一样，大家机会是相同的，也就是说，抽奖活动对每位参与者来说都是公平的.

### 1.2.3 几何概率

1. 几何概型

**定义1.4** 若一个随机试验具有如下特点：

(1) 试验的样本空间$\Omega$包含无限多个样本点；

(2) 试验中每个样本点发生的可能性是均等的，

则称此试验为**几何概型试验**.

2．几何概率

现在来考虑样本空间为一线段、平面区域或空间立体等的等可能概型.

**定义 1.5**　在几何概型试验中，若样本空间$\Omega$中样本点可用一个有界区域来描述，而其中一部分区域可以表示事件$A$包含的样本点，则事件$A$的**概率**为

$$P(A)=\frac{L(A)}{L(\Omega)},$$

此处$L(\cdot)$表示度量(长度、面积或体积等).

3．几何概率的例子

**例 1.9**　向(0,1)内随机投点，求：

(1) 落在中点的概率；

(2) 落在$\left(\frac{1}{2},\frac{3}{4}\right)$内的概率.

**解**　设$\Omega=(0,1)$，$A=\left\{\frac{1}{2}\right\}$，$B=\left(\frac{1}{2},\frac{3}{4}\right)$，则$L(\Omega)=1$，$L(A)=0$，$L(B)=\frac{1}{4}$，因此有

$$P(A)=\frac{L(A)}{L(\Omega)}=\frac{0}{1}=0,\quad P(B)=\frac{L(B)}{L(\Omega)}=\frac{1}{4}.$$

**例 1.10**　从(0,1)内任取两个数，求：

(1) “两数之和小于$\frac{6}{5}$”的概率；

(2) “两数之积小于$\frac{1}{5}$”的概率.

**解**　设从(0,1)内任取的两个数分别为$x,y$，且$0<x<1$，$0<y<1$，则样本空间

$$\Omega=\{(x,y)\mid 0<x<1,\ 0<y<1\}$$

为一正方形区域，如图 1-7 所示，$L(\Omega)=1$.

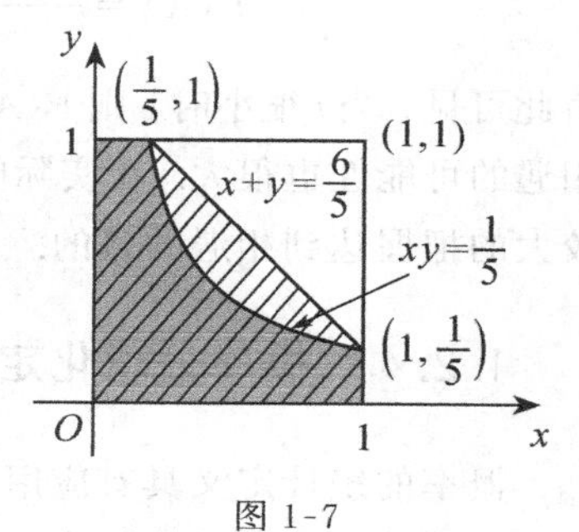


图 1-7

设$A=\left\{两数之和小于\frac{6}{5}\right\}$，$B=\left\{两数之积小于\frac{1}{5}\right\}$，即

$$A=\left\{(x,y)\,\middle|\,0<x<1,\ 0<y<1,\ x+y<\frac{6}{5}\right\},$$

$$B=\left\{(x,y)\,\middle|\,0<x<1,\ 0<y<1,\ xy<\frac{1}{5}\right\},$$

其区域如图 1-7 所示，且 $L(A)=\frac{17}{25}$，$L(B)=\frac{1+\ln 5}{5}$，故

$$P(A)=\frac{17}{25},\quad P(B)=\frac{1+\ln 5}{5}.$$

**例 1.11 (相遇问题)** 甲、乙两艘轮船驶向一个不可能同时停泊两艘轮船的码头，假设它们在一昼夜的时间段中随机到达. 若甲、乙两艘轮船停泊的时间都是 6 小时，求它们相遇的概率是多少.

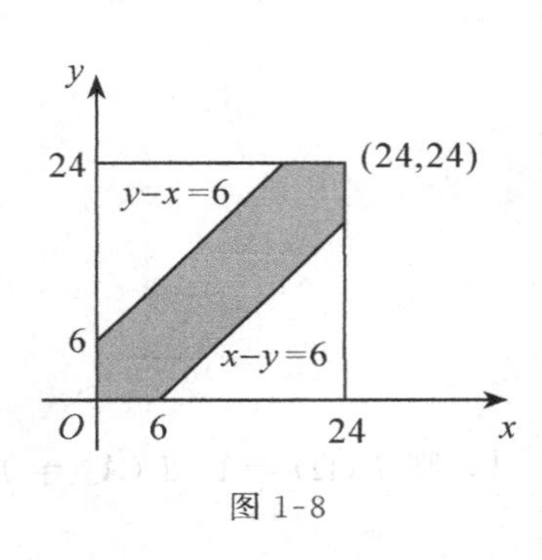

图 1-8

**解** 设甲、乙两艘轮船到达的时间分别为 $x,y$ (小时)，且 $0\leqslant x\leqslant 24$，$0\leqslant y\leqslant 24$，故样本空间

$$\Omega=\{(x,y)\mid 0\leqslant x\leqslant 24,\ 0\leqslant y\leqslant 24\}$$

是一正方形区域，如图 1-8 所示，$L(\Omega)=24^2$. 设 $A=\{$它们相遇$\}$，则 $A$ 发生当且仅当甲、乙到达时间之差不超过 6 小时，即

$$|x-y|\leqslant 6,$$

因而

$$A=\left\{(x,y)\,\middle|\,|x-y|\leqslant 6,\ 0\leqslant x\leqslant 24,\ 0\leqslant y\leqslant 24\right\},$$

如图 1-8 中阴影部分所示. $L(A)=24^2-18^2$，因此有

$$P(A)=\frac{L(A)}{L(\Omega)}=\frac{24^2-18^2}{24^2}=1-\left(\frac{3}{4}\right)^2=\frac{7}{16}.$$

**注** 在一般的相遇问题中，若两人相约在 $[0,T]$ 时间区间内到达，先到达者等候时间 $t$ $(t\leqslant T)$ 后离去，则两人能够相遇的概率为

$$P(A)=\frac{T^2-(T-t)^2}{T^2}=1-\left(1-\frac{t}{T}\right)^2.$$

由此可见，当 $t$ 很小时，则 $P(A)$ 很小，不易相遇；当 $t$ 很大时，则 $P(A)$ 很大，相遇的可能性也很大. 在实际问题中，可根据需要，适当约定等候时间 $t$，以较大的把握达到相遇的目的.

### 1.2.4 概率公理化定义与性质

概率的统计定义具有应用价值，但在理论上有严重缺陷；古典概型和几何概型的计算公式虽然解决了这两种概型的事件的概率计算问题，但不普遍

适用. 直到1933年苏联数学家柯尔莫哥洛夫(Kolmogorov)在总结前人大量研究成果的基础上，抓住概率是事件的函数的本质，提出了概率的公理化结构，明确了概率的数学定义和概率论的基本概念，使概率论成为严谨的数学分支，对概率论的进一步发展起到了积极的推动作用. 下面介绍概率论的公理化定义与性质.

1. 概率的公理化定义

**定义 1.6**　设 $E$ 是一个随机试验，$\Omega$ 为其样本空间，以 $E$ 中所有随机事件($\Omega$ 中所有的子集)组成的集合为定义域. 若对每一个随机事件 $A$，有且只有唯一的实数 $P(A)$ 与之对应，且 $P(A)$ 满足以下三条公理，则称实值函数 $P(A)$ 为事件 $A$ 的**概率**：

**公理 1 (非负性)**　$0 \leqslant P(A) \leqslant 1$；

**公理 2 (规范性)**　$P(\Omega)=1$；

**公理 3 (可列可加性)**　对任意一列两两互斥的事件组 $A_1, A_2, \cdots, A_n, \cdots$，有

$$P\left(\sum_{i=1}^{\infty} A_i\right)=\sum_{i=1}^{\infty} P(A_i).$$

**注**　此处的函数 $P(\cdot)$ 与微积分中的函数不同，这里的函数 $P(\cdot)$ 的自变量是一个集合. 例如，在掷一枚均匀的硬币中，设"正面朝上"为1，"反面朝上"为0，则样本空间 $\Omega=\{0,1\}$，其所有子集分别为 $\varnothing,\{0\},\{1\},\Omega$，在两个集合间建立一种对应法则如图1-9所示.

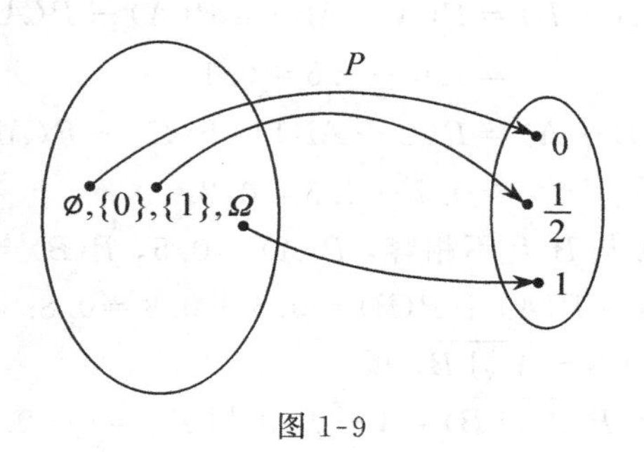


图 1-9

2. 概率的性质

由概率的三条公理可直接推出以下性质：

**性质 7**　$P(\varnothing)=0$.

**性质 8**　$P(A)+P(\overline{A})=1$.

**性质 9** 若 $A \subset B$，则 $P(B-A)=P(B)-P(A)$，且 $P(A) \leqslant P(B)$；一般地，

$$P(B-A)=P(B)-P(AB), \quad P(A-B)=P(A)-P(AB).$$

**注** $P(A\overline{B})=P(A-B)=P(A)-P(AB)$，$P(B\overline{A})=P(B-A)=P(B)-P(AB)$.

**性质 10** 对任意事件 $A$ 与 $B$，有

$$P(A \cup B)=P(A)+P(B)-P(AB),$$

这称为**加法公式**. 特别地，当 $A$ 与 $B$ 互斥时，$P(A \cup B)=P(A)+P(B)$. 加法公式可以推广到三个事件 $A,B,C$ 的情形，即

$$P(A \cup B \cup C)=P(A)+P(B)+P(C)-P(AB)-P(AC)-P(BC)+P(ABC).$$

**例 1.12** 已知 $P(B)=0.8$，$P(AB)=0.5$，求 $P(\overline{A}B)$.

**解** $P(\overline{A}B)=P(B-A)=P(B)-P(AB)$
$=0.8-0.5=0.3.$

**例 1.13** 设 $A,B$ 为两个事件，已知 $P(A)=0.6$，$P(B)=0.7$，$P(A \cup B)=0.8$，求 $P(AB),P(A-B),P(B-A)$.

**解** 由于 $P(A \cup B)=P(A)+P(B)-P(AB)$，所以

$$\begin{aligned}P(AB)&=P(A)+P(B)-P(A \cup B)\\&=0.6+0.7-0.8=0.5,\\P(A-B)&=P(A-AB)=P(A)-P(AB)\\&=0.6-0.5=0.1,\\P(B-A)&=P(B-AB)=P(B)-P(AB)\\&=0.7-0.5=0.2.\end{aligned}$$

**例 1.14** 若 $A$ 与 $B$ 互不相容，$P(A)=0.5$，$P(B)=0.3$，求 $P(\overline{A}\,\overline{B})$.

**解** $P(A \cup B)=P(A)+P(B)=0.5+0.3=0.8.$

根据对偶公式 $\overline{A}\,\overline{B}=\overline{A \cup B}$，得

$$P(\overline{A}\,\overline{B})=P(\overline{A \cup B})=1-P(A \cup B)=1-0.8=0.2.$$

**例 1.15** 已知 $P(A)=0.4$，$P(B)=0.5$，$P(C)=0.4$，$P(AB)=0.2$，$P(AC)=0.24$，$P(BC)=0$，求 $P(A \cup B \cup C)$.

**解** 因为 $ABC \subset BC$，$P(BC)=0 \Rightarrow P(ABC)=0$，所以

$$\begin{aligned}P(A \cup B \cup C)=&\ P(A)+P(B)+P(C)-P(AB)-P(AC)-P(BC)\\&+P(ABC)\\=&\ 0.4+0.5+0.4-0.2-0.24-0+0=0.86.\end{aligned}$$

## 习　题　1.2

1. 从1,2,3,4,5,6,7这7个数码中任取3个，排成三位数，求

(1) 所排成的三位数是偶数的事件$A$的概率；

(2) 所排成的三位数是奇数的事件$B$的概率.

2. 袋中有9个球，分别标有号码1,2,3,4,5,6,7,8,9，从中任取3个球，求

(1) 所取3个球的最小号码为4的事件$A$的概率；

(2) 所取3个球的最大号码为4的事件$B$的概率.

3. 袋中有5个白球、3个红球，从中任取2个球，求

(1) 所取2个球的颜色不同的事件$A$的概率；

(2) 所取2个球都是白球的事件$B$的概率；

(3) 所取2个球都是红球的事件$C$的概率；

(4) 所取2个球颜色相同的事件的概率.

4. 袋中有10个球，其中有6个白球，4个红球. 从中任取3个，求

(1) 所取的3个球都是白球的事件$A$的概率；

(2) 所取3个球中恰有2个白球一个红球的事件$B$的概率；

(3) 所取3个球中最多有一个白球的事件$C$的概率；

(4) 所取3个球颜色相同的事件$D$的概率.

5. 袋中有10件产品，其中有6件正品、4件次品，从中任取3件，求所取3件中有次品的事件$A$的概率.

6. 在有$n$ ($n \leqslant 365$)个人的班级中，至少有两个人生日是在同一天的概率有多大？

7. 52张扑克牌，任取5张牌，求出现一对、两对、同花顺的概率.

8. 袋中有$a$只白球、$b$只红球，每人依次在袋中任取一只球，求

(1) 第$k$人恰好取到白球(记为事件$A$)的概率($k \leqslant a+b$)；

(2) 第$k$人才取到白球(记为事件$B$)的概率($k \leqslant a+b$).

9. (候车问题) 某地铁每隔5分钟有一列车通过，在乘客对列车通过该站时间完全不知道的情况下，求每个乘客到站等车时间不多于2分钟的概率.

10. (会面问题) 两个朋友约定晚上8:00到9:00在某地会面，先到者等候另一人20分钟之后即先行离开，求这对朋友能会面的概率.

11. 已知$P(A)=0.8$，$P(B)=0.6$，$P(AB)=0.5$，求$P(\overline{A})$,$P(\overline{B})$,

$P(A \cup B)$，$P(A\overline{B})$，$P(\overline{A}B)$，$P(\overline{A}\,\overline{B})$，$P(\overline{A\overline{B}})$，$P(\overline{AB})$.

12. 已知 $A \supset C$，$B \supset C$，$P(A)=0.7$，$P(A-C)=0.4$，$P(AB)=0.5$，求 $P(AB-C)$.

13. 已知 $P(A)=0.3$，$P(AB)=P(\overline{A}\,\overline{B})$，求 $P(B)$.

14. 已知 $P(\overline{A})=0.5$，$P(A-B)=0.2$，求 $P(\overline{A} \cup \overline{B})$.

15. 设 $A,B,C$ 是随机事件，且 $P(A)=P(B)=P(C)=\frac{1}{4}$，$P(AB)=P(BC)=\frac{1}{16}$，$P(AC)=0$，求

(1) $A,B,C$ 中至少有一个发生的概率；

(2) $A,B,C$ 都不发生的概率.

# 1.3 条件概率

## 1.3.1 条件概率与乘法公式

1. 条件概率的定义

在实际问题中，常常需要考虑在一个固定条件下，某个事件发生的概率. 例如，在人寿保险中，人们往往关心的是人群中已知活到某个年龄的条件下在未来一年内死亡的概率. 抽象地讲，就是在事件 $B$ 发生的条件下，事件 $A$ 发生的概率，我们把这种概率称为**条件概率**，记为 $P(A|B)$，而 $P(A)$ 称为**无条件概率**. 那么条件概率 $P(A|B)$ 如何来计算呢？ 是不是与 $P(A)$ 相等呢？ 是不是与 $P(AB)$ 相等呢？ 为了说明这个问题，请看下面的例题.

**例 1.16** 某厂有200名职工，男、女各占一半，男职工中有10人是优秀职工，女职工中有20人是优秀职工，从中任选一名职工. 用 $A$ 表示所选职工优秀，$B$ 表示所选职工是男职工. 求 (1) $P(A)$；(2) $P(B)$；(3) $P(AB)$；(4) $P(A|B)$.

**解** (1) $P(A)=\frac{10+20}{200}=\frac{3}{20}$.

(2) $P(B)=\frac{100}{200}=\frac{1}{2}$.

(3) $AB$ 表示所选职工既是优秀职工又是男职工，于是

$$P(AB)=\frac{10}{200}=\frac{1}{20}.$$

(4) $A|B$表示已知所选职工是男职工．在已知所选职工是男职工的条件下，该职工是优秀职工，这时基本事件总数 $n=100$，$k=10$，

$$P(A|B)=\frac{10}{100}=\frac{1}{10}.$$

由本例可以看出事件 $A$ 与事件 $A|B$ 不是同一事件，所以它们的概率不同，即 $P(A|B)\neq P(A)$；由本例还可以看出事件 $AB$ 与事件 $A|B$ 也不是同一事件，事件 $AB$ 表示所选职工既是男职工又是优秀职工，这时基本事件总数 $n=200$，$k=10$，而事件 $A|B$ 表示已知所选职工是男职工，所以基本事件总数 $n=100$，$k=10$，因此 $P(A|B)\neq P(AB)$．虽然 $P(AB)$ 与 $P(A|B)$ 不相同，但它们有关系，由本例可以看出

$$P(A|B)=\frac{10}{100}=\frac{10/200}{100/200}=\frac{P(AB)}{P(B)}.$$

由此，我们可以建立条件概率的一般定义：

**定义 1.7**　设事件 $A$,$B$ 是两个随机事件，且 $P(B)>0$，称

$$P(A|B)=\frac{P(AB)}{P(B)}$$

为**在事件 $B$ 发生的条件下，事件 $A$ 发生的条件概率**．类似地，称

$$P(B|A)=\frac{P(AB)}{P(A)}$$

为**在事件 $A$ 发生的条件下，事件 $B$ 发生的条件概率**．

**注**　条件概率的计算公式是一种间接计算方法，也可用古典概率公式直接计算．

2．条件概率的性质

不难验证条件概率具有如下性质：

**性质 1**　$P(A|B)\geqslant 0$.

**性质 2**　$P(\Omega|B)=1$，$P(\varnothing|B)=0$.

**性质 3**　$P(A|B)+P(\overline{A}|B)=1$.

**性质 4**　若事件 $A_1,A_2,\cdots,A_n,\cdots$ 是两两互不相容的事件，且 $P(B)>0$，则

$$P\left(\bigcup_{n=1}^{\infty}A_n|B\right)=\sum_{n=1}^{\infty}P(A_n|B).$$

3. 条件概率的例题

**例 1.17** 某人寿命为70岁的概率为0.8，寿命为80岁的概率为0.7. 若该人现已70岁，问他能活到80岁的概率是多少?

**解** 设$A$表示某人寿命为70岁，$B$表示某人寿命为80岁，则$P(A)=0.8$，$P(B)=0.7$. 由于$A\supset B$，$AB=B$，所以$P(AB)=P(B)=0.7$，因而所求概率为

$$P(B|A)=\frac{P(AB)}{P(A)}=\frac{0.7}{0.8}=\frac{7}{8}=0.875.$$

**例 1.18** 一个家庭中有两个小孩，已知其中有一个是女孩，问这时另一个小孩也是女孩的概率是多大?

**解** 根据题意样本空间$\Omega=\{$(男,男),(男,女),(女,男),(女,女)$\}$. 设$A$表示"有一个是女孩"，$B$表示"另一个是女孩"，则$A=\{$(男,女),(女,男),(女,女)$\}$，$AB$表示"两个都是女孩"，即$AB=\{$(女,女)$\}$，于是所求概率为

$$P(B|A)=\frac{P(AB)}{P(A)}=\frac{1/4}{3/4}=\frac{1}{3}.$$

4. 乘法公式

由条件概率公式，我们可以得到下面的定理：

**定理 1.1 (乘法公式)** 设$A,B$为两个随机事件. 若$P(A)>0$，则

$$P(AB)=P(A)P(B|A);$$

若$P(B)>0$，则

$$P(AB)=P(B)P(A|B).$$

乘法公式还可以推广到$n$个事件的场合：

(1) 若$P(AB)>0$，则

$$P(ABC)=P(A)P(B|A)P(C|AB);$$

(2) 若$P(A_1A_2\cdots A_{n-1})>0$，则

$$P(A_1A_2\cdots A_n)=P(A_1)P(A_2|A_1)\cdots P(A_n|A_1A_2\cdots A_{n-1}).$$

**注** 当$P(A_1A_2\cdots A_{n-1})>0$时，保证公式中所有条件概率都有意义(为什么? 请读者证明).

**例 1.19** 设$P(A)=0.5$，$P(B)=0.6$，$P(B|A)=0.8$，求$P(AB)$，$P(\overline{A}\,\overline{B})$.

**解** $P(AB)=P(A)P(B|A)=0.5\times0.8=0.4$,

$$P(A\cup B)=P(A)+P(B)-P(AB)=0.5+0.6-0.4=0.7,$$

$$P(\overline{A}\,\overline{B})=P(\overline{A\cup B})=1-P(A\cup B)=1-0.7=0.3.$$

**例 1.20** 已知 $P(A)=0.5$，$P(B)=0.6$，$P(A|\overline{B})=0.4$，求 $P(AB)$.

**解** 由于

$$\begin{aligned}P(A\overline{B})&=P(\overline{B})P(A|\overline{B})=(1-P(B))P(A|\overline{B})\\&=(1-0.6)\times 0.4=0.16,\end{aligned}$$

以及 $P(A\overline{B})=P(A-B)=P(A)-P(AB)$，所以

$$P(AB)=P(A)-P(A\overline{B})=0.5-0.16=0.34.$$

**例 1.21** 在 7 件产品中有 2 件次品，不放回地从中抽取 3 件产品，求第三次才取到次品的概率.

**解** 设 $A_i(i=1,2,3)$ 表示"第 $i$ 次取到次品"，则$\overline{A_i}(i=1,2,3)$ 表示"第 $i$ 次取到正品". 于是所求概率为

$$\begin{aligned}P(\overline{A_1}\,\overline{A_2}A_3)&=P(\overline{A_1})P(\overline{A_2}|\overline{A_1})P(A_3|\overline{A_1}\,\overline{A_2})\\&=\frac{5}{7}\cdot\frac{4}{6}\cdot\frac{2}{5}=\frac{4}{21}.\end{aligned}$$

请读者自己思考第三次取到次品的概率.

**例 1.22（抽奖问题）** 某超市举办有奖销售，投放 $n$ 张奖券中有 1 张有奖，$n$ 位顾客每人依次抽取一张，求第 $i$ $(i=1,2,\cdots,n)$ 位顾客中奖的概率.

**解** 设 $A_i(i=1,2,\cdots,n)$ 表示"第 $i$ 位顾客中奖"，则$\overline{A_i}(i=1,2,\cdots,n)$ 表示"第 $i$ 位顾客没有中奖"，于是 $P(A_1)=\frac{1}{n}$. 由于 $A_2=\overline{A_1}A_2$，所以

$$P(A_2)=P(\overline{A_1}A_2)=P(\overline{A_1})P(A_2|\overline{A_1})=\frac{n-1}{n}\cdot\frac{1}{n-1}=\frac{1}{n}.$$

同理，$A_n=\overline{A_1}\,\overline{A_2}\cdots\overline{A_{n-1}}A_n$，所以

$$\begin{aligned}P(A_n)&=P(\overline{A_1}\,\overline{A_2}\cdots\overline{A_{n-1}}A_n)\\&=P(\overline{A_1})P(\overline{A_2}|\overline{A_1})P(\overline{A_3}|\overline{A_1}\,\overline{A_2})\cdots P(\overline{A_{n-1}}|\overline{A_1}\,\overline{A_2}\cdots\overline{A_{n-2}})\\&\quad P(A_n|\overline{A_1}\,\overline{A_2}\cdots\overline{A_{n-1}})\\&=\frac{n-1}{n}\cdot\frac{n-2}{n-1}\cdot\frac{n-3}{n-2}\cdot\cdots\cdot\frac{n-(n-1)}{n-(n-2)}\cdot\frac{1}{n-(n-1)}\\&=\frac{1}{n}.\end{aligned}$$

由此可见，每个人中奖的概率是一样的，这正是例 1.8 归纳出的"抽签不分先后原理"，本题只不过是用乘法公式再一次加以说明而已.

### 1.3.2 全概率公式与贝叶斯公式

为了计算某个复杂事件的概率，往往需要把这个事件写成某些简单事件

的交与并，然后利用概率的乘法公式与加法公式计算．下面介绍全概率公式与贝叶斯公式．

1．全概率公式

**定义 1.8** 设事件 $A_1,A_2,\cdots,A_n$ 满足如下两个条件：

(1) $A_1,A_2,\cdots,A_n$ 两两互斥（即任意两个事件不可能同时发生），且 $P(A_i)>0$, $i=1,2,\cdots,n$;

(2) $A_1\cup A_2\cup\cdots\cup A_n=\Omega$（即 $A_1,A_2,\cdots,A_n$ 至少有一个发生），

则称 $A_1,A_2,\cdots,A_n$ 为样本空间 $\Omega$ 的**一个划分（或一个完备事件组）**．

**注** 当样本空间的划分只有两个事件 $A_1,A_2$ 时，$A_1,A_2$ 也是对立事件，即样本空间的划分是对立事件这个概念的推广．

**定理 1.2（全概率公式）** $A_1,A_2,\cdots,A_n$ 为样本空间 $\Omega$ 的一个划分，则对任一事件 $B$（如图 1-10 所示），有

$$P(B)=\sum_{i=1}^{n}P(A_i)P(B|A_i).$$

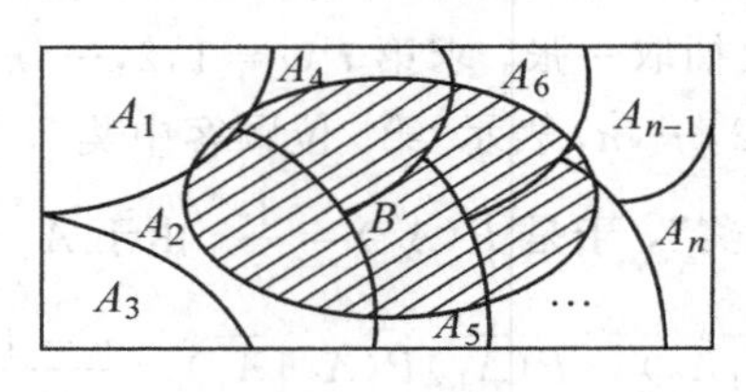


图 1-10

**证** $P(B)=P(B\cap\Omega)=P\left(B\cap\left(\bigcup_{i=1}^{n}A_i\right)\right)=P\left(\bigcup_{i=1}^{n}(BA_i)\right)$

$$=\sum_{i=1}^{n}P(A_iB)=\sum_{i=1}^{n}P(A_i)P(B|A_i).\qquad\square$$

**注** 运用全概率公式的关键在于寻找到一串合适的 $A_1,A_2,\cdots,A_n$，使 $P(A_i)$ 及条件概率 $P(B|A_i)$ 容易求得．当样本空间的划分只有两个事件 $A_1$，$A_2$ 时，对任一事件 $B$，有

$$P(B)=P(A_1)P(B|A_1)+P(A_2)P(B|A_2).$$

2．应用举例

**例 1.23** 袋中有 10 个球，其中有 3 个黑球，7 个白球．不放回从中任取两个球，求第二次取到黑球的概率．

**解** 这个问题在前面用古典概率计算过，这里我们用全概率公式来计算．

设 $A$ 表示第 1 次取到黑球，$B$ 表示第 2 次取到黑球，则

$$P(A)=\frac{3}{10},\ P(\overline{A})=\frac{7}{10},\ P(B|A)=\frac{2}{9},\ P(B|\overline{A})=\frac{3}{9}.$$

由全概率公式得

$$\begin{aligned}P(B)&=P(A)P(B|A)+P(\overline{A})P(B|\overline{A})\\&=\frac{3}{10}\times\frac{2}{9}+\frac{7}{10}\times\frac{3}{9}=\frac{3}{10}.\end{aligned}$$

**例 1.24**　人们为了解一只股票未来一定时期内价格的变化，往往会去分析影响股票价格的基本因素，比如利率的变化. 现在假设人们经分析估计利率下调的概率为 60%，利率不变的概率为 40%. 根据经验，人们估计在利率下调的情况下，该只股票上涨的概率为 80%；而在利率不变的情况下，其价格上涨的概率为 40%. 求该只股票上涨的概率.

**解**　设 $A$ 表示"利率下调"，$B$ 表示"股票上涨"，则

$$P(A)=60\%,\ P(\overline{A})=40\%,\ P(B|A)=80\%,\ P(B|\overline{A})=40\%.$$

由全概率公式得

$$\begin{aligned}P(B)&=P(A)P(B|A)+P(\overline{A})P(B|\overline{A})\\&=60\%\times80\%+40\%\times40\%=0.64.\end{aligned}$$

**例 1.25**　某工厂有 4 个车间生产同一种产品，产品分别占总产量的 15%,20%,30% 和 35%，各车间的次品率依次为 0.05,0.04,0.03 和 0.02，现从出厂产品中任取一件，问恰好取到次品的概率是多少？

**解**　设 $B=\{$恰好取到次品$\}$，$A_i=\{$恰好取到第 $i$ 个车间的产品$\}$，$i=1,2,3,4$，则 $P(A_1)=0.15$，$P(A_2)=0.2$，$P(A_3)=0.3$，$P(A_4)=0.35$，

$$P(B|A_1)=0.05,\quad P(B|A_2)=0.04,$$
$$P(B|A_3)=0.03,\quad P(B|A_4)=0.02.$$

由全概率公式，有

$$P(B)=\sum_{i=1}^{4}P(A_i)P(B|A_i)=0.0315.$$

顺便指出，在全概率公式中，通常把 $P(A_i)$，$i=1,2,\cdots,n$，称为**先验概率**；如果进行一次试验事件 $B$ 发生了，则应重新估计事件 $A_i$ 的概率，通常把条件概率 $P(A_i|B)$ 称为**后验概率**. 贝叶斯公式就是用来计算后验概率的.

3. 贝叶斯公式

**定理 1.3（贝叶斯公式）**　设 $A_1,A_2,\cdots,A_n$ 为样本空间 $\Omega$ 的一个划分，则对任一事件 $B$，有

$$P(A_i|B)=\frac{P(A_i)P(B|A_i)}{\sum_{i=1}^{n}P(A_i)P(B|A_i)},\quad i=1,2,\cdots,n.$$

**证** 由条件概率的定义知：$P(A_i|B)=\frac{P(A_iB)}{P(B)}$，利用全概率公式求得

$$P(B)=\sum_{i=1}^{n}P(A_i)P(B|A_i).$$

而再由乘法公式，有 $P(A_iB)=P(A_i)P(B|A_i)$，故可以得到

$$P(A_i|B)=\frac{P(A_i)P(B|A_i)}{\sum_{i=1}^{n}P(A_i)P(B|A_i)},\quad i=1,2,\cdots,n.\quad\square$$

**注** 在使用贝叶斯公式时，往往需要先利用全概率公式求出 $P(B)$.

**例 1.26** 仍以上例为例，现从出厂产品中任取一件，发觉该产品是次品而且其标志已脱落，厂方该如何处理此事较为合理？

**分析** 关注次品来自哪个车间可能性最大.

**解** 设 $B=\{$恰好取到次品$\}$，$A_i=\{$恰好取到第 $i$ 个车间的产品$\}$，$i=1,2,3,4$，事件 $B$ 已成为“结果”，需考虑哪一个“原因”所致的可能性较大，即求条件概率 $P(A_i|B)$.

$$P(A_1|B)=\frac{P(A_1)P(B|A_1)}{P(B)}=\frac{0.15\times 0.05}{0.0315}=\frac{15}{63},$$

同理，

$$P(A_2|B)=\frac{16}{63},\quad P(A_3|B)=\frac{18}{63},\quad P(A_4|B)=\frac{14}{63}.$$

经比较可认为这件次品来自第三个车间的可能性较大.

**例 1.27** 针对某种疾病进行一种化验，患该疾病的人中有 90% 呈阳性反应，而未患该疾病的人中有 5% 呈阳性反应. 设人群中有 1% 的人患有这种疾病. 若某人做这种化验呈阳性反应，则他患有这种疾病的概率是多少？

**解** 设 $A$ 表示“某人患有这种疾病”，$B$ 表示“化验呈阳性反应”，则

$$P(A)=0.01,\ P(\overline{A})=0.99,\ P(B|A)=0.9,\ P(B|\overline{A})=0.05.$$

由全概率公式得

$$\begin{aligned}P(B)&=P(A)P(B|A)+P(\overline{A})P(B|\overline{A})\\&=0.01\times 0.9+0.99\times 0.05=0.0585.\end{aligned}$$

再由贝叶斯公式得

$$P(A|B)=\frac{P(A)P(B|A)}{P(B)}=\frac{0.01\times 0.9}{0.0585}=0.15=15\%.$$

本题结果表明，化验结果呈阳性反应的人中，只有15%的人可能患有该疾病. 这表明，医学化验只是一种手段，并不完全准确，就算化验结果呈阳性反应，也不要太担心，自己患这种疾病的可能性不大，可以换家医院再做检查进一步确诊.

## 习　题　1.3

1. 设 $P(A)=0.5$，$P(A\overline{B})=0.3$，求 $P(B|A)$.

2. 设 $P(A)=\frac{1}{4}$，$P(B|A)=\frac{1}{3}$，$P(A|B)=\frac{1}{2}$，求 $P(A\cup B)$.

3. 设 $P(\overline{A})=0.3$，$P(B)=0.4$，$P(A\overline{B})=0.5$，求 $P(B|A\cup\overline{B})$.

4. 设 $P(A)=0.5$，$P(B)=0.6$，$P(B|\overline{A})=0.4$，求 $P(A\cup B)$，$P(\overline{A}|\overline{B})$.

5. 某人有一笔资金，他投入基金的概率为 0.58，购买股票的概率为 0.28，两项都投资的概率为 0.19，求：已知他投入基金，再买股票的概率是多少.

6. 为防止意外，某工厂有两套报警系统 $A$ 与 $B$，单独使用时，$A$ 有效的概率为 0.92，$B$ 有效的概率为 0.93，在 $A$ 失灵的情形下，$B$ 有效的概率为 0.85，求

(1) 发生意外时，至少有一个系统有效的概率；

(2) 在 $B$ 失灵的情形下，$A$ 有效的概率.

7. 设袋中装有 $a$ 只白球及 $b$ 只红球，每次从袋中任取一只球，观察其颜色然后放回，并再放入 $c$ 只与所取出的那只球同色的球. 若在袋中连续取球4次，试求第一、二次取到红球，第三次取到白球的概率.

8. 某射击小组共有20名射手，其中一级射手4人，二级射手6人，三级射手8人，四级射手2人，一、二、三、四级射手能通过选拔进入决赛的概率分别是 0.9，0.7，0.5，0.2，求在一组内任选一名射手，该射手能通过选拔进入决赛的概率.

9. 已知男性中有5%是色盲患者，女性中有0.25%是色盲患者. 现从男女人数相等的人群中随机挑选一人，恰好是色盲，问此人是男性的概率？

10. 某种诊断肝癌的检查法有如下结果：用 $A$ 表示“被检验者反应为阳性”，$B$ 表示“被检查者患有肝癌”，则 $P(A|B)=0.95$，$P(\overline{A}|\overline{B})=0.90$. 现在自然人群中进行普查，设 $P(B)=0.0004$，求 $P(B|A)$.

11. 有朋友自远方来访，他乘火车、轮船、汽车、飞机来的概率分别是

0.3,0.2,0.1,0.4. 如果他乘火车、轮船、汽车来的话，迟到的概率分别是 $\frac{1}{4},\frac{1}{3},\frac{1}{12}$，而乘飞机不会迟到. 结果他迟到了，试判断他是怎样来的可能性大.

## 1.4 事件的独立性

### 1.4.1 事件的独立性

1. 两个事件的独立性

在1.3.1节中引入条件概率的定义时，我们分析了一般情况下 $P(A|B) \neq P(A)$，这表明事件 $B$ 的发生对事件 $A$ 是有影响的，但例外的情形也不在少数，下面就是一个例子.

**例 1.28** 从100件产品(其中有5件次品)中有放回地抽取2件，设 $B$ 表示“第一次取到正品”，$A$ 表示“第二次取到次品”，求 $P(A|B)$，$P(A)$.

**解** 按古典概率公式计算得

$$P(A|B)=\frac{5}{100}, \quad P(A)=\frac{100\times 5}{100\times 100}=\frac{5}{100}.$$

可见 $P(A|B)=P(A)$，这表明事件 $B$ 的发生对事件 $A$ 发生的概率是没有影响的.

若本题条件改为无放回，则

$$P(A|B)=\frac{5}{99}, \quad P(A)=\frac{99\times 5}{100\times 99}=\frac{5}{100}.$$

可见 $P(A|B)\neq P(A)$，这表明事件 $B$ 的发生对事件 $A$ 发生的概率是有影响的.

当第一次抽取结果对第二次抽取结果的概率没有影响时，我们称它们之间**相互独立**，即在有放回时，事件 $A$ 与 $B$ 是相互独立的，此时，乘法公式为

$$P(AB)=P(B)\cdot P(A|B)=P(A)P(B).$$

这就引出两事件独立的一般定义.

**定义 1.9** 对任意两个事件 $A$ 与 $B$，若有

$$P(AB)=P(A)P(B),$$

则称**事件 $A$ 与 $B$ 相互独立**，或简称**独立**，否则称**事件 $A$ 与 $B$ 不独立**或**相依**.

**注** (1) 两事件独立是相互的，即“事件 $A$ 与 $B$ 是相互独立的”也意味着“事件 $B$ 与 $A$ 是相互独立的”.

（2）“必然事件 $\Omega$ 与任何事件 $A$ 相互独立”，“不可能事件 $\varnothing$ 与任何事件 $A$ 独立相互”.

（3）当 $P(A)>0$，$P(B)>0$ 时，若事件 $A$ 与 $B$ 相互独立，则事件 $A$ 与 $B$ 不是互不相容的；若事件 $A$ 与 $B$ 互不相容，则事件 $A$ 与 $B$ 一定不独立，即此时“互不相容”与“相互独立”这两个概念并无必然联系. 实际中两个独立事件往往是相容的，如“甲、乙两门高射炮打飞机”，“甲炮击中”与“乙炮击中”是独立事件，但又是相容事件，因为它们可以同时发生.

（4）事件 $A$ 与 $B$ 相互独立

$$\Leftrightarrow P(AB)=P(A)P(B)$$
$$\Leftrightarrow P(A|B)=P(A)$$
$$\Leftrightarrow P(B|A)=P(B)$$
$$\Leftrightarrow P(A|B)=P(A|\overline{B}).$$

（5）判断两事件的独立性可从定义 1.9 出发，但更多的是根据经验事实去判定. 譬如“甲、乙两门高射炮打飞机”，“甲炮击中”与“乙炮击中”是独立事件；又如“一台机床发生故障”与“另一台机床发生故障”，“一粒种子发芽”与“另一粒种子发芽”都可以根据经验事实判断它们是相互独立的.

**定理 1.4**　*若事件 $A$ 与 $B$ 独立，则 $\overline{A}$ 与 $B$，$A$ 与 $\overline{B}$，$\overline{A}$ 与 $\overline{B}$ 都相互独立.*

**证**　下面只证明 $\overline{A}$ 与 $\overline{B}$ 相互独立，其余留给读者自己证明.

$$\begin{aligned}P(\overline{A}\,\overline{B})&=P(\overline{A\cup B})=1-P(A\cup B)\\&=1-[P(A)+P(B)-P(AB)]\\&=(1-P(A))(1-P(B))\\&=P(\overline{A})P(\overline{B}).\end{aligned}$$

由事件的独立性定义知，$\overline{A}$ 与 $\overline{B}$ 相互独立.　□

**注**　事件 $A$ 与 $B$，$\overline{A}$ 与 $B$，$A$ 与 $\overline{B}$，$\overline{A}$ 与 $\overline{B}$ 中只要有 1 对相互独立，则其余 3 对都是相互独立的，即这 4 对事件独立是等价的.

**例 1.29**　甲、乙两人独立地同时射击同一目标各一次，他们的命中率分别为 0.6 和 0.5，求目标被击中的概率.

**解**　设事件 $A$ 表示“甲击中目标”，$B$ 表示“乙击中目标”，$C$ 表示“目标被击中”，则 $C=A\cup B$，且 $P(A)=0.6$，$P(B)=0.5$，事件 $A$ 与 $B$ 相互独立，因此

$$\begin{aligned}P(C)&=P(A\cup B)=P(A)+P(B)-P(AB)\\&=P(A)+P(B)-P(A)P(B)\\&=0.6+0.5-0.6\times0.5=0.8.\end{aligned}$$

或者

$$P(C)=P(A\cup B)=1-P(\overline{A}\,\overline{B})=1-P(\overline{A})P(\overline{B})$$
$$=1-(1-0.6)(1-0.5)=0.8.$$

2. 多个事件的独立性

对于三个或更多个事件，我们给出下面的定义：

**定义 1.10** 设有 $n$ 个事件 $A_1,A_2,\cdots,A_n$ $(n\geqslant 2)$，若对其中任意 $k$ $(2\leqslant k\leqslant n)$ 个事件 $A_{i_1},A_{i_2},\cdots,A_{i_k}$ $(1\leqslant i_1<i_2<\cdots<i_k\leqslant n)$，有

$$P(A_{i_1}A_{i_2}\cdots A_{i_k})=P(A_{i_1})P(A_{i_2})\cdots P(A_{i_k}),$$

则称 $A_1,A_2,\cdots,A_n$ **相互独立**，简称 $A_1,A_2,\cdots,A_n$ **独立**.

**注** (1) 当 $n=3$ 时，有

$$A_1,A_2,A_3\text{ 相互独立}\Leftrightarrow\begin{cases}P(A_1A_2)=P(A_1)P(A_2),\\P(A_2A_3)=P(A_2)P(A_3),\\P(A_1A_3)=P(A_1)P(A_3),\\P(A_1A_2A_3)=P(A_1)P(A_2)P(A_3).\end{cases}$$

(2) 若 $n$ 个事件相互独立，则其中任意的 $k$ $(1<k\leqslant n)$ 个事件也相互独立；但任意的 $k$ $(1<k<n)$ 个事件相互独立，不能推出 $n$ 个事件也相互独立.

(3) 若 $n$ 个事件相互独立，将其中任意的 $k$ $(1\leqslant k\leqslant n)$ 个事件换为对立事件，则组成的新的 $n$ 个事件仍相互独立. 如当 $n=3$ 时，$A_1,A_2,A_3$ 相互独立，则 $\overline{A_1},A_2,A_3$；$A_1,\overline{A_2},A_3$；$A_1,A_2,\overline{A_3}$；$\overline{A_1},\overline{A_2},A_3$；$\overline{A_1},A_2,\overline{A_3}$；$A_1,\overline{A_2},\overline{A_3}$；$\overline{A_1},\overline{A_2},\overline{A_3}$ 都相互独立.

(4) 当 $A_1,A_2,\cdots,A_n$ 相互独立时，常用公式有以下两个：

① $P(A_1A_2\cdots A_n)=P(A_1)P(A_2)\cdots P(A_n)$；

② $P(A_1\cup A_2\cup\cdots\cup A_n)=1-P(\overline{A_1\cup A_2\cup\cdots\cup A_n})$
$$=1-P(\overline{A_1}\,\overline{A_2}\cdots\overline{A_n})=1-P(\overline{A_1})P(\overline{A_2})\cdots P(\overline{A_n})$$
$$=1-(1-P(A_1))(1-P(A_2))\cdots(1-P(A_n)).$$

独立性的概念在概率论中起到非常重要的作用，可以简化计算. 很多成功案例也是在独立性假设下取得的.

**例 1.30** 甲、乙、丙三人独立地去破译密码，他们能够译出的概率分别为 $\frac{1}{5},\frac{1}{4},\frac{1}{3}$，问能将密码破译出的概率是多少？

**解** 设事件 $A,B,C$ 分别表示甲、乙、丙三人译出密码，事件"能够被译密码"可以表示为 $A\cup B\cup C$，且 $A,B,C$ 独立，$P(A)=\frac{1}{5}$，$P(B)=\frac{1}{4}$，$P(C)=\frac{1}{3}$，于是

$$P(A\cup B\cup C)=1-P(\overline{A\cup B\cup C})$$
$$=1-P(\overline{A}\,\overline{B}\,\overline{C})=1-P(\overline{A})P(\overline{B})P(\overline{C})$$
$$=1-\frac{4}{5}\times\frac{3}{4}\times\frac{2}{3}=0.6.$$

**例 1.31（买彩票问题）** 某彩票每周开奖一次，每次提供百万分之一的赢得大奖的机会，这是吸引人们购买该彩票的亮点. 若你每周购买一次彩票，尽管你坚持 10 年（每年 52 周）之久，你从未赢得大奖的机会是多少？

**解** 根据题意，每次中奖的机会为 $10^{-6}$，于是你每次未赢得大奖的机会为 $1-10^{-6}$. 10 年中你共购买此种彩票 520 次，每次开奖都可认为是独立的，故 10 年中你从未赢得大奖的机会是

$$P=(1-10^{-6})^{520}=0.999\,48.$$

这个很大的概率表明：10 年中你没中一次大奖是很正常的事情. 即使是 20 年你从未得过一次大奖的机会为 0.998 96，这个概率仍很高. 这些事实在广告中是不会出现的，所以买彩票要有平常心，如未中奖，就当是在为慈善事业做贡献.

**例 1.32（保险赔付问题）** 设有 $n$ 个人向保险公司购买了人身意外保险（保期一年）. 假设投保人在一年内发生意外的机会为 0.01，求：

(1) 该保险公司赔付的概率；

(2) 至少多少人投保才能使得保险公司赔付的概率在一半以上.

**解** 设 $A_i$ 表示“第 $i$ 个人在一年内发生意外”，$i=1,2,\cdots,n$，则 $A_1,A_2,\cdots,A_n$ 相互独立，且 $P(A_i)=0.01$，$i=1,2,\cdots,n$.

(1) 设 $A$ 表示“保险公司赔付”，则 $A=A_1\cup A_2\cup\cdots\cup A_n$，于是

$$P(A)=P(A_1\cup A_2\cup\cdots\cup A_n)=1-P(\overline{A_1\cup A_2\cup\cdots\cup A_n})$$
$$=1-P(\overline{A_1}\,\overline{A_2}\cdots\overline{A_n})=1-P(\overline{A_1})P(\overline{A_2})\cdots P(\overline{A_n})$$
$$=1-(1-P(A_1))(1-P(A_2))\cdots(1-P(A_n))$$
$$=1-(1-0.01)^n=1-0.99^n.$$

(2) $P(A)>\frac{1}{2}\Rightarrow 1-0.99^n>\frac{1}{2}\Rightarrow 0.99^n<0.5\Rightarrow n>\frac{\lg 2}{2-\lg 99}\approx$ 684.16，也就是说，至少 685 人投保能使保险公司赔付的概率在一半以上.

## 1.4.2 $n$ 重伯努利(Bernoulli)试验

有时我们研究的问题，常常要观察一组试验. 例如对某一目标进行连续射击，在一批灯泡中抽取若干个观察它们的寿命，等等. 我们感兴趣的是这

样的试验序列，它是由某个随机试验重复多次组成的，且各次试验是相互独立的，这样的试验序列称为$n$**重独立重复试验**. 特别地，在$n$重独立重复试验中，每次试验只有两种可能结果$A,\overline{A}$，且$A$在每次的试验中出现的概率$p$保持不变，这样的试验序列为$n$**重伯努利(Bernoulli)试验**. 譬如将一枚硬币连续掷三次，从一批产品中有放回抽取10个产品，从某城市的人群中随机抽1 000个人，观察某医院在9:00—10:00出生的100个婴儿的性别，等等，都可归为多重伯努利试验.

对于$n$重伯努利试验，我们关心的是在$n$次试验中，事件$A$恰好发生$k$次的概率.

**定理 1.5** $n$重伯努利试验中，设每次试验中事件$A$发生的概率$P(A)=p\ (0<p<1)$，则事件$A$恰好发生$k$次的概率为

$$P_n(k)=C_n^k p^k(1-p)^{n-k},\quad k=0,1,2,\cdots,n.$$

**证** 设事件$A_i$表示"事件$A$在第$i$试验中发生"，则有

$$P(A_i)=p,\ P(\overline{A_i})=1-p,\quad i=1,2,\cdots,n.$$

因为各次试验是相互独立的，所以事件$A_1,A_2,\cdots,A_n$相互独立. 由此可知，$n$次试验中事件$A$在指定的$k$次(不妨在前$k$次)试验中发生而在其余$n-k$次试验中不发生的概率为

$$\begin{aligned}P(A_1A_2\cdots A_k\overline{A_{k+1}}\cdots\overline{A_n})&=P(A_1)P(A_2)\cdots P(A_k)P(\overline{A_{k+1}})\cdots P(\overline{A_n})\\&=p\cdot p\cdot\cdots\cdot p\cdot(1-p)\cdot\cdots\cdot(1-p)\\&=p^k(1-p)^{n-k}.\end{aligned}$$

由于事件$A$在第$n$试验中恰好发生$k$次共有$C_n^k$种不同方式，每一种方式对应一个事件，易知这些事件是互不相容的，所以利用概率的可加性可得

$$P_n(k)=C_n^k p^k(1-p)^{n-k},\quad k=0,1,2,\cdots,n.$$ □

**注** 若记$q=1-p$，则$P_n(k)=C_n^k p^k q^{n-k}$，$p+q=1$，而$C_n^k p^k q^{n-k}$恰好是$(p+q)^n$的展开式中的第$k+1$项，所以此公式也称**二项概率公式**.

**例 1.33** 设某种药对某种疾病的治愈率为80%，现有10个患有这种疾病的人同时服用这种药，求至少有6人被治愈的概率.

**解** 每一个病人服用这种药可以看做是一次试验，每次试验只有两种结果：治愈和未治愈，每个病人是否被治愈是相互独立的，所以10个人服用这种药可以看做是10重伯努利试验. 于是由二项概率公式可得

$$\sum_{k=6}^{10}P_{10}(k)=\sum_{k=6}^{10}C_{10}^k\cdot 0.8^k\cdot 0.2^{10-k}\approx 0.967.$$

这个结果表明，服用此药的10个人中至少有6个人被治愈的可能性是很大的.

**例1.34** 若在$N$件产品中有$n$件次品，现进行$m$次有放回的抽样检查，问共抽得$k$件次品的概率是多少？

**解** 因为是有放回的抽样检查，所以可看成是$m$重伯努利试验，记$A$表示"每次试验中抽到次品"，则$p=\frac{n}{N}$，故所求的概率为

$$P_m(k)=C_m^k\left(\frac{n}{N}\right)^k\left(1-\frac{n}{N}\right)^{m-k}.$$

**例1.35** 一辆飞机场的交通车载有25名乘客，途经9个车站，每位乘客都等可能地在这9个站中的任意一站下车(且不受其他乘客下车与否的影响)，交通车只在有乘客下车时才停车，求交通车在第$i$站停车的概率以及在第$i$站不停车的条件下第$j$站停车的概率，并判断"第$i$站停车"与"第$j$站停车"这两个事件是否独立.

**解** 设$A_k$表示"第$k$位乘客在第$i$站下车"，$k=1,2,\cdots,25$. 考查每一位乘客第$i$站是否下车，可看做25重伯努利试验. 设$B$表示"第$i$站停车"，$C$表示"第$j$站停车"，则$B,C$分别等价于"第$i$站有人下车"与"第$j$站有人下车". 于是由二项概率公式可得

$$P(B)=1-P_{25}(0)=1-\left(\frac{8}{9}\right)^{25},$$

$$P(C)=1-P_{25}(0)=1-\left(\frac{8}{9}\right)^{25}.$$

在$B$不发生的条件下，每位乘客等可能地在第$i$站以外的8个车站中的任意一个车站下车，于是每位乘客在第$j$站下车的概率为$\frac{1}{8}$，因此由二项概率公式可得

$$P(C|\overline{B})=1-P_{25}(0)=1-\left(\frac{7}{8}\right)^{25}.$$

由于$P(C|\overline{B})\neq P(C)$，所以$\overline{B}$与$C$不独立，从而$B$与$C$不独立.

## 习 题 1.4

1. 设$P(A)>0$，$P(B)>0$，证明：

(1) 若$A$与$B$相互独立，则$A$与$B$不互斥；

(2) 若$A$与$B$互斥，则$A$与$B$不独立.

2. 设两个随机事件$A,B$相互独立，$P(A\overline{B})=P(\overline{A}B)=\frac{1}{4}$，求$P(A),P(B)$.

3. 若两事件 $A$ 和 $B$ 相互独立，且满足 $P(AB)=P(\overline{A}\overline{B})$，$P(A)=0.4$，求 $P(B)$.

4. 设两两相互独立的三事件 $A,B$ 和 $C$ 满足条件：$P(A)=P(B)=P(C)<\frac{1}{2}$，$ABC=\varnothing$，且已知 $P(A\cup B\cup C)=\frac{9}{16}$，求 $P(A)$.

5. 有甲、乙两枚导弹独立地向飞机射击，甲击中的概率为 0.8，乙击中的概率为 0.7，试求：

(1) 甲、乙都击中的概率；

(2) 甲击中乙击不中的概率；

(3) 甲、乙至少有一个击中的概率.

6. 某产品由三道工序独立加工而成. 第一道工序的正品率为 0.98，第二道工序的正品率为 0.99，第三道工序的正品率为 0.98. 求该种产品的正品率和次品率.

7. 一射手对目标独立射击 4 次，每次射击的命中率为 $p=0.8$，求

(1) 恰好命中两次的概率；

(2) 至少命中一次的概率.

8. 5 台同类型的机床同时独立工作，每台车床在一天内出现故障的概率 $P=0.1$，求在一天内：

(1) 没有机床出现故障的概率；

(2) 最多有一台机床出现故障的概率.

9. 设某类型的高射炮每次击中飞机的概率为 0.7，问至少需要多少门这样的高射炮同时独立发射(每门炮射一次)才能使击中飞机的概率达到 99% 以上.

10. 设 $0<P(B)<1$，证明：事件 $A,B$ 独立的充要条件是

$$P(A\mid B)=P(A\mid \overline{B}).$$

## 本章小结

本章是概率论的基础部分，所有内容围绕随机事件和概率这两个概念展开. 本章的重点内容包括：随机事件的关系和运算，概率的性质，条件概率和乘法公式，事件的独立性. 基本要求如下：

1. 了解事件的 4 种关系

(1) **包含** $A\subset B$ 表示若事件 $A$ 发生则事件 $B$ 必发生.

(2) **相等**　$A=B \Leftrightarrow A \subset B$ 且 $B \subset A$.

(3) **互斥**　$AB=\varnothing \Leftrightarrow A$ 与 $B$ 互斥.

(4) **对立**　$A$ 与 $B$ 对立 $\Leftrightarrow AB=\varnothing, A \cup B=\Omega$.

2. 了解事件的 4 种运算

(1) **事件的和(并)**　$A \cup B$ 表示 $A$ 与 $B$ 中至少有一个发生.

**性质**　① 若 $A \supset B$，则 $A \cup B=A$.

② $A \subset A \cup B, B \subset A \cup B$.

(2) **事件的积(交)**　$AB$ 表示 $A$ 与 $B$ 都发生.

**性质**　① 若 $A \supset B$，则 $AB=B$.

② $AB \subset A, AB \subset B$.

③ $\Omega B=B$，即 $(A \cup \overline{A})B=B$.

(3) **事件的差**　$A-B$ 表示 $A$ 发生且 $B$ 不发生.

**性质**　$A-B=A\overline{B}$，且 $A-B=A-AB$.

(4) **事件的对立事件**　$\overline{A}$ 表示 $A$ 不发生.

**性质**　$A \cup \overline{A}=\Omega, A\overline{A}=\varnothing$.

3. 了解运算关系的规律

(1) **交换律**　$A \cup B=B \cup A, AB=BA$.

(2) **结合律**　$(A \cup B) \cup C=A \cup (B \cup C), (AB)C=A(BC)$.

(3) **分配率**　$(A \cup B) \cap C=AC \cup BC, (A \cap B) \cup C=(A \cup C) \cap (B \cup C)$.

(4) **对偶律**　$\overline{A \cup B}=\overline{A} \cap \overline{B}, \overline{A \cap B}=\overline{A} \cup \overline{B}$；一般地，

$$\overline{\bigcup_{i=1}^{n} A_i}=\bigcap_{i=1}^{n} \overline{A_i}, \quad \overline{\bigcap_{i=1}^{n} A_i}=\bigcup_{i=1}^{n} \overline{A_i}.$$

4. 理解随机事件的概率的概念，掌握古典概型和几何概型的计算公式

$$P(A)=\frac{k(A\text{包含的样本点数})}{n(\text{样本点总数})}, \quad P(A)=\frac{L(A)}{L(\Omega)}.$$

会利用它们计算相关的概率.

5. 掌握概率的计算公式，会利用它们计算相关的概率

(1) $P(A \cup B)=P(A)+P(B)-P(AB)$；特别情形：

① 当 $A$ 与 $B$ 互斥时，$P(A \cup B)=P(A)+P(B)$；

② 当 $A$ 与 $B$ 独立时，$P(A \cup B)=P(A)+P(B)-P(A)P(B)$；

③ $P(A)=1-P(\overline{A})$.

**推广** $P(A\cup B\cup C)=P(A)+P(B)+P(C)-P(AB)-P(AC)-P(BC)+P(ABC)$.

(2) $P(A-B)=P(A)-P(AB)$，特别情形：当 $B\subset A$ 时，

$$P(A-B)=P(A)-P(B).$$

(3) $P(AB)=P(A)P(B|A)=P(B)P(A|B)$.

**推广** $P(ABC)=P(A)P(B|A)P(C|AB)$；

$$P(A_1A_2\cdots A_n)=P(A_1)P(A_2|A_1)\cdots P(A_n|A_1A_2\cdots A_{n-1}).$$

特别情形：当事件独立时，

$$P(AB)=P(A)P(B),$$

$$P(ABC)=P(A)P(B)P(C),$$

$$P(A_1A_2\cdots A_n)=P(A_1)P(A_2)\cdots P(A_n).$$

**性质** 若 $A$ 与 $B$ 独立，则 $\overline{A}$ 与 $B$，$A$ 与 $\overline{B}$，$\overline{A}$ 与 $\overline{B}$ 均独立.

6. 掌握全概率公式和贝叶斯公式

$$P(B)=\sum_{i=1}^{n}P(A_i)P(B|A_i),$$

$$P(A_i|B)=\frac{P(A_i)P(B|A_i)}{\sum_{i=1}^{n}P(A_i)P(B|A_i)},\quad i=1,2,\cdots,n.$$

会利用它们计算相关的概率.

7. 理解 n 重伯努利试验的定义，掌握 n 重伯努利概型的计算公式

$$P_n(k)=C_n^k p^k(1-p)^{n-k},\quad k=0,1,2,\cdots,n.$$

会利用它们计算相关的概率.

## 总习题一

### 一、填空题

1. 一口袋装有3只红球、2只黑球，今从中任意取出2只球，则这两只恰为一红一黑的概率是________.

2. 袋中有50个球，其中有20个黄球，30个白球. 现有2人依次随机地从袋中各取一球，取后不放回，则第2个人取得黄球的概率为________.

3. 设 $P(A)=0.4$，$P(A\cup B)=0.7$，那么

(1) 若 $A$ 与 $B$ 互不相容，则 $P(B)=$________；

(2) 若 $A$ 与 $B$ 相互独立，则 $P(B)=$________.

4. 设 $A,B$ 为随机事件，$P(A)=0.7$，$P(A-B)=0.3$，则 $P(\overline{AB})=$________.

5. 设 $A,B$ 为相互独立的两随机事件，$P(A)=\frac{1}{2}$，$P(B)=\frac{1}{3}$，则 $P(\overline{A}B)=$________.

6. 设 $A,B$ 为随机事件，且 $P(A)=0.8$，$P(B)=0.4$，$P(B|A)=0.25$，则 $P(A|B)=$________.

7. 设 $A,B$ 为两事件，$P(A|B)=0.3$，$P(B|A)=0.4$，$P(\overline{A}|\overline{B})=0.7$，则 $P(A\cup B)=$________.

8. 甲、乙两人独立地对同一目标射击一次，其命中率分别为 0.6 和 0.5，现已知目标被命中，则它是甲命中的概率为________.

9. 设工厂 A 和工厂 B 的产品的次品率分别为 1% 和 2%，现从由 A 厂和 B 厂的产品分别占 60% 和 40% 的一批产品中随机抽取一件，发现是次品，则该次品是 A 厂生产的概率是________.

10. 设在一次试验中 $A$ 发生的概率为 $p$，现进行 $n$ 次独立试验，则 $A$ 至少发生一次的概率为________；而事件 $A$ 至多发生一次的概率为________.

11. 在三次独立试验中，事件 $B$ 至少出现一次的概率为 $\frac{19}{27}$. 若每次试验中 $B$ 出现的概率均为 $p$，则 $p=$________.

## 二、选择题

1. 设 $A$ 为随机事件，则下列命题中错误的是(　　).

A. $A$ 与 $\overline{A}$ 互为对立事件　　B. $A$ 与 $\overline{A}$ 互不相容

C. $\overline{A\cup\overline{A}}=\Omega$　　D. $\overline{\overline{A}}=A$

2. 设 $A,B$ 为两随机事件，且 $B\subset A$，则下列式子正确的是(　　).

A. $P(A\cup B)=P(A)$　　B. $P(AB)=P(A)$

C. $P(B|A)=P(B)$　　D. $P(B-A)=P(B)-P(A)$

3. 设两事件 $A$ 与 $B$ 满足 $P(B|A)=1$，则(　　).

A. $A$ 是必然事件　　B. $P(B|\overline{A})=0$

C. $A\supset B$　　D. $A\subset B$

4. 设随机事件 $A,B$ 为互不相容的，且 $P(A)>0$，$P(B)>0$，则有(　　).

A. $P(\overline{AB})=1$　　B. $P(A)=1-P(B)$

C. $P(AB)=P(A)P(B)$　　D. $P(A\cup B)=1$

5. 设事件$A,B$相互独立，且$P(A)>0$，$P(B)>0$，则下列等式成立的是(　　).

A. $P(AB)=0$　　B. $P(A-B)=P(A)P(\overline{B})$

C. $P(A)+P(B)=1$　　D. $P(AB)=0$

6. 设$A,B$为随机事件，且$P(B)>0$，$P(A|B)=1$，则必有(　　).

A. $P(A\cup B)>P(A)$　　B. $P(A\cup B)>P(B)$

C. $P(A\cup B)=P(A)$　　D. $P(A\cup B)=P(B)$

7. 设$A,B$为互不相容的两随机事件，$P(A)=0.2$，$P(B)=0.4$，则$P(B|A)=$(　　).

A. 0　　B. 0.2

C. 0.4　　D. 1

8. 设$P(A)>0$，$P(B)>0$，$AB=\varnothing$，则下列结论中肯定正确的是(　　).

A. $\overline{A}$与$\overline{B}$不相容　　B. $\overline{A}$与$\overline{B}$相容

C. $P(AB)=P(A)P(B)$　　D. $P(A-B)=P(A)$

9. 设$A,B$是两个随机事件，且$0<P(A)<1$，$P(B)>0$，$P(B\mid A)=P(B\mid\overline{A})$，则必有(　　).

A. $P(A|B)=P(\overline{A}\mid B)$　　B. $P(A|B)\neq P(\overline{A}\mid B)$

C. $P(AB)=P(A)P(B)$　　D. $P(AB)\neq P(A)P(B)$

10. 设$0<P(A)<1$，$0<P(B)<1$，$P(A|B)+P(\overline{A}\mid\overline{B})=1$，则事件$A$和$B$(　　).

A. 互不相容　　B. 互相对立

C. 不独立　　D. 独立

11. 设$A,B$是两个随机事件，且$0<P(A)<1$，$0<P(B)<1$，$P(A\overline{B})=P(\overline{A}B)$，则下列等式未必成立的是(　　).

A. $P(A|B)=P(B|A)$　　B. $P(A|\overline{B})=P(B|\overline{A})$

C. $P(A|\overline{B})=P(\overline{A}|B)$　　D. $P(A-B)=P(B-A)$

12. 两只一模一样的铁罐里都装有大量的红球和黑球，其中一铁罐(取名"甲罐")内的红球数与黑球数之比为2∶1，另一铁罐(取名"乙罐")内的黑球数与红球数之比为2∶1. 今任取一铁罐并从中取出50只球，查得其中有30只红球和20只黑球，则该铁罐为"甲罐"的概率是该罐为"乙罐"的概率的(　　).

A. 154倍　　B. 254倍

C. 798倍　　D. 1 024倍

**三、计算题**

1. 袋中有10件产品，其中有6件正品、4件次品，从中任取3件，求所取3件中有次品的事件$A$的概率.

2. 设有$n$个质点，每个以相同的概率落入$N$个盒子中. 设$A=\{$指定的$n$个盒子中各有1个质点$\}$，对以下两种情况，试求事件$A$的概率：

(1)（麦克斯威尔－波尔茨曼统计）假定$N$个质点是可以分辨的，还假定每个盒子能容纳的质点数不限；

(2)（费米－爱因斯坦统计）假定$n$个质点是不可分辨的，还假定每个盒子至多只能容纳一个质点.

3. 设$A\subset B, P(A)=0.2$，$P(B)=0.3$，求：(1) $P(\overline{A}), P(\overline{B})$；(2) $P(AB)$；(3) $P(A\cup B)$；(4) $P(\overline{A}B)$；(5) $P(A-B)$.

4. 设事件$A,B$的概率分别为$P(A)=\frac{1}{5}$，$P(B)=\frac{1}{2}$，求在下列情况下的$P(\overline{A}B), P(A\overline{B})$：(1) $A$与$B$不相容；(2) $A\subset B$；(3) $P(AB)=\frac{1}{10}$.

5. 设$A$与$B$是两个随机事件，且$P(A)=0.7$，$P(B)=0.6$，问：

(1) 在何条件下$P(AB)$取到最大值，最大值是多少？

(2) 在何条件下$P(AB)$取到最小值，最小值是多少？

6. 设$A,B,C$是三个随机事件，且$P(A)=P(B)=P(C)=\frac{1}{4}$，$P(AB)=P(BC)=0$，$P(AC)=\frac{1}{8}$，求：

(1) $A,B,C$中至少有一个发生的概率；

(2) $A,B,C$都不发生的概率.

7. 某厂有甲、乙、丙三个车间生产同一种产品，各车间的产量分别占全厂总产量的20%,30%,50%. 根据以往产品质量检验记录知道甲、乙、丙三个车间的次品率分别为4%,3%,2%.

(1) 求从该厂产品中任取一件，其为次品的概率为多大.

(2) 若从该厂产品中任取一件发现其为次品，则该产品为甲车间生产的概率是多大？

8. 设肺癌发病率为0.1%，患肺癌的人中吸烟者占90%，不患肺癌的人中吸烟者占20%，试求吸烟者与不吸烟者中患肺癌的概率各是多少.

9. 发报台以概率0.6和0.4发出信号“•”和“—”. 由于通信系统存在随机干扰，当发出信号为“•”和“—”时，收报台分别以概率0.2和0.1收到信号“—”和“•”. 求收报台收到信号“•”时，发报台确实发出信号“•”的概率.

10. 将一骰子掷 $m+n$ 次，已知至少有一次出 6 点，求首次出 6 点在第 $n$ 次抛掷时出现的概率.

11. 由射手对飞机进行 4 次独立射击，每次射击命中的概率为 0.3，一次命中时飞机被击落的概率为 0.6，至少两次命中时飞机必然被击落，求飞机被击落的概率.

12. 设有来自三个地区的各10名、15名和25名考生的报名表，其中女生的报名表分别为 3 份、7 份和 5 份. 随机地取一个地区的报名表，从中先后抽出两份.

(1) 求先抽到的一份是女生表的概率 $p$.

(2) 已知后抽到的一份是男生表，求先抽到的一份是女生表的概率 $q$.

# 第二章

# 随机变量及其分布

为了深入研究和全面掌握随机现象的统计规律，往往需要把随机试验的结果数量化，即把样本空间中的样本点 $\omega$ 与实数联系起来，建立某种对应关系，这种对应关系称为**随机变量**. 由于这种变量的取值依赖于试验结果，而试验结果是不确定的，所以随机变量的取值也是不确定的. 虽然人们无法准确预知其确切取值，但人们可以研究其取值的统计规律. 对随机变量的统计规律的完整描述称为**随机变量的分布**，本章主要介绍两类随机变量 —— 离散型和连续型随机变量及其分布.

## 2.1 随机变量及其分布函数

### 2.1.1 随机变量的概念

在现实中，很多随机试验的结果(即样本点)本身就是用数量表示的，结果的数量化显而易见；但还有很多随机试验的试验结果本身不是数量的，这时可根据研究需要，建立试验结果与数量的对应关系. 请看下面的例子.

**例 2.1** 掷一枚骰子，试验结果分别为

$$\omega_i=\{\text{出现的点数为 } i \text{ 点}\},\quad i=1,2,\cdots,6,$$

这些结果本身是数量性质的. 我们将试验的结果用一个实数 $X$ 来表示，当出现的点数为 1 时 $X=1$，即 $X(\omega_1)=1$，依此类推，当出现的点数为 $i$ 时 $X=i$，即 $X(\omega_i)=i$，如图 2-1 所示. 可见，$X$ 是样本空间 $\Omega=\{\omega_1,\omega_2,\omega_3,\omega_4,\omega_5,\omega_6\}$ 与实数子集 $\{1,2,3,4,5,6\}$ 之间的一种对应关系.

**例 2.2** 掷一枚硬币，试验结果如下：

$$\omega_1=\{\text{正面朝上}\},\quad \omega_2=\{\text{反面朝上}\},$$

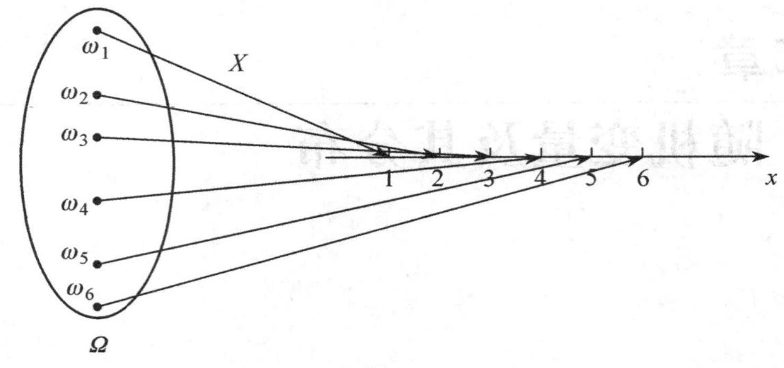


图 2-1

这些结果本身是非数量性质的. 我们将试验的结果用一个实数 $Y$ 来表示，当出现“正面朝上”时 $Y=1$，当出现“反面朝上”时 $Y=0$，即

$$Y(\omega)=\begin{cases}1, & \omega=\omega_1,\\ 0, & \omega=\omega_2.\end{cases}$$

可见，$Y$ 是样本空间 $\Omega=\{\omega_1,\omega_2\}$ 与实数子集 $\{0,1\}$ 之间的一种对应关系.

**例 2.3** 考查“110 报警台在一天内接到的报警次数”，试验结果为

$$\omega_i=\{\text{一天内接到的报警次数为 } i \text{ 次}\},\quad i=0,1,2,\cdots,n,\cdots,$$

这些结果本身是数量性质的. 我们将试验的结果用一个实数 $Z$ 来表示，当“一天内接到的报警次数为 $i$ 次”时 $Z=i$，$i=0,1,2,\cdots,n,\cdots$，即

$$Z(\omega_i)=i,\quad i=0,1,2,\cdots,n,\cdots.$$

可见，$Z$ 是样本空间 $\Omega=\{\omega_1,\omega_2,\cdots,\omega_n,\cdots\}$ 与自然数集 $\{0,1,2,\cdots,n,\cdots\}$ 之间的一种对应关系.

**例 2.4** 考查“一套仪器设备的使用寿命”，试验结果为

$$\omega=\{\text{使用寿命为 } x \text{ 小时}\},\quad x\geqslant 0,\ x\in\mathbf{R},$$

这些结果本身是数量性质的. 我们将试验的结果用一个实数 $Z_1$ 来表示，当“使用寿命为 $x$ 小时”时 $Z_1=x$，即

$$Z_1(\omega)=x,\quad x\geqslant 0.$$

可见，$Z_1$ 是样本空间 $\Omega=\{\omega\,|\,\omega=\text{使用寿命为 } x \text{ 小时},\ x\geqslant 0\}$ 与非负实数集之间的一种对应关系.

上面这些例子，无论样本点是数量性质的还是非数量性质的，都可建立一个数值与随机试验的结果(即样本点)的对应关系，本质上这与微积分中函数的定义是一回事，只不过在函数的定义中，函数 $f(x)$ 的自变量是实数 $x$，而随机变量 $X(\omega)$ 的自变量是样本空间中的样本点 $\omega$，从而得到下面的定义.

**定义 2.1**　设随机试验的样本空间为 $\Omega$，对于样本空间 $\Omega$ 中每一个样本点 $\omega$，有且只有唯一的实数 $X(\omega)$ 与之对应，则称定义在样本空间 $\Omega$ 上的实值函数 $X(\omega)$ 为**随机变量**，简记为 $X$.

**注**　(1) 随机变量通常用大写英文字母 $X,Y,Z$ 等表示，用小写英文字母表示随机变量的取值，如 $X(\omega)=x$.

(2) 随机变量的定义域为样本空间 $\Omega$，值域为实数子集，对应法则为 $X$.

(3) 由于随机变量的自变量为随机试验的试验结果(即样本点)，而随机试验的试验结果具有随机性，所以导致随机变量的取值也具有随机性(即随机变量的取值具有统计规律). 在一次试验之前，我们不能预先知道随机变量取什么值，但由于试验的所有可能结果是预先知道的，所以对每一个随机变量，我们可以知道它的取值范围，且可以知道它取各个值的可能性大小，这一性质显示了随机变量与普通函数有本质的区别.

(4) 引入随机变量之后，随机事件就可以用随机变量的取值来表示. 例如，在例 2.1 中，若 $A$ 表示"出现 6 点"，则 $A=\{X=6\}$，$P\{X=6\}=\dfrac{1}{6}$；若 $B$ 表示"出现 4 点或 5 点或 6 点"，则

$$B=\{X\geqslant 4\}=\{X=4\}\cup\{X=5\}\cup\{X=6\},\quad P\{X\geqslant 4\}=\frac{1}{2}.$$

在例 2.2 中，若 $C$ 表示"正面朝上"，则

$$C=\{Y=1\},\quad P\{Y=1\}=\frac{1}{2}.$$

在例 2.4 中，若 $A_1$ 表示"使用寿命不超过 1 000 小时"，则 $A_1=\{Z_1\leqslant 1\,000\}$；若 $A_2$ 表示"使用寿命在 1 000 小时到 1 500 小时之间"，则

$$A_2=\{1\,000\leqslant Z_1\leqslant 1\,500\}.$$

可见，随机变量取值表示的是随机事件，至此，对随机事件的研究转化成了对随机变量的研究.

## 2.1.2　随机变量的分布函数

对于随机变量 $X$，我们关心诸如事件 $\{X\leqslant x\}$，$\{X>x\}$，$\{x_1<X\leqslant x_2\}$ 的概率. 但由于

$$\{x_1<X\leqslant x_2\}=\{X\leqslant x_2\}-\{X\leqslant x_1\},\quad x_1<x_2,$$

且 $\{X\leqslant x_1\}\subset\{X\leqslant x_2\}$，所以

$$P\{x_1<X\leqslant x_2\}=P\{X\leqslant x_2\}-P\{X\leqslant x_1\}.$$

又因为 $\{X>x\}$ 的对立事件是 $\{X\leqslant x\}$，所以

$$P\{X > x\} = 1 - P\{X \leqslant x\}.$$

通过诸如此类的讨论，可知事件$\{X \leqslant x\}$的概率$P\{X \leqslant x\}$成了关键角色，在计算概率时起到重要作用，记$F(x)=P\{X \leqslant x\}$. 对于任意的$x \in \mathbf{R}$，对应的$F(x)$是一个概率，$P\{X \leqslant x\} \in [0,1]$，说明$F(x)$是定义在$(-\infty, +\infty)$上的普通实值函数，从而引出随机变量分布函数的定义.

**定义 2.2** 设$X$是一个随机变量，对于任意的$x \in \mathbf{R}$，称函数

$$F(x) = P\{X \leqslant x\}$$

为随机变量$X$的**分布函数**.

**注** (1) 随机变量的分布函数定义域为$(-\infty, +\infty)$，值域为$[0,1]$.

(2) 随机变量的分布函数$F(x)$表示的是事件$\{X \leqslant x\}$的概率，即随机变量$X$落在$(-\infty, x]$上的概率. 例如，$F(0)$表示$X$落在数轴上原点左边的概率.

(3) 按分布函数的定义可知：

$$P\{X \leqslant a\} = F(a),$$

$$P\{a < X \leqslant b\} = F(b) - F(a),$$

$$P\{X < a\} = \lim_{x \to a^-} F(x) = F(a-0),$$

$$P\{X = a\} = P\{X \leqslant a\} - P\{X < a\} = F(a) - F(a-0),$$

$$P\{a \leqslant X \leqslant b\} = P\{X \leqslant b\} - P\{X < a\} = F(b) - F(a-0).$$

随机变量分布函数的定义适应于任意的随机变量，它是一个与随机变量有关的概念，可用于全面描述随机变量的统计规律. 为了直观地理解随机变量分布函数的性质，请看下面的例题.

**例 2.5** 设一口袋中装有标有$-1,2,2,2,3,3$的6个球，从中任取一个球，球上标有的数字记为$X$，求随机变量$X$的分布函数.

**解** 随机变量$X$的可能取值为$-1,2,3$，由古典概率计算公式可得$X$取这些值的概率：

$$P\{X=-1\} = \frac{1}{6}, \quad P\{X=2\} = \frac{1}{2}, \quad P\{X=3\} = \frac{1}{3}.$$

当$x < -1$时，$F(x) = P\{X \leqslant x\} = P(\varnothing) = 0$；当$-1 \leqslant x < 2$时，

$$F(x) = P\{X \leqslant x\} = P\{X=-1\} = \frac{1}{6};$$

当$2 \leqslant x < 3$时，

$$F(x) = P\{X \leqslant x\} = P\{X=-1\} + P\{X=2\}$$
$$= \frac{1}{6} + \frac{1}{2} = \frac{2}{3};$$

当$x \geqslant 3$时，$F(x) = P\{X \leqslant x\} = P(\Omega) = 1$. 于是$X$的分布函数为

$$F(x)=\begin{cases}0, & x<-1,\\ \frac{1}{6}, & -1\leqslant x<2,\\ \frac{2}{3}, & 2\leqslant x<3,\\ 1, & x\geqslant 3.\end{cases}$$

$F(x)$ 的图形如图 2-2 所示.

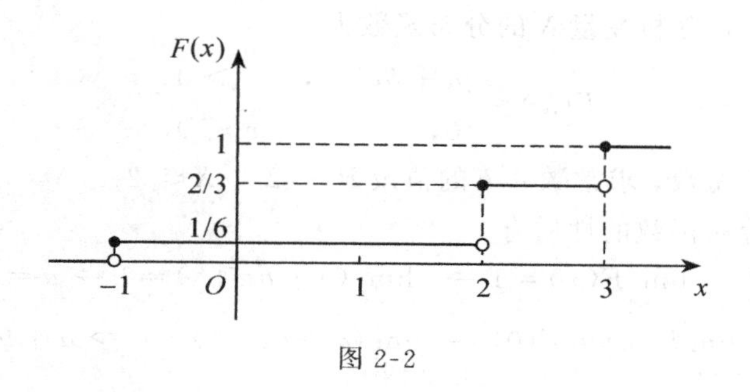


图 2-2

从例 2.5 的分布函数及其图形不难发现分布函数具有右连续、单调不减等性质.

一般地，分布函数都具有以下性质：

**性质 1**　$0\leqslant F(x)\leqslant 1$.

**性质 2**　$F(-\infty)=\lim\limits_{x\to-\infty}F(x)=0$，$F(+\infty)=\lim\limits_{x\to+\infty}F(x)=1$.

**性质 3**　$F(x)$ 单调不减，即当 $x_1<x_2$ 时，$F(x_1)\leqslant F(x_2)$.

**性质 4**　$F(x)$ 右连续，即对于任意的 $x\in\mathbf{R}$，有 $F(x+0)=F(x)$.

**注**　任给一个满足上述性质 1～性质 4 的实值函数 $F(x)$，它必是某个随机变量的分布函数，所以，上述 4 条性质是 $F(x)$ 成为某个随机变量分布函数的充要条件.

**例 2.6**　设随机变量 $X$ 的分布函数为

$$F(x)=\begin{cases}0, & x<0,\\ \frac{x}{3}, & 0\leqslant x<1,\\ \frac{x}{2}, & 1\leqslant x<2,\\ 1, & x\geqslant 2,\end{cases}$$

求：(1) $P\left\{\frac{1}{2}<X\leqslant\frac{3}{2}\right\}$；(2) $P\left\{X>\frac{1}{2}\right\}$；(3) $P\{X\geqslant 1\}$.

**解** (1) $P\left\{\frac{1}{2}<X\leqslant\frac{3}{2}\right\}=F\left(\frac{3}{2}\right)-F\left(\frac{1}{2}\right)=\frac{3}{4}-\frac{1}{6}.$

(2) $P\left\{X>\frac{1}{2}\right\}=1-F\left(\frac{1}{2}\right)=1-\frac{1}{6}=\frac{5}{6}.$

(3) $P\{X\geqslant 1\}=1-F(1-0)=1-\frac{1}{3}=\frac{2}{3}.$

**例 2.7** 设随机变量 $X$ 的分布函数为

$$F(x)=\begin{cases}a+b\mathrm{e}^{-\lambda x}, & x>0,\\ 0, & x\leqslant 0,\end{cases}$$

其中 $\lambda>0$ 为常数，求常数 $a,b$ 的值及 $P\{-2<X\leqslant 2\}$.

**解** 由分布函数的性质有

$$F(+\infty)=\lim_{x\to+\infty}F(x)=1\Rightarrow\lim_{x\to+\infty}(a+b\mathrm{e}^{-\lambda x})=1\Rightarrow a=1,$$

$$\lim_{x\to 0^+}F(x)=F(0)\Rightarrow\lim_{x\to 0^+}(a+b\mathrm{e}^{-\lambda x})=0\Rightarrow a+b=0$$

$$\Rightarrow b=-1.$$

所以

$$F(x)=\begin{cases}1-\mathrm{e}^{-\lambda x}, & x>0,\\ 0, & x\leqslant 0.\end{cases}$$

故

$$P\{-2<X\leqslant 2\}=F(2)-F(-2)=1-\mathrm{e}^{-2\lambda}-0=1-\mathrm{e}^{-2\lambda}.$$

## 习 题 2.1

1. 如下 4 个函数中，能成为随机变量 $X$ 的分布函数是(　　).

A. $F(x)=\begin{cases}0, & x<-2,\\ \frac{1}{2}, & -2\leqslant x<0,\\ 2, & x\geqslant 0\end{cases}$

B. $F(x)=\begin{cases}0, & x<0,\\ \sin x, & 0\leqslant x<\pi,\\ 1, & x\geqslant\pi\end{cases}$

C. $F(x)=\begin{cases}0, & x<0,\\ \sin x, & 0\leqslant x<\frac{\pi}{2},\\ 1, & x\geqslant\frac{\pi}{2}\end{cases}$

D. $F(x)=\begin{cases}0, & x\leqslant 0,\\ x+\frac{1}{3}, & 0<x<\frac{1}{2},\\ 1, & x\geqslant\frac{1}{2}\end{cases}$

2. 设随机变量 $X$ 的分布函数为

$$F(x)=\begin{cases}0, & x<1,\\ \ln x, & 1\leqslant x<\mathrm{e},\\ 1, & x\geqslant \mathrm{e},\end{cases}$$

求 $P\{X\leqslant 2\}$，$P\{0<X\leqslant 3\}$，$P\{2<X\leqslant 2.5\}$.

3. 设随机变量 $X$ 的分布函数为

$$F(x)=a+b\arctan x,\quad x\in(-\infty,+\infty),$$

求常数 $a,b$ 的值及 $P\{-1<X\leqslant 1\}$.

## 2.2 离散型随机变量

### 2.2.1 离散型随机变量及其分布律

**定义 2.3** 若随机变量 $X$ 只取有限多个值或可列无限多个值，就说 $X$ 是**离散型随机变量**.

例如，本节例 2.1 ～ 例 2.3 中的随机变量就是离散型随机变量.

**注** 要掌握离散型随机变量的统计规律，必须知道它的所有可能取值及取这些值的概率.

**定义 2.4** 若随机变量 $X$ 的可能取值为 $x_1,x_2,\cdots,x_n,\cdots$，且有

$$P\{X=x_k\}=p_k,\quad k=1,2,\cdots,n,\cdots,$$

或列表为

| $X$ | $x_1$ | $x_2$ | $\cdots$ | $x_k$ | $\cdots$ |
|---|---|---|---|---|---|
| $P$ | $p_1$ | $p_2$ | $\cdots$ | $p_k$ | $\cdots$ |

皆表示离散型随机变量 $X$ 的**(概率)分布律**，记为 $X\sim\{p_k\}$. 分布律清楚而完整地表示了 $X$ 的取值及概率的分布情况.

$\{p_k\}$ 有下列性质：

(1) $p_k\geqslant 0$，$k=1,2,\cdots,n,\cdots$；

(2) $p_1 + p_2 + \cdots + p_n + \cdots = 1$.

由于事件$\{X=x_1\},\{X=x_2\},\cdots,\{X=x_n\},\cdots$互不相容，而且$x_1,x_2,\cdots,x_n,\cdots$是$X$的全部可能取值，所以$P\{X=x_1\}+P\{X=x_2\}+\cdots+P\{X=x_n\}+\cdots=P(\Omega)=1$，即

$$p_1 + p_2 + \cdots + p_n + \cdots = 1.$$

反之，若一数列$\{p_k\}$具有以上两条性质，则它必可以作为某随机变量的分布律.

**例 2.8** 袋中有 5 个同样大小的球，编号为 1,2,3,4,5. 从中同时取出 3 个球，记$X$为取出的球的最大编号，求$X$的分布律.

**解** $X$的取值为 3,4,5，由古典概型的概率计算方法，得

$P\{X=3\}=\dfrac{1}{C_5^3}=\dfrac{1}{10}$ （三个球的编号为 1,2,3），

$P\{X=4\}=\dfrac{C_3^2}{C_5^3}=\dfrac{3}{10}$ （有一球编号为 4，从 1,2,3 中任取 2 个的组合与数字 4 搭配成 3 个），

$P\{X=5\}=\dfrac{C_4^2}{C_5^3}=\dfrac{3}{5}$ （有一球编号为 5，另两个球的编号小于 5）.

于是$X$的分布律为

| $X$ | 3 | 4 | 5 |
|---|---|---|---|
| $P$ | $\frac{1}{10}$ | $\frac{3}{10}$ | $\frac{3}{5}$ |

**例 2.9** 设离散型随机变量的分布律为

| $X$ | $-2$ | $-1$ | 0 | 1 | 2 |
|---|---|---|---|---|---|
| $P$ | $a$ | $3a$ | $\frac{1}{8}$ | $a$ | $2a$ |

求(1) 常数$a$的值；(2) $P\{X<1\},P\{-2<X\leqslant 0\},P\{X\geqslant 2\}$.

**解** (1) 由于$a+3a+\frac{1}{8}+a+2a=1$，得$a=\frac{1}{8}$，即分布律为

| $X$ | $-2$ | $-1$ | 0 | 1 | 2 |
|---|---|---|---|---|---|
| $P$ | $\frac{1}{8}$ | $\frac{3}{8}$ | $\frac{1}{8}$ | $\frac{1}{8}$ | $\frac{1}{4}$ |

(2) $P\{X<1\}=P\{X=-2\}+P\{X=-1\}+P\{X=0\}$

$$=\frac{1}{8}+\frac{3}{8}+\frac{1}{8}=\frac{5}{8},$$

$$P\{-2<X\leqslant 0\}=P\{X=-1\}+P\{X=0\}=\frac{3}{8}+\frac{1}{8}=\frac{1}{2},$$

$$P\{X\geqslant 2\}=P\{X=2\}=\frac{1}{4}.$$

也可以先求出 $X$ 的分布函数

$$F(x)=\begin{cases}0, & x<-2,\\ \frac{1}{8}, & -2\leqslant x<-1,\\ \frac{1}{2}, & -1\leqslant x<0,\\ \frac{5}{8}, & 0\leqslant x<1,\\ \frac{3}{4}, & 1\leqslant x<2,\\ 1, & x\geqslant 2,\end{cases}$$

于是

$$P\{X<1\}=F(1-0)=\frac{5}{8},$$

$$P\{-2<X\leqslant 0\}=F(0)-F(-2)=\frac{5}{8}-\frac{1}{8}=\frac{1}{2},$$

$$P\{X\geqslant 2\}=1-F(2-0)=1-\frac{3}{4}=\frac{1}{4}.$$

这里还可以求出

$$\begin{aligned}P\{X=-2\}&=P\{X\leqslant -2\}-P\{X<-2\}=F(-2)-F(-2-0)\\&=\frac{1}{8}-0=\frac{1}{8},\end{aligned}$$

$$\begin{aligned}P\{X=-1\}&=P\{X\leqslant -1\}-P\{X<-1\}=F(-1)-F(-1-0)\\&=\frac{1}{2}-\frac{1}{8}=\frac{3}{8},\end{aligned}$$

$$\begin{aligned}P\{X=0\}&=P\{X\leqslant 0\}-P\{X<0\}=F(0)-F(0-0)\\&=\frac{5}{8}-\frac{1}{2}=\frac{1}{8},\end{aligned}$$

$$\begin{aligned}P\{X=1\}&=P\{X\leqslant 1\}-P\{X<1\}=F(1)-F(1-0)\\&=\frac{3}{4}-\frac{5}{8}=\frac{1}{8},\end{aligned}$$

$$\begin{aligned}P\{X=2\}&=P\{X\leqslant 2\}-P\{X<2\}=F(2)-F(2-0)\\&=1-\frac{3}{4}=\frac{1}{4},\end{aligned}$$

于是得到 $X$ 的分布律：

| $X$ | $-2$ | $-1$ | $0$ | $1$ | $2$ |
|---|---|---|---|---|---|
| $P$ | $\frac{1}{8}$ | $\frac{3}{8}$ | $\frac{1}{8}$ | $\frac{1}{8}$ | $\frac{1}{4}$ |

**注** (1) 离散型随机变量的分布律与分布函数是可以互相决定的，它们都可以用来描述离散型随机变量的统计规律.

(2) 若离散型随机变量 $X$ 分布律为

$$P\{X=x_k\}=p_k,\quad k=1,2,\cdots,n,\cdots,$$

则

① 可以求分布函数，

$$F(x)=P\{X\leqslant x\}=\sum_{x_k\leqslant x}P\{X=x_k\}=\sum_{x_k\leqslant x}p_k,$$

即离散型随机变量的分布函数是一种累计概率；

② 可以求 $X$ 所生成的任何事件的概率，

$$P\{a<X\leqslant b\}=\sum_{a<x_k\leqslant b}P\{X=x_k\},$$

即对离散型随机变量 $X$ 落在区间 $(a,b]$ 上所有可能取值的概率相加；

③ $P\{X=x_k\}=F(x_k)-F(x_k-0)$，$k=1,2,\cdots,n,\cdots$，即对于离散型随机变量 $X$，它的分布函数 $F(x)$ 在 $X$ 的可能取值 $x_k(k=1,2,\cdots,n,\cdots)$ 处具有跳跃，跳跃值恰为该处的概率 $P\{X=x_k\}=p_k$.

综上所述，离散型随机变量分布函数 $F(x)$ 的图形是阶梯形曲线，且为分段函数，分段点是 $x_k(k=1,2,\cdots,n,\cdots)$.

## 2.2.2 常见离散型随机变量的分布

下面介绍几种常见的离散型随机变量.

1. 0-1 分布(两点分布)

**定义 2.5** 若随机变量 $X$ 只有两个可取值：0,1，且

$$P\{X=1\}=p,\quad P\{X=0\}=q,$$

其中 $q=1-p$，$0<p<1$，则称 $X$ **服从参数为** $p$ **的 0-1 分布**，记为 $X\sim B(1,p)$. $X$ 的分布律为

| $X$ | $0$ | $1$ |
|---|---|---|
| $P$ | $q$ | $p$ |

或 $P\{X=k\}=p^k q^{1-k}$，$k=0,1$.

**注**　0-1 分布是最简单的分布，任何只有两种结果的随机现象，比如新生儿是男是女，明天是否下雨，抽查一产品是正品还是次品等，都可用它来描述.

**例 2.10**　一批产品有 1 000 件，其中有 50 件次品，从中任取 1 件，用 $\{X=0\}$ 表示取到次品，$\{X=1\}$ 表示取到正品，请写出 $X$ 的分布律.

**解**　因为 $P\{X=0\}=\frac{50}{1\,000}=0.05$，$P\{X=1\}=\frac{950}{1\,000}=0.95$，所以 $X$ 的分布律为

| $X$ | 0 | 1 |
|---|---|---|
| $P$ | 0.05 | 0.95 |

2. 二项分布

**定义 2.6**　若随机变量 $X$ 的可能取值为 $0,1,2,\cdots,n$，而 $X$ 的分布律为
$$P\{X=k\}=C_n^k p^k q^{n-k},\quad k=0,1,2,\cdots,n,$$
其中 $q=1-p$，$0<p<1$，则称**随机变量 $X$ 服从参数为 $n,p$ 的二项分布**，记为 $X\sim B(n,p)$.

对于二项分布，由于 $P\{X=k\}=C_n^k p^k q^{n-k}$，$k=0,1,2,\cdots,n$，由二项式定理可知
$$\sum_{k=0}^{n}P\{X=k\}=\sum_{k=0}^{n}C_n^k p^k q^{n-k}=(p+q)^n=1.$$
可见，随机变量 $X$ 取 $k$ 值的概率 $C_n^k p^k q^{n-k}$，恰好是 $(p+q)^n$ 的二项展开式中的第 $k+1$ 项，二项分布也因此而得名. 显然，当 $n=1$ 时，
$$P\{X=k\}=p^k q^{1-k},\quad k=0,1,$$
就是 0-1 分布，所以 0-1 分布是二项分布的特例.

在 $n$ 重伯努利试验中，设事件 $A$ 发生的概率为 $p$，令 $X$ 为 $A$ 发生的次数，则
$$P\{X=k\}=P_n(k)=C_n^k p^k q^{n-k},\quad k=0,1,2,\cdots,n,$$
即 $X$ 服从参数为 $n,p$ 的二项分布，可见二项分布的概率模型是 $n$ 重伯努利概型.

二项分布是一种常用分布，如一批产品的不合格率为 $p$，检查 $n$ 件产品，$n$ 件产品中不合格品数 $X$ 服从二项分布；调查 $n$ 个人，$n$ 个人中的色盲人数 $Y$ 服从参数为 $n,p$ 的二项分布，其中 $p$ 为色盲率；$n$ 部机器独立运转，每台机器出现故障的概率为 $p$，则 $n$ 部机器中出故障的机器数 $Z$ 服从二项分布；在射击

问题中，射击 $n$ 次，每次命中率为 $p$，则命中次数 $X$ 服从二项分布；等等.

**例 2.11** 从学校乘汽车到火车站的途中有3个交通岗，假设在各个交通岗遇到红灯的事件是相互独立的，并且概率均为$\frac{1}{4}$. 设 $X$ 为途中遇到红灯的次数，求随机变量 $X$ 的分布律及至多遇到一次红灯的概率.

**解** 遇到红灯的次数 $X \sim B\left(3, \frac{1}{4}\right)$，其分布律为

$$P\{X=k\}=C_3^k\left(\frac{1}{4}\right)^k\left(\frac{3}{4}\right)^{3-k}, \quad k=0,1,2,3.$$

至多遇到一次红灯的概率为

$$\begin{aligned}P\{X\leqslant 1\}&=P\{X=0\}+P\{X=1\}\\&=C_3^0\left(\frac{1}{4}\right)^0\left(\frac{3}{4}\right)^3+C_3^1\left(\frac{1}{4}\right)^1\left(\frac{3}{4}\right)^2\\&=\frac{27}{34}.\end{aligned}$$

**例 2.12** 设 $X \sim B(2,p)$，$Y \sim B(3,p)$. 设 $P\{X \geqslant 1\} = \frac{5}{9}$，试求 $P\{Y \geqslant 1\}$.

**解** 由 $X \sim B(2,p)$ 知 $P\{X=k\}=C_2^k p^k q^{2-k}$，$k=0,1,2$，于是

$$P\{X=0\}=1-P\{X\geqslant 1\}=1-\frac{5}{9}=\frac{4}{9}.$$

因此 $C_2^0 p^0 q^2=\frac{4}{9}$，解得 $p=\frac{1}{3}$.

由 $Y \sim B\left(3, \frac{1}{3}\right)$ 知 $P\{Y=k\}=C_3^k\left(\frac{1}{3}\right)^k\left(\frac{2}{3}\right)^{3-k}$，$k=0,1,2,3$，所以

$$\begin{aligned}P\{Y\geqslant 1\}&=1-P\{Y=0\}=1-C_3^0\left(\frac{1}{3}\right)^0\left(\frac{2}{3}\right)^3\\&=1-\frac{8}{27}=\frac{19}{27}.\end{aligned}$$

3. 泊松分布

**定义 2.7** 若随机变量$X$的可能取值为$0,1,2,\cdots,n,\cdots$，而$X$的分布律为

$$P\{X=k\}=\frac{\lambda^k}{k!}\mathrm{e}^{-\lambda}, \quad k=0,1,2,\cdots,n,\cdots,$$

其中$\lambda>0$，则称**随机变量 $X$ 服从参数为$\lambda$ 的泊松分布**，记为$X\sim P(\lambda)$.

对于泊松分布，$P\{X=k\}=\frac{\lambda^k}{k!}\mathrm{e}^{-\lambda}$ $(k=0,1,2,\cdots)$，利用 $\mathrm{e}^x=\sum\limits_{k=0}^{\infty}\frac{x^k}{k!}$，有

$$\sum_{k=0}^{\infty}\frac{\lambda^k}{k!}\mathrm{e}^{-\lambda}=\mathrm{e}^{-\lambda}\cdot\sum_{k=0}^{\infty}\frac{\lambda^k}{k!}=\mathrm{e}^{-\lambda}\cdot\mathrm{e}^{\lambda}=1.$$

现实中服从泊松分布的随机变量较为常见. 例如，一天中进入某商场的顾客的人数，一天中拨错号的电话的呼叫次数，某交通路口一分钟内的汽车的流量，5 分钟内公共汽车站候车的乘客数，显微镜下某个区域内的细菌数，等等，都可用泊松分布来描述.

虽然泊松分布本身是一种重要的分布，但历史上它是作为二项分布的近似分布出现的，是于 1837 年由法国数学家泊松(Poisson) 引入的. 下面介绍著名的泊松定理.

**定理 2.1 (泊松定理)** 设 $\lambda>0$ 是常数，$n$ 是任意正整数，且 $np=\lambda$，则对于任意取定的非负整数 $k$，有

$$\lim_{n\to\infty}C_n^k p^k(1-p)^{n-k}=\frac{\lambda^k}{k!}\mathrm{e}^{-\lambda}.$$

**证** 
$$C_n^k p^k(1-p)^{n-k}=\frac{n(n-1)\cdots(n-k+1)}{k!}\left(\frac{\lambda}{n}\right)^k\left(1-\frac{\lambda}{n}\right)^{n-k}$$
$$=\frac{\lambda^k}{k!}\left(1-\frac{1}{n}\right)\left(1-\frac{2}{n}\right)\cdots\left(1-\frac{k-1}{n}\right)$$
$$\left(1-\frac{\lambda}{n}\right)^n\left(1-\frac{\lambda}{n}\right)^{-k}.$$

由于 $\lim\limits_{n\to\infty}\left(1-\frac{1}{n}\right)\left(1-\frac{2}{n}\right)\cdots\left(1-\frac{k-1}{n}\right)=1$，以及

$$\lim_{n\to\infty}\left(1-\frac{\lambda}{n}\right)^n=\mathrm{e}^{-\lambda},\quad \lim_{n\to\infty}\left(1-\frac{\lambda}{n}\right)^{-k}=1,$$

所以

$$\lim_{n\to\infty}C_n^k p^k(1-p)^{n-k}=\frac{\lambda^k}{k!}\mathrm{e}^{-\lambda},\quad k=0,1,2,\cdots,n,\cdots.$$ □

**注** 二项分布的极限分布为泊松分布，当 $n$ 很大，$p$ 很小，且 $\lambda=np$ 适中 ($np\leqslant 5$) 时，有近似公式

$$C_n^k p^k(1-p)^{n-k}\approx\frac{\lambda^k}{k!}\mathrm{e}^{-\lambda}.$$

实际计算中，当 $n\geqslant 20$，$p\leqslant 0.05$ 时用上式作近似计算效果颇佳. $\frac{\lambda^k}{k!}\mathrm{e}^{-\lambda}$ 的值还有表可查(见附表 2)，但是表中直接给出的是 $\sum\limits_{k=n}^{\infty}\frac{\lambda^k}{k!}\mathrm{e}^{-\lambda}$ 的值，要查 $X$ 取某个正整数 $n$ 的概率用下面的公式：

$$P\{X=n\}=P\{X\geqslant n\}-P\{X\geqslant n+1\}$$
$$=\sum_{k=n}^{\infty}\frac{\lambda^k}{k!}e^{-\lambda}-\sum_{k=n+1}^{\infty}\frac{\lambda^k}{k!}e^{-\lambda}.$$

**例 2.13** 设 $X\sim P(5)$，求 $P\{X\geqslant 10\},P\{X\leqslant 10\},P\{X=10\}$.

**解** 由 $X\sim P(5)$ 知 $P\{X=k\}=\frac{5^k}{k!}e^{-5}$，$k=0,1,2,\cdots,n,\cdots$，所以

$$P\{X\geqslant 10\}=\sum_{k=10}^{\infty}\frac{5^k}{k!}e^{-5}\approx 0.031\,828,$$
$$P\{X\leqslant 10\}=1-P\{X\geqslant 11\}=1-\sum_{k=11}^{\infty}\frac{5^k}{k!}e^{-5}$$
$$\approx 1-0.013\,695=0.986\,305,$$
$$P\{X=10\}=P\{X\geqslant 10\}-P\{X\geqslant 11\}$$
$$=\sum_{k=10}^{\infty}\frac{5^k}{k!}e^{-5}-\sum_{k=11}^{\infty}\frac{5^k}{k!}e^{-5}$$
$$\approx 0.031\,828-0.013\,695$$
$$=0.018\,133.$$

**例 2.14** 设每分钟交通路口的汽车流量 $X\sim P(\lambda)$，且已知在一分钟内无车辆通过与恰好有一辆汽车通过的概率相同. 求一分钟内至少有两辆汽车通过的概率.

**解** 由 $X\sim P(\lambda)$ 知 $P\{X=k\}=\frac{\lambda^k}{k!}e^{-\lambda}$，$k=0,1,2,\cdots,n,\cdots$. 依据题意有 $P\{X=0\}=P\{X=1\}$，于是

$$\frac{\lambda^0}{0!}e^{-\lambda}=\frac{\lambda^1}{1!}e^{-\lambda},$$

解得 $\lambda=1$. 因此，一分钟内至少有两辆汽车通过的概率为

$$P\{X\geqslant 2\}=\sum_{k=2}^{\infty}\frac{1^k}{k!}e^{-1}\approx 0.264\,241.$$

**例 2.15** 设某保险公司的人寿保险有 1 000 人投保，每个人在一年内死亡的概率为 0.005，且每个人在一年内是否死亡是相互独立的. 试求在未来一年内这 1 000 个投保人中死亡人数不超过 10 人的概率.

**解** 设 $X$ 为未来一年内这 1 000 个投保人中死亡人数，则 $X\sim B(1\,000,0.005)$，即

$$P\{X=k\}=C_{1\,000}^k\cdot 0.005^k\cdot 0.995^{1\,000-k},\quad k=0,1,2,\cdots,1\,000.$$

因此在未来一年内这 1 000 个投保人中死亡人数不超过 10 人的概率为

$$P\{X \leqslant 10\}=\sum_{k=0}^{10} C_{1\,000}^{k} \cdot 0.005^{k} \cdot 0.995^{1\,000-k}.$$

显然直接计算是困难的，故用泊松分布近似计算，即 $X \sim P(\lambda)$，由于 $n=1\,000$，$p=0.005$，所以 $\lambda=np=5$，于是

$$P\{X=k\}=C_{1\,000}^{k} \cdot 0.005^{k} \cdot 0.995^{1\,000-k} \approx \frac{5^{k}}{k!} \mathrm{e}^{-5}.$$

因此

$$\begin{aligned} P\{X \leqslant 10\} &=1-P\{X \geqslant 11\} \approx 1-\sum_{k=11}^{\infty} \frac{5^{k}}{k!} \mathrm{e}^{-5} \\ & \approx 1-0.013\,695=0.986\,305. \end{aligned}$$

4. 超几何分布

**定义 2.8**　若随机变量 $X$ 的分布律为

$$P\{X=k\}=\frac{C_{M}^{k} C_{N-M}^{n-k}}{C_{N}^{n}}, \quad k=0,1,2,\cdots,n,$$

其中 $n,N,M$ 都是正整数，且 $n \leqslant N$，$M \leqslant N$，则称**随机变量 $X$ 服从参数为 $n$，$N,M$ 的超几何分布**，记为 $X \sim H(n,N,M)$.

对于超几何分布，$P\{X=k\}=\dfrac{C_{M}^{k} C_{N-M}^{n-k}}{C_{N}^{n}}$，$k=0,1,2,\cdots,n$，由组合数的性质易知

$$\sum_{k=0}^{n} P\{X=k\}=\sum_{k=0}^{n} \frac{C_{M}^{k} C_{N-M}^{n-k}}{C_{N}^{n}}=\frac{\sum_{k=0}^{n} C_{M}^{k} C_{N-M}^{n-k}}{C_{N}^{n}}=\frac{C_{N}^{n}}{C_{N}^{n}}=1.$$

注意到，当 $k>M$ 或 $n-k>N-M$ 时，显然有 $P\{X=k\}=0$，所以，实际上应有

$$\max\{0,n+M-N\} \leqslant k \leqslant \min\{n,M\}.$$

从 1.2 节例 1.6 可知，设一批产品共 $N$ 件，其中有 $M$ 件次品，从这批产品中不放回地抽取 $n$ 件产品，则抽取出来的次品数 $X \sim H(n,N,M)$，所以超几何分布对应的是不放回抽样.

可以证明，超几何分布的极限分布是二项分布，请看下面的定理：

**定理 2.2**　若 $X \sim H(n,N,M)$，则当 $N$ 充分大时，对于给定的正整数 $k$ $(k \leqslant n)$ 有

$$\lim_{N \to \infty} \frac{C_{M}^{k} C_{N-M}^{n-k}}{C_{N}^{n}}=C_{n}^{k} p^{k} q^{n-k},$$

其中 $p=\dfrac{M}{N}$，$q=\dfrac{N-M}{N}$.

**证** 由于

$$\frac{C_M^k C_{N-M}^{n-k}}{C_N^n}=\frac{\dfrac{M(M-1)\cdots(M-k+1)}{k!}\dfrac{(N-M)\cdots[N-M-(n-k)+1]}{(n-k)!}}{\dfrac{N(N-1)\cdots(N-n+1)}{n!}}$$

$$=C_n^k\frac{M(M-1)\cdots(M-k+1)(N-M)\cdots[N-M-(n-k)+1]}{N(N-1)\cdots(N-n+1)}$$

$$=C_n^k\frac{\dfrac{M}{N}\left(\dfrac{M}{N}-\dfrac{1}{N}\right)\cdots\left(\dfrac{M}{N}-\dfrac{k-1}{N}\right)\dfrac{N-M}{N}\cdots\left(\dfrac{N-M}{N}-\dfrac{(n-k)-1}{N}\right)}{\left(1-\dfrac{1}{N}\right)\cdots\left(1-\dfrac{n-1}{N}\right)}$$

$$=C_n^k\frac{p\left(p-\dfrac{1}{N}\right)\cdots\left(p-\dfrac{k-1}{N}\right)q\cdots\left(q-\dfrac{(n-k)-1}{N}\right)}{\left(1-\dfrac{1}{N}\right)\cdots\left(1-\dfrac{n-1}{N}\right)},$$

则当 $N\to\infty$ 时，有

$$\lim_{N\to\infty}\frac{C_M^k C_{N-M}^{n-k}}{C_N^n}=C_n^k p^k q^{n-k}.$$ □

**注** 当 $N$ 充分大时，有

$$\frac{C_M^k C_{N-M}^{n-k}}{C_N^n}\approx C_n^k p^k q^{n-k}.$$

由此可见，当一批产品的总量 $N$ 很大，而抽取产品的数量 $n\ll N$ $\left(\dfrac{n}{N}<10\%\right)$ 时，则无放回抽样(抽取出来的产品中的次品数服从超几何分布)与有放回抽样(抽取出来的产品中的次品数服从二项分布)没有多大差异.

**例 2.16** 设一批产品共有 2 000 个，其中有 40 个次品. 随机抽取 100 个产品，求抽取出来的产品中次品数 $X$ 的分布律，若抽样方式是：(1) 无放回抽样；(2) 有放回抽样.

**解** (1) 无放回抽样时，抽取出来的产品中次品数 $X\sim H(100,2\,000,40)$，分布律为

$$P\{X=k\}=\frac{C_{40}^k C_{1\,960}^{100-k}}{C_{2\,000}^{100}},\quad k=0,1,2,\cdots,40.$$

由于 $N=2\,000$ 很大，抽取产品的数量 $n=100\ll N$ $\left(\dfrac{n}{N}=5\%\right)$，所以由定理 2.2 有

$$P\{X=k\}\approx C_{100}^k\cdot 0.02^k\cdot 0.98^{100-k},\quad k=0,1,2,\cdots,40,$$

其中 $p=\dfrac{M}{N}=\dfrac{40}{2\,000}=0.02$.

（2） 有放回抽样时，抽取出来的产品中次品数 $X \sim B(100, 0.02)$，分布律为

$$P\{X=k\}=C_{100}^{k} \cdot 0.02^{k} \cdot 0.98^{100-k}, \quad k=0,1,2,\cdots,100.$$

由于 $n=100$ 较大，$p=0.02$ 较小，所以由定理 2.1 有（$\lambda=np=2$）

$$P\{X=k\} \approx \frac{2^{k}}{k!} \mathrm{e}^{-2}, \quad k=0,1,2,\cdots,100.$$

## 习　题　2.2

1. 给出随机变量 $X$ 的取值及其对应的概率如下：

| $X$ | 1 | 2 | $\cdots$ | $k$ | $\cdots$ |
|---|---|---|---|---|---|
| $P$ | $\frac{1}{3}$ | $\frac{1}{3^2}$ | $\cdots$ | $\frac{1}{3^k}$ | $\cdots$ |

判断它是否为随机变量 $X$ 的分布律.

2. 设离散随机变量 $X$ 的分布律为

| $X$ | $-1$ | 0 | 1 | 2 |
|---|---|---|---|---|
| $P$ | $\frac{1}{8}$ | $\frac{1}{8}$ | $\frac{1}{4}$ | $\frac{1}{2}$ |

求 $X$ 的分布函数，并求 $P\left\{X \leqslant \frac{1}{2}\right\}, P\left\{1 < X \leqslant \frac{3}{2}\right\}, P\left\{1 \leqslant X \leqslant \frac{3}{2}\right\}$.

3. 一袋装有 5 个球，编号为 1,2,3,4,5. 从袋中任取 3 个球，用 $X$ 表示取出的 3 个球中的最大编号，求随机变量 $X$ 的分布律.

4. 已知一批产品共 20 个，其中有 4 个次品，从中任取 6 个产品，用 $X$ 表示抽得的次品数，按两种方式抽样：(1) 不放回抽样；(2) 有放回抽样，求随机变量 $X$ 的分布律.

5. 设 $X \sim B(6, p)$，且 $P\{X=1\}=P\{X=5\}$，求 $P\{X=2\}$.

6. 设 $X \sim P(\lambda)$，且 $P\{X=1\}=P\{X=2\}$，求 $P\{X=4\}$.

7. 一电话交换台每分钟收到的呼唤次数 $X \sim P(4)$，求：

（1） 每分钟恰有 8 次呼唤的概率；

（2） 每分钟的呼唤次数大于 10 的概率.

8. 某家维修站维修本地区某品牌的 600 台电视机，已知每台电视机的故障率为 0.005，求：

（1） 如果维修站有 4 名工人，每台只需一人维修，电视机能及时维修的概率；

(2) 维修站需配备多少名维修工人，才能使及时维修的概率不小于0.96.

## 2.3 连续型随机变量

### 2.3.1 连续型随机变量及其概率密度

对于离散型随机变量 $X$，它的分布律能够完全刻画其统计特性. 而变量中有一类随机变量的取值可以充满一个区间，这类随机变量称为**连续型随机变量**，它无法用分布律来描述. 首先，不能将其可能的取值一一地列举出来，其取值可充满数轴上的一个区间$(a,b)$，甚至是几个区间，也可以是无穷区间. 其次，对于连续型随机变量 $X$，取任一指定的实数值 $x$ 的概率都等于0，即 $P\{X=x\}=0$. 那么，如何刻画连续型随机变量的统计规律？ 这正是下面要讨论的问题.

**定义 2.9** 设 $F(x)$ 是随机变量 $X$ 的分布函数. 若存在非负可积函数 $f(x)$，对任意实数 $x$，有

$$F(x)=\int_{-\infty}^{x} f(t)\mathrm{d}t,$$

则称 $X$ 为**连续型随机变量**，$f(x)$ 称为 $X$ 的**概率密度函数或密度函数**，简称**概率密度**.

密度函数 $f(x)$ 具有以下性质：

**性质 1** $f(x)\geqslant 0$.

**性质 2** $\int_{-\infty}^{+\infty} f(x)\mathrm{d}x=1$.

**注** 满足上述两条性质的函数一定是某个连续型随机变量的概率密度函数.

由微积分的知识可知，当密度函数 $f(x)$ 可积时，连续型随机变量 $X$ 的分布函数 $F(x)$ 是连续函数，即对于任意的实数 $x$，有

$$F(x+0)=F(x-0)=F(x).$$

而由随机变量 $X$ 分布函数的性质可知，对于任意的实数 $x$，有

$$P\{X=x\}=F(x)-F(x-0),$$

于是有

**性质 3** 对于任意的实数 $x$，有 $P\{X=x\}=F(x)-F(x-0)=0$.

由此可知，概率为 0 的事件不一定是不可能事件，概率为 1 的事件不一定是必然事件.

**性质 4** 
$$\begin{aligned}P\{a<X<b\}&=P\{a\leqslant X\leqslant b\}=P\{a\leqslant X<b\}\\&=P\{a<X\leqslant b\}=F(b)-F(a)\\&=\int_a^b f(x)\mathrm{d}x.\end{aligned}$$

因此，对连续型随机变量 $X$ 在区间上取值的概率的求法有两种：

(1) 若分布函数 $F(x)$ 已知，则 $P\{a<X\leqslant b\}=F(b)-F(a)$；

(2) 若密度函数 $f(x)$ 已知，则 $P\{a<X\leqslant b\}=\int_a^b f(x)\mathrm{d}x$.

**性质 5** 若密度函数 $f(x)$ 在 $x$ 处连续，则 $F'(x)=f(x)$.

**例 2.17** 设连续型随机变量 $X$ 的概率密度函数为
$$f(x)=\begin{cases}ax^2, & 0\leqslant x\leqslant 1,\\ 0, & 其他,\end{cases}$$
求：(1) 常数 $a$；(2) 分布函数 $F(x)$；(3) $P\left\{-1<X<\frac{1}{2}\right\}$.

**解** (1) 由 $\int_{-\infty}^{+\infty}f(x)\mathrm{d}x=1$ 知 $\int_{-\infty}^{0}0\,\mathrm{d}x+\int_0^1 ax^2\mathrm{d}x+\int_1^{\infty}0\,\mathrm{d}x=1$，所以 $\frac{a}{3}=1$，即 $a=3$.

(2) $F(x)=\int_{-\infty}^{x}f(t)\mathrm{d}t$，当 $x<0$ 时，
$$F(x)=\int_{-\infty}^{x}0\,\mathrm{d}t=0;$$
当 $0\leqslant x<1$ 时，$F(x)=\int_{-\infty}^{0}0\,\mathrm{d}t+\int_0^x 3t^2\mathrm{d}t=x^3$；当 $x\geqslant 2$ 时，
$$F(x)=\int_{-\infty}^{0}0\,\mathrm{d}t+\int_0^1 3t^2\mathrm{d}t+\int_1^x 0\,\mathrm{d}t=1.$$
所以
$$F(x)=\begin{cases}0, & x<0,\\ x^3, & 0\leqslant x<1,\\ 1, & x\geqslant 1.\end{cases}$$

(3) $P\left\{-1<X<\frac{1}{2}\right\}=\int_{-1}^{\frac{1}{2}} f(x)\mathrm{d}x=\int_{-1}^{0} 0\,\mathrm{d}x+\int_{0}^{\frac{1}{2}} 3x^2\mathrm{d}x=\frac{1}{8}$，或

$$P\left\{-1<X<\frac{1}{2}\right\}=F\left(\frac{1}{2}\right)-F(-1)=\frac{1}{8}.$$

**例 2.18** 设连续型随机变量 $X$ 的分布函数为

$$F(x)=\begin{cases}A+B\mathrm{e}^{-\frac{x^2}{2}}, & x>0,\\ 0, & x\leqslant 0.\end{cases}$$

求：(1) 常数 $A,B$；(2) 概率密度函数 $f(x)$；(3) $P\{1<X<2\}$.

**解** (1) 由 $F(+\infty)=1$ 知 $\lim\limits_{x\to+\infty}(A+B\mathrm{e}^{-\frac{x^2}{2}})=1$，所以 $A=1$.

由 $F(x)$ 在 $x=0$ 处连续知 $\lim\limits_{x\to 0^+}(A+B\mathrm{e}^{-\frac{x^2}{2}})=0$，所以 $A+B=0$，故 $B=-1$.

因此 $F(x)=\begin{cases}1-\mathrm{e}^{-\frac{x^2}{2}}, & x>0,\\ 0, & x\leqslant 0.\end{cases}$

(2) 因为 $F'(x)=f(x)$，所以 $f(x)=\begin{cases}x\mathrm{e}^{-\frac{x^2}{2}}, & x>0,\\ 0, & x\leqslant 0.\end{cases}$

(3) $P\{1<X<2\}=F(2)-F(1)=\mathrm{e}^{-\frac{1}{2}}-\mathrm{e}^{-2}$，或

$$P\{1<X<2\}=\int_1^2 f(x)\mathrm{d}x=\int_1^2 x\mathrm{e}^{-\frac{x^2}{2}}\mathrm{d}x$$

$$=-\mathrm{e}^{-\frac{x^2}{2}}\Big|_1^2=\mathrm{e}^{-\frac{1}{2}}-\mathrm{e}^{-2}.$$

**例 2.19** 设某种型号电子元件的寿命 $X$（以小时计）具有以下概率密度：

$$f(x)=\begin{cases}\frac{1\,000}{x^2}, & x\geqslant 1\,000,\\ 0, & \text{其他}.\end{cases}$$

现有一大批此种元件(设各元件工作相互独立)，问：

(1) 任取 1 只，其寿命大于 1 500 小时的概率是多少？

(2) 任取 4 只，4 只元件中恰有 2 只元件的寿命大于 1 500 的概率是多少？

(3) 任取 4 只，4 只元件中至少有 1 只元件的寿命大于 1 500 的概率是多少？

**解** (1) $P\{X>1\,500\}=\int_{1\,500}^{+\infty} f(x)\mathrm{d}x=\int_{1\,500}^{+\infty}\frac{1\,000}{x^2}\mathrm{d}x$

$$=\left(-\frac{1\,000}{x}\right)\Big|_{1\,500}^{+\infty}=0-\left(-\frac{1\,000}{1\,500}\right)=\frac{2}{3}.$$

（2）各元件工作相互独立，可看做 4 重伯努利试验，观察各元件的寿命是否大于 1 500 小时．令 $Y$ 表示 4 个元件中寿命大于 1 500 小时的元件个数，则 $Y \sim B\left(4, \frac{2}{3}\right)$，所求概率为

$$P\{Y=2\}=C_4^2\left(\frac{2}{3}\right)^2\left(\frac{1}{3}\right)^2=\frac{8}{27}.$$

（3）所求概率为

$$P\{Y \geqslant 1\}=1-P\{Y=0\}=1-C_4^0\left(\frac{2}{3}\right)^0\left(\frac{1}{3}\right)^4=\frac{80}{81}.$$

### 2.3.2　常见的连续型随机变量的分布

下面介绍三种最常用的连续型随机变量的概率分布．

1．均匀分布

**定义 2.10**　若随机变量的概率密度函数为

$$f(x)=\begin{cases}\dfrac{1}{b-a}, & a \leqslant x \leqslant b, \\ 0, & \text{其他},\end{cases}$$

则称 $X$ 服从参数为 $a, b$ 的**均匀分布**，记为 $X \sim U(a, b)$，其分布函数为

$$F(x)=\begin{cases}0, & x<a, \\ \dfrac{x-a}{b-a}, & a \leqslant x<b, \\ 1, & x \geqslant b.\end{cases}$$

均匀分布的概率密度 $f(x)$ 和分布函数 $F(x)$ 的图象分别如图 2-3 和图 2-4 所示．

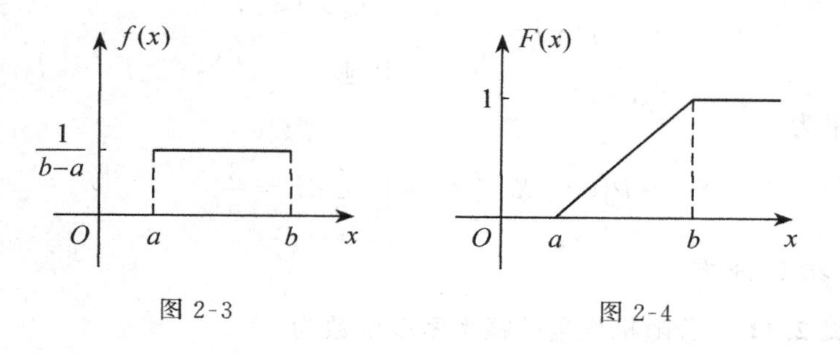


图 2-3　　　　图 2-4

**注**　（1）若 $X \sim U(a, b)$，则 $X$ 只能在区间 $[a, b]$ 上取值，且在 $[a, b]$ 上各点的概率密度值相等，均为常数 $\frac{1}{b-a}$，即区间长度的倒数．这意味着 $X$ 在

该区间上各处取值的机会是均等的，没有“偏爱”. 均匀分布在实际中常见，譬如一个半径为 $r$ 的汽车轮胎，当司机使用刹车时，轮胎接触地面的点要受很大的力，并借用惯性还要向前滑动(不是滚动)一段距离，故这点会有磨损. 假如把轮胎的圆周标以从 0 到 $2\pi r$，那么刹车时接触地面的点的位置 $X$ 服从区间 $[0,2\pi r]$ 上的均匀分布，即 $X \sim U(0,2\pi r)$. 因为刹车时接触地面的点在轮子的哪一个位置上可能性较大是说不出的，而在 $(0,2\pi r)$ 上任一个等长的小区间上发生磨损的可能性是相同的，这只需看一看报废轮胎的四周磨损量几乎是相同的就可明白均匀分布的含义了. 又如在数值计算中，若要求精确到小数点后第 3 位，则第 4 位小数按四舍五入处理. 这时计算误差

$$\delta = \text{计算值} - \text{真值}$$

是区间 $[-0.0005,0.0005]$ 上的均匀分布，即 $\delta \sim U(-0.0005,0.0005)$. 若计算值是 2.738，则真值大于 2.738 或小于 2.738 的机会均等.

(2) 均匀分布的均匀性是指随机变量 $X$ 落在区间 $[a,b]$ 内长度相等的子区间上的概率都是相等的. 均匀分布的概率计算中有一个概率公式. 设 $X \sim U(a,b)$，$a \leqslant c < d \leqslant b$，即 $[c,d] \subset [a,b]$，则

$$P\{c \leqslant X \leqslant d\} = \int_c^d \frac{1}{b-a}\mathrm{d}x = \frac{d-c}{b-a}.$$

(3) 不难验证：

$$\int_{-\infty}^{+\infty} f(x)\mathrm{d}x = \int_{-\infty}^{a} 0\,\mathrm{d}x + \int_a^b \frac{1}{b-a}\mathrm{d}x + \int_b^{+\infty} 0\,\mathrm{d}x = 1.$$

**例 2.20** 公共汽车站每隔 5 分钟有一辆汽车通过，乘客在 5 分钟内任一时刻到达汽车站是等可能的，求乘客候车时间不超过 3 分钟的概率.

**解** 设 $X$ 表示乘客的候车时间，则 $X \sim U(0,5)$，其概率密度为

$$f(x) = \begin{cases} \dfrac{1}{5}, & 0 \leqslant x \leqslant 5, \\ 0, & \text{其他}, \end{cases}$$

所求概率为

$$P\{0 \leqslant X \leqslant 3\} = \int_0^3 \frac{1}{5}\mathrm{d}x = \frac{3}{5}.$$

2. 指数分布

**定义 2.11** 若随机变量的概率密度函数为

$$f(x) = \begin{cases} \lambda \mathrm{e}^{-\lambda x}, & x > 0, \\ 0, & x \leqslant 0, \end{cases}$$

则称 $X$ 服从参数为 $\lambda$ $(\lambda > 0)$ 的**指数分布**，记为 $X \sim E(\lambda)$，其分布函数为

$$F(x)=\begin{cases}1-e^{-\lambda x}, & x>0,\\ 0, & x\leqslant 0.\end{cases}$$

指数分布的概率密度 $f(x)$ 和分布函数 $F(x)$ 的图象分别如图 2-5 和图 2-6 所示.

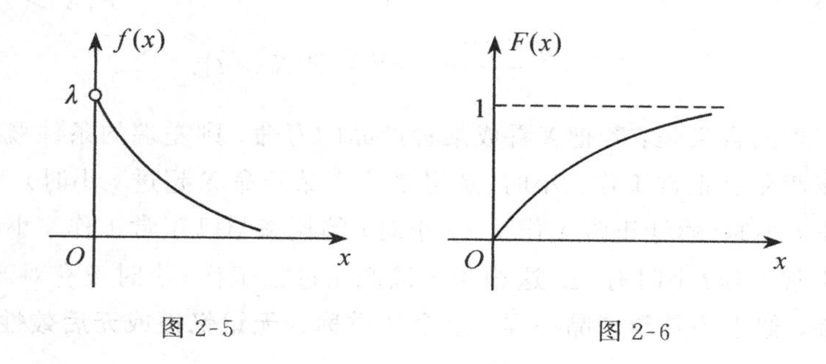


图 2-5　　　　图 2-6

**注**　(1) 指数分布是一种偏态分布，譬如一个工厂设备故障的维修时间 $T$ 有长有短，实践表明大多数故障在短时间内(如几分钟到几十分钟)可维修好，少数故障需要较长时间(如数小时)可维修好，个别故障可能需要更长的时间(如几天)才能维修好. 所以故障维修时间 $T$ 的分布不可能是对称的，而是偏态的，指数分布是一种很好的选择. 有研究表明：电子元件的使用寿命，动物的寿命，电话的通话时间，随机服务系统中接受服务的时间，某地区年轻人的月工资等，均可用指数分布描述.

(2) 不难验证：

$$\int_{-\infty}^{+\infty}f(x)\,dx=\int_{-\infty}^{0}0\,dx+\int_{0}^{+\infty}\lambda e^{-\lambda x}\,dx=1.$$

(3) 对于任意的实数 $x$ ($x>0$)，有

$$P\{X>x\}=\int_{x}^{+\infty}\lambda e^{-\lambda x}\,dx=-e^{-\lambda x}\Big|_{x}^{+\infty}=e^{-\lambda x}.$$

指数分布有如下重要性质：

**定理 2.3 (无记忆性)**　若随机变量 $X\sim E(\lambda)$，则对于任意实数 $s>0$ 与 $t>0$ 有

$$P\{X>s+t\,|\,X>s\}=P\{X>t\}.$$

**证**　若 $X\sim E(\lambda)$，则对于任意的实数 $x$ ($x>0$)，有

$$P\{X>x\}=\int_{x}^{+\infty}\lambda e^{-\lambda x}\,dx=-e^{-\lambda x}\Big|_{x}^{+\infty}=e^{-\lambda x}.$$

所以当 $s>0$，$t>0$ 时，有

$$P\{X>s\}=\mathrm{e}^{-\lambda s},\quad P\{X>t\}=\mathrm{e}^{-\lambda t},\quad P\{X>s+t\}=\mathrm{e}^{-\lambda(s+t)}.$$

因为$\{X>s+t\}\subset\{X>s\}$，所以$\{X>s+t\}\cap\{X>s\}=\{X>s+t\}$，于是

$$P\{X>s+t|X>s\}=\frac{P(\{X>s+t\}\cap\{X>s\})}{P\{X>s\}}=\frac{P\{X>s+t\}}{P\{X>s\}}$$

$$=\frac{\mathrm{e}^{-\lambda(s+t)}}{\mathrm{e}^{-\lambda s}}=\mathrm{e}^{-\lambda t}=P\{X>t\}.\qquad\square$$

此定理的含义是：若把$X$看成某种产品的寿命，则左端的条件概率表示，在得知该产品已正常工作$s$小时(意思是该产品寿命$X$超过$s$小时)时，它再正常工作$t$小时(累计正常工作$s+t$小时)的概率与已正常工作$s$小时无关，只与再正常工作$t$小时有关. 这相当于该产品过去工作$s$小时没有对产品留下任何痕迹，似乎还是新产品一样. 这个性质称为**无记忆性**或**无后效性**.

**例 2.21** 假定打一次电话所用时间$X$(单位：分钟)服从参数为$\lambda=\frac{1}{10}$的指数分布，试求在排队打电话的人中，后一个人等待前一个人的时间超过 10 分钟，以及 10 分钟到 20 分钟之间的概率.

**解** $X\sim E\left(\frac{1}{10}\right)$，所求概率为

$$P\{X>10\}=\mathrm{e}^{-\frac{1}{10}\cdot 10}=\mathrm{e}^{-1},$$

$$P\{10\leqslant X\leqslant 20\}=P\{X\geqslant 10\}-P\{X>20\}=\mathrm{e}^{-1}-\mathrm{e}^{-2}.$$

3. 正态分布

**定义 2.12** 若随机变量的概率密度函数为

$$f(x)=\frac{1}{\sqrt{2\pi}\,\sigma}\mathrm{e}^{-\frac{(x-\mu)^2}{2\sigma^2}},\quad -\infty<x<+\infty,$$

其中$\mu,\sigma^2$为常数，且$-\infty<\mu<+\infty$，$\sigma>0$，则称$X$服从参数为$\mu,\sigma^2$的**正态分布**，记为$X\sim N(\mu,\sigma^2)$. 其分布函数为

$$F(x)=\frac{1}{\sqrt{2\pi}\,\sigma}\int_{-\infty}^{x}\mathrm{e}^{-\frac{(t-\mu)^2}{2\sigma^2}}\,\mathrm{d}t,\quad -\infty<x<+\infty.$$

习惯上，称服从正态分布的随机变量为**正态随机变量**，又称正态分布的概率密度曲线为**正态曲线**. 正态曲线最早是由法国数学家棣莫弗(De Moivre，1667—1754)于 1733 年提出的，德国数学家高斯(K. F. Gauss，1777—1855)在研究误差理论中发现用正态曲线去拟合误差很理想，这使得测量误差服从正态分布得到公认，正态分布受到广泛关注. 因此，正态分布又被称为**高斯分布**. 当时在欧洲正态分布一度被称为“万能分布”，应用极为

广泛. 正态分布曲线如图 2-7 所示.

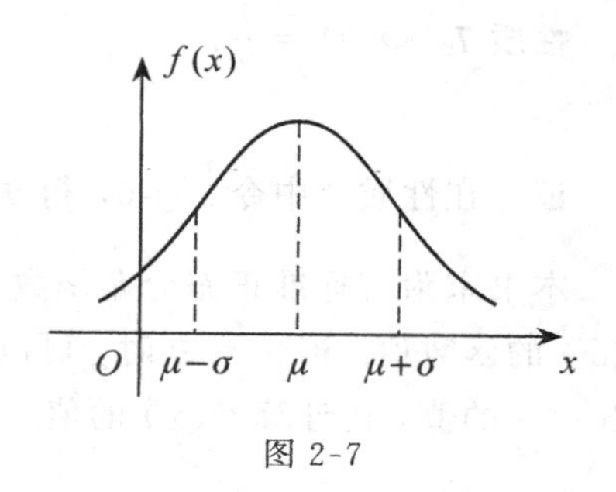

图 2-7

正态分布曲线是一条单峰、对称的钟形曲线，该曲线在 $x=\mu$ 处取得最大值 $\frac{1}{\sqrt{2\pi}\sigma}$，在 $\mu\pm\sigma$ 处有两个拐点，以 $x$ 轴为渐近线，常用"中间高、两边低、左右对称"描述正态曲线. 参数 $\mu$ 是位置参数，决定正态曲线的对称中心，当 $\sigma$ 不变时，不同的 $\mu$ 只改变正态曲线的位置，相当于把图 2-7 中的曲线左右平移. 参数 $\sigma$ 是精度参数，决定正态曲线的分散程度，当 $\mu$ 不变，$\sigma$ 越小时，最大值 $\frac{1}{\sqrt{2\pi}\sigma}$ 越大，区间 $(\mu-\sigma,\mu+\sigma)$ 越短，图形变得越尖锐，取值越集中；$\sigma$ 越大时，最大值 $\frac{1}{\sqrt{2\pi}\sigma}$ 越小，区间 $(\mu-\sigma,\mu+\sigma)$ 越长，图形变得越平缓，取值越分散.

特别地，当 $\mu=0$，$\sigma=1$ 时的正态分布称为**标准正态分布**，记为 $X\sim N(0,1)$. 标准正态分布的概率密度和分布函数可约定为

$$\varphi(x)=\frac{1}{\sqrt{2\pi}}\mathrm{e}^{-\frac{x^2}{2}},\quad -\infty<x<+\infty,$$

$$\Phi(x)=\frac{1}{\sqrt{2\pi}}\int_{-\infty}^{x}\mathrm{e}^{-\frac{t^2}{2}}\mathrm{d}t,\quad -\infty<x<+\infty.$$

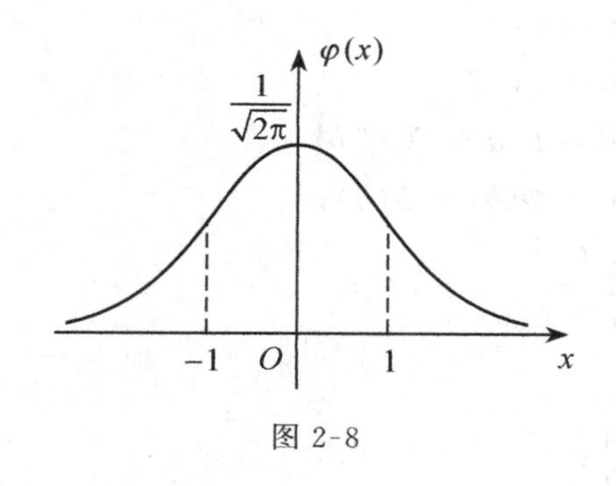

图 2-8

标准正态分布的概率密度 $\varphi(x)$ 的图象如图 2-8 所示.

显然，$\varphi(x)$ 的图象关于 $y$ 轴对称，且 $\varphi(x)$ 在 $x=0$ 处取得最大值 $\frac{1}{\sqrt{2\pi}}$. 通常称 $\Phi(x)$ 为**标准正态分布函数**，它具有如下性质：

**性质 6** $\Phi(-x)=1-\Phi(x)$.

**证** 由定积分的几何意义及 $\varphi(x)$ 的对称性可得

$$\Phi(-x)=\int_{-\infty}^{-x}\varphi(x)\mathrm{d}x=\int_{x}^{+\infty}\varphi(x)\mathrm{d}x$$
$$=\Phi(+\infty)-\Phi(x)=1-\Phi(x).$$

□

**性质 7** $\Phi(0)=\dfrac{1}{2}$.

**证** 在性质 6 中令 $x=0$，得 $\Phi(0)=\dfrac{1}{2}$. □

本书末附有标准正态分布函数 $\Phi(x)$ 的函数表，只对 $x\geqslant 0$ 的情形给出 $\Phi(x)$ 的函数值. 当 $x<0$ 时，可以利用 $\Phi(x)=1-\Phi(-x)$，先从表中查出 $\Phi(-x)$ 的值，再计算 $\Phi(x)$ 的值.

**定理 2.4** 正态分布函数 $F(x)$ 与标准正态分布函数 $\Phi(x)$ 有以下关系：当 $X\sim N(\mu,\sigma^2)$ 时，有 $F(x)=\Phi\left(\dfrac{x-\mu}{\sigma}\right)$.

**证** 由于 $F(x)=\dfrac{1}{\sqrt{2\pi}\,\sigma}\displaystyle\int_{-\infty}^{x}\mathrm{e}^{-\frac{(t-\mu)^2}{2\sigma^2}}\mathrm{d}t$，$-\infty<x<+\infty$，令 $u=\dfrac{t-\mu}{\sigma}$，则 $\mathrm{d}t=\sigma\,\mathrm{d}u$，于是

$$F(x)=\frac{1}{\sqrt{2\pi}\,\sigma}\int_{-\infty}^{\frac{x-\mu}{\sigma}}\mathrm{e}^{-\frac{u^2}{2}}\sigma\,\mathrm{d}u=\frac{1}{\sqrt{2\pi}}\int_{-\infty}^{\frac{x-\mu}{\sigma}}\mathrm{e}^{-\frac{u^2}{2}}\mathrm{d}u=\Phi\left(\frac{x-\mu}{\sigma}\right).$$ □

可见，正态分布函数 $F(x)$ 的函数值可借助标准正态分布函数 $\Phi(x)$ 来计算.

在正态分布中常用的概率计算公式归纳如下：

(1) 当 $X\sim N(0,1)$ 时，有

① $P\{X\leqslant x\}=\begin{cases}\Phi(x), & x\geqslant 0,\\ 1-\Phi(-x), & x<0;\end{cases}$

② $P\{a<X<b\}=P\{a\leqslant X\leqslant b\}=P\{a\leqslant X<b\}$
$=P\{a<X\leqslant b\}=\Phi(b)-\Phi(a)$;

③ $P\{|X|\leqslant a\}=2\Phi(a)-1$，$a>0$;
$P\{|X|>a\}=2(1-\Phi(a))$，$a>0$.

(2) 当 $X\sim N(\mu,\sigma^2)$ 时，有

① $P\{X\leqslant x\}=F(x)=\Phi\left(\dfrac{x-\mu}{\sigma}\right)$;

② $P\{a<X<b\}=P\{a\leqslant X\leqslant b\}=P\{a\leqslant X<b\}=P\{a<X\leqslant b\}$
$=F(b)-F(a)=\Phi\left(\dfrac{b-\mu}{\sigma}\right)-\Phi\left(\dfrac{a-\mu}{\sigma}\right)$;

③ $P\{X>a\}=1-P\{X\leqslant a\}=F(a)=\Phi\left(\dfrac{a-\mu}{\sigma}\right)$.

**例 2.22** 设 $X \sim N(0,1)$，求：

(1) $P\{X < 2.35\}$；(2) $P\{X < -3.03\}$；(3) $P\{|X| < 1.54\}$；

(4) 常数 $z_{0.025}$，使得 $P\{X > z_{0.025}\} = 0.025$.

**解** (1) $P\{X < 2.35\} = \Phi(2.35) = 0.9906$.

(2) $P\{X < -3.03\} = \Phi(-3.03) = 1 - \Phi(3.03)$

$$= 1 - 0.9995 = 0.0005.$$

(3) $P\{|X| \leqslant 1.54\} = 2\Phi(1.54) - 1 = 2 \times 0.9382 - 1 = 0.8764$.

(4) $P\{X > z_{0.025}\} = 0.025 \Rightarrow 1 - P\{X \leqslant z_{0.025}\} = 0.025$

$$\Rightarrow P\{X \leqslant z_{0.025}\} = 0.975$$

$$\Rightarrow \Phi(z_{0.025}) = 0.975$$

$$\Rightarrow z_{0.025} = 1.96.$$

**例 2.23** 设 $X \sim N(1.5, 4)$，求：

(1) $P\{X < 3.5\}$；(2) $P\{1.5 < X < 3.5\}$；(3) $P\{|X| \geqslant 3\}$.

**解** (1) $P\{X < 3.5\} = F(3.5) = \Phi\left(\dfrac{3.5 - 1.5}{2}\right) = \Phi(1) = 0.8413$.

(2) $P\{1.5 < X < 3.5\} = F(3.5) - F(1.5)$

$$= \Phi\left(\frac{3.5 - 1.5}{2}\right) - \Phi\left(\frac{1.5 - 1.5}{2}\right)$$

$$= \Phi(1) - \Phi(0) = 0.8413 - 0.5$$

$$= 0.3413.$$

(3) $P\{|X| \geqslant 3\} = 1 - P\{|X| < 3\} = 1 - P\{-3 < X < 3\}$

$$= 1 - F(3) + F(-3)$$

$$= 1 - \Phi\left(\frac{3 - 1.5}{2}\right) + \Phi\left(\frac{-3 - 1.5}{2}\right)$$

$$= 1 - \Phi(0.75) + \Phi(-2.25)$$

$$= 2 - \Phi(0.75) - \Phi(2.25)$$

$$= 2 - 0.7734 - 0.9878 = 0.2388.$$

**例 2.24** 设产品某质量特性 $X \sim N(\mu, \sigma^2)$，其上、下规格限为 $\mu \pm k\sigma$，其中 $k$ 为某个实数，求产品的合格率.

**解** 产品的合格率为

$$P\{|X - \mu| < k\sigma\} = P\{\mu - k\sigma < X < \mu + k\sigma\}$$

$$= F(\mu + k\sigma) - F(\mu - k\sigma)$$

$$= 2\Phi(k) - 1.$$

当 $k = 1$ 时，

$$P\{\mu - \sigma < X < \mu + \sigma\} = 2\Phi(1) - 1 = 2 \times 0.8413 - 1 = 0.6826.$$

当 $k=2$ 时，

$$P\{\mu-2\sigma<X<\mu+2\sigma\}=2\Phi(2)-1=2\times0.977\,2-1=0.954\,4.$$

当 $k=3$ 时，

$$P\{\mu-3\sigma<X<\mu+3\sigma\}=2\Phi(3)-1=2\times0.998\,7-1=0.997\,4.$$

由此可以看出，尽管正态分布的随机变量取值范围是$(-\infty,+\infty)$，但它的值落在$(\mu-3\sigma,\mu+3\sigma)$区间的概率为0.997 4，它的值落在$(\mu-3\sigma,\mu+3\sigma)$区间之外几乎是不可能的（概率约为0.003，是小概率事件）.

为了便于今后数理统计的应用，对于标准正态随机变量，我们引入上侧 $\alpha$ 分位点的概念.

**定义 2.13** 设 $X\sim N(0,1)$. 若数 $z_\alpha$ 满足

$$P\{X>z_\alpha\}=\alpha,\quad 0<\alpha<1,$$

则数 $z_\alpha$ 称为标准正态分布的**上侧 $\alpha$ 分位点**（如图 2-9 所示），简称为**上 $\alpha$ 分位点**.

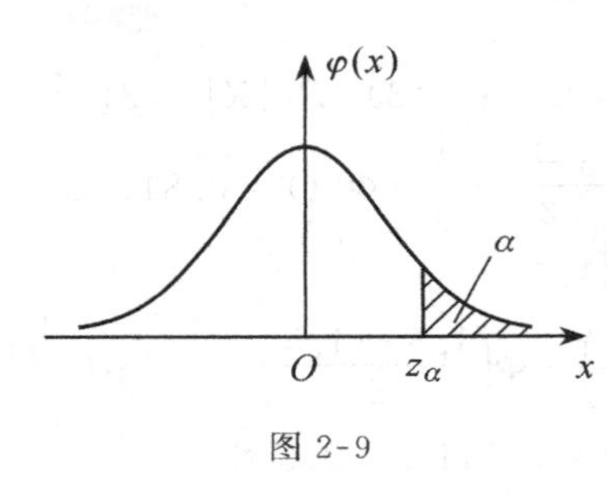


图 2-9

**注** (1) 由分位点的定义与 $\varphi(x)$ 的对称性可知 $z_{1-\alpha}=-z_\alpha$.

(2) 当 $\alpha<0.5$ 时，$z_\alpha>0$；当 $\alpha=0.5$ 时，$z_\alpha=0$；当 $\alpha>0.5$ 时，$z_\alpha<0$. 可见，$z_\alpha$ 随着 $\alpha$ 的增加而减小.

(3) 常用的上 $\alpha$ 分位点有

$$z_{0.1}=1.282,\quad z_{0.05}=1.645,\quad z_{0.025}=1.96,$$
$$z_{0.01}=2.326,\quad z_{0.005}=2.567,\quad z_{0.001}=3.09.$$

**例 2.25** 公共汽车的车门高度是按男子与车门顶碰头的机会在1%以下来设计的. 设男子的身高服从正态分布 $N(175,6^2)$（单位：厘米），问车门高度应如何确定?

**解** 设车门高度为 $x$，男子身高为 $X$，$X\sim N(175,6^2)$，则

$$P\{X>x\}\leqslant1\%\Leftrightarrow P\{X\leqslant x\}\geqslant99\%.$$

由于 $X\sim N(175,6^2)$，所以

$$P\{X\leqslant x\}=F(x)=\Phi\left(\frac{x-175}{6}\right)\geqslant99\%,$$

查表得$\dfrac{x-175}{6}\geqslant2.33$，即 $x\geqslant188.98\approx189$. 所以车门高度至少为189厘米.

**例 2.26** 某工厂生产一磅的罐装咖啡，自动包装线上大量数据表明，每罐重量 $X\sim N(\mu,0.1^2)$. 为了使每罐咖啡少于一磅的罐头不多于10%，应把自动包装机控制的均值 $\mu$ 调节在什么位置上?

**解**　由于$X \sim N(\mu, 0.1^2)$，假如把自动包装机控制的均值$\mu$调节在1磅位置，则咖啡少于一磅的罐头要占全部罐头的50%，即

$$P\{X<1\}=\Phi\left(\frac{1-1}{0.1}\right)=\Phi(0)=0.5,$$

这是不符合要求的. 为了使每罐咖啡少于一磅的罐头不多于10%，应把自动包装机控制的均值$\mu$调节在比1磅大一些的位置，其中的$\mu$应满足

$$P\{X<1\} \leqslant 0.1 \Rightarrow \Phi\left(\frac{1-\mu}{0.1}\right) \leqslant 0.1 \Rightarrow \Phi\left(\frac{\mu-1}{0.1}\right) \geqslant 0.9$$

$$\Rightarrow \frac{\mu-1}{0.1} \geqslant 1.282 \Rightarrow \mu \geqslant 1.128,$$

即把自动包装机控制的均值$\mu$调节在1.128的位置上才能保证每罐咖啡少于一磅的罐头不多于10%.

假如购买一台新的自动包装机，$\sigma=0.025$，此时新的自动包装机控制的均值$\mu$应满足

$$\frac{\mu-1}{0.025} \geqslant 1.282 \Rightarrow \mu \geqslant 1.032,$$

所以新的自动包装机控制的均值$\mu$应调节在1.032的位置上才能保证每罐咖啡少于一磅的罐头不多于10%. 这样平均每罐就可节约咖啡0.096磅. 若以每日生产2 000罐计算，则每日可节约咖啡192磅. 若每磅咖啡的成本价为50元，则工厂每日可获利9 600元. 若新的自动包装机售价为10万元，则第11天开始就可获净利.

## 习　题　2.3

1. 设连续型随机变量$X$的概率密度函数为

$$f(x)=\begin{cases}\dfrac{c}{\sqrt{1-x^2}}, & |x|<1, \\ 0, & |x| \geqslant 1,\end{cases}$$

求$c$及$P\left\{-3<X \leqslant \dfrac{1}{2}\right\}$.

2. 设连续型随机变量$X$的概率密度函数为

$$f(x)=\begin{cases}x, & 0 \leqslant x<1, \\ 2-x, & 1 \leqslant x<2, \\ 0, & \text{其他},\end{cases}$$

求随机变量$X$的分布函数$F(x)$.

3. 设连续型随机变量$X$的概率密度函数为

$$f(x)=Ae^{-|x|},\quad -\infty<x<+\infty,$$

求：(1) 常数 $A$；(2) 随机变量 $X$ 的分布函数 $F(x)$；(3) $P\{0<X<1\}$.

4. 设连续型随机变量 $X$ 的分布函数为

$$F(x)=\begin{cases}\lambda-(1+x)e^{-x}, & x>0,\\ 0, & x\leqslant 0,\end{cases}$$

求：(1) 常数 $\lambda$；(2) 随机变量 $X$ 的概率密度函数 $f(x)$；(3) $P\{X\leqslant 1\}$，$P\{X>2\}$.

5. 设随机变量 $X\sim U(1,6)$，求方程 $x^2+Xx+1=0$ 有实根的概率.

6. 设修理某机器所用时间 $X\sim E(0.5)$（单位：小时），求在机器出现故障时 1 小时内可以维修好的概率.

7. 设顾客到某银行窗口等待服务的时间 $X$（单位：分钟）服从指数分布，其密度函数为

$$f(x)=\begin{cases}\dfrac{1}{5}e^{-\frac{x}{5}}, & x>0,\\ 0, & x\leqslant 0.\end{cases}$$

某顾客在窗口等待服务，如超过 10 分钟，他就离开. 他一个月到银行 5 次，以 $Y$ 表示一个月内他未等到服务而离开窗口的次数，求 $Y$ 的分布律，并求 $P\{Y\geqslant 1\}$.

8. 设随机变量 $X\sim N(0,1)$，$x$ 满足 $P\{|X|>x\}<0.1$，求 $x$ 的取值范围.

9. 设随机变量 $X\sim N(3,2^2)$，求：

(1) $P\{2<X\leqslant 5\}$, $P\{-4<X\leqslant 10\}$, $P\{|X|>2\}$, $P\{X>3\}$；

(2) 常数 $c$，使之满足 $P\{X>c\}=P\{X\leqslant c\}$.

10. 设随机变量 $X\sim N(10,2^2)$，且 $d$ 满足 $P\{|X-10|<d\}<0.9$，求 $d$ 的取值范围.

11. 某人上班所需时间 $X\sim N(30,100)$（单位：分钟），已知上班时间为 8:30，他每天 7:50 出门，求：

(1) 某天他迟到的概率；

(2) 一周（以 5 天计）最多迟到一次的概率.

12. 测量某零件长度时的误差 $X$（mm）$\sim N(2,9)$，求：

(1) 误差绝对值小于 5 的概率；

(2) 测量 3 次，误差的绝对值都小于 5 的概率；

(3) 测量 3 次，误差的绝对值至少有一次小于 5 的概率.

## 2.4　随机变量函数的概率分布

已知随机变量 $X$ 的分布(分布律，或概率密度函数，或分布函数之一)，如何寻求其函数 $Y=g(X)$（显然，$Y$ 也是一个随机变量）的分布，这是学习和掌握概率论与数理统计的基本功之一. 它不仅可以帮助人们导出新的分布，还可深入认识分布之间的关系，这对应用与研究十分有益. 由于方法上的差异，下面分离散型与连续型随机变量分别讨论.

### 2.4.1　离散型随机变量函数的概率分布

在离散型场合寻求随机变量函数的分布较为直观，通过下面的例子就可说明一般方法.

**例 2.27**　设离散型随机变量的分布律为

| $X$ | $-2$ | $-1$ | 0 | 1 | 2 | 3 |
|---|---|---|---|---|---|---|
| $P$ | 0.05 | 0.15 | 0.2 | 0.25 | 0.2 | 0.15 |

求：(1) $Y=2X+1$ 的分布律；(2) $Z=X^2$ 的分布律.

**解**　因为

| $P$ | 0.05 | 0.15 | 0.2 | 0.25 | 0.2 | 0.15 |
|---|---|---|---|---|---|---|
| $X$ | $-2$ | $-1$ | 0 | 1 | 2 | 3 |
| $Y=2X+1$ | $-3$ | $-1$ | 1 | 3 | 5 | 7 |
| $Z=X^2$ | 4 | 1 | 0 | 1 | 4 | 9 |

所以 $Y$ 的分布律为

| $Y$ | $-3$ | $-1$ | 1 | 3 | 5 | 7 |
|---|---|---|---|---|---|---|
| $P$ | 0.05 | 0.15 | 0.2 | 0.25 | 0.2 | 0.15 |

$Z$ 的分布律为

| $Z$ | 0 | 1 | 4 | 9 |
|---|---|---|---|---|
| $P$ | 0.2 | 0.4 | 0.25 | 0.15 |

从这个例子可以看出，在求离散型随机变量函数的分布时，关键是把新

变量取相同值的概率相加，其他保持对应关系，即可得到随机变量函数的分布.

**例 2.28** 设 $X \sim B(3,0.4)$，且 $Y=\frac{X(3-X)}{2}$，求 $Y$ 的分布律.

**解** 由 $X \sim B(3,0.4)$ 知 $P\{X=k\}=C_3^k \cdot 0.4^k \cdot 0.6^{3-k}$，$k=0,1,2,3$，而 $Y$ 的可能取值为 0,1，且

$$
\begin{aligned}
P\{Y=1\} &= P\left\{\frac{X(3-X)}{2}=1\right\}=P\{X=1\}+P\{X=2\} \\
&= C_3^1 \cdot 0.4^1 \cdot 0.6^2+C_3^2 \cdot 0.4^2 \cdot 0.6^1=0.72, \\
P\{Y=0\} &= P\left\{\frac{X(3-X)}{2}=0\right\}=P\{X=0\}+P\{X=3\} \\
&= C_3^0 \cdot 0.4^0 \cdot 0.6^3+C_3^3 \cdot 0.4^3 \cdot 0.6^0=0.28,
\end{aligned}
$$

所以，$Y$ 的分布律为

| $Y$ | 0 | 1 |
|---|---|---|
| $P$ | 0.28 | 0.72 |

## 2.4.2 连续型随机变量函数的概率分布

设 $X$ 为连续型随机变量，其概率密度函数为 $f_X(x)$（已知），$y=g(x)$ 是一个已知的连续函数，则 $Y=g(X)$ 是随机变量 $X$ 的函数. 下面通过先求出 $Y$ 的分布函数 $F_Y(y)$，然后通过对分布函数 $F_Y(y)$ 求导数得到 $Y$ 的概率密度函数 $f_Y(y)$，即

$$F'_Y(y)=f_Y(y).$$

这种求连续型随机变量函数的概率分布的方法称为**分布函数定义法**.

由分布函数的定义得 $Y$ 的分布函数为

$$F_Y(y)=P\{Y \leqslant y\}=P\{g(X) \leqslant y\}=P\{X \in I_g\}=\int_{I_g} f_X(x)\mathrm{d}x,$$

其中 $I_g=\{x \mid g(x) \leqslant y\}$.

**例 2.29** 设 $X \sim U[0,1]$，求 $Y=X^2$ 的概率密度函数 $f_Y(y)$.

**解** 因为 $X \sim U[0,1]$，所以

$$f_X(x)=\begin{cases}1, & 0 \leqslant x \leqslant 1, \\ 0, & \text{其他}.\end{cases}$$

于是 $Y$ 的分布函数为

$$F_Y(y)=P\{Y \leqslant y\}=P\{X^2 \leqslant y\}.$$

当 $y \leqslant 0$ 时，$F_Y(y)=P\{X^2 \leqslant y\}=P(\varnothing)=0$；当 $y>0$ 时，

$$F_Y(y)=P\{X^2 \leqslant y\}=P\{-\sqrt{y} \leqslant X \leqslant \sqrt{y}\}=\int_{-\sqrt{y}}^{\sqrt{y}} f_X(x)\mathrm{d}x.$$

当 $0<y<1$ 时，

$$F_Y(y)=\int_{-\sqrt{y}}^{\sqrt{y}} f_X(x)\mathrm{d}x=\int_0^{\sqrt{y}} 1\,\mathrm{d}x=\sqrt{y}；$$

当 $y \geqslant 1$ 时，

$$F_Y(y)=\int_{-\sqrt{y}}^{\sqrt{y}} f_X(x)\mathrm{d}x=\int_0^1 1\,\mathrm{d}x=1.$$

所以 $Y=X^2$ 的分布函数为

$$F_Y(y)=\begin{cases}0, & y \leqslant 0, \\ \sqrt{y}, & 0<y<1, \\ 1, & y \geqslant 1,\end{cases}$$

$Y=X^2$ 的概率密度函数为

$$f_Y(y)=F_Y'(y)=\begin{cases}\dfrac{1}{2\sqrt{y}}, & 0<y<1, \\ 0, & \text{其他}.\end{cases}$$

**例 2.30**　设 $X \sim N(0,1)$，求 $Y=|X|$ 的概率密度函数 $f_Y(y)$.

**解**　因为 $X \sim N(0,1)$，所以

$$f_X(x)=\frac{1}{\sqrt{2\pi}}\mathrm{e}^{-\frac{x^2}{2}}, \quad -\infty<x<+\infty,$$

于是 $Y$ 的分布函数为

$$F_Y(y)=P\{Y \leqslant y\}=P\{|X| \leqslant y\}.$$

当 $y \leqslant 0$ 时，$F_Y(y)=P\{|X| \leqslant y\}=P(\varnothing)=0$；当 $y>0$ 时，

$$\begin{aligned}F_Y(y)&=P\{|X| \leqslant y\}=P\{-y \leqslant X \leqslant y\} \\ &=\int_{-y}^{y} \frac{1}{\sqrt{2\pi}}\mathrm{e}^{-\frac{x^2}{2}}\mathrm{d}x=2\int_0^y \frac{1}{\sqrt{2\pi}}\mathrm{e}^{-\frac{x^2}{2}}\mathrm{d}x.\end{aligned}$$

所以 $Y=|X|$ 的分布函数为

$$F_Y(y)=\begin{cases}0, & y \leqslant 0, \\ 2\displaystyle\int_0^y \frac{1}{\sqrt{2\pi}}\mathrm{e}^{-\frac{x^2}{2}}\mathrm{d}x, & y>0,\end{cases}$$

$Y=|X|$ 的概率密度函数为

$$f_Y(y)=F_Y'(y)=\begin{cases}0, & y \leqslant 0, \\ \dfrac{2}{\sqrt{2\pi}}\mathrm{e}^{-\frac{y^2}{2}}, & y>0.\end{cases}$$

**例 2.31** 设随机变量 $X$ 的概率密度函数为

$$f_X(x)=\begin{cases}\dfrac{x}{8}, & 0<x<4,\\ 0, & \text{其他},\end{cases}$$

求 $Y=e^X-1$ 的概率密度函数 $f_Y(y)$.

**解** $Y$ 的分布函数为

$$F_Y(y)=P\{Y\leqslant y\}=P\{e^X-1\leqslant y\}=P\{X\leqslant \ln(1+y)\}$$
$$=\int_{-\infty}^{\ln(1+y)} f_X(x)\mathrm{d}x.$$

当 $\ln(1+y)\leqslant 0$ 即 $y\leqslant 0$ 时,

$$F_Y(y)=\int_{-\infty}^{\ln(1+y)} 0\,\mathrm{d}x=0;$$

当 $0<\ln(1+y)<4$ 即 $0<y<e^4-1$ 时,

$$F_Y(y)=\int_0^{\ln(1+y)}\frac{x}{8}\mathrm{d}x=\frac{1}{16}\ln^2(1+y);$$

当 $\ln(1+y)\geqslant 4$ 即 $y\geqslant e^4-1$ 时,

$$F_Y(y)=\int_0^4\frac{x}{8}\mathrm{d}x=1.$$

所以 $Y=e^X-1$ 的分布函数为

$$F_Y(y)=\begin{cases}0, & y\leqslant 0,\\ \dfrac{1}{16}\ln^2(1+y), & 0<y<e^4-1,\\ 1, & y\geqslant e^4-1,\end{cases}$$

$Y=e^X-1$ 的概率密度函数为

$$f_Y(y)=F'_Y(y)=\begin{cases}\dfrac{\ln(1+y)}{8(1+y)}, & 0<y<e^4-1,\\ 0, & \text{其他}.\end{cases}$$

**例 2.32** 设 $X$ 的分布函数 $F_X(x)$ 是连续函数，证明：随机变量 $Y=F_X(X)$ 在区间 $(0,1)$ 上服从均匀分布.

**证** 首先要看到 $Y=F_X(X)$ 是在 $(0,1)$ 上取值的随机变量，所以，当 $y<0$ 时，$F_Y(y)=P\{Y\leqslant y\}=0$；当 $y>1$ 时，$F_Y(y)=P\{Y\leqslant y\}=1$；当 $0\leqslant y\leqslant 1$ 时,

$$F_Y(y)=P\{Y\leqslant y\}=P\{F_X(X)\leqslant y\}=P\{X\leqslant F_X^{-1}(y)\}$$
$$=F_X(F_X^{-1}(y))=y.$$

综上所述，$Y=F_X(X)$ 的分布函数为

$$F_Y(y)=\begin{cases}0, & y<0,\\ y, & 0\leqslant y\leqslant 1,\\ 1, & y>1,\end{cases}$$

$Y=F_X(X)$ 的概率密度函数为

$$f_Y(y)=\begin{cases}1, & 0\leqslant y\leqslant 1,\\ 0, & \text{其他},\end{cases}$$

即 $Y\sim U[0,1]$.

从上面的例子可以看出，用分布函数定义法求连续型随机变量函数 $Y=g(X)$ 的概率密度函数的关键是用定积分的有关计算先求出 $Y$ 的分布函数 $F_Y(y)$. 但当 $y=g(x)$ 是一个严格单调的可导函数时，随机变量函数 $Y=g(X)$ 的概率密度函数有以下公式.

**定理 2.5** 已知连续型随机变量 $X$ 的概率密度函数为 $f_X(x)$，$y=g(x)$ 是一个严格单调的可导函数，反函数为 $x=h(y)$，$h'(y)$ 是其导函数，则 $Y=g(X)$ 的概率密度函数为

$$f_Y(y)=f_X(h(y))\,|h'(y)|.$$

**证** 当 $y=g(x)$ 是一个严格单调递增的可导函数时，$Y=g(X)$ 的分布函数为

$$F_Y(y)=P\{Y\leqslant y\}=P\{g(X)\leqslant y\}=P\{X\leqslant h(y)\}=\int_{-\infty}^{h(y)}f_X(x)\mathrm{d}x.$$

此时 $Y=g(X)$ 的概率密度函数为

$$f_Y(y)=F'_Y(y)=f_X(h(y))h'(y).$$

当 $y=g(x)$ 是一个严格单调递减的可导函数时，$Y=g(X)$ 的分布函数为

$$F_Y(y)=P\{Y\leqslant y\}=P\{g(X)\leqslant y\}=P\{X\geqslant h(y)\}=\int_{h(y)}^{+\infty}f_X(x)\mathrm{d}x=1-\int_{-\infty}^{h(y)}f_X(x)\mathrm{d}x.$$

此时 $Y=g(X)$ 的概率密度函数为

$$f_Y(y)=F'_Y(y)=-f_X(h(y))h'(y).$$

综上所述，当 $y=g(x)$ 是一个严格单调可导函数时，$Y=g(X)$ 的概率密度函数为 $f_Y(y)=f_X(h(y))\,|h'(y)|$. □

**例 2.33** 设随机变量 $X$ 的概率密度函数为

$$f_X(x)=\begin{cases}\dfrac{x}{8}, & 0<x<4,\\ 0, & \text{其他},\end{cases}$$

求 $Y=e^X-1$ 的概率密度函数 $f_Y(y)$.

**解** 因为 $y=e^x-1$ 是一个严格单调递增的可导函数，反函数 $x=h(y)=\ln(1+y)$，

$$h'(y)=\frac{1}{1+y}.$$

当 $0<x<4$ 时，$0<y<e^4-1$，由上述公式得

$$f_Y(y)=f_X(h(y))|h'(y)|=\begin{cases}\dfrac{\ln(1+y)}{8(1+y)}, & 0<y<e^4-1,\\ 0, & \text{其他}.\end{cases}$$

这与例 2.31 所得结果是一样的，但计算过程简单得多，所以记住公式是很有必要的.

**例 2.34** 设随机变量 $X\sim N(\mu,\sigma^2)$，求：

(1) $Y=\dfrac{X-\mu}{\sigma}$ 的概率密度函数；

(2) $Y=aX+b\ (a\neq 0)$ 的概率密度函数；

(3) $Y=e^X$ 的概率密度函数.

**解** 因为 $X\sim N(\mu,\sigma^2)$，所以

$$f_X(x)=\frac{1}{\sqrt{2\pi}\,\sigma}e^{-\frac{(x-\mu)^2}{2\sigma^2}},\quad -\infty<x<+\infty.$$

(1) 当 $y=\dfrac{x-\mu}{\sigma}$ 时，反函数 $h(y)=\sigma y+\mu$，且 $h'(y)=\sigma$，由公式有

$$\begin{aligned}f_Y(y)&=f_X(h(y))|h'(y)|=f_X(\sigma y+\mu)\cdot\sigma\\&=\frac{1}{\sqrt{2\pi}\,\sigma}e^{-\frac{(\sigma y+\mu-\mu)^2}{2\sigma^2}}\cdot\sigma=\frac{1}{\sqrt{2\pi}}e^{-\frac{y^2}{2}}.\end{aligned}$$

这说明 $Y=\dfrac{X-\mu}{\sigma}\sim N(0,1)$，此时称 $Y=\dfrac{X-\mu}{\sigma}$ 是 $X$ 的**标准化随机变量**.

(2) 当 $y=ax+b$ 时，反函数 $h(y)=\dfrac{y-b}{a}$，且 $h'(y)=\dfrac{1}{a}$，由公式有

$$\begin{aligned}f_Y(y)&=f_X(h(y))|h'(y)|=f_X\left(\frac{y-b}{a}\right)\cdot\frac{1}{|a|}\\&=\frac{1}{\sqrt{2\pi}\,\sigma}e^{-\frac{\left(\frac{y-b}{a}-\mu\right)^2}{2\sigma^2}}\cdot\frac{1}{|a|}\\&=\frac{1}{\sqrt{2\pi}\,|a|\sigma}e^{-\frac{(y-a\mu-b)^2}{2\sigma^2a^2}}.\end{aligned}$$

这说明 $Y=aX+b\ (a\neq 0)\sim N(a\mu+b,a^2\sigma^2)$，即正态随机变量的线性

函数仍为正态随机变量.

(3) 当 $y=\mathrm{e}^x$ 时，$y>0$，反函数 $h(y)=\ln y$，且 $h'(y)=\dfrac{1}{y}$，由公式有

$$
\begin{aligned}
f_Y(y) &= f_X(h(y))\,|h'(y)| = f_X(\ln y)\cdot\frac{1}{y} \\
&= \frac{1}{\sqrt{2\pi}\,\sigma}\mathrm{e}^{-\frac{(\ln y-\mu)^2}{2\sigma^2}}\cdot\frac{1}{y} \\
&= \frac{1}{\sqrt{2\pi}\,\sigma y}\mathrm{e}^{-\frac{(\ln y-\mu)^2}{2\sigma^2}},\quad y>0.
\end{aligned}
$$

这个分布称为**对数正态分布**，记为 $Y\sim \mathrm{LN}(\mu,\sigma^2)$. 这个分布在实际中常会用到. 若一个随机变量的取值很分散，譬如取值要跨几个数量级，在低数量级取值机会大，随着数量级增大其取值机会越来越小，这种随机变量的分布可以用对数正态分布去拟合，常可获得较好效果. $Y\sim \mathrm{LN}(\mu,\sigma^2)$ 时，其对数 $X=\ln Y\sim N(\mu,\sigma^2)$.

## 习　题　2.4

1. 设离散型随机变量的分布律为

| $X$ | $-2$ | $-0.5$ | $0$ | $2$ | $4$ |
|---|---|---|---|---|---|
| $P$ | $\frac{1}{8}$ | $\frac{1}{4}$ | $\frac{1}{8}$ | $\frac{1}{6}$ | $\frac{1}{3}$ |

求：(1) $Y=X+2$ 的分布律；(2) $Z=X^2$ 的分布律.

2. 设 $X\sim N(0,1)$，求 $Y=X^2$ 的概率密度函数 $f_Y(y)$.

3. 设连续型随机变量 $X$ 的概率密度函数为

$$
f_X(x)=\begin{cases}6x(1-x), & 0<x<1,\\ 0, & \text{其他},\end{cases}
$$

求 $Y=2X+1$ 的概率密度函数 $f_Y(y)$.

4. 设 $X\sim U[0,1]$，求 $Y=-\ln X$ 的概率密度函数 $f_Y(y)$.

5. 设 $X\sim E(2)$，求 $Y=1-\mathrm{e}^{-2X}$ 的概率密度函数 $f_Y(y)$.

6. 设 $X\sim E(\lambda)$，求 $Y=\mathrm{e}^X$ 的概率密度函数 $f_Y(y)$.

## 本章小结

概率论的核心内容是随机变量及其概率分布. 本章在引入离散型、连续

型随机变量的基础上，重点讨论了离散型随机变量的分布律、连续型随机变量的概率密度函数及其分布函数，最后还给出了随机变量函数的概率分布. 本章的基本内容及要求如下：

1. 知道随机变量的概念，会用分布函数求概率

(1) 若 $X$ 是离散型随机变量，则

$$P\{a<X\leqslant b\}=F(b)-F(a).$$

(2) 若 $X$ 是连续型随机变量，则

$$\begin{aligned}P\{a<X<b\}&=P\{a\leqslant X\leqslant b\}=P\{a\leqslant X<b\}\\&=P\{a<X\leqslant b\}=F(b)-F(a).\end{aligned}$$

2. 知道离散型随机变量的分布律

会求离散型随机变量的分布律和分布函数，且若分布律为

| $X$ | $x_1$ | $x_2$ | $x_3$ | $\cdots$ | $x_n$ |
|---|---|---|---|---|---|
| $P$ | $p_1$ | $p_2$ | $p_3$ | $\cdots$ | $p_n$ |

则分布函数为

$$F(x)=\begin{cases}0, & x<x_1,\\ p_1, & x_1\leqslant x\leqslant x_2,\\ p_1+p_2, & x_2\leqslant x\leqslant x_3,\\ p_1+p_2+p_3, & x_3\leqslant x\leqslant x_4,\\ \cdots, & \cdots,\\ 1, & x_n\leqslant x.\end{cases}$$

3. 掌握 4 种常用的离散型随机变量的分布律

(1) $X\sim B(1,p)\Rightarrow P\{X=k\}=p^kq^{1-k}$, $k=0,1$.

(2) $X\sim B(n,p)\Rightarrow P\{X=k\}=C_n^kp^kq^{n-k}$, $k=0,1,2,\cdots,n$.

(3) $X\sim P(\lambda)\Rightarrow P\{X=k\}=\dfrac{\lambda^k}{k!}\mathrm{e}^{-\lambda}$, $k=0,1,2,\cdots,n,\cdots$.

(4) $X\sim H(n,N,M)\Rightarrow P\{X=k\}=\dfrac{C_M^kC_{N-M}^{n-k}}{C_N^n}$, $k=0,1,2,\cdots,n$.

要求会查泊松分布表，并知道超几何分布的极限分布为二项分布，二项分布的极限分布为泊松分布. 即当 $N$ 充分大时，有

$$\frac{C_M^kC_{N-M}^{n-k}}{C_N^n}\approx C_n^kp^kq^{n-k},$$

其中 $p=\frac{M}{N}$，$q=\frac{N-M}{N}$；当 $n$ 充分大时，有近似公式

$$C_n^k p^k q^{n-k} \approx \frac{\lambda^k}{k!}e^{-\lambda},$$

其中 $\lambda=np$.

**4. 知道连续型随机变量的概率密度概念和性质，概率密度和分布函数的关系及由概率密度求概率的公式**

(1) 概率密度 $f(x)$ 的性质：

① $f(x)\geqslant 0$；

② $\int_{-\infty}^{+\infty} f(x)\mathrm{d}x=1$.

(2) 分布函数和概率密度的关系：

$$F(x)=\int_{-\infty}^{x} f(t)\mathrm{d}t,\quad f(x)=F'(x).$$

(3) 分布函数的性质：

① $F(x)$ 连续；

② $F(-\infty)=0$，$F(+\infty)=1$；

③ $F(x)$ 是不减函数.

(4) 概率计算公式：

① $P\{a<X<b\}=F(b)-F(a)$；

② $P\{a<X<b\}=\int_a^b f(x)\mathrm{d}x$.

**5. 掌握连续型随机变量的4种分布**

(1) 若 $X\sim U(a,b)$，则

$$f(x)=\begin{cases}\frac{1}{b-a}, & a\leqslant x\leqslant b,\\ 0, & \text{其他},\end{cases}\qquad F(x)=\begin{cases}0, & x<a,\\ \frac{x-a}{b-a}, & a\leqslant x<b,\\ 1, & x\geqslant b.\end{cases}$$

(2) 若 $X\sim E(\lambda)$，则

$$f(x)=\begin{cases}\lambda e^{-\lambda x}, & x>0,\\ 0, & x\leqslant 0,\end{cases}\qquad F(x)=\begin{cases}1-e^{-\lambda x}, & x>0,\\ 0, & x\leqslant 0.\end{cases}$$

(3) 若 $X\sim N(0,1)$，则

$$\varphi(x)=\frac{1}{\sqrt{2\pi}}e^{-\frac{x^2}{2}},\ x\in\mathbf{R};\quad \Phi(x)=\frac{1}{\sqrt{2\pi}}\int_{-\infty}^{x} e^{-\frac{t^2}{2}}\mathrm{d}t,\ x\in\mathbf{R}.$$

(4) 若 $X\sim N(\mu,\sigma^2)$，则

$$f(x)=\frac{1}{\sqrt{2\pi}\sigma}e^{-\frac{(x-\mu)^2}{2\sigma^2}}, \quad x\in\mathbf{R};$$

$$F(x)=\frac{1}{\sqrt{2\pi}\sigma}\int_{-\infty}^{x}e^{-\frac{(t-\mu)^2}{2\sigma^2}}dt, \quad x\in\mathbf{R}.$$

并且记住：当 $X\sim N(\mu,\sigma^2)$ 时，有

$$F(x)=\Phi\left(\frac{x-\mu}{\sigma}\right);$$

会查标准正态分布函数表.

6. 掌握求随机变量 X 的函数 Y＝g(X) 的概率分布

(1) 掌握求离散型随机变量函数的分布律的方法——列表法.

(2) 掌握求连续型随机变量函数的概率密度函数的方法：对于“非单调型”连续型随机变量函数的概率密度函数会用分布函数定义法求；对于“单调型”连续型随机变量函数的概率密度函数会用公式法求，即当 $y=g(x)$ 是一个严格单调的可导函数时，$Y=g(X)$ 的概率密度函数为

$$f_Y(y)=f_X(h(y))\,|h'(y)|.$$

## 总习题二

### 一、填空题

1. 设 $X\sim P(\lambda)$，且 $P\{X=0\}=\frac{1}{2}P\{X=2\}$，则 $\lambda=$________.

2. 设 $X\sim B(2,p)$，$Y\sim B(3,p)$. 设 $P\{X\geqslant 1\}=\frac{5}{9}$，则 $P\{Y<1\}=$________.

3. 已知随机变量 $X$ 的概率密度函数为

$$f(x)=\frac{1}{2}e^{-|x|}, \quad -\infty<x<+\infty,$$

则 $X$ 的概率分布函数为 $F(x)=$________.

4. 设随机变量 $X$ 服从正态分布 $N(\mu,\sigma^2)$ $(\sigma>0)$，且二次方程

$$y^2+4y+X=0$$

无实根的概率为 $\frac{1}{2}$，则 $\mu=$________.

5. 设随机变量 $X$ 的分布函数为

$$F(x)=\begin{cases}0, & x<0,\\ A\sin x, & 0\leqslant x\leqslant \dfrac{\pi}{2},\\ 1, & x>\dfrac{\pi}{2},\end{cases}$$

则 $A=$________，$P\left\{|X|<\dfrac{\pi}{6}\right\}=$________.

6. 设随机变量 $X$ 的概率密度为

$$f(x)=\begin{cases}2x, & 0<x<1,\\ 0, & \text{其他},\end{cases}$$

以 $Y$ 表示对 $X$ 的三次独立重复观察中事件 $\left\{X\leqslant\dfrac{1}{2}\right\}$ 出现的次数，则 $P\{Y=2\}=$________.

7. 设随机变量 $X$ 的概率密度为

$$f(x)=\begin{cases}\dfrac{1}{3}, & x\in[0,1],\\ \dfrac{2}{9}, & x\in[3,6],\\ 0, & \text{其他}.\end{cases}$$

若 $k$ 使得 $P\{X\geqslant k\}=\dfrac{2}{3}$，则 $k$ 的取值范围是________.

8. 设随机变量 $X\sim N(10,0.02^2)$. 已知 $\Phi(2.5)=0.9938$，则 $X$ 落在区间 $(9.95,10.05)$ 内的概率为________.

9. 设随机变量 $X\sim N(2,\sigma^2)$，且 $P\{2<X<4\}=0.3$，则 $P\{X<0\}=$________.

10. 设随机变量 $X\sim N(5,9)$. 已知 $\Phi(0.5)=0.6915$，为使 $P\{X<a\}<0.6915$，则常数 $a<$________.

11. 设随机变量 $X\sim N(0,1)$，则 $Y=2X+1$ 的概率密度函数 $f_Y(y)=$________.

12. 设随机变量 $X$ 服从 $(0,2)$ 上的均匀分布，则随机变量 $Y=X^2$ 在 $(0,4)$ 内的概率分布密度 $f_Y(y)=$________.

## 二、选择题

1. 设一批产品共有 1 000 件，其中有 50 件次品，从中有放回地任取 500 件，$X$ 表示抽到的次品数，则 $P\{X=3\}=$(　　).

A. $\dfrac{C_{50}^{3}C_{950}^{497}}{C_{1000}^{500}}$　　B. $\dfrac{A_{50}^{3}A_{950}^{497}}{A_{1000}^{500}}$　　C. $C_{500}^{3}\cdot 0.05^{3}\cdot 0.95^{497}$　　D. $\dfrac{3}{500}$

2. 设随机变量 $X \sim U(2,4)$，则 $P\{3<X<4\}=($　　$)$.

A. $P\{2.25<X<3.25\}$　　B. $P\{1.5<X<2.5\}$

C. $P\{3.5<X<4.5\}$　　D. $P\{4.5<X<5.5\}$

3. 设随机变量 $X$ 的概率密度函数为

$$f(x)=\begin{cases}\dfrac{x}{2}, & 0<x<2,\\ 0, & \text{其他},\end{cases}$$

则 $P\{-1\leqslant X\leqslant 1\}=($　　$)$.

A. 0　　B. 0.25　　C. 0.5　　D. 1

4. 设随机变量 $X$ 的分布函数为

$$F(x)=\begin{cases}0, & x<-1,\\ \dfrac{1}{8}, & x=-1,\\ ax+b, & -1<x<1,\\ 1, & x\geqslant 1.\end{cases}$$

已知 $P\{X=1\}=\dfrac{1}{4}$，则(　　).

A. $a=\dfrac{5}{16},\ b=\dfrac{7}{16}$　　B. $a=\dfrac{7}{16},\ b=\dfrac{9}{16}$

C. $a=\dfrac{1}{2},\ b=\dfrac{1}{2}$　　D. $a=\dfrac{3}{8},\ b=\dfrac{3}{8}$

5. 设随机变量 $X$ 的概率密度函数为 $f(x)$，且 $f(-x)=f(x)$，$F(x)$ 为 $X$ 的分布函数，则对于任意的实数 $a$，有(　　).

A. $F(-a)=1-\int_0^a f(x)\mathrm{d}x$　　B. $F(-a)=\dfrac{1}{2}-\int_0^a f(x)\mathrm{d}x$

C. $F(-a)=F(a)$　　D. $F(-a)=2F(a)-1$

6. 设随机变量 $X\sim N(2,\sigma^2)$，则随着 $\sigma$ 的增大，概率 $P\{|X-\mu|<\sigma\}$ (　　).

A. 单调增大　　B. 单调减小　　C. 保持不变　　D. 增减不定

7. 设随机变量 $X$ 的概率密度函数为 $f(x)=\dfrac{1}{2\sqrt{2\pi}}\mathrm{e}^{-\frac{(x+1)^2}{8}}$，则 $X\sim$ (　　).

A. $N(-1,2)$　　B. $N(-1,4)$　　C. $N(-1,8)$　　D. $N(-1,16)$

8. 设随机变量 $X$ 服从正态分布 $N(0,1)$，对给定的 $\alpha\in(0,1)$，数 $z_\alpha$ 满足 $P\{X>z_\alpha\}=\alpha$. 若 $P\{|X|<x\}=\alpha$，则 $x$ 等于(　　).

A. $z_{\alpha/2}$　　B. $z_{1-\alpha/2}$　　C. $z_{(1-\alpha)/2}$　　D. $z_{1-\alpha}$

9. 设随机变量 $X$ 服从正态分布 $N(\mu_1,\sigma_1{}^2)$，随机变量 $Y$ 服从正态分布 $N(\mu_2,\sigma_2{}^2)$，且 $P\{|X-\mu_1|<1\}>P\{|Y-\mu_2|<1\}$，则必有(  ).

A. $\sigma_1<\sigma_2$　　B. $\sigma_1>\sigma_2$

C. $\mu_1<\mu_2$　　D. $\mu_1>\mu_2$

10. 设随机变量 $X$ 的概率密度函数为 $f_X(x)$，则 $Y=-2X$ 的概率密度函数 $f_Y(y)$ 为(  ).

A. $2f_X(-2y)$　　B. $f_X\left(-\frac{y}{2}\right)$

C. $-\frac{1}{2}f_X\left(-\frac{y}{2}\right)$　　D. $\frac{1}{2}f_X\left(-\frac{y}{2}\right)$

**三、计算题**

1. 已知随机变量 $X$ 的概率分布为

$$P\{X=1\}=0.2,\quad P\{X=2\}=0.3,\quad P\{X=3\}=0.5,$$

试写出其分布函数 $F(x)$.

2. 设随机变量 $X$ 的绝对值不大于 1，$P\{X=-1\}=\frac{1}{8}$，$P\{X=1\}=\frac{1}{4}$. 在事件 $\{-1<X<1\}$ 出现的条件下，$X$ 在区间 $(-1,1)$ 内的任一子区间上取值的条件概率与该子区间的长度成正比. 试求 $X$ 的分布函数 $F(x)=P\{X\leqslant x\}$.

3. 设随机变量 $X\sim U(2,5)$. 现在对 $X$ 进行三次独立观测，试求至少有两次观测值大于 3 的概率.

4. 某仪器装有 3 只独立工作的同型号电子元件，其寿命(单位：小时)都服从同一指数分布，概率密度函数为

$$f(x)=\begin{cases}\frac{1}{600}e^{-\frac{x}{600}}, & x>0,\\ 0, & x\leqslant 0.\end{cases}$$

试求在仪器使用的最初 200 小时内，至少有一只电子元件损坏的概率.

5. 对某地抽样调查的结果表明，考生的外语成绩(百分制)近似服从正态分布，平均成绩为 72 分，96 分以上的占考生总数的 2.3%. 试求考生的外语成绩在 60 ～ 84 分之间的概率.

| $x$ | 0 | 0.5 | 1.0 | 1.5 | 2.0 | 2.5 | 3.0 |
|---|---|---|---|---|---|---|---|
| $\Phi(x)$ | 0.500 | 0.692 | 0.841 | 0.933 | 0.977 | 0.994 | 0.999 |

表中 $\Phi(x)$ 是标准正态分布函数.

6. 在电源电压不超过 200V、在 200 ～ 240V 和超过 240V 三种情形下，某种电子元件损坏的概率分别为 0.1，0.001 和 0.2. 设电源电压 $X \sim N(220, 25^2)$，试求

(1) 该电子元件损坏的概率 $\alpha$；

(2) 该电子元件损坏时，电源电压在 200 ～ 240V 的概率 $\beta$.

| $x$ | 0.10 | 0.20 | 0.40 | 0.60 | 0.80 | 1.00 | 1.20 | 1.40 |
|---|---|---|---|---|---|---|---|---|
| $\Phi(x)$ | 0.530 | 0.579 | 0.655 | 0.726 | 0.788 | 0.841 | 0.885 | 0.919 |

表中 $\Phi(x)$ 是标准正态分布函数.

7. 设测量误差 $X \sim N(0, 10^2)$. 试求在 100 次独立重复测量中，至少有 3 次测量误差的绝对值大于 19.6 的概率 $\alpha$，并用泊松分布求出 $\alpha$ 的近似值(要求小数点后取两位有效数字).

| $\lambda$ | 1 | 2 | 3 | 4 | 5 | 6 | 7 | … |
|---|---|---|---|---|---|---|---|---|
| $e^{-\lambda}$ | 0.368 | 0.135 | 0.050 | 0.018 | 0.007 | 0.002 | 0.001 | … |

8. 设一大型设备在任何长为 $t$ 的时间内发生故障的次数 $N(t)$ 服从参数为 $\lambda$ 的泊松分布.

(1) 求相继两次故障之间时间间隔 $T$ 的概率分布.

(2) 求在设备已经无故障工作 8 小时的情形下，再无故障运行 8 小时的概率 $Q$.

9. 设随机变量 $X$ 的概率密度函数为

$$f(x)=\begin{cases}2x, & 0<x<1\\ 0, & 其他.\end{cases}$$

现对 $X$ 进行 $n$ 次独立重复观测，以 $Y$ 表示观测值不大于 0.1 的次数，试求随机变量 $Y$ 的概率分布.

10. 设随机变量 $X$ 的概率密度函数为 $f_X(x)=\dfrac{1}{\pi(1+x^2)}$，求随机变量 $Y=1-\sqrt[3]{X}$ 的概率密度函数 $f_Y(y)$.

11. 设随机变量 $X$ 的概率密度函数为

$$f_X(x)=\begin{cases}e^{-x} & x\geqslant 0,\\ 0, & x<0,\end{cases}$$

求随机变量 $Y=e^X$ 的概率密度函数 $f_Y(y)$.

12. 设随机变量 $X$ 的概率密度函数为

$$f(x)=\begin{cases}\dfrac{1}{3\sqrt[3]{x^2}}, & x\in[1,8],\\ 0, & \text{其他},\end{cases}$$

$F(x)$ 是 $X$ 的分布函数，求随机变量 $Y=F(X)$ 的分布函数 $F_Y(y)$.

# 第三章

# 多维随机变量及其分布

在实际应用中有些随机现象需要同时用两个及两个以上的随机变量来描述. 例如，在研究4～6岁儿童生长发育中，我们关注每个儿童(样本点$\omega$)的身高$X(\omega)$与体重$Y(\omega)$，可以用$(X,Y)$来描述；又如每个家庭(样本点$\omega$)的支出主要用在衣食住行4个方面，假如用$X_1(\omega),X_2(\omega),X_3(\omega),X_4(\omega)$分别表示每个家庭在衣食住行的花费，那么可用$(X_1,X_2,X_3,X_4)$来描述这个家庭的支出，等等. 在这些情况下，每个随机变量只描述样本点的一个侧面，样本点的多个侧面同时研究可使人们对样本点的认识更为全面. 我们不但要研究多个随机变量各自的统计规律，而且还要研究它们之间的统计相依性，因而还需考查它们联合取值的统计规律，即多维随机变量的分布. 由于从二维推广到多维一般无实质性的困难，故我们重点讨论二维随机变量.

## 3.1 二维随机变量及其分布

### 3.1.1 二维随机变量及其分布函数(联合分布函数与边缘分布函数)

1. 二维随机变量的概念

**定义 3.1** 设$\Omega$是样本空间，对于样本空间$\Omega$中的每一个样本点$\omega$，都有唯一确定的一对实数$X(\omega),Y(\omega)$与之对应，则称$(X(\omega),Y(\omega))$为**二维随机变量**或**二维随机向量**，简记为$(X,Y)$，并称$X,Y$为二维随机变量$(X,Y)$的两个**分量**.

**注** (1) 二维随机变量$(X,Y)$是定义在同一样本空间上的一对随机变量，应把它看做一个整体.

(2) 对于每一个试验结果，二维随机变量$(X,Y)$就取平面点集上的一个点$(x,y)$，随着试验结果的不同，二维随机变量$(X,Y)$就在某一平面点集上随机取点. 可以这样理解，二维随机变量$(X,Y)$是建立在样本空间$\Omega$与某一平面点集之间的映射，如图 3-1 所示.

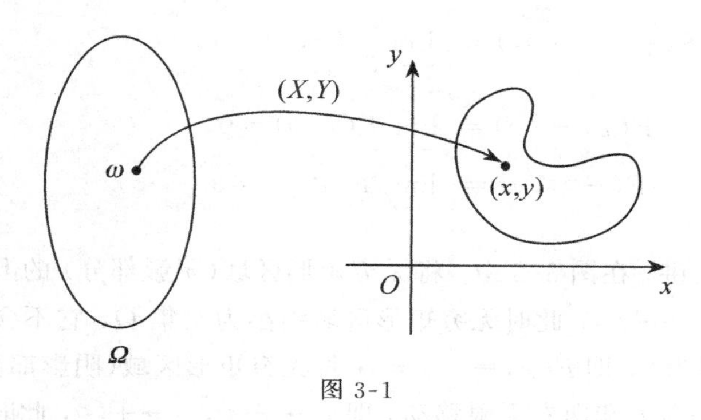


图 3-1

(3) 一般地，我们称$n$个随机变量的整体$(X_1,X_2,\cdots,X_n)$为 **$n$ 维随机变量**或 **$n$ 维随机向量**.

我们首先介绍研究二维随机变量的统计规律的统一方法 —— 联合分布函数.

2. 二维随机变量的联合分布函数

**定义 3.2** 设$(X,Y)$是二维随机变量，对于任意的实数$x,y$，二元函数

$$F(x,y)=P\{X\leqslant x,Y\leqslant y\},\quad x\in\mathbf{R},y\in\mathbf{R}$$

为二维随机变量$(X,Y)$的**联合分布函数**，简称为**分布函数**.

**注** (1) $P\{X\leqslant x,Y\leqslant y\}=P(\{X\leqslant x\}\cap\{Y\leqslant y\})$，所以$P\{X\leqslant x,Y\leqslant y\}$是两个事件$\{X\leqslant x\}$与$\{Y\leqslant y\}$积(同时发生)的概率.

(2) 二维随机变量$(X,Y)$的联合分布函数

$$F(x,y)=P\{X\leqslant x,Y\leqslant y\},$$

表示$(X,Y)$落在平面点集中点$(x,y)$的左下方的无穷矩形区域(如图 3-2 所示)内的概率.

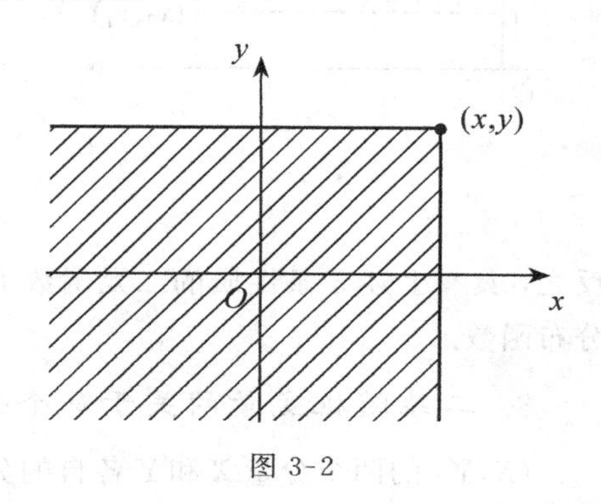


图 3-2

联合分布函数具有以下性质:

**性质 1** $0\leqslant F(x,y)\leqslant 1$.

**性质 2** $F(x,y)$关于$x$、关于$y$单调不减，即对任意固定的$y$，当

$x_1 < x_2$ 时，有 $F(x_1,y) \leqslant F(x_2,y)$；对任意固定的 $x$，当 $y_1 < y_2$ 时，有

$$F(x,y_1) \leqslant F(x,y_2).$$

**性质 3** 

$$F(-\infty,-\infty) = \lim_{\substack{x\to-\infty,\\ y\to-\infty}} F(x,y) = 0,$$

$$F(+\infty,+\infty) = \lim_{\substack{x\to+\infty,\\ y\to+\infty}} F(x,y) = 1,$$

$$F(x,-\infty) = \lim_{y\to-\infty} F(x,y) = 0,$$

$$F(-\infty,y) = \lim_{x\to-\infty,} F(x,y) = 0.$$

从几何上讲，在图 3-2 中，将无穷矩形区域(阴影部分)的上边界向下无限移动，即 $y\to-\infty$，此时无穷矩形区域缩小为空集 $\varnothing$，它不含平面上的任何点，故概率为 0，即 $F(x,-\infty)=0$；将无穷矩形区域(阴影部分)的上边界和右边界分别向上和向右无限移动，即 $x\to+\infty$，$y\to+\infty$，此时无穷矩形区域扩大为整个平面，它包含平面上的所有点，故概率为 1，即

$$F(+\infty,+\infty)=1.$$

**性质 4** $F(x,y)$ 关于 $x$、关于 $y$ 右连续，即对任意固定的 $y$，有

$$F(x+0,y)=F(x,y);$$

对任意固定的 $x$，有 $F(x,y+0)=F(x,y)$.

**性质 5** 对于任意的点 $(x_1,y_1)$，$(x_2,y_2)$，不妨设 $x_1 < x_2$，$y_1 < y_2$，则二维随机变量 $(X,Y)$ 落在如图 3-3 所示阴影部分的概率为

$$\begin{aligned} P\{x_1 < X \leqslant x_2,\ y_1 < Y \leqslant y_2\} &= F(x_2,y_2) - F(x_1,y_2) \\ &\quad - F(x_2,y_1) + F(x_1,y_1) \\ &\geqslant 0. \end{aligned}$$

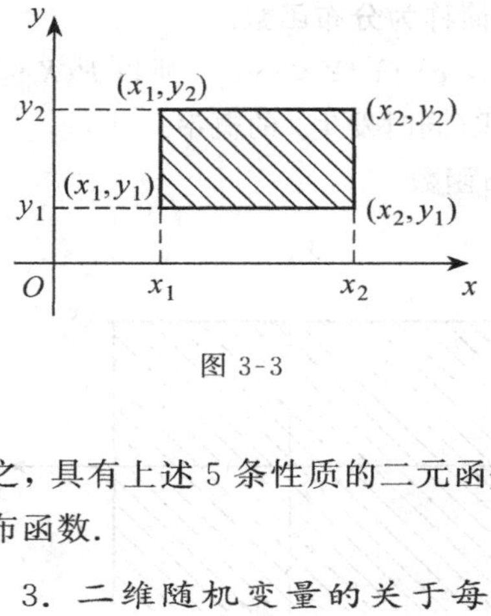

图 3-3

**注** 二维随机变量 $(X,Y)$ 的联合分布函数 $F(x,y)$ 具有上述 5 条性质；反之，具有上述 5 条性质的二元函数 $F(x,y)$ 必是某个二维随机变量的联合分布函数.

3. 二维随机变量的关于每个分量的边缘分布函数

$(X,Y)$ 的两个分量 $X$ 和 $Y$ 各自的分布函数称为二维随机变量 $(X,Y)$ 分别

关于 $X$、关于 $Y$ 的**边缘分布函数**，记为 $F_X(x),F_Y(y)$，它们可由联合分布函数来确定.

**定义 3.3**　设 $(X,Y)$ 是二维随机变量，其联合分布函数为

$$F(x,y)=P\{X\leqslant x,\ Y\leqslant y\},$$

则随机变量 $X$ 的分布函数

$$\begin{aligned}F_X(x)&=P\{X\leqslant x\}=P\{X\leqslant x,\ Y<+\infty\}\\&=\lim_{y\to+\infty}P\{X\leqslant x,\ Y\leqslant y\}\\&=\lim_{y\to+\infty}F(x,y)=F(x,+\infty)\end{aligned}$$

称为二维随机变量 $(X,Y)$ **关于 $X$ 的边缘分布函数**；随机变量 $Y$ 的分布函数

$$\begin{aligned}F_Y(y)&=P\{Y\leqslant y\}=P\{X<+\infty,\ Y\leqslant y\}\\&=\lim_{x\to+\infty}P\{X\leqslant x,\ Y\leqslant y\}\\&=\lim_{x\to+\infty}F(x,y)=F(+\infty,y)\end{aligned}$$

称为二维随机变量 $(X,Y)$ **关于 $Y$ 的边缘分布函数**.

**例 3.1**　设二维随机变量 $(X,Y)$ 的联合分布函数为

$$F(x,y)=A(B+\arctan x)(C+\arctan y),$$

求：(1) 常数 $A,B,C$；(2) $(X,Y)$ 分别关于 $X$、关于 $Y$ 的边缘分布函数 $F_X(x),F_Y(y)$.

**解**　(1) 由联合分布函数 $F(x,y)$ 的性质有

$$\begin{cases}F(+\infty,+\infty)=A\left(B+\dfrac{\pi}{2}\right)\left(C+\dfrac{\pi}{2}\right)=1,\\F(-\infty,y)=A\left(B-\dfrac{\pi}{2}\right)(C+\arctan y)=0,\\F(x,-\infty)=A(B+\arctan x)\left(C-\dfrac{\pi}{2}\right)=0,\end{cases}$$

所以 $A=\dfrac{1}{\pi^2}$，$B=\dfrac{\pi}{2}$，$C=\dfrac{\pi}{2}$.

(2) 由于

$$F(x,y)=\frac{1}{\pi^2}\left(\frac{\pi}{2}+\arctan x\right)\left(\frac{\pi}{2}+\arctan y\right),$$

所以

$$\begin{aligned}F_X(x)&=F(x,+\infty)=\lim_{y\to+\infty}F(x,y)\\&=\lim_{y\to+\infty}\frac{1}{\pi^2}\left(\frac{\pi}{2}+\arctan x\right)\left(\frac{\pi}{2}+\arctan y\right)\\&=\frac{1}{\pi}\left(\frac{\pi}{2}+\arctan x\right),\end{aligned}$$

$$F_Y(y)=F(+\infty,y)=\lim_{x\to+\infty}F(x,y)$$

$$=\lim_{x\to+\infty}\frac{1}{\pi^2}\left(\frac{\pi}{2}+\arctan x\right)\left(\frac{\pi}{2}+\arctan y\right)$$

$$=\frac{1}{\pi}\left(\frac{\pi}{2}+\arctan y\right).$$

**例 3.2** 设二维随机变量$(X,Y)$的联合分布函数为

$$F(x,y)=\begin{cases}1-e^{-x}-e^{-y}+e^{-x-y-\lambda xy}, & x>0,\ y>0,\\ 0, & \text{其他},\end{cases}$$

其中$\lambda\geqslant 0$，这个分布称为**二维指数分布**. 求$(X,Y)$分别关于$X$、关于$Y$的边缘分布函数$F_X(x)$,$F_Y(y)$.

**解** 当$x>0$时，

$$F_X(x)=\lim_{y\to+\infty}F(x,y)=\lim_{y\to+\infty}(1-e^{-x}-e^{-y}+e^{-x-y-\lambda xy})$$

$$=1-e^{-x},$$

当$y>0$时，

$$F_Y(y)=\lim_{x\to+\infty}F(x,y)=\lim_{x\to+\infty}(1-e^{-x}-e^{-y}+e^{-x-y-\lambda xy})$$

$$=1-e^{-y}.$$

所以

$$F_X(x)=\begin{cases}1-e^{-x}, & x>0,\\ 0, & x\leqslant 0,\end{cases}$$

$$F_Y(y)=\begin{cases}1-e^{-y}, & y>0,\\ 0, & y\leqslant 0.\end{cases}$$

它们都是一维指数分布，且都与二维指数分布中的参数$\lambda$无关. 不同的$\lambda$对应不同的二维指数分布，而它的两个边际分布不变. 这一现象表明：联合分布函数$F(x,y)$不仅含有每个分量的概率分布的信息，而且还含有两个分量$X$和$Y$之间的信息，这正是人们研究多维随机变量的重要原因.

### 3.1.2 二维离散型随机变量及其分布(联合分布律与边缘分布律)

**定义 3.4** 若二维随机变量$(X,Y)$只取有限多对或可列无穷多对$(x_i,y_j)$，$i,j=1,2,\cdots$，且$(X,Y)$取各对值的概率为

$$P\{(X,Y)=(x_i,y_j)\}=p_{ij}\text{ 或 }P\{X=x_i,Y=y_j\}=p_{ij},\quad i,j=1,2,\cdots,$$

则称$(X,Y)$为**二维离散型随机变量**，并称上式为二维离散型随机变量$(X,Y)$的**联合分布律**，简称**分布律**. $(X,Y)$的分布律还可以写成如下列表形式：

| X \ Y | $y_1$ | $y_2$ | $\cdots$ | $y_j$ | $\cdots$ |
|---|---|---|---|---|---|
| $x_1$ | $p_{11}$ | $p_{12}$ | $\cdots$ | $p_{1j}$ | $\cdots$ |
| $x_2$ | $p_{21}$ | $p_{22}$ | $\cdots$ | $p_{2j}$ | $\cdots$ |
| $\vdots$ | $\vdots$ | $\vdots$ | | $\vdots$ | |
| $x_i$ | $p_{i1}$ | $p_{i2}$ | $\cdots$ | $p_{ij}$ | $\cdots$ |
| $\vdots$ | $\vdots$ | $\vdots$ | | $\vdots$ | |

$(X,Y)$ 的分布律具有下列性质：

**性质 6**　$p_{ij} \geqslant 0,\ i,j=1,2,\cdots.$

**性质 7**　$\sum_{i=1}^{\infty}\sum_{j=1}^{\infty} p_{ij}=1.$

反之，若数集 $\{p_{ij}\}$，$i,j=1,2,\cdots$ 具有以上两条性质，则它必可作为某二维离散型随机变量的分布律.

二维离散型随机变量 $(X,Y)$ 的两个分量 $X$ 和 $Y$ 各自的分布律分别称为 $(X,Y)$ **关于 $X$、关于 $Y$ 的边缘分布律**，记为 $p_{i\cdot}$，$p_{\cdot j}$，它们可由联合分布律确定.

**定义 3.5**　若二维离散型随机变量 $(X,Y)$ 的联合分布律为

$$P\{X=x_i,\ Y=y_j\}=p_{ij},\quad i,j=1,2,\cdots,$$

则称随机变量 $X$ 的分布律

$$\begin{aligned}P\{X=x_i\}&=P\{X=x_i,\ Y<+\infty\}\\&=P\{X=x_i,\ Y=y_1\}+P\{X=x_i,\ Y=y_2\}+\cdots\\&\quad+P\{X=x_i,Y=y_j\}+\cdots\\&=p_{i1}+p_{i2}+\cdots+p_{ij}+\cdots\\&=\sum_{j=1}^{\infty}p_{ij}=p_{i\cdot},\quad i=1,2,\cdots\end{aligned}$$

为 $(X,Y)$ **关于 $X$ 的边缘分布律**，称随机变量 $Y$ 的分布律

$$\begin{aligned}P\{Y=y_j\}&=P\{X<+\infty,\ Y=y_j\}\\&=P\{X=x_1,\ Y=y_j\}+P\{X=x_2,\ Y=y_j\}+\cdots\\&\quad+P\{X=x_i,\ Y=y_j\}+\cdots\\&=p_{1j}+p_{2j}+\cdots+p_{ij}+\cdots\end{aligned}$$

$$=\sum_{i=1}^{\infty} p_{ij}=p_{\cdot j},\quad j=1,2,\cdots$$

为$(X,Y)$ **关于 $Y$ 的边缘分布律**.

**注** $p_{i\cdot}$就是联合分布律的表中第$i$行元素之和，$p_{\cdot j}$就是表中第$j$列元素之和，如下表所示：

| $X$ \ $Y$ | $y_1$ | $y_2$ | $\cdots$ | $y_j$ | $\cdots$ | $p_{i\cdot}$ |
|---|---|---|---|---|---|---|
| $x_1$ | $p_{11}$ | $p_{12}$ | $\cdots$ | $p_{1j}$ | $\cdots$ | $p_{1\cdot}$ |
| $x_2$ | $p_{21}$ | $p_{22}$ | $\cdots$ | $p_{2j}$ | $\cdots$ | $p_{2\cdot}$ |
| $\vdots$ | $\vdots$ | $\vdots$ | | $\vdots$ | | $\vdots$ |
| $x_i$ | $p_{i1}$ | $p_{i2}$ | $\cdots$ | $p_{ij}$ | $\cdots$ | $p_{i\cdot}$ |
| $\vdots$ | $\vdots$ | $\vdots$ | | $\vdots$ | | $\vdots$ |
| $p_{\cdot j}$ | $p_{\cdot 1}$ | $p_{\cdot 2}$ | $\cdots$ | $p_{\cdot j}$ | $\cdots$ | 1 |

**例 3.3** 二维离散型随机变量$(X,Y)$的联合分布律为

| $X$ \ $Y$ | 1 | 2 | 3 |
|---|---|---|---|
| 0 | 0.1 | 0.1 | 0.3 |
| 1 | 0.25 | 0 | 0.25 |

求：(1) $P\{X=0\}$；(2) $P\{Y<2.5\}$；(3) $P\{X<1, Y\leqslant 2\}$；(4) $P\{X\geqslant Y\}$.

**解** 
$$\begin{aligned}P\{X=0\}&=P\{X=0,\ Y=1\}+P\{X=0,\ Y=2\}\\&\quad+P\{X=0,\ Y=3\}\\&=0.1+0.1+0.3=0.5,\end{aligned}$$

$$\begin{aligned}P\{Y<2.5\}&=P\{Y=1\}+P\{Y=2\}\\&=P\{X=0,\ Y=1\}+P\{X=1,\ Y=1\}\\&\quad+P\{X=0,\ Y=2\}+P\{X=1,\ Y=2\}\\&=0.1+0.25+0.1+0=0.45,\end{aligned}$$

$$\begin{aligned}P\{X<1,\ Y\leqslant 2\}&=P\{X=0,\ Y=1\}+P\{X=0,\ Y=2\}\\&=0.1+0.1=0.2,\end{aligned}$$

$$P\{X\geqslant Y\}=P\{X=1,\ Y=1\}=0.25.$$

**例 3.4** 现有1,2,3三个整数，$X$表示从这三个数字中随机抽取的一个整数，$Y=K$表示从1至$X$中随机抽取的一个整数，试求$(X,Y)$的联合分布律及边缘分布律.

**解** $X$与$Y$的可能值均为1,2,3，利用概率乘法公式，可得$(X,Y)$取各对

数值的概率分别是

$$P\{X=1, Y=1\}=P\{X=1\}P\{Y=1|X=1\}=\frac{1}{3}\times 1=\frac{1}{3},$$

$$P\{X=2, Y=1\}=P\{X=2\}P\{Y=1|X=2\}=\frac{1}{3}\times\frac{1}{2}=\frac{1}{6},$$

$$P\{X=2, Y=2\}=P\{X=2\}P\{Y=2|X=2\}=\frac{1}{3}\times\frac{1}{2}=\frac{1}{6},$$

$$P\{X=3, Y=1\}=P\{X=3\}P\{Y=1|X=3\}=\frac{1}{3}\times\frac{1}{3}=\frac{1}{9},$$

$$P\{X=3, Y=2\}=P\{X=3\}P\{Y=2|X=3\}=\frac{1}{3}\times\frac{1}{3}=\frac{1}{9},$$

$$P\{X=3, Y=3\}=P\{X=3\}P\{Y=3|X=3\}=\frac{1}{3}\times\frac{1}{3}=\frac{1}{9},$$

$$P\{X=1, Y=2\}=0,\quad P\{X=1, Y=3\}=0,$$

$$P\{X=2, Y=3\}=0.$$

所以$(X,Y)$的联合分布律与边缘分布律为

| $X \backslash Y$ | 1 | 2 | 3 | $p_{i\cdot}$ |
|---|---|---|---|---|
| 1 | $\frac{1}{3}$ | 0 | 0 | $\frac{1}{3}$ |
| 2 | $\frac{1}{6}$ | $\frac{1}{6}$ | 0 | $\frac{1}{3}$ |
| 3 | $\frac{1}{9}$ | $\frac{1}{9}$ | $\frac{1}{9}$ | $\frac{1}{3}$ |
| $p_{\cdot j}$ | $\frac{11}{18}$ | $\frac{5}{18}$ | $\frac{1}{9}$ | |

即

| $X$ | 1 | 2 | 3 |
|---|---|---|---|
| $P$ | $\frac{1}{3}$ | $\frac{1}{3}$ | $\frac{1}{3}$ |

| $Y$ | 1 | 2 | 3 |
|---|---|---|---|
| $P$ | $\frac{11}{18}$ | $\frac{5}{18}$ | $\frac{1}{9}$ |

**例 3.5**　设袋中有5个球，其中有2个红球，3个白球．每次从袋中任取1个，抽取两次，设

$$X=\begin{cases}1, & \text{第一次取到红球},\\ 0, & \text{第一次取到白球},\end{cases}\quad Y=\begin{cases}1, & \text{第二次取到红球},\\ 0, & \text{第二次取到白球}.\end{cases}$$

分别对有放回与不放回两种情况求出$(X,Y)$的联合分布律与边缘分布律．

**解**　(1) 有放回时，事件$\{X=i\}$与$\{Y=j\}$相互独立，$i,j=0,1$，所以

$$P\{X=0, Y=0\}=P\{X=0\}P\{Y=0\}=\frac{3}{5}\times\frac{3}{5}=\frac{9}{25},$$

$$P\{X=0, Y=1\}=P\{X=0\}P\{Y=1\}=\frac{3}{5}\times\frac{2}{5}=\frac{6}{25},$$

$$P\{X=1, Y=0\}=P\{X=1\}P\{Y=0\}=\frac{2}{5}\times\frac{3}{5}=\frac{6}{25},$$

$$P\{X=1, Y=1\}=P\{X=1\}P\{Y=1\}=\frac{2}{5}\times\frac{2}{5}=\frac{4}{25}.$$

于是$(X,Y)$的联合分布律与边缘分布律为

| X \ Y | 0 | 1 | $p_{i\cdot}$ |
|---|---|---|---|
| 0 | $\frac{9}{25}$ | $\frac{6}{25}$ | $\frac{3}{5}$ |
| 1 | $\frac{6}{25}$ | $\frac{4}{25}$ | $\frac{2}{5}$ |
| $p_{\cdot j}$ | $\frac{3}{5}$ | $\frac{2}{5}$ | |

即

| $X$ | 0 | 1 |
|---|---|---|
| $P$ | $\frac{3}{5}$ | $\frac{2}{5}$ |

| $Y$ | 0 | 1 |
|---|---|---|
| $P$ | $\frac{3}{5}$ | $\frac{2}{5}$ |

(2) 无放回时，由乘法公式可得

$$P\{X=0, Y=0\}=P\{X=0\}P\{Y=0\mid X=0\}=\frac{3}{5}\times\frac{2}{4}=\frac{3}{10},$$

$$P\{X=0, Y=1\}=P\{X=0\}P\{Y=1\mid X=0\}=\frac{3}{5}\times\frac{2}{4}=\frac{3}{10},$$

$$P\{X=1, Y=0\}=P\{X=1\}P\{Y=0\mid X=1\}=\frac{2}{5}\times\frac{3}{4}=\frac{3}{10},$$

$$P\{X=1, Y=1\}=P\{X=1\}P\{Y=1\mid X=1\}=\frac{2}{5}\times\frac{1}{4}=\frac{1}{10}.$$

于是$(X,Y)$的联合分布律与边缘分布律为

| X \ Y | 0 | 1 | $p_{i\cdot}$ |
|---|---|---|---|
| 0 | $\frac{3}{10}$ | $\frac{3}{10}$ | $\frac{3}{5}$ |
| 1 | $\frac{3}{10}$ | $\frac{1}{10}$ | $\frac{2}{5}$ |
| $p_{\cdot j}$ | $\frac{3}{5}$ | $\frac{2}{5}$ | |

即

| $X$ | 0 | 1 |
|---|---|---|
| $P$ | $\frac{3}{5}$ | $\frac{2}{5}$ |

| $Y$ | 0 | 1 |
|---|---|---|
| $P$ | $\frac{3}{5}$ | $\frac{2}{5}$ |

此例说明虽然在有放回、无放回两种情况下，$(X,Y)$ 的联合分布律不一样，但它们有相同的边缘分布律，这就是说，关于$X$、关于$Y$的边缘分布律不能唯一确定$(X,Y)$的联合分布律. 那么在什么条件下，可以由关于$X$、关于$Y$的边缘分布律唯一确定$(X,Y)$的联合分布律呢？ 这个问题我们将在3.3节展开.

### 3.1.3　二维连续型随机变量及其分布(联合概率密度与边缘概率密度)

一维连续型随机变量$X$的可能取值为某个或某些区间，甚至是整个数轴，而二维随机变量$(X,Y)$的可能取值范围则为$XOY$平面上的某个或某些区域，甚至为整个平面. 一维连续型随机变量$X$的概率特征为存在一个概率密度函数$f(x)$，满足$f(x)\geqslant 0$，$\int_{-\infty}^{+\infty}f(x)\mathrm{d}x=1$，且

$$P\{a\leqslant X\leqslant b\}=\int_a^b f(x)\mathrm{d}x,$$

分布函数$F(x)=\int_{-\infty}^{x}f(t)\mathrm{d}t$.

类似地，我们给出下面的定义：

**定义3.6**　二维随机变量$(X,Y)$的联合分布函数为$F(x,y)$，对于任意的实数$x,y$，若存在一个二元非负函数$f(x,y)$，有

$$F(x,y)=\int_{-\infty}^{x}\int_{-\infty}^{y}f(u,v)\mathrm{d}u\,\mathrm{d}v,\quad x,y\in\mathbf{R},$$

则称$(X,Y)$为**二维连续型随机变量**，$f(x,y)$为$(X,Y)$的**联合概率密度函数**，简称为**联合概率密度**或**联合密度函数**.

与一维连续型随机变量类似，二维连续型随机变量的联合概率密度函数有如下性质：

**性质8**　$f(x,y)\geqslant 0$.

**性质9**　$\int_{-\infty}^{+\infty}\int_{-\infty}^{+\infty}f(x,y)\mathrm{d}x\,\mathrm{d}y=1$.

若某一个二元函数满足上述两条性质，则它必可以作为某个二维连续型随机变量的联合概率密度.

**性质 10** 设 $G$ 为一平面区域，则 $(X,Y)$ 落在区域 $G$ 上的概率为

$$P\{(X,Y)\in G\}=\iint\limits_G f(x,y)\mathrm{d}x\,\mathrm{d}y.$$

特别地，当 $G=\{(x,y)\mid a\leqslant x\leqslant b,\ c\leqslant y\leqslant d\}$ 时，

$$P\{(X,Y)\in G\}=P\{a\leqslant X\leqslant b,\ c\leqslant Y\leqslant d\}=\int_a^b\mathrm{d}x\int_c^d f(x,y)\mathrm{d}y$$

或

$$\begin{aligned}P\{(X,Y)\in G\}&=P\{a\leqslant X\leqslant b,\ c\leqslant Y\leqslant d\}\\&=F(b,d)-F(a,d)-F(b,c)+F(a,c).\end{aligned}$$

**性质 11** 若 $f(x,y)$ 在点 $(x,y)$ 处连续，则 $\dfrac{\partial^2 F(x,y)}{\partial x\,\partial y}=f(x,y)$.

**定义 3.7** 二维连续型随机变量 $(X,Y)$ 的两个分量 $X$ 和 $Y$ 各自的概率密度函数分别称为 $(X,Y)$ 关于 $X$、关于 $Y$ 的**边缘概率密度函数**，简称为**边缘密度函数**，记为 $f_X(x)$，$f_Y(y)$.

它们可由联合概率密度函数确定，推导过程如下：

设二维随机变量 $(X,Y)$ 的联合概率密度函数为 $f(x,y)$，由 $(X,Y)$ 关于 $X$ 的边缘分布函数的定义可得

$$\begin{aligned}F_X(x)=F(x,+\infty)&=\int_{-\infty}^{x}\int_{-\infty}^{+\infty}f(u,v)\mathrm{d}u\,\mathrm{d}v\\&=\int_{-\infty}^{x}\left(\int_{-\infty}^{+\infty}f(u,v)\mathrm{d}v\right)\mathrm{d}u.\end{aligned}$$

因此，$(X,Y)$ 关于 $X$ 的边缘密度函数为

$$f_X(x)=F'_X(x)=\int_{-\infty}^{+\infty}f(x,y)\mathrm{d}y.$$

类似地，$(X,Y)$ 关于 $Y$ 的边缘密度函数为

$$f_Y(y)=F'_Y(y)=\int_{-\infty}^{+\infty}f(x,y)\mathrm{d}x.$$

**例 3.6** 设二维随机变量 $(X,Y)$ 的联合概率密度函数为

$$f(x,y)=\begin{cases}C\mathrm{e}^{-(2x+4y)}, & x>0,\ y>0,\\ 0, & \text{其他},\end{cases}$$

求：(1) 常数 $C$；(2) $(X,Y)$ 的联合分布函数 $F(x,y)$；(3) $P\{X\geqslant Y\}$；(4) $(X,Y)$ 分别关于 $X$、关于 $Y$ 的边缘密度函数 $f_X(x)$，$f_Y(y)$.

**解**　(1) 由$\int_{-\infty}^{+\infty}\int_{-\infty}^{+\infty} f(x,y)\,dx\,dy=1$知$\int_0^{+\infty}\int_0^{+\infty} Ce^{-(2x+4y)}\,dx\,dy=1$，所以$C=8$.

(2) $F(x,y)=\int_{-\infty}^{x}\int_{-\infty}^{y} f(u,v)\,du\,dv$，$x,y\in\mathbf{R}$. 当$x\leqslant 0$或$y\leqslant 0$时，$f(x,y)=0$，所以$F(x,y)=0$；当$x>0$，$y>0$时，

$$F(x,y)=\int_0^x\int_0^y 8e^{-(2u+4v)}\,du\,dv=(1-e^{-2x})(1-e^{-4y}).$$

因此，$(X,Y)$的联合分布函数为

$$F(x,y)=\begin{cases}(1-e^{-2x})(1-e^{-4y}), & x>0,\ y>0,\\ 0, & \text{其他}.\end{cases}$$

(3) $P\{X\geqslant Y\}=P\{(X,Y)\in G\}\quad (G=\{(x,y)\mid x\geqslant y\})$

$$=\iint_G f(x,y)\,dx\,dy=\int_0^{+\infty}dx\int_0^x 8e^{-(2x+4y)}\,dy$$

$$=\int_0^{+\infty}2e^{-2x}(1-e^{-4x})\,dx=\frac{2}{3}.$$

(4) $(X,Y)$的联合概率密度函数为

$$f(x,y)=\begin{cases}8e^{-(2x+4y)}, & x>0,\ y>0,\\ 0, & \text{其他},\end{cases}$$

关于$X$的边缘密度函数为

$$f_X(x)=\int_{-\infty}^{+\infty} f(x,y)\,dy.$$

当$x\leqslant 0$时，$f(x,y)=0$，所以$f_X(x)=0$；当$x>0$时，

$$f_X(x)=\int_{-\infty}^{+\infty} f(x,y)\,dy=\int_0^{+\infty}8e^{-(2x+4y)}\,dy=2e^{-2x}.$$

因此，关于$X$的边缘密度函数为

$$f_X(x)=\begin{cases}2e^{-2x}, & x>0,\\ 0, & x\leqslant 0.\end{cases}$$

同理，关于$Y$的边缘密度函数为

$$f_Y(y)=\begin{cases}4e^{-4y}, & y>0,\\ 0, & y\leqslant 0.\end{cases}$$

**注**　当$x>0$，$y>0$时，

$$\frac{\partial(1-e^{-2x})(1-e^{-4y})}{\partial x\,\partial y}=8e^{-(2x+4y)},$$

从而$\frac{\partial^2 F(x,y)}{\partial x\,\partial y}=f(x,y)$.

在例 3.1 中，二维随机变量$(X,Y)$的联合分布函数为

$$F(x,y)=\frac{1}{\pi^2}\left(\frac{\pi}{2}+\arctan x\right)\left(\frac{\pi}{2}+\arctan y\right),$$

则$(X,Y)$的联合概率密度函数为

$$f(x,y)=\frac{\partial^2 F(x,y)}{\partial x\,\partial y}=\frac{1}{\pi^2(1+x^2)(1+y^2)}.$$

于是，$(X,Y)$关于$X$、关于$Y$的边缘密度函数分别为

$$f_X(x)=\int_{-\infty}^{+\infty}f(x,y)\mathrm{d}y=\int_{-\infty}^{+\infty}\frac{1}{\pi^2(1+x^2)(1+y^2)}\mathrm{d}y=\frac{1}{\pi(1+x^2)},$$

$$f_Y(y)=\int_{-\infty}^{+\infty}f(x,y)\mathrm{d}x=\int_{-\infty}^{+\infty}\frac{1}{\pi^2(1+x^2)(1+y^2)}\mathrm{d}x=\frac{1}{\pi(1+y^2)}.$$

下面介绍两种常见的二维连续型随机变量：均匀分布、正态分布.

**定义 3.8** 若二维随机变量的$(X,Y)$的联合概率密度函数为

$$f(x,y)=\begin{cases}\frac{1}{S}, & (x,y)\in D,\\ 0, & (x,y)\notin D,\end{cases}$$

其中$D$为平面区域，$S$为平面区域$D$的面积，则称$(X,Y)$服从区域$D$上的**均匀分布**，记为$(X,Y)\sim U(D)$.

特别地，当$D=\{(x,y)\mid x^2+y^2\leqslant 1\}$时，$S=\pi$，则

$$f(x,y)=\begin{cases}\frac{1}{\pi}, & (x,y)\in D,\\ 0, & (x,y)\notin D;\end{cases}$$

当$D=\left\{(x,y)\,\middle|\,|x|+|y|\leqslant 1\right\}$时，$S=2$，则

$$f(x,y)=\begin{cases}\frac{1}{2}, & (x,y)\in D,\\ 0, & (x,y)\notin D;\end{cases}$$

当$D=\{(x,y)\mid 0<x<1,\ x^2\leqslant y\leqslant\sqrt{x}\}$时，$S=\frac{1}{3}$，则

$$f(x,y)=\begin{cases}3, & (x,y)\in D,\\ 0, & (x,y)\notin D.\end{cases}$$

可见，若$(X,Y)\sim U(D)$，对任意区域$E\subset D$，$S_E$为区域$E$的面积，则

$$P\{(X,Y)\in E\}=\iint_E f(x,y)\mathrm{d}x\,\mathrm{d}y=\frac{1}{S}\iint_E \mathrm{d}x\,\mathrm{d}y=\frac{S_E}{S}.$$

**例 3.7**　设二维随机变量$(X,Y)\sim U(D)$，且

$$D=\{(x,y)\mid 0\leqslant x\leqslant 1,\ 0\leqslant y\leqslant x\},$$

求$P\{X+Y\leqslant 1\}$.

**解**　如图3-4所示，区域$D$的面积为$S=\frac{1}{2}$，所以

$$f(x,y)=\begin{cases}2, & (x,y)\in D,\\ 0, & (x,y)\notin D.\end{cases}$$

事件$\{X+Y\leqslant 1\}$意味着随机点$(X,Y)$落在区域$D_1$上，即$(X,Y)\in D_1$. 于是

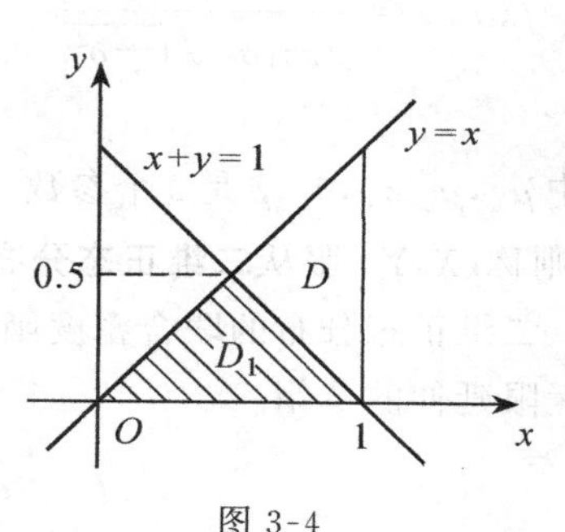


图 3-4

$$P\{X+Y\leqslant 1\}=P\{(X,Y)\in D_1\}=\iint_{D_1} f(x,y)\mathrm{d}x\,\mathrm{d}y$$
$$=2\iint_{D_1}\mathrm{d}x\,\mathrm{d}y=2S_{D_1}=2\times\frac{1}{4}=\frac{1}{2}.$$

**例 3.8**　设二维随机变量$(X,Y)\sim U(D)$，且

$$D=\{(x,y)\mid 0\leqslant x\leqslant 1,\ 0\leqslant y\leqslant x^2\},$$

求$(X,Y)$分别关于$X$、关于$Y$的边缘密度函数$f_X(x)$,$f_Y(y)$.

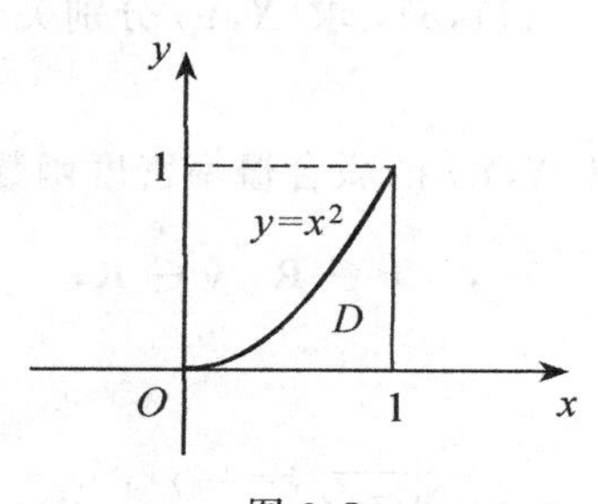


图 3-5

**解**　如图3-5所示，区域$D$的面积为$S=\int_0^1 x^2\mathrm{d}x=\frac{1}{3}$，所以

$$f(x,y)=\begin{cases}3, & (x,y)\in D,\\ 0, & (x,y)\notin D.\end{cases}$$

于是

$$f_X(x)=\int_{-\infty}^{+\infty}f(x,y)\mathrm{d}y=\begin{cases}\int_0^{x^2}3\mathrm{d}y, & 0\leqslant x\leqslant 1,\\ 0, & \text{其他}\end{cases}$$
$$=\begin{cases}3x^2, & 0\leqslant x\leqslant 1\\ 0, & \text{其他},\end{cases}$$

$$f_Y(y)=\int_{-\infty}^{+\infty}f(x,y)\mathrm{d}x=\begin{cases}\int_{\sqrt{y}}^{1}3\mathrm{d}x, & 0\leqslant y\leqslant 1,\\ 0, & \text{其他}\end{cases}$$

$$=\begin{cases}3(1-\sqrt{y}), & 0\leqslant y\leqslant 1,\\ 0, & 其他.\end{cases}$$

**定义 3.9** 若二维随机变量的$(X,Y)$的联合概率密度函数为

$$f(x,y)=\frac{1}{2\pi\sigma_1\sigma_2\sqrt{1-\rho^2}}\mathrm{e}^{-\frac{1}{2(1-\rho^2)}\left[\left(\frac{x-\mu_1}{\sigma_1}\right)^2-\frac{2\rho(x-\mu_1)(y-\mu_2)}{\sigma_1\sigma_2}+\left(\frac{y-\mu_2}{\sigma_2}\right)^2\right]},$$

$$x,y\in\mathbf{R},$$

其中$\mu_1,\mu_2,\sigma_1,\sigma_2,\rho$是5个参数，且$\mu_1\in\mathbf{R}$，$\mu_2\in\mathbf{R}$，$\sigma_1>0$，$\sigma_2>0$，$|\rho|<1$，则称$(X,Y)$服从**二维正态分布**，记为$(X,Y)\sim N(\mu_1,\mu_2,{\sigma_1}^2,{\sigma_2}^2,\rho)$.

二维正态分布的联合密度函数图象如图 3-6 中曲面所示，很像一顶向四周无限延伸的草帽.

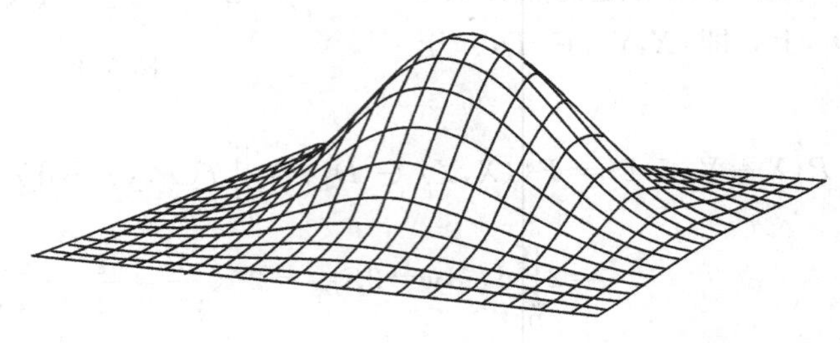

图 3-6

**例 3.9** 设二维随机变量$(X,Y)\sim N(0,0,1,1,\rho)$，求$(X,Y)$分别关于$X$、关于$Y$的边缘密度函数$f_X(x)$，$f_Y(y)$.

**解** 由于$(X,Y)\sim N(0,0,1,1,\rho)$，所以$(X,Y)$的联合概率密度函数为

$$f(x,y)=\frac{1}{2\pi\sqrt{1-\rho^2}}\mathrm{e}^{-\frac{1}{2(1-\rho^2)}(x^2-2\rho xy+y^2)},\quad x\in\mathbf{R},\ y\in\mathbf{R},$$

关于$X$的边缘密度函数为

$$f_X(x)=\int_{-\infty}^{+\infty}f(x,y)\mathrm{d}y=\int_{-\infty}^{+\infty}\frac{1}{2\pi\sqrt{1-\rho^2}}\mathrm{e}^{-\frac{1}{2(1-\rho^2)}(x^2-2\rho xy+y^2)}\mathrm{d}y$$

$$=\frac{1}{\sqrt{2\pi}}\mathrm{e}^{-\frac{x^2}{2}}\int_{-\infty}^{+\infty}\frac{1}{\sqrt{2\pi}\sqrt{1-\rho^2}}\mathrm{e}^{-\frac{(y-\rho x)^2}{2(1-\rho^2)}}\mathrm{d}y$$

$$=\frac{1}{\sqrt{2\pi}}\mathrm{e}^{-\frac{x^2}{2}},\quad x\in\mathbf{R},$$

即$X\sim N(0,1)$. 同理，关于$Y$的边缘密度函数为

$$f_Y(y)=\frac{1}{\sqrt{2\pi}}\mathrm{e}^{-\frac{y^2}{2}},\quad y\in\mathbf{R},$$

即 $Y \sim N(0,1)$.

一般地，当 $(X,Y) \sim N(\mu_1,\mu_2,\sigma_1{}^2,\sigma_2{}^2,\rho)$ 时，$(X,Y)$ 关于 $X$、关于 $Y$ 的边缘密度函数分别为

$$f_X(x)=\frac{1}{\sqrt{2\pi}\,\sigma_1}\mathrm{e}^{-\frac{(x-\mu_1)^2}{2\sigma_1{}^2}},\quad x\in\mathbf{R},$$

$$f_Y(y)=\frac{1}{\sqrt{2\pi}\,\sigma_2}\mathrm{e}^{-\frac{(y-\mu_2)^2}{2\sigma_2{}^2}},\quad y\in\mathbf{R},$$

即 $X \sim N(\mu_1,\sigma_1{}^2)$，$Y \sim N(\mu_2,\sigma_2{}^2)$.

此例说明，当 $\rho$ 不同时，$(X,Y)$ 的联合概率密度函数不相同，但它们有相同的边缘密度函数. 这就说明关于 $X$、关于 $Y$ 的边缘密度函数不能唯一确定 $(X,Y)$ 的联合概率密度函数. 那么在什么条件下能唯一确定呢？ 这个问题我们将在 3.3 节展开.

## 习　题　3.1

1. 已知 $(X,Y)$ 的联合分布律为

| $X$ \ $Y$ | 1 | 2 | 3 |
|---|---|---|---|
| 0 | 0.1 | 0.2 | 0.3 |
| 1 | 0.15 | 0 | 0.25 |

求 $P\{X\leqslant 1,\ Y<2\}$，$P\{X<1\}$，$P\{Y\leqslant 2\}$，$P\{1<Y\leqslant 3\}$.

2. 口袋中有 4 个球，它们一次标有 1,2,2,3，从中不放回地取两次，设 $X$,$Y$ 分别表示第一次、第二次取到的球上标有的数字. 求 $(X,Y)$ 的联合分布律与边缘分布律.

3. 设袋中有10个球，其中有8个红球，2个白球. 每次从袋中任取1个，抽取两次，设

$$X=\begin{cases}1, & \text{第一次取到白球},\\ 0, & \text{第一次取到红球},\end{cases}\qquad Y=\begin{cases}1, & \text{第二次取到白球},\\ 0, & \text{第二次取到红球}.\end{cases}$$

分别对有放回与不放回两种情况求出 $(X,Y)$ 的联合分布律与边缘分布律.

4. 设二维随机变量 $(X,Y)$ 的联合概率密度函数为

$$f(x,y)=\begin{cases}A\,\mathrm{e}^{-(x+2y)}, & x>0,\ y>0,\\ 0, & \text{其他},\end{cases}$$

求：

(1) 常数 $A$;

(2) $(X,Y)$ 的联合分布函数 $F(x,y)$;

(3) $P\{0\leqslant X\leqslant 1,\ 0\leqslant Y\leqslant 2\}$;

(4) $(X,Y)$ 分别关于 $X$、关于 $Y$ 的边缘密度函数 $f_X(x),f_Y(y)$.

5. 设二维随机变量 $(X,Y)\sim U(D)$, 且

$$D=\{(x,y)\,\big|\,0\leqslant x\leqslant 1,\ |y|\leqslant x\},$$

求 $P\{X+Y\leqslant 1\}$.

6. 设二维随机变量 $(X,Y)\sim U(D)$, 且

$$D=\left\{(x,y)\,\middle|\,-\frac{1}{2}\leqslant x\leqslant 0,\ 0\leqslant y\leqslant 2x+1\right\},$$

求 $(X,Y)$ 分别关于 $X$、关于 $Y$ 的边缘密度函数 $f_X(x),f_Y(y)$.

7. 设二维随机变量 $(X,Y)\sim U(D)$, 且 $D=\{(x,y)\,|\,x^2+y^2\leqslant R^2\}$, 求 $(X,Y)$ 分别关于 $X$、关于 $Y$ 的边缘密度函数 $f_X(x),f_Y(y)$.

8. 设二维随机变量 $(X,Y)$ 的联合概率密度函数为

$$f(x,y)=\begin{cases}2-x-y, & 0\leqslant x\leqslant 1,\ 0\leqslant y\leqslant 1,\\ 0, & \text{其他},\end{cases}$$

求 $(X,Y)$ 关于 $X$、关于 $Y$ 的边缘密度函数 $f_X(x),f_Y(y)$.

9. 设二维随机变量 $(X,Y)$ 的联合概率密度函数为

$$f(x,y)=\begin{cases}8xy, & 0\leqslant x\leqslant y,\ 0\leqslant y\leqslant 1,\\ 0, & \text{其他},\end{cases}$$

求:

(1) $(X,Y)$ 分别关于 $X$、关于 $Y$ 的边缘密度函数 $f_X(x),f_Y(y)$;

(2) $P\left\{X\leqslant \frac{1}{2}\right\}$.

## 3.2 二维随机变量的条件分布

### 3.2.1 离散型随机变量的条件分布

对于二维离散型随机变量 $(X,Y)$, 我们还需要讨论其中任一随机变量在另一随机变量取某个可能值的条件下的分布律, 称为该随机变量的**条件分布律**.

**定义 3.10** 设二维离散型随机变量 $(X,Y)$ 的联合分布律为

$$P\{X=x_i, Y=y_j\}=p_{ij}, \quad i,j=1,2,\cdots,$$

则由条件概率计算公式，当 $P\{Y=y_j\}>0$ 时，我们称

$$P\{X=x_i \mid Y=y_j\}=\frac{P\{X=x_i, Y=y_j\}}{P\{Y=y_j\}}=\frac{p_{ij}}{p_{\cdot j}}, \quad i=1,2,\cdots$$

**为在给定 $Y=y_j$ 的条件下 $X$ 的条件分布律**，记为 $p_{i|j}$；当 $P\{X=x_i\}>0$ 时，我们称

$$P\{Y=y_j \mid X=x_i\}=\frac{P\{X=x_i, Y=y_j\}}{P\{X=x_i\}}=\frac{p_{ij}}{p_{i\cdot}}, \quad j=1,2,\cdots$$

**为在给定 $X=x_i$ 的条件下 $Y$ 的条件分布律**，记为 $p_{j|i}$.

**注** 由概率的乘法公式有

$$p_{ij}=p_{\cdot j}p_{i|j}=p_{i\cdot}p_{j|i}.$$

**例 3.10** 设二维离散型随机变量 $(X,Y)$ 的联合分布律为

| $X \backslash Y$ | 1 | 2 | 3 | $p_{i\cdot}$ |
|---|---|---|---|---|
| 1 | 0 | $\frac{1}{6}$ | $\frac{1}{12}$ | $\frac{1}{4}$ |
| 2 | $\frac{1}{6}$ | $\frac{1}{6}$ | $\frac{1}{6}$ | $\frac{1}{2}$ |
| 3 | $\frac{1}{12}$ | $\frac{1}{6}$ | 0 | $\frac{1}{4}$ |
| $p_{\cdot j}$ | $\frac{1}{4}$ | $\frac{1}{2}$ | $\frac{1}{4}$ | |

求在 $Y=1$ 的条件下 $X$ 的条件分布律及在 $X=1$ 的条件下 $Y$ 的条件分布律.

**解** 由于 $P\{Y=1\}=p_{\cdot 1}=\frac{1}{4}$，所以

$$P\{X=1 \mid Y=1\}=\frac{0}{\frac{1}{4}}=0,$$

$$P\{X=2 \mid Y=1\}=\frac{\frac{1}{6}}{\frac{1}{4}}=\frac{2}{3},$$

$$P\{X=3 \mid Y=1\}=\frac{\frac{1}{12}}{\frac{1}{4}}=\frac{1}{3}.$$

由于 $P\{X=1\}=p_{1\cdot}=\frac{1}{4}$，所以

$$P\{Y=1|X=1\}=\frac{0}{\frac{1}{4}}=0,$$

$$P\{Y=2|X=1\}=\frac{\frac{1}{6}}{\frac{1}{4}}=\frac{2}{3},$$

$$P\{Y=3|X=1\}=\frac{\frac{1}{12}}{\frac{1}{4}}=\frac{1}{3}.$$

在本例中不同的条件分布律共有 6 个.

### 3.2.2 连续型随机变量的条件分布

对于二维连续型随机变量$(X,Y)$，联合密度函数为$f(x,y)$，边缘密度函数为$f_X(x),f_Y(y)$，联合分布函数为$F(x,y)$. 我们希望考虑在$Y=y$的条件下，$X$的条件分布. 但由于$P\{Y=y\}=0$，直接考虑

$$P\{X\leqslant x|Y=y\}=\frac{P\{X\leqslant x, Y=y\}}{P\{Y=y\}}$$

是没有意义的. 为此我们这样来考虑：

$$\begin{aligned}P\{X\leqslant x|Y=y\}&=\lim_{\Delta y\to 0}P\{X\leqslant x|y\leqslant Y\leqslant y+\Delta y\}\\&=\lim_{\Delta y\to 0}\frac{P\{X\leqslant x, y\leqslant Y\leqslant y+\Delta y\}}{P\{y\leqslant Y\leqslant y+\Delta y\}}\\&=\lim_{\Delta y\to 0}\frac{\int_y^{y+\Delta y}\left(\int_{-\infty}^x f(u,v)\mathrm{d}u\right)\mathrm{d}v}{\int_y^{y+\Delta y}f_Y(t)\mathrm{d}t}\\&=\lim_{\Delta y\to 0}\frac{\int_{-\infty}^x f(u,y+\Delta y)\mathrm{d}u}{f_Y(y+\Delta y)}\quad(\text{不妨设 } f(x,y),f_Y(y)\text{ 在 } y\text{ 处连续})\\&=\frac{\int_{-\infty}^x f(u,y)\mathrm{d}u}{f_Y(y)}.\end{aligned}$$

**定义 3.11** 对于给定的$y$，我们称$P\{X\leqslant x|Y=y\}$为**在$Y=y$的条件下$X$的条件分布函数**，记为$F_{X|Y}(x|y)$. 当$f_Y(y)>0$时，由上面的推导知

$$F_{X|Y}(x|y)=\frac{\int_{-\infty}^x f(u,y)\mathrm{d}u}{f_Y(y)}=\int_{-\infty}^x\frac{f(u,y)}{f_Y(y)}\mathrm{d}u,$$

这表明$\dfrac{f(x,y)}{f_Y(y)}$为**在$Y=y$的条件下$X$的条件密度函数**，记为$f_{X|Y}(x|y)$，即

$$f_{X|Y}(x|y)=\frac{f(x,y)}{f_Y(y)}.$$

类似地，对于给定的$x$，当$f_X(x)>0$时，称$P\{Y\leqslant y|X=x\}$为**在$X=x$的条件下$Y$的条件分布函数**，记为$F_{Y|X}(y|x)$，且

$$F_{Y|X}(y|x)=\frac{\int_{-\infty}^{y}f(x,v)\mathrm{d}v}{f_X(x)}=\int_{-\infty}^{y}\frac{f(x,v)}{f_X(x)}\mathrm{d}v,$$

这表明$\dfrac{f(x,y)}{f_X(x)}$为**在$X=x$的条件下$Y$的条件密度函数**，记为$f_{Y|X}(y|x)$，即

$$f_{Y|X}(y|x)=\frac{f(x,y)}{f_X(x)}.$$

**注**　由条件密度函数的定义有

$$f(x,y)=f_X(x)f_{Y|X}(y|x)=f_Y(y)f_{X|Y}(x|y).$$

**例 3.11**　设二维随机变量$(X,Y)\sim U(D)$，且$D=\{(x,y)|x^2+y^2\leqslant 1\}$，求$f_{X|Y}(x|y)$和$f_{Y|X}(y|x)$.

**解**　$(X,Y)$的联合密度函数为

$$f(x,y)=\begin{cases}\dfrac{1}{\pi}, & x^2+y^2\leqslant 1,\\ 0, & 其他.\end{cases}$$

由习题3.1第7题的结果知，关于$X$、关于$Y$的边缘密度函数分别为

$$f_X(x)=\begin{cases}\dfrac{2\sqrt{1-x^2}}{\pi}, & |x|\leqslant 1,\\ 0, & 其他,\end{cases}\qquad f_Y(y)=\begin{cases}\dfrac{2\sqrt{1-y^2}}{\pi}, & |y|\leqslant 1,\\ 0, & 其他,\end{cases}$$

所以当$|y|<1$时，有

$$f_{X|Y}(x|y)=\frac{f(x,y)}{f_Y(y)}=\begin{cases}\dfrac{1}{2\sqrt{1-y^2}}, & |x|\leqslant\sqrt{1-y^2},\\ 0, & 其他.\end{cases}$$

同理，当$|x|<1$时，有

$$f_{Y|X}(y|x)=\frac{f(x,y)}{f_X(x)}=\begin{cases}\dfrac{1}{2\sqrt{1-x^2}}, & |y|\leqslant\sqrt{1-x^2},\\ 0, & 其他.\end{cases}$$

**例 3.12**　设$(X,Y)\sim N(\mu_1,\mu_2,{\sigma_1}^2,{\sigma_2}^2,\rho)$，求$f_{X|Y}(x|y)$和$f_{Y|X}(y|x)$.

**解**　由3.1节知，当$(X,Y)\sim N(\mu_1,\mu_2,{\sigma_1}^2,{\sigma_2}^2,\rho)$时，$(X,Y)$关于$X$、关于$Y$的边缘密度函数分别为

$$f_X(x)=\frac{1}{\sqrt{2\pi}\sigma_1}\mathrm{e}^{-\frac{(x-\mu_1)^2}{2\sigma_1^{\ 2}}},\quad x\in\mathbf{R},$$

$$f_Y(y)=\frac{1}{\sqrt{2\pi}\sigma_2}\mathrm{e}^{-\frac{(y-\mu_2)^2}{2\sigma_2^{\ 2}}},\quad y\in\mathbf{R},$$

所以

$$\begin{aligned}f_{X|Y}(x|y)&=\frac{f(x,y)}{f_Y(y)}\\&=\frac{\dfrac{1}{2\pi\sigma_1\sigma_2\sqrt{1-\rho^2}}\mathrm{e}^{-\frac{1}{2(1-\rho^2)}\left[\left(\frac{x-\mu_1}{\sigma_1}\right)^2-\frac{2\rho(x-\mu_1)(y-\mu_2)}{\sigma_1\sigma_2}+\left(\frac{y-\mu_2}{\sigma_2}\right)^2\right]}}{\dfrac{1}{\sqrt{2\pi}\sigma_2}\mathrm{e}^{-\frac{(y-\mu_2)^2}{2\sigma_2^{\ 2}}}}\\&=\frac{1}{\sqrt{2\pi}\sigma_1\sqrt{1-\rho^2}}\mathrm{e}^{-\frac{1}{2(1-\rho^2)}\left(\frac{x-\mu_1}{\sigma_1}-\rho\frac{y-\mu_2}{\sigma_2}\right)^2}\\&=\frac{1}{\sqrt{2\pi}\sigma_1\sqrt{1-\rho^2}}\mathrm{e}^{-\frac{1}{2\sigma_1^{\ 2}(1-\rho^2)}\left[x-\mu_1-\rho\frac{\sigma_1}{\sigma_2}(y-\mu_2)\right]^2}.\end{aligned}$$

故在 $Y=y$ 的条件下，$X\sim\left(\mu_1+\rho\dfrac{\sigma_1}{\sigma_2}(y-\mu_2),\sigma_1^{\ 2}(1-\rho^2)\right)$.

类似地，在 $X=x$ 的条件下，$Y\sim\left(\mu_2+\rho\dfrac{\sigma_2}{\sigma_1}(x-\mu_1),\sigma_2^{\ 2}(1-\rho^2)\right)$.

可见，二维正态分布的条件分布仍为正态分布，这是正态分布的又一个重要性质.

**例 3.13** 设二维随机变量 $(X,Y)$ 的联合密度函数为

$$f(x,y)=\begin{cases}\dfrac{\mathrm{e}^{-\frac{x}{y}}\mathrm{e}^{-y}}{y}, & x>0,\ y>0,\\0, & \text{其他},\end{cases}$$

求 $P\{X>1|Y=y\}$.

**解** 先求 $(X,Y)$ 关于 $Y$ 的边缘密度函数，

$$f_Y(y)=\int_{-\infty}^{+\infty}f(x,y)\mathrm{d}x=\begin{cases}\displaystyle\int_0^{+\infty}\frac{\mathrm{e}^{-\frac{x}{y}}\mathrm{e}^{-y}}{y}\mathrm{d}x, & y>0,\\0, & y\leqslant 0\end{cases}$$

$$=\begin{cases}\mathrm{e}^{-y}, & y>0,\\0, & y\leqslant 0.\end{cases}$$

再求，当 $y>0$ 时，在 $Y=y$ 的条件下 $X$ 的条件密度函数，

$$f_{X|Y}(x|y)=\frac{f(x,y)}{f_Y(y)}=\begin{cases}\dfrac{\frac{e^{-\frac{x}{y}}e^{-y}}{y}}{e^{-y}}, & x>0,\\ 0, & x\leqslant 0\end{cases}=\begin{cases}\dfrac{e^{-\frac{x}{y}}}{y}, & x>0,\\ 0, & x\leqslant 0.\end{cases}$$

因此，当 $y>0$ 时，有

$$P\{X>1|Y=y\}=\int_1^{+\infty}f_{X|Y}(x|y)\mathrm{d}x=\int_1^{+\infty}\frac{e^{-\frac{x}{y}}}{y}\mathrm{d}x=e^{-\frac{1}{y}}.$$

在条件“$Y=y$”没有具体给定时，上述条件概率也不能完全确定，只能用 $y$ 的函数表示出来，一旦给定“$Y=1$”，则有

$$P\{X>1|Y=1\}=e^{-1}=0.367\,9.$$

**例 3.14** 设 $X\sim U(0,1)$，$x$ 是其一个观测值. 又设在 $X=x$ 的条件下 $Y\sim U(x,1)$. 求 $P\{Y>0.5\}$.

**解** 由题意可知

$$f_X(x)=\begin{cases}1, & 0<x<1,\\ 0, & \text{其他},\end{cases}$$

$$f_{Y|X}(y|x)=\begin{cases}\dfrac{1}{1-x}, & 0<x<y<1,\\ 0, & \text{其他}.\end{cases}$$

于是，$(X,Y)$ 的联合密度函数为

$$f(x,y)=\begin{cases}\dfrac{1}{1-x}, & 0<x<y<1,\\ 0, & \text{其他}.\end{cases}$$

因此，$(X,Y)$ 关于 $Y$ 的边缘密度函数

$$f_Y(y)=\int_{-\infty}^{+\infty}f(x,y)\mathrm{d}x=\begin{cases}\displaystyle\int_0^y\frac{1}{1-x}\mathrm{d}x, & 0<y<1,\\ 0, & \text{其他}\end{cases}$$

$$=\begin{cases}\ln\dfrac{1}{1-y}, & 0<y<1,\\ 0, & \text{其他}.\end{cases}$$

所以

$$P\{Y>0.5\}=\int_{0.5}^{+\infty}f_Y(y)\mathrm{d}y=\int_{0.5}^1\ln\frac{1}{1-y}\,\mathrm{d}y$$

$$=-\int_{0.5}^1\ln(1-y)\,\mathrm{d}y$$

$$=0.846\,6.$$

## 习　题　3.2

1. 设$(X,Y)$的联合分布律为

| X \ Y | 1 | 2 | 3 |
|---|---|---|---|
| 1 | 0.01 | 0.03 | 0.09 |
| 2 | 0.04 | 0.07 | 0.13 |
| 3 | 0.03 | 0.09 | 0.17 |
| 4 | 0.02 | 0.01 | 0.31 |

求所有的条件分布律.

2. 设二维随机变量$(X,Y)$的联合密度函数为

$$f(x,y)=\begin{cases}24y(1-x-y), & x+y\leqslant 1,\ x\geqslant 0,\ y\geqslant 0,\\ 0, & \text{其他},\end{cases}$$

求$f_{X|Y}(x|y)$和$f_{Y|X}(y|x)$.

3. 已知随机变量$Y$的密度函数为

$$f_Y(y)=\begin{cases}5y^4, & 0<y<1,\\ 0, & \text{其他},\end{cases}$$

又已知在$Y=y$的条件下，另一随机变量$X$的条件密度函数为

$$f_{X|Y}(x|y)=\begin{cases}\dfrac{3x^2}{y^3}, & 0<x<y<1,\\ 0, & \text{其他},\end{cases}$$

求$P\left\{X>\dfrac{1}{2}\right\}$.

# 3.3　随机变量的独立性

### 3.3.1　两个随机变量的独立性

在多维随机变量中，各分量的取值有时会相互影响，有时则毫无影响. 譬如在研究父子身高中，父亲的身高$X$往往会影响儿子的身高$Y$. 而假如让父子各掷一颗骰子，那么各出现的点数$X_1$与$Y_1$相互之间就看不出有任何影响. 这种相互之间没有任何影响的随机变量称为**相互独立的随机变量**. 随机

变量间是否有相互独立性可从其联合分布函数及其边缘分布函数之间的关系给出定义. 下面我们给出二维随机变量的两个分量相互独立性的概念.

**定义 3.12** 设二维随机变量$(X,Y)$的联合分布函数为$F(x,y)$，$F_X(x)$与$F_Y(y)$分别为关于$X$、关于$Y$的边缘分布函数. 若对任意的实数$x,y$有

$$F(x,y)=F_X(x)F_Y(y),$$

则称$X$与$Y$**相互独立**.

**注** (1) 对任意的实数$x,y$,

$$F(x,y)=F_X(x)F_Y(y)$$
$$\Leftrightarrow P\{X\leqslant x, Y\leqslant y\}=P\{X\leqslant x\}P\{Y\leqslant y\}.$$

(2) $X$与$Y$相互独立$\Leftrightarrow F(x,y)=F_X(x)F_Y(y)$，$x\in \mathbf{R}$，$y\in \mathbf{R}$.

**例 3.15** 设二维随机变量$(X,Y)$的联合分布函数

$$F(x,y)=\frac{1}{\pi^2}\left(\frac{\pi}{2}+\arctan x\right)\left(\frac{\pi}{2}+\arctan y\right),$$

判断$X$与$Y$是否独立.

**解** 在例 3.1 中我们已经求得分别关于$X$、关于$Y$的边缘分布函数

$$F_X(x)=\frac{1}{\pi}\left(\frac{\pi}{2}+\arctan x\right),\quad F_Y(y)=\frac{1}{\pi}\left(\frac{\pi}{2}+\arctan y\right),$$

经验证，对任意的实数$x,y$，有

$$F(x,y)=F_X(x)F_Y(y),$$

所以$X$与$Y$相互独立.

**例 3.16** 设二维随机变量$(X,Y)$的联合分布函数

$$F(x,y)=\begin{cases}1-\mathrm{e}^{-x}-\mathrm{e}^{-y}+\mathrm{e}^{-x-y-\lambda xy}, & x>0,\ y>0,\\ 0, & \text{其他},\end{cases}$$

其中$\lambda\geqslant 0$，判断$X$与$Y$是否独立.

**解** 在例 3.2 中我们已经求得分别关于$X$、关于$Y$的边缘分布函数

$$F_X(x)=\begin{cases}1-\mathrm{e}^{-x}, & x>0,\\ 0, & x\leqslant 0,\end{cases}\qquad F_Y(y)=\begin{cases}1-\mathrm{e}^{-y}, & y>0,\\ 0, & y\leqslant 0,\end{cases}$$

经验证，当$\lambda\neq 0$时总有

$$F(x,y)\neq F_X(x)F_Y(y),$$

此时$X$与$Y$不相互独立. 当$\lambda=0$时，对任意的实数$x,y$，有

$$F(x,y)=F_X(x)F_Y(y),$$

此时$X$与$Y$相互独立.

判断随机变量间的独立性可根据定义 3.12 进行，但更多的是从经验事实作出判断. 譬如，两只灯泡的寿命$X$与$Y$可以看做两个相互独立的随机变量.

关于随机变量函数的独立性有一些明显的事实，现归纳如下：

**性质 1** 若 $X$ 与 $Y$ 相互独立，则 $f(X)$ 与 $f(Y)$ 也相互独立.

譬如，若 $X$ 与 $Y$ 相互独立，则 $X^2$ 与 $Y^2$ 也相互独立；设 $a,b$ 为两个常数，则 $aX+b$ 与 $e^Y$ 相互独立.

**性质 2** 常数 $c$ 与任一随机变量相互独立.

**性质 3** 设 $X_1,\cdots,X_r,X_{r+1},\cdots,X_n$ 是 $n$ 个相互独立的随机变量，则其部分 $\{X_1,\cdots,X_r\}$ 与 $\{X_{r+1},\cdots,X_n\}$ 相互独立，$f(X_1,\cdots,X_r)$ 与 $f(X_{r+1},\cdots,X_n)$ 也相互独立.

譬如，$X_1,\cdots,X_r,X_{r+1},\cdots,X_n$ 相互独立，则

(1) $\frac{1}{r}(X_1+\cdots+X_r)$ 与 $\frac{1}{n-r}(X_{r+1}+\cdots+X_n)$ 相互独立；

(2) $X_1{}^2+\cdots+X_r{}^2$ 与 $X_{r+1}{}^2+\cdots+X_n{}^2$ 相互独立；

(3) $\frac{1}{r}(X_1+\cdots+X_r)$ 与 $\sqrt{X_{r+1}{}^2+\cdots+X_n{}^2}$ 相互独立.

### 3.3.2 二维离散型随机变量的独立性

**定理 3.1** 设二维离散型随机变量 $(X,Y)$ 的联合分布律为

$$P\{X=x_i,Y=y_j\}=p_{ij},\quad i,j=1,2,\cdots,$$

其边缘分布律为 $p_{i\cdot},p_{\cdot j}$，$i,j=1,2,\cdots$，则 $X$ 与 $Y$ 相互独立的充要条件为

$$p_{ij}=p_{i\cdot}p_{\cdot j},\quad i,j=1,2,\cdots,$$

即

$$P\{X=x_i,Y=y_j\}=P\{X=x_i\}P\{Y=y_j\},\quad i,j=1,2,\cdots.$$

**注** $X$ 与 $Y$ 相互独立要求对所有的 $i,j$ 都成立，只要有一对 $(i,j)$ 使得上式不成立，则 $X$ 与 $Y$ 不独立.

**例 3.17** 设袋中有 5 个球，其中有 2 个红球，3 个白球. 每次从袋中任取 1 个，抽取两次，设

$$X=\begin{cases}1, & \text{第一次取到红球},\\ 0, & \text{第一次取到白球},\end{cases}\qquad Y=\begin{cases}1, & \text{第二次取到红球},\\ 0, & \text{第二次取到白球}.\end{cases}$$

分别对有放回与不放回两种情况判断 $X$ 与 $Y$ 是否独立.

**解** 由例 3.5 可知，在有放回时，$(X,Y)$ 的联合分布律与边缘分布律为

| $X \backslash Y$ | 0 | 1 | $p_{i\cdot}$ |
|---|---|---|---|
| 0 | $\frac{9}{25}$ | $\frac{6}{25}$ | $\frac{3}{5}$ |
| 1 | $\frac{6}{25}$ | $\frac{4}{25}$ | $\frac{2}{5}$ |
| $p_{\cdot j}$ | $\frac{3}{5}$ | $\frac{2}{5}$ | |

所以有

$$P\{X=0,\ Y=0\}=\frac{9}{25}=P\{X=0\}P\{Y=0\},$$

$$P\{X=0,\ Y=1\}=\frac{6}{25}=P\{X=0\}P\{Y=1\},$$

$$P\{X=1,\ Y=0\}=\frac{6}{25}=P\{X=1\}P\{Y=0\},$$

$$P\{X=1,\ Y=1\}=\frac{4}{25}=P\{X=1\}P\{Y=1\}.$$

因此 $X$ 与 $Y$ 相互独立.

在无放回时，$(X,Y)$ 的联合分布律与边缘分布律为

| $X \backslash Y$ | 0 | 1 | $p_{i\cdot}$ |
|---|---|---|---|
| 0 | $\frac{3}{10}$ | $\frac{3}{10}$ | $\frac{3}{5}$ |
| 1 | $\frac{3}{10}$ | $\frac{1}{10}$ | $\frac{2}{5}$ |
| $p_{\cdot j}$ | $\frac{3}{5}$ | $\frac{2}{5}$ | |

所以有

$$P\{X=0,\ Y=0\}=\frac{3}{10}\neq P\{X=0\}P\{Y=0\}.$$

因此 $X$ 与 $Y$ 不独立.

**例 3.18**　设$(X,Y)$ 的联合分布律为

| $X \backslash Y$ | $-1$ | 3 | 5 |
|---|---|---|---|
| $-1$ | $\frac{1}{15}$ | $q$ | $\frac{1}{5}$ |
| 2 | $p$ | $\frac{1}{5}$ | $\frac{3}{10}$ |

且 $X$ 与 $Y$ 相互独立，求 $p,q$ 的值.

**解** 因为 $X$ 与 $Y$ 相互独立，所以

$$\begin{cases} P\{X=-1, Y=5\}=P\{X=-1\}P\{Y=5\}, \\ P\{X=2, Y=5\}=P\{X=2\}P\{Y=5\} \end{cases}$$

$$\Rightarrow \begin{cases} \dfrac{1}{5}=\left(\dfrac{1}{15}+q+\dfrac{1}{5}\right)\left(\dfrac{1}{5}+\dfrac{3}{10}\right), \\ \dfrac{3}{10}=\left(p+\dfrac{1}{5}+\dfrac{3}{10}\right)\left(\dfrac{1}{5}+\dfrac{3}{10}\right) \end{cases}$$

$$\Rightarrow \begin{cases} p=\dfrac{1}{10}, \\ q=\dfrac{2}{15}. \end{cases}$$

**例 3.19** 已知 $X$ 与 $Y$ 相互独立，且 $X$ 与 $Y$ 的分布率分别为

| $X$ | 0 | 1 |
|---|---|---|
| $P$ | $\frac{3}{5}$ | $\frac{2}{5}$ |

| $Y$ | 0 | 1 | 2 |
|---|---|---|---|
| $P$ | $\frac{1}{4}$ | $\frac{1}{2}$ | $\frac{1}{4}$ |

求$(X,Y)$ 的联合分布律及 $P\{X=Y\}$.

**解** 因为 $X$ 与 $Y$ 相互独立，所以

$$P\{X=0, Y=0\}=P\{X=0\}P\{Y=0\}=\frac{3}{5}\times\frac{1}{4}=\frac{3}{20},$$

$$P\{X=0, Y=1\}=P\{X=0\}P\{Y=1\}=\frac{3}{5}\times\frac{1}{2}=\frac{3}{10},$$

$$P\{X=0, Y=2\}=P\{X=0\}P\{Y=2\}=\frac{3}{5}\times\frac{1}{4}=\frac{3}{20},$$

$$P\{X=1, Y=0\}=P\{X=1\}P\{Y=0\}=\frac{2}{5}\times\frac{1}{4}=\frac{1}{10},$$

$$P\{X=1, Y=1\}=P\{X=1\}P\{Y=1\}=\frac{2}{5}\times\frac{1}{2}=\frac{1}{5},$$

$$P\{X=1, Y=2\}=P\{X=1\}P\{Y=2\}=\frac{2}{5}\times\frac{1}{4}=\frac{1}{10}.$$

因此$(X,Y)$ 的联合分布律为

| $X$ \ $Y$ | 0 | 1 | 2 |
|---|---|---|---|
| 0 | $\frac{3}{20}$ | $\frac{3}{10}$ | $\frac{3}{20}$ |
| 1 | $\frac{1}{10}$ | $\frac{1}{5}$ | $\frac{1}{10}$ |

所求概率为

$$P\{X=Y\}=P\{X=0, Y=0\}+P\{X=1, Y=1\}$$
$$=\frac{3}{20}+\frac{1}{5}+\frac{7}{20}.$$

### 3.3.3　二维连续型随机变量的独立性

**定理 3.2**　设二维连续型随机变量$(X,Y)$的联合密度函数为$f(x,y)$，边缘密度函数为$f_X(x), f_Y(y)$，则$X$与$Y$相互独立的充要条件是

$$f(x,y)=f_X(x)f_Y(y)$$

几乎处处成立.

**注**　"几乎处处成立"的含义是：在平面上除去"面积为零"的集合外处处成立.

**例 3.20**　设二维随机变量$(X,Y)$的联合分布函数

$$F(x,y)=\frac{1}{\pi^2}\left(\frac{\pi}{2}+\arctan x\right)\left(\frac{\pi}{2}+\arctan y\right),$$

判断$X$与$Y$是否独立.

**解**　在例3.15中已经判断$X$与$Y$相互独立，这里用另一种方法判断. 由联合分布函数可以知道$(X,Y)$的联合概率密度函数为

$$f(x,y)=\frac{\partial^2 F(x,y)}{\partial x\,\partial y}=\frac{1}{\pi^2(1+x^2)(1+y^2)},$$

于是，$(X,Y)$关于$X$、关于$Y$的边缘密度函数分别为

$$f_X(x)=\int_{-\infty}^{+\infty}f(x,y)\mathrm{d}y=\int_{-\infty}^{+\infty}\frac{1}{\pi^2(1+x^2)(1+y^2)}\mathrm{d}y$$
$$=\frac{1}{\pi(1+x^2)},$$
$$f_Y(y)=\int_{-\infty}^{+\infty}f(x,y)\mathrm{d}x=\int_{-\infty}^{+\infty}\frac{1}{\pi^2(1+x^2)(1+y^2)}\mathrm{d}x$$
$$=\frac{1}{\pi(1+y^2)}.$$

所以，对于任意的实数$x,y$都有

$$f(x,y)=f_X(x)f_Y(y).$$

因此$X$与$Y$相互独立.

**例 3.21**　设二维随机变量$(X,Y)$的联合概率密度函数为

$$f(x,y)=\begin{cases}8\mathrm{e}^{-(2x+4y)}, & x>0, y>0,\\ 0, & \text{其他},\end{cases}$$

判断 $X$ 与 $Y$ 是否独立.

**解** 在例3.6中，我们已经求得$(X,Y)$分别关于$X$、关于$Y$的边缘密度函数

$$f_X(x)=\begin{cases}2e^{-2x}, & x>0,\\ 0, & x\leqslant 0,\end{cases}\quad f_Y(y)=\begin{cases}4e^{-4y}, & y>0,\\ 0, & y\leqslant 0,\end{cases}$$

所以，对于任意的实数 $x,y$ 都有

$$f(x,y)=f_X(x)f_Y(y).$$

因此 $X$ 与 $Y$ 相互独立.

**例 3.22** 设$(X,Y)\sim N(\mu_1,\mu_2,{\sigma_1}^2,{\sigma_2}^2,\rho)$，证明：$X$与$Y$相互独立的充要条件是 $\rho=0$.

**解** $(X,Y)$ 的联合密度函数为

$$f(x,y)=\frac{1}{2\pi\sigma_1\sigma_2\sqrt{1-\rho^2}}e^{-\frac{1}{2(1-\rho^2)}\left[\left(\frac{x-\mu_1}{\sigma_1}\right)^2-\frac{2\rho(x-\mu_1)(y-\mu_2)}{\sigma_1\sigma_2}+\left(\frac{y-\mu_2}{\sigma_2}\right)^2\right]},$$

$(X,Y)$ 关于 $X$、关于 $Y$ 的边缘密度函数分别为

$$f_X(x)=\frac{1}{\sqrt{2\pi}\,\sigma_1}e^{-\frac{(x-\mu_1)^2}{2{\sigma_1}^2}},\quad f_Y(y)=\frac{1}{\sqrt{2\pi}\,\sigma_2}e^{-\frac{(y-\mu_2)^2}{2{\sigma_2}^2}}.$$

先证充分性，当 $\rho=0$ 时，

$$\begin{aligned}f(x,y)&=\frac{1}{2\pi\sigma_1\sigma_2}e^{-\frac{1}{2}\left[\left(\frac{x-\mu_1}{\sigma_1}\right)^2+\left(\frac{y-\mu_2}{\sigma_2}\right)^2\right]}\\&=\frac{1}{\sqrt{2\pi}\,\sigma_1}e^{-\frac{(x-\mu_1)^2}{2{\sigma_1}^2}}\cdot\frac{1}{\sqrt{2\pi}\,\sigma_2}e^{-\frac{(y-\mu_2)^2}{2{\sigma_2}^2}}\\&=f_X(x)f_Y(y),\end{aligned}$$

即 $X$ 与 $Y$ 相互独立.

再证必要性，若 $X$ 与 $Y$ 相互独立，则对任意的 $x,y$ 有

$$f(x,y)=f_X(x)f_Y(y).$$

令 $x=\mu_1$，$y=\mu_2$，代入上式得

$$\frac{1}{2\pi\sigma_1\sigma_2\sqrt{1-\rho^2}}=\frac{1}{\sqrt{2\pi}\,\sigma_1}\cdot\frac{1}{\sqrt{2\pi}\,\sigma_1}.$$

于是$\sqrt{1-\rho^2}=1$，所以 $\rho=0$.

**例 3.23** 设二维随机变量$(X,Y)\sim U(D)$，且 $D=\{(x,y)\mid x^2+y^2\leqslant 1\}$，判断 $X$ 与 $Y$ 是否独立.

**解** $(X,Y)$ 的联合密度函数为

$$f(x,y)=\begin{cases}\dfrac{1}{\pi}, & x^2+y^2\leqslant 1,\\ 0, & \text{其他}.\end{cases}$$

由习题 3.1 的第 7 题的结果知，关于 $X$、关于 $Y$ 的边缘密度函数分别为

$$f_X(x)=\begin{cases}\dfrac{2\sqrt{1-x^2}}{\pi}, & |x|\leqslant 1,\\ 0, & \text{其他},\end{cases}$$

$$f_Y(y)=\begin{cases}\dfrac{2\sqrt{1-y^2}}{\pi}, & |y|\leqslant 1,\\ 0, & \text{其他}.\end{cases}$$

所以

$$f_X(x)f_Y(y)=\begin{cases}\dfrac{4\sqrt{1-x^2}\sqrt{1-y^2}}{\pi^2}, & |x|\leqslant 1,\ |y|\leqslant 1,\\ 0, & \text{其他}.\end{cases}$$

当 $x^2+y^2\leqslant 1$ 时，$f(x,y)\neq f_X(x)f_Y(y)$，所以 $X$ 与 $Y$ 不相互独立.

**例 3.24** 设二维随机变量$(X,Y)$的联合概率密度函数为

$$f(x,y)=\begin{cases}8xy, & 0\leqslant x\leqslant 1,\ 0\leqslant y\leqslant x,\\ 0, & \text{其他},\end{cases}$$

判断 $X$ 与 $Y$ 是否独立.

**解** $(X,Y)$ 关于 $X$、关于 $Y$ 的边缘密度函数分别为

$$f_X(x)=\int_{-\infty}^{+\infty}f(x,y)\mathrm{d}y=\begin{cases}\displaystyle\int_0^x 8xy\,\mathrm{d}y, & 0\leqslant x\leqslant 1,\\ 0, & \text{其他}\end{cases}$$

$$=\begin{cases}4x^3, & 0\leqslant x\leqslant 1,\\ 0, & \text{其他},\end{cases}$$

$$f_Y(y)=\int_{-\infty}^{+\infty}f(x,y)\mathrm{d}x=\begin{cases}\displaystyle\int_y^1 8xy\,\mathrm{d}x, & 0\leqslant y\leqslant 1,\\ 0, & \text{其他}\end{cases}$$

$$=\begin{cases}4y(1-y^2), & 0\leqslant y\leqslant 1,\\ 0, & \text{其他},\end{cases}$$

所以

$$f_X(x)f_Y(y)=\begin{cases}16x^3y(1-y^2), & 0\leqslant x\leqslant 1,\ 0\leqslant y\leqslant 1,\\ 0, & \text{其他}.\end{cases}$$

当 $0\leqslant y\leqslant x\leqslant 1$ 时，$f(x,y)\neq f_X(x)f_Y(y)$，所以 $X$ 与 $Y$ 不相互独立.

**例 3.25** 设 $X$ 与 $Y$ 是相互独立的两个随机变量，其密度函数分别为

$$f_X(x)=\begin{cases}2x, & 0\leqslant x\leqslant 1,\\ 0, & \text{其他},\end{cases}\qquad f_Y(y)=\begin{cases}2y, & 0\leqslant y\leqslant 1,\\ 0, & \text{其他},\end{cases}$$

求 $(X,Y)$ 的联合概率密度函数及 $P\{X+Y\leqslant 1\}$.

**解** $X$ 与 $Y$ 是相互独立的，所以 $(X,Y)$ 的联合概率密度函数为

$$f(x,y)=f_X(x)f_Y(y)=\begin{cases}4xy, & 0\leqslant x\leqslant 1,\ 0\leqslant y\leqslant 1,\\ 0, & \text{其他}.\end{cases}$$

于是所求概率为

$$P\{X+Y\leqslant 1\}=\iint\limits_{x+y\leqslant 1}f(x,y)\,\mathrm{d}x\,\mathrm{d}y=\int_0^1\mathrm{d}x\int_0^{1-x}4xy\,\mathrm{d}y$$
$$=\int_0^1 2x(1-x)^2\,\mathrm{d}x=\frac{1}{6}.$$

## 习 题 3.3

1. 设 $(X,Y)$ 的分布律为

| $X$ \ $Y$ | 1 | 2 |
|---|---|---|
| 1 | $\frac{1}{9}$ | $a$ |
| 2 | $\frac{1}{6}$ | $\frac{1}{3}$ |
| 3 | $\frac{1}{18}$ | $b$ |

且 $X$ 与 $Y$ 相互独立，求常数 $a,b$ 之值.

2. 已知 $X$ 与 $Y$ 相互独立，且 $X$ 与 $Y$ 的分布率分别为

| $X$ | 0 | 1 |
|---|---|---|
| $P$ | 0.3 | 0.7 |

| $Y$ | $-1$ | 1 | 2 |
|---|---|---|---|
| $P$ | 0.2 | 0.2 | 0.6 |

求 $(X,Y)$ 的联合分布律及 $P\{X\leqslant Y\}$.

3. 设二维随机变量 $(X,Y)$ 的联合概率密度函数为

$$f(x,y)=\begin{cases}24xy, & 0\leqslant x\leqslant\frac{1}{\sqrt{2}},\ 0\leqslant y\leqslant\frac{1}{\sqrt{3}},\\ 0, & \text{其他},\end{cases}$$

判断 $X$ 与 $Y$ 是否独立.

4. 设 $X$ 与 $Y$ 相互独立，且 $X \sim U(0,0.2)$，$Y \sim E(5)$，求 $(X,Y)$ 的联合概率密度函数及 $P\{X \geqslant Y\}$.

5. 设二维随机变量 $(X,Y)$ 的联合概率密度函数为

$$f(x,y)=\begin{cases} x\,\mathrm{e}^{-(x+y)}, & x>0,\ y>0, \\ 0, & \text{其他}, \end{cases}$$

判断 $X$ 与 $Y$ 是否独立.

6. 设二维随机变量 $(X,Y)$ 的联合概率密度函数为

$$f(x,y)=\begin{cases} k(1-x)y, & 0\leqslant x\leqslant 1,\ 0\leqslant y\leqslant x, \\ 0, & \text{其他}, \end{cases}$$

求常数 $k$ 并判断 $X$ 与 $Y$ 是否独立.

## 3.4　二维随机变量函数的分布

在第二章中我们已经讨论过一维随机变量函数的分布问题，即已知随机变量 $X$ 的分布，求 $Y=g(X)$ 的分布. 现在的问题是：已知二维随机变量 $(X,Y)$ 的分布，求一维随机变量 $Z=g(X,Y)$ 的分布. 下面对二维离散型与连续型随机变量的情形分别进行讨论.

### 3.4.1　二维离散型随机变量函数的分布

设 $(X,Y)$ 为二维离散型随机变量，$z=g(x,y)$ 是一个二元函数，则 $Z=g(X,Y)$ 为一维离散型随机变量. 若 $(X,Y)$ 的联合分布律为

$$P\{X=x_i,\ Y=y_j\}=p_{ij},\quad i,j=1,2,\cdots,$$

则 $Z$ 的分布律为

$$P\{Z=z_k\}=P\{g(X,Y)=z_k\}=\sum_{g(x_i,y_j)=z_k} P\{X=x_i,\ Y=y_j\}$$
$$=\sum_{g(x_i,y_j)=z_k} p_{ij}.$$

**例 3.26**　设 $(X,Y)$ 的联合分布律为

| X \ Y | 0 | 1 | 2 |
|---|---|---|---|
| 0 | $\frac{3}{20}$ | $\frac{3}{10}$ | $\frac{3}{20}$ |
| 1 | $\frac{1}{10}$ | $\frac{1}{5}$ | $\frac{1}{10}$ |

求 $Z_1=X+Y$，$Z_2=XY$，$Z_3=\max\{X,Y\}$，$Z_4=\min\{X,Y\}$ 的分布律.

**解** 由$(X,Y)$的联合分布律可以得到下表：

| $P\{X=x_i,Y=y_j\}$ | $\frac{3}{20}$ | $\frac{3}{10}$ | $\frac{3}{20}$ | $\frac{1}{10}$ | $\frac{1}{5}$ | $\frac{1}{10}$ |
|---|---|---|---|---|---|---|
| $(X,Y)$ | $(0,0)$ | $(0,1)$ | $(0,2)$ | $(1,0)$ | $(1,1)$ | $(1,2)$ |
| $Z_1=X+Y$ | 0 | 1 | 2 | 1 | 2 | 3 |
| $Z_2=XY$ | 0 | 0 | 0 | 0 | 1 | 2 |
| $Z_3=\max\{X,Y\}$ | 0 | 1 | 2 | 1 | 1 | 2 |
| $Z_4=\min\{X,Y\}$ | 0 | 0 | 0 | 0 | 1 | 1 |

所以，$Z_1,Z_2,Z_3,Z_4$ 的分布律分别为

| $Z_1=X+Y$ | 0 | 1 | 2 | 3 |
|---|---|---|---|---|
| $P$ | $\frac{3}{20}$ | $\frac{2}{5}$ | $\frac{7}{20}$ | $\frac{1}{10}$ |

| $Z_2=XY$ | 0 | 1 | 2 |
|---|---|---|---|
| $P$ | $\frac{7}{10}$ | $\frac{1}{5}$ | $\frac{1}{10}$ |

| $Z_3=\max\{X,Y\}$ | 0 | 1 | 2 |
|---|---|---|---|
| $P$ | $\frac{3}{20}$ | $\frac{3}{5}$ | $\frac{1}{4}$ |

| $Z_4=\min\{X,Y\}$ | 0 | 1 |
|---|---|---|
| $P$ | $\frac{7}{10}$ | $\frac{3}{10}$ |

**例 3.27** 设 $X$ 与 $Y$ 相互独立，且 $X\sim P(\lambda_1)$，$Y\sim P(\lambda_2)$，证明：

$$Z=X+Y\sim P(\lambda_1+\lambda_2).$$

**证** 由于 $X\sim P(\lambda_1)$，$Y\sim P(\lambda_2)$，所以 $X,Y$ 的分布律分别为

$$P\{X=k\}=\frac{\lambda_1{}^k}{k!}\mathrm{e}^{-\lambda_1},\quad k=0,1,2,\cdots;$$

$$P\{Y=k\}=\frac{\lambda_2{}^k}{k!}\mathrm{e}^{-\lambda_2},\quad k=0,1,2,\cdots.$$

当 $X$ 与 $Y$ 相互独立时有

$$
\begin{aligned}
P\{Z=k\}=P\{X+Y=k\} &= \sum_{i=0}^{k} P\{X=i, Y=k-i\} \\
&= \sum_{i=0}^{k} P\{X=i\}P\{Y=k-i\} \\
&= \sum_{i=0}^{k} \frac{\lambda_1{}^i}{i!}\mathrm{e}^{-\lambda_1} \cdot \frac{\lambda_2{}^{k-i}}{(k-i)!}\mathrm{e}^{-\lambda_2} \\
&= \frac{\mathrm{e}^{-(\lambda_1+\lambda_2)}}{k!}\sum_{i=0}^{k} \frac{k!}{i!\,(k-i)!}\lambda_1{}^i\lambda_2{}^{k-i} \\
&= \frac{\mathrm{e}^{-(\lambda_1+\lambda_2)}}{k!}\sum_{i=0}^{k} C_k^i\lambda_1{}^i\lambda_2{}^{k-i} \\
&= \frac{(\lambda_1+\lambda_2)^k}{k!}\mathrm{e}^{-(\lambda_1+\lambda_2)}, \quad k=0,1,2,\cdots,
\end{aligned}
$$

即 $Z=X+Y\sim P(\lambda_1+\lambda_2)$. 这个结论说明 $X$ 与 $Y$ 相互独立时，泊松分布对参数 $\lambda$ 具有可加性.

**例 3.28**　设 $X$ 与 $Y$ 相互独立，且 $X\sim B(n_1,p)$，$Y\sim B(n_2,p)$，证明：

$$Z=X+Y\sim B(n_1+n_2,p).$$

**证**　由于 $X\sim B(n_1,p)$，$Y\sim B(n_2,p)$，所以 $X,Y$ 的分布律分别为

$$P\{X=k\}=C_{n_1}^k p^k q^{n_1-k}, \quad k=0,1,2,\cdots,n_1;$$

$$P\{Y=k\}=C_{n_2}^k p^k q^{n_2-k}, \quad k=0,1,2,\cdots,n_2.$$

当 $X$ 与 $Y$ 相互独立时有

$$
\begin{aligned}
P\{Z=k\}=P\{X+Y=k\} &= \sum_{i=0}^{k} P\{X=i, Y=k-i\} \\
&= \sum_{i=0}^{k} P\{X=i\}P\{Y=k-i\} \\
&= \sum_{i=0}^{k} C_{n_1}^i p^i q^{n_1-i} \cdot C_{n_2}^{k-i} p^{k-i} q^{n_2-k+i} \\
&= \sum_{i=0}^{k} C_{n_1}^i C_{n_2}^{k-i} p^k q^{n_1+n_2-k} \\
&= \left(\sum_{i=0}^{k} C_{n_1}^i C_{n_2}^{k-i}\right) p^k q^{n_1+n_2-k} \\
&= C_{n_1+n_2}^k p^k q^{n_1+n_2-k}, \quad k=1,2,\cdots,n_1+n_2,
\end{aligned}
$$

即 $Z=X+Y\sim B(n_1+n_2,p)$. 这个结论说明 $X$ 与 $Y$ 相互独立时，二项分布对参数 $n$ 也具有可加性.

## 3.4.2 二维连续型随机变量函数的分布

设$(X,Y)$为二维连续型随机变量，$z=g(x,y)$是一个二元函数，则$Z=g(X,Y)$为一维连续型随机变量. 若$(X,Y)$的联合密度函数为$f(x,y)$，则$Z$的分布函数为

$$\begin{aligned}F_Z(z)&=P\{Z\leqslant z\}=P\{g(X,Y)\leqslant z\}=P\{(X,Y)\in D_z\}\\&=\iint_{D_z}f(x,y)\mathrm{d}x\,\mathrm{d}y,\end{aligned}$$

其中$D_z=\{(x,y)\mid g(x,y)\leqslant z\}$. 于是$Z$的密度函数为$f_Z(z)=F'_Z(z)$，这也是再次应用分布函数定义法解决随机变量函数的分布.

**例 3.29** 设$(X,Y)$的联合密度函数为$f(x,y)$，求$Z=X+Y$的密度函数$f_Z(z)$.

**解** 由分布函数的定义可得

$$\begin{aligned}F_Z(z)&=P\{Z\leqslant z\}=P\{X+Y\leqslant z\}=\iint_{x+y\leqslant z}f(x,y)\mathrm{d}x\,\mathrm{d}y\\&=\int_{-\infty}^{+\infty}\mathrm{d}x\int_{-\infty}^{z-x}f(x,y)\mathrm{d}y\\&\xlongequal{y=u-x}\int_{-\infty}^{+\infty}\mathrm{d}x\int_{-\infty}^{z}f(x,u-x)\mathrm{d}u\\&=\int_{-\infty}^{z}\left(\int_{-\infty}^{+\infty}f(x,u-x)\mathrm{d}x\right)\mathrm{d}u.\end{aligned}$$

于是$Z$的密度函数为

$$f_Z(z)=F'_Z(z)=\int_{-\infty}^{+\infty}f(x,z-x)\mathrm{d}x.$$

若令$x=u-y$，则有

$$f_Z(z)=F'_Z(z)=\int_{-\infty}^{+\infty}f(z-y,y)\mathrm{d}y.$$

特别地，当$X$与$Y$相互独立时，由于有$f(x,y)=f_X(x)f_Y(y)$，所以

$$f_Z(z)=\int_{-\infty}^{+\infty}f_X(x)f_Y(z-x)\mathrm{d}x,$$

$$f_Z(z)=\int_{-\infty}^{+\infty}f_X(z-y)f_Y(y)\mathrm{d}y.$$

上述表达式在概率论中称为**卷积公式**.

作为卷积公式的一个应用，下面给出一个重要的例子.

**例 3.30** 设$X\sim N(0,1)$，$Y\sim N(0,1)$，且$X$与$Y$相互独立，求$Z=X+Y$的密度函数$f_Z(z)$.

**解**　由于 $X\sim N(0,1)$，$Y\sim N(0,1)$，所以

$$f_X(x)=\frac{1}{\sqrt{2\pi}}e^{-\frac{x^2}{2}},\quad f_Y(y)=\frac{1}{\sqrt{2\pi}}e^{-\frac{y^2}{2}}.$$

当 $X$ 与 $Y$ 相互独立时，$Z=X+Y$ 的密度函数 $f_Z(z)$ 为

$$\begin{aligned}f_Z(z)&=\int_{-\infty}^{+\infty}f_X(x)f_Y(z-x)\mathrm{d}x\\&=\int_{-\infty}^{+\infty}\frac{1}{\sqrt{2\pi}}e^{-\frac{x^2}{2}}\cdot\frac{1}{\sqrt{2\pi}}e^{-\frac{(z-x)^2}{2}}\mathrm{d}x\\&=\frac{1}{2\pi}\int_{-\infty}^{+\infty}e^{-\left(x^2-zx+\frac{z^2}{2}\right)}\mathrm{d}x\\&=\frac{1}{2\pi}e^{-\frac{z^2}{4}}\int_{-\infty}^{+\infty}e^{-\left(x-\frac{z}{2}\right)^2}\mathrm{d}x\end{aligned}$$

令 $x-\frac{z}{2}=t$，则

$$f_Z(z)=\frac{1}{2\pi}e^{-\frac{z^2}{4}}\int_{-\infty}^{+\infty}e^{-t^2}\mathrm{d}t=\frac{1}{2\pi}e^{-\frac{z^2}{4}}\cdot\sqrt{\pi}=\frac{1}{2\sqrt{\pi}}e^{-\frac{z^2}{4}}.$$

于是，$Z=X+Y\sim N(0,2)$.

一般地，若 $X\sim N(\mu_1,\sigma_1{}^2)$，$Y\sim N(\mu_2,\sigma_2{}^2)$，且 $X$ 与 $Y$ 相互独立，则

$$Z=X+Y\sim N(\mu_1+\mu_2,\sigma_1{}^2+\sigma_2{}^2).$$

这说明正态分布对参数也具有可加性. 这个结论可以推广到有限个的情形，若 $X_1,X_2,\cdots,X_n$ 相互独立，且 $X_i\sim N(\mu_i,\sigma_i{}^2)$，$i=1,2,\cdots,n$，则

$$X=X_1+X_2+\cdots+X_n\sim N\left(\sum_{i=1}^n\mu_i,\sum_{i=1}^n\sigma_i{}^2\right).$$

若 $X$ 与 $Y$ 相互独立，容易证明 $Z=aX+bY$ 的密度函数为

$$f_Z(z)=\int_{-\infty}^{+\infty}\frac{1}{|ab|}f_X\left(\frac{x}{a}\right)f_Y\left(\frac{z-x}{b}\right)\mathrm{d}x.$$

特别地，当 $a=1$，$b=-1$ 时，得到 $Z=X-Y$ 的密度函数为

$$f_Z(z)=\int_{-\infty}^{+\infty}f_X(x)f_Y(x-z)\mathrm{d}x.$$

若 $X\sim N(\mu_1,\sigma_1{}^2)$，$Y\sim N(\mu_2,\sigma_2{}^2)$，且 $X$ 与 $Y$ 相互独立，则

$$Z=aX+bY\sim N(a\mu_1+b\mu_2,a^2\sigma_1{}^2+b^2\sigma_2{}^2).$$

这个结论可以推广到有限个的情形，若 $X_1,X_2,\cdots,X_n$ 相互独立，且 $X_i\sim N(\mu_i,\sigma_i{}^2)$，$i=1,2,\cdots,n$，则

$$X=a_1X_1+a_2X_2+\cdots+a_nX_n\sim N\left(\sum_{i=1}^n a_i\mu_i,\sum_{i=1}^n a_i{}^2\sigma_i{}^2\right).$$

**例 3.31** 设系统 $L$ 由两个独立的子系统 $L_1, L_2$ 连接而成，其连接方式分别为：(1) 并联；(2) 串联，如图 3-7 所示. 设 $L_1$ 的寿命 $X \sim E(\alpha)$，$L_2$ 的寿命 $Y \sim E(\beta)$，$\alpha > 0$，$\beta > 0$. 试分别在上述两种连接方式下，求出系统 $L$ 的寿命 $Z$ 的密度函数 $f_Z(z)$.

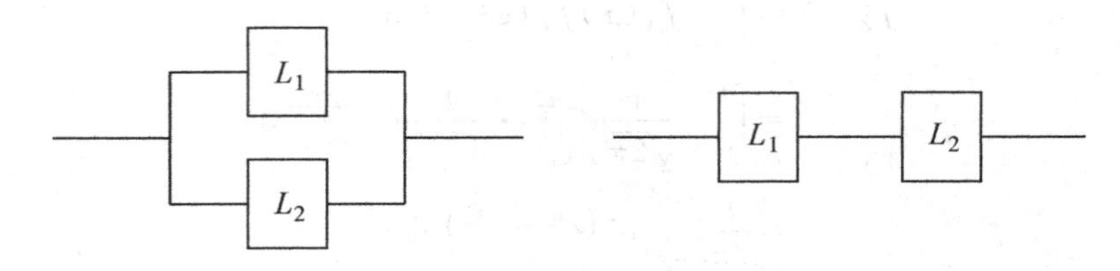


图 3-7

**解** 由于 $X \sim E(\alpha)$，$Y \sim E(\beta)$，所以 $X,Y$ 的密度函数分别为

$$f_X(x) = \begin{cases} \alpha e^{-\alpha x}, & x > 0, \\ 0, & x \leqslant 0, \end{cases} \quad f_Y(y) = \begin{cases} \beta e^{-\beta y}, & y > 0, \\ 0, & y \leqslant 0, \end{cases}$$

分布函数分别为

$$F_X(x) = \begin{cases} 1 - e^{-\alpha x}, & x > 0, \\ 0, & x \leqslant 0, \end{cases} \quad F_Y(y) = \begin{cases} 1 - e^{-\beta y}, & y > 0, \\ 0, & y \leqslant 0. \end{cases}$$

(1) 并联时，由于 $L_1, L_2$ 都损坏，系统 $L$ 才停止工作，这时系统 $L$ 的寿命 $Z = \max\{X,Y\}$，它的分布函数为

$$F_Z(z) = P\{Z \leqslant z\} = P\{\max\{X,Y\} \leqslant z\} = P\{X \leqslant z, Y \leqslant z\}$$
$$\xlongequal{X\text{与}Y\text{独立}} P\{X \leqslant z\}P\{Y \leqslant z\} = F_X(z)F_Y(z),$$

所以

$$F_Z(z) = \begin{cases} (1 - e^{-\alpha z})(1 - e^{-\beta z}), & z > 0, \\ 0, & z \leqslant 0. \end{cases}$$

因此，$Z$ 的密度函数

$$f_Z(z) = F'_Z(z) = \begin{cases} \alpha e^{-\alpha z} + \beta e^{-\beta z} - (\alpha + \beta) e^{-(\alpha+\beta) z}, & z > 0, \\ 0, & z \leqslant 0. \end{cases}$$

(2) 串联时，$L_1, L_2$ 只要有一个损坏，系统 $L$ 就停止工作，这时系统 $L$ 的寿命 $Z = \min\{X,Y\}$，它的分布函数为

$$F_Z(z) = P\{Z \leqslant z\} = P\{\min\{X,Y\} \leqslant z\} = 1 - P\{\min\{X,Y\} > z\}$$
$$= 1 - P\{X > z, Y > z\} \xlongequal{X\text{与}Y\text{独立}} 1 - P\{X > z\}P\{Y > z\}$$
$$= 1 - (1 - P\{X \leqslant z\})(1 - P\{Y \leqslant z\})$$
$$= 1 - (1 - F_X(z))(1 - F_Y(z)),$$

所以

$$F_Z(z)=\begin{cases}1-[1-(1-e^{-\alpha z})][1-(1-e^{-\beta z})], & z>0,\\ 0, & z\leqslant 0\end{cases}$$

$$=\begin{cases}1-e^{-(\alpha+\beta)z}, & z>0,\\ 0, & z\leqslant 0.\end{cases}$$

因此，$Z$ 的密度函数

$$f_Z(z)=F'_Z(z)=\begin{cases}(\alpha+\beta)e^{-(\alpha+\beta)z}, & z>0,\\ 0, & z\leqslant 0.\end{cases}$$

## 习 题 3.4

1. 设$(X,Y)$的联合分布律为

| $X$ \ $Y$ | 1 | 2 | 3 |
|---|---|---|---|
| 1 | $\frac{1}{4}$ | $\frac{1}{4}$ | $\frac{1}{8}$ |
| 2 | $\frac{1}{8}$ | 0 | 0 |
| 3 | $\frac{1}{8}$ | $\frac{1}{8}$ | 0 |

求 $Z_1=X+Y$，$Z_2=XY$，$Z_3=\max\{X,Y\}$，$Z_4=\min\{X,Y\}$ 的分布律.

2. 设 $X\sim B\left(1,\frac{1}{4}\right)$，$Y\sim B\left(1,\frac{1}{4}\right)$，且 $X$ 与 $Y$ 相互独立，求 $Z=X+Y$ 的分布律.

3. 设 $X$ 与 $Y$ 相互独立，且 $X\sim U(0,1)$，$Y\sim U(0,1)$，求 $Z=X+Y$ 的密度函数 $f_Z(z)$.

4. 设 $X$ 与 $Y$ 相互独立，且 $X\sim E(1)$，$Y\sim E(1)$，令 $U=\max\{X,Y\}$，$V=\min\{X,Y\}$.

(1) 求 $U$ 的密度函数 $f_U(u)$.

(2) 证明：$V\sim E(2)$.

5. 设 $X$ 与 $Y$ 相互独立，且 $X\sim B(n,p)$，$Y\sim B(n,p)$，证明：在 $X+Y=m$ 的条件下，$X$ 的条件分布是超几何分布 $H(2n,n,m)$，即

$$P\{X=k\,|\,X+Y=m\}=\frac{C_n^kC_n^{m-k}}{C_{2n}^m}.$$

6. 设 $X_1$ 与 $X_2$ 相互独立，且 $X_1\sim P(\lambda_1)$，$X_2\sim P(\lambda_2)$，证明：在 $X_1+X_2=$

$n$ 的条件下，$X_i(i=1,2)$ 的条件分布是二项分布 $B\left(n,\frac{\lambda_i}{\lambda_1+\lambda_2}\right)$，$i=1,2$，即

$$P\{X_1=k\,|\,X_1+X_2=n\}=C_n^k\left(\frac{\lambda_1}{\lambda_1+\lambda_2}\right)^k\left(\frac{\lambda_2}{\lambda_1+\lambda_2}\right)^{n-k},$$

$$P\{X_2=k\,|\,X_1+X_2=n\}=C_n^k\left(\frac{\lambda_2}{\lambda_1+\lambda_2}\right)^k\left(\frac{\lambda_1}{\lambda_1+\lambda_2}\right)^{n-k}.$$

## 本章小结

1．知道二维随机变量的分布函数的概念和性质

(1) $F(x,y)=P\{X\leqslant x, Y\leqslant y\}$，$x\in\mathbf{R}$，$y\in\mathbf{R}$.

(2) $F(x,y)$ 的性质：

① $0\leqslant F(x,y)\leqslant 1$；

② $F(x,y)$ 关于 $x$、关于 $y$ 单调不减；

③ $F(-\infty,-\infty)=0$，$F(+\infty,+\infty)=1$，$F(x,-\infty)=0$，$F(-\infty,y)=0$；

④ $F(x,y)$ 关于 $x$、关于 $y$ 右连续.

(3) 边缘分布函数：

$$F_X(x)=F(x,+\infty),\quad F_Y(y)=F(+\infty,y).$$

(4) $X$ 与 $Y$ 相互独立的充要条件为

$$F(x,y)=F_X(x)F_Y(y),\quad x\in\mathbf{R},\ y\in\mathbf{R}.$$

2．离散型二维随机变量

(1) $(X,Y)$ 的联合分布律：

| $X\backslash Y$ | $y_1$ | $y_2$ | $\cdots$ | $y_i$ | $\cdots$ |
|---|---|---|---|---|---|
| $x_1$ | $p_{11}$ | $p_{12}$ | $\cdots$ | $p_{1j}$ | $\cdots$ |
| $x_2$ | $p_{21}$ | $p_{22}$ | $\cdots$ | $p_{2j}$ | $\cdots$ |
| $\vdots$ | $\vdots$ | $\vdots$ | | $\vdots$ | |
| $x_i$ | $p_{i1}$ | $p_{i2}$ | $\cdots$ | $p_{ij}$ | $\cdots$ |
| $\vdots$ | $\vdots$ | $\vdots$ | | $\vdots$ | |

$(X,Y)$ 的分布律具有下列性质：

① $p_{ij}\geqslant 0$，$i,j=1,2,\cdots$；

② $\sum_{i=1}^{\infty}\sum_{j=1}^{\infty}p_{ij}=1$.

(2) $X$ 的边缘分布律：

$$P\{X=x_i\}=\sum_{j=1}^{\infty}p_{ij}=p_{i\cdot},\quad i=1,2,\cdots;$$

$Y$ 的边缘分布律：

$$P\{Y=y_j\}=\sum_{i=1}^{\infty}p_{ij}=p_{\cdot j},\quad j=1,2,\cdots.$$

(3) $X$ 的条件分布律：

$$P\{X=x_i\mid Y=y_j\}=\frac{P\{X=x_i,Y=y_j\}}{P\{Y=y_j\}}=\frac{p_{ij}}{p_{\cdot j}},\quad i=1,2,\cdots;$$

$Y$ 的条件分布律：

$$P\{Y=y_j\mid X=x_i\}=\frac{P\{X=x_i,Y=y_j\}}{P\{X=x_i\}}=\frac{p_{ij}}{p_{i\cdot}},\quad j=1,2,\cdots.$$

(4) $X$ 与 $Y$ 相互独立的充要条件为

$$p_{ij}=p_{i\cdot}p_{\cdot j},\quad i,j=1,2,\cdots,$$

即 $P\{X=x_i,Y=y_j\}=P\{X=x_i\}P\{Y=y_j\},\ i,j=1,2,\cdots$.

(5) 会求 $Z_1=X+Y$，$Z_2=XY$，$Z_3=\max\{X,Y\}$，$Z_4=\min\{X,Y\}$ 的分布律.

3. 二维连续型随机变量

(1) $(X,Y)\sim f(x,y)\Leftrightarrow(X,Y)\sim F(x,y)=\int_{-\infty}^{x}\int_{-\infty}^{y}f(u,v)\mathrm{d}u\,\mathrm{d}v$. 当已知 $f(x,y)$ 时，会求 $F(x,y)$.

**性质**　$f(x,y)\geqslant 0$ 及 $\int_{-\infty}^{+\infty}\int_{-\infty}^{+\infty}f(x,y)\mathrm{d}x\,\mathrm{d}y=1$.

(2) $f(x,y)=\frac{\partial^2F(x,y)}{\partial x\partial y}$. 当已知 $F(x,y)$ 时，会求 $f(x,y)$.

(3) 会用公式 $P\{(X,Y)\in G\}=\iint\limits_{G}f(x,y)\mathrm{d}x\,\mathrm{d}y$，求 $(X,Y)$ 落在区域 $G$ 上的概率.

(4) 边缘密度函数：

$$f_X(x)=\int_{-\infty}^{+\infty}f(x,y)\mathrm{d}y,\quad f_Y(y)=\int_{-\infty}^{+\infty}f(x,y)\mathrm{d}x.$$

(5) 条件密度函数：

$$f_{X|Y}(x\mid y)=\frac{f(x,y)}{f_Y(y)},\quad f_{Y|X}(y\mid x)=\frac{f(x,y)}{f_X(x)}.$$

(6) $X$ 与 $Y$ 相互独立的充要条件为 $f(x,y)=f_X(x)f_Y(y)$.

(7) 知道两个重要的二维连续随机变量：

① $(X,Y)\sim U(D)\Leftrightarrow f(x,y)=\begin{cases}\dfrac{1}{S}, & (x,y)\in D,\\ 0, & (x,y)\notin D;\end{cases}$

② $(X,Y)\sim N(\mu_1,\mu_2,{\sigma_1}^2,{\sigma_2}^2,\rho)$，二维正态分布的边缘分布与条件分布仍为正态分布，此时 $X$ 与 $Y$ 相互独立 $\Leftrightarrow \rho=0$.

(8) 会求 $X+Y,\max\{X,Y\},\min\{X,Y\}$ 的分布，知道卷积公式：

$$f_Z(z)=\int_{-\infty}^{+\infty}f_X(x)f_Y(z-x)\mathrm{d}x,$$

$$f_Z(z)=\int_{-\infty}^{+\infty}f_X(z-y)f_Y(y)\mathrm{d}y.$$

若 $X\sim N(\mu_1,{\sigma_1}^2)$，$Y\sim N(\mu_2,{\sigma_2}^2)$，且 $X$ 与 $Y$ 相互独立，则

$$Z=aX+bY\sim N(a\mu_1+b\mu_2,a^2{\sigma_1}^2+b^2{\sigma_2}^2).$$

一般地，若 $X_1,X_2,\cdots,X_n$ 相互独立，且 $X_i\sim N(\mu_i,{\sigma_i}^2)$，$i=1,2,\cdots,n$，则

$$X=a_1X_1+a_2X_2+\cdots+a_nX_n\sim N\left(\sum_{i=1}^{n}a_i\mu_i,\sum_{i=1}^{n}{a_i}^2{\sigma_i}^2\right).$$

## 总习题三

### 一、填空题

1. 设 $X$ 与 $Y$ 相互独立，且 $P\{X\leqslant 1\}=\dfrac{1}{2}$，$P\{Y\leqslant 1\}=\dfrac{1}{3}$，则 $P\{X\leqslant 1,Y\leqslant 1\}=$________.

2. 设随机变量 $X$ 与 $Y$ 相互独立，且均服从区间[0,3]上的均匀分布，则 $P\{\max\{X,Y\}\leqslant 1\}=$________.

3. 设 $X$ 与 $Y$ 相互独立，且有如下相同的分布律：

| $X$ | $-1$ | $1$ |
|---|---|---|
| $P$ | $\dfrac{1}{4}$ | $\dfrac{3}{4}$ |

则 $Z_1=\max\{X,Y\}$，$Z_2=\min\{X,Y\}$ 的分布律分别为________.

4. 设$(X,Y)$的联合密度函数为

$$f(x,y)=\begin{cases}6x, & 0\leqslant x\leqslant y\leqslant 1,\\ 0, & 其他,\end{cases}$$

则 $P\{X+Y\leqslant 1\}=$________.

5. 已知二维随机变量$(X,Y)\sim U(D)$，且

$$D=\left\{(x,y)\,\middle|\,1\leqslant x\leqslant e^2,\ 0\leqslant y\leqslant \frac{1}{x}\right\},$$

则$(X,Y)$关于$X$的边缘密度函数在$x=2$处的值为________.

6. 设$X$与$Y$相互独立，$X\sim U(1,3)$，$Y\sim U(1,3)$. 若$1<a<3$，且$A=\{X\leqslant a\}$，$B=\{Y>a\}$，$P(A\cup B)=\frac{7}{9}$，则常数$a=$________.

7. 设二维随机变量$(X,Y)$的联合分布律为

| X \ Y | 0 | 1 |
|---|---|---|
| 0 | 0.4 | $a$ |
| 1 | $b$ | 0.1 |

若随机事件$\{X=0\}$与$X+Y=1$互相独立，则$a=$________，$b=$________.

## 二、选择题

1. 设二维随机变量$(X,Y)$的联合分布律为

| X \ Y | 0 | 1 | 2 |
|---|---|---|---|
| 0 | $\frac{1}{12}$ | $\frac{2}{12}$ | $\frac{2}{12}$ |
| 1 | $\frac{1}{12}$ | $\frac{1}{12}$ | 0 |
| 2 | $\frac{2}{12}$ | $\frac{1}{12}$ | $\frac{2}{12}$ |

则$P\{XY=0\}=$(　　).

A. $\frac{1}{12}$　　B. $\frac{2}{12}$　　C. $\frac{4}{12}$　　D. $\frac{8}{12}$

2. 设$(X,Y)$的联合密度函数为$f(x,y)$，则$P\{X>1\}=$(　　).

A. $\int_{-\infty}^{1}dx\int_{-\infty}^{+\infty}f(x,y)dy$　　B. $\int_{1}^{+\infty}dx\int_{-\infty}^{+\infty}f(x,y)dy$

C. $\int_{-\infty}^{1}f(x,y)dx$　　D. $\int_{1}^{+\infty}f(x,y)dx$

3. 设$X\sim N(-1,2)$，$Y\sim N(1,3)$，且$X$与$Y$相互独立，则$Z=X+2Y\sim$(　　).

A. $N(1,8)$　　B. $N(1,14)$　　C. $N(1,22)$　　D. $N(1,40)$

4. 设 $X_1$ 与 $X_2$ 的分布律为

| $X_i(i=1,2)$ | $-1$ | $0$ | $1$ |
|---|---|---|---|
| $P$ | $\frac{1}{4}$ | $\frac{1}{2}$ | $\frac{1}{4}$ |

且 $P\{X_1X_2=0\}=1$，则 $P\{X_1=X_2\}=$（　　）.

A. 0　　B. $\frac{1}{4}$　　C. $\frac{1}{2}$　　D. 1

5. 设 $X$ 与 $Y$ 相互独立，且

$$P\{X=-1\}=P\{Y=-1\}=\frac{1}{2},\quad P\{X=1\}=P\{Y=1\}=\frac{1}{2},$$

则下列各式成立的是（　　）.

A. $P\{X=Y\}=\frac{1}{2}$　　B. $P\{X=Y\}=1$

C. $P\{X+Y=0\}=\frac{1}{4}$　　D. $P\{XY=1\}=\frac{1}{4}$

6. 设两个相互独立的随机变量 $X$ 与 $Y$ 分别服从正态分布 $N(0,1)$ 和 $N(1,1)$，则（　　）.

A. $P\{X+Y\leqslant 0\}=\frac{1}{2}$　　B. $P\{X+Y\leqslant 1\}=\frac{1}{2}$

C. $P\{X-Y\leqslant 0\}=\frac{1}{2}$　　D. $P\{X-Y\leqslant 1\}=\frac{1}{2}$

**三、解答题**

1. 设二维随机变量 $(X,Y)$ 的概率分布为

| $X$ \ $Y$ | $-1$ | $0$ | $1$ |
|---|---|---|---|
| $-1$ | $a$ | $0$ | $0.2$ |
| $0$ | $0.1$ | $b$ | $0.2$ |
| $1$ | $0$ | $0.1$ | $c$ |

其中 $a,b,c$ 为常数，且 $P\{X<0\}=0.4$，$P\{X\leqslant 0, Y\leqslant 0\}=0.4$，记 $Z=X+Y$. 求：(1) $a,b,c$ 的值；(2) $Z$ 的分布律；(3) $P\{X=Z\}$.

2. 设 $X$ 与 $Y$ 的分布律分别为

| $X$ | $-1$ | $0$ | $1$ |
|---|---|---|---|
| $P$ | $\frac{1}{4}$ | $\frac{1}{2}$ | $\frac{1}{4}$ |

| $Y$ | $0$ | $1$ |
|---|---|---|
| $P$ | $\frac{1}{2}$ | $\frac{1}{2}$ |

且 $P\{XY=0\}=1$.

(1) 求 $X$ 和 $Y$ 的联合分布律.

(2) 问 $X$ 与 $Y$ 是否独立？为什么？

3. 设随机变量 $X$ 的概率密度为

$$f_X(x)=\begin{cases}\frac{1}{2}, & -1<x<0,\\ \frac{1}{4}, & 0\leqslant x<2,\\ 0, & \text{其他}.\end{cases}$$

令 $Y=X^2$，$F(x,y)$ 为二维随机变量 $(X,Y)$ 的联合分布函数.

(1) 求 $Y$ 的概率密度 $f_Y(y)$.

(2) $F\left(-\frac{1}{2},4\right)$.

4. 设随机变量 $X$ 与 $Y$ 相互独立，其中 $X$ 的分布律为

| $X$ | 1 | 2 |
|---|---|---|
| $P$ | 0.3 | 0.7 |

而 $Y$ 的概率密度为 $f_Y(y)$，求随机变量 $U=X+Y$ 的概率密度 $f_U(u)$.

5. 设二维随机变量 $(X,Y)$ 的概率密度为

$$f(x,y)=\begin{cases}1, & 0<x<1,\ 0<y<2x,\\ 0, & \text{其他},\end{cases}$$

求：

(1) $(X,Y)$ 的边缘概率密度 $f_X(x)$，$f_Y(y)$；

(2) $Z=2X-Y$ 的概率密度 $f_Z(z)$；

(3) $P\left\{Y\leqslant\frac{1}{2}\,\middle|\,X\leqslant\frac{1}{2}\right\}$.

6. 设随机变量 $X$ 在区间 $(0,1)$ 上服从均匀分布，在 $X=x$ $(0<x<1)$ 的条件下，随机变量 $Y$ 在区间 $(0,x)$ 上服从均匀分布，求：

(1) 随机变量 $X$ 和 $Y$ 的联合概率密度；

(2) $Y$ 的概率密度；

(3) 概率 $P\{X+Y>1\}$.

7. 设二维随机变量 $(X,Y)$ 的概率密度为

$$f(x,y)=\begin{cases}e^{-y}, & 0<x<y,\\ 0, & \text{其他}.\end{cases}$$

(1) 判断 $X$ 与 $Y$ 是否独立.

(2) 求 $P\{X+Y\leqslant 1\}$.

8. 设随机变量 $X$ 与 $Y$ 相互独立，且

$$f_X(x)=\begin{cases}1, & 0\leqslant x\leqslant 1,\\ 0, & \text{其他},\end{cases}\qquad f_Y(y)=\begin{cases}2y, & 0\leqslant y\leqslant 1,\\ 0, & \text{其他},\end{cases}$$

求随机变量 $Z=X+Y$ 的密度函数 $f_Z(z)$.

# 第四章

# 随机变量的数字特征

前面讨论了随机变量的概率分布，我们知道概率分布全面地描述了随机变量的特征. 但在实际问题中，一方面由于求概率分布并非易事；另一方面往往不需要了解概率规律的全貌，只需要知道随机变量的某个侧面. 这时往往可以用一个或几个实数来描述这个侧面，这种实数就称为随机变量的**数字特征**. 在统计学中，还可以通过数字特征确定或推断某些未知随机变量的概率分布. 常用的数字特征有以下几种：数学期望、方差、协方差与相关系数.

## 4.1 数学期望

### 4.1.1 离散型随机变量的数学期望

为了对数学期望这个概念有较深入的认识，我们先看一个例子.

例如，观察一名射手20次射击的成绩如表4-1所示. 人们常常用“平均中靶环数”来对射手的射击水平作出综合评价，设平均中靶环数为$\overline{x}$，则有

表 4-1

| 中靶环数($x_i$) | 0 | 1 | 2 | 3 | 4 | 5 | 6 | 7 | 8 | 9 | 10 |
|---|---|---|---|---|---|---|---|---|---|---|---|
| 频数($n_i$) | 1 | 2 | 1 | 2 | 3 | 3 | 2 | 1 | 2 | 2 | 1 |
| 频率($f_i$) | $\frac{1}{20}$ | $\frac{2}{20}$ | $\frac{1}{20}$ | $\frac{2}{20}$ | $\frac{3}{20}$ | $\frac{3}{20}$ | $\frac{2}{20}$ | $\frac{1}{20}$ | $\frac{2}{20}$ | $\frac{2}{20}$ | $\frac{1}{20}$ |

$$\overline{x}=\frac{\sum_{i=0}^{10}x_in_i}{n}=\sum_{i=0}^{10}x_if_i=0\times\frac{1}{20}+1\times\frac{2}{20}+\cdots+10\times\frac{1}{20}=5.$$

我们知道，当试验次数增加时，频率的稳定值就是概率，那么完整描述该选手真实水平的是其射中各环数的概率分布，相应地，观察到的平均中靶环数 $\overline{x}$ 随着试验次数的增加也将趋于一个稳定值. 设射中环数为随机变量 $X$，其分布率为

$$P\{X=x_i\}=p_i,\quad i=0,1,2,\cdots,10,$$

则 $\overline{x}$ 的稳定值为 $\sum_{i=0}^{10}x_ip_i$.

**定义 4.1** 设 $X$ 为离散型随机变量，其分布律为

$$P\{X=x_i\}=p_i,\quad i=1,2,\cdots,$$

则当 $\sum_{i=1}^{\infty}|x_i|p_i<+\infty$（即级数 $\sum_{i=1}^{\infty}x_ip_i$ 绝对收敛）时，称 $X$ 的数学期望存在，并且其**数学期望**记为 $E(X)$，定义为

$$E(X)=\sum_{i=1}^{\infty}x_ip_i.$$

对于离散型随机变量 $X$ 的函数 $Y=g(X)$，当 $\sum_{i=1}^{\infty}|g(x_i)|p_i<+\infty$（即级数 $\sum_{i=1}^{\infty}g(x_i)p_i$ 绝对收敛）时，称 $Y=g(X)$ 的数学期望存在，并且其**数学期望**记为 $E(g(X))$，且有

$$E(g(X))=\sum_{i=1}^{\infty}g(x_i)p_i.$$

**注** (1) 定义中要求级数绝对收敛是为了级数的和与其各项的次序无关，使级数恒等于一个确定值.

(2) 对于 $Y=g(X)$ 的期望，我们也可以由 $X$ 的分布律，先求出 $Y=g(X)$ 的分布律，再根据数学期望的定义去求期望. 但按定义中根据 $X$ 的分布律直接求 $Y=g(X)$ 的期望，极大地方便了计算随机变量函数的数学期望.

**例 4.1** 设 $X\sim B(1,p)$，求 $E(X)$ 与 $E(X^2)$.

**解** 由于 $X\sim B(1,p)$，则其分布律为

| $X$ | 0 | 1 |
|---|---|---|
| $P$ | $1-p$ | $p$ |

所以

$$E(X)=0\cdot(1-p)+1\cdot p=p,$$
$$E(X^2)=0^2\cdot(1-p)+1^2\cdot p=p.$$

**例 4.2** 设 $X\sim B(n,p)$，求 $E(X)$ 与 $E(X^2)$.

**解** 由于 $X\sim B(n,p)$，则其分布律为

$$P\{X=k\}=C_n^k p^k q^{n-k},\quad k=0,1,2,\cdots,n.$$

所以

$$\begin{aligned}E(X)&=\sum_{k=0}^{n}k\cdot C_n^k p^k q^{n-k}=\sum_{k=1}^{n}k\cdot C_n^k p^k q^{n-k}=\sum_{k=1}^{n}k\cdot\frac{n!}{k!\,(n-k)!}p^k q^{n-k}\\&=\sum_{k=1}^{n}\frac{n!}{(k-1)!\,(n-k)!}p^k q^{n-k}=np\sum_{k=1}^{n}\frac{(n-1)!}{(k-1)!\,(n-k)!}p^{k-1}q^{n-k}\\&=np\sum_{k=1}^{n}C_{n-1}^{k-1}p^{k-1}q^{n-k}\xlongequal{i=k-1}np\sum_{i=0}^{n-1}C_{n-1}^{i}p^{i}q^{n-1-i}\\&=np(p+q)^{n-1}=np,\end{aligned}$$

$$\begin{aligned}E(X^2)&=\sum_{k=0}^{n}k^2\cdot C_n^k p^k q^{n-k}=\sum_{k=1}^{n}k^2\cdot C_n^k p^k q^{n-k}\\&=\sum_{k=1}^{n}[k(k-1)+k]\cdot\frac{n!}{k!\,(n-k)!}p^k q^{n-k}\\&=\sum_{k=2}^{n}k(k-1)\frac{n!}{k!\,(n-k)!}p^k q^{n-k}+\sum_{k=1}^{n}k\frac{n!}{k!\,(n-k)!}p^k q^{n-k}\\&=\sum_{k=2}^{n}\frac{n!}{(k-2)!\,(n-k)!}p^k q^{n-k}+np\\&=n(n-1)p^2\sum_{k=2}^{n}\frac{(n-2)!}{(k-2)!\,(n-k)!}p^{k-2}q^{n-k}+np\\&=n(n-1)p^2\sum_{k=2}^{n}C_{n-2}^{k-2}p^{k-2}q^{n-k}+np\\&\xlongequal{i=k-2}n(n-1)p^2\sum_{i=0}^{n-2}C_{n-2}^{i}p^{i}q^{n-2-i}+np\\&=n(n-1)p^2(p+q)^{n-2}+np\\&=n(n-1)p^2+np.\end{aligned}$$

**例 4.3** 设 $X\sim P(\lambda)$，求 $E(X)$ 与 $E(X^2)$.

**解** 由于 $X\sim P(\lambda)$，则其分布律为

$$P\{X=k\}=\frac{\lambda^k}{k!}\mathrm{e}^{-\lambda},\quad k=0,1,2,\cdots,n,\cdots.$$

所以

$$E(X)=\sum_{k=0}^{\infty}k\cdot\frac{\lambda^k}{k!}e^{-\lambda}=\sum_{k=1}^{\infty}k\cdot\frac{\lambda^k}{k!}e^{-\lambda}=\sum_{k=1}^{\infty}\frac{\lambda^k}{(k-1)!}e^{-\lambda}$$

$$=\lambda e^{-\lambda}\sum_{k=1}^{\infty}\frac{\lambda^{k-1}}{(k-1)!}\xlongequal{i=k-1}\lambda e^{-\lambda}\sum_{i=0}^{\infty}\frac{\lambda^i}{i!}$$

$$=\lambda e^{-\lambda}\cdot e^{\lambda}=\lambda,$$

$$E(X^2)=\sum_{k=0}^{\infty}k^2\frac{\lambda^k}{k!}e^{-\lambda}=\sum_{k=0}^{\infty}[k(k-1)+k]\frac{\lambda^k}{k!}e^{-\lambda}$$

$$=\sum_{k=0}^{\infty}k(k-1)\frac{\lambda^k}{k!}e^{-\lambda}+\sum_{k=0}^{\infty}k\frac{\lambda^k}{k!}e^{-\lambda}$$

$$=\sum_{k=2}^{\infty}k(k-1)\frac{\lambda^k}{k!}e^{-\lambda}+\lambda=\sum_{k=2}^{\infty}\frac{\lambda^k}{(k-2)!}e^{-\lambda}+\lambda$$

$$=\lambda^2e^{-\lambda}\sum_{k=2}^{\infty}\frac{\lambda^{k-2}}{(k-2)!}+\lambda\xlongequal{i=k-2}\lambda^2e^{-\lambda}\sum_{i=0}^{\infty}\frac{\lambda^i}{i!}+\lambda$$

$$=\lambda^2e^{-\lambda}e^{\lambda}+\lambda=\lambda^2+\lambda.$$

### 4.1.2 连续型随机变量的数学期望

对于连续型随机变量的数学期望，形式上可类似于离散型随机变量的数学期望给出定义，只需将和式$\sum_{i}x_ip_i$中的$x_i$改为$x$，$p_i$改为$f(x)dx$，和号"$\sum$"改为积分号"$\int$"即可.

**定义 4.2** 设 $X$ 为连续型随机变量，其密度函数为 $f(x)$，则当$\int_{-\infty}^{+\infty}|x|f(x)dx<+\infty$（即广义积分$\int_{-\infty}^{+\infty}xf(x)dx$绝对收敛）时，称 $X$ 的数学期望存在，并且其**数学期望**记为 $E(X)$，定义为

$$E(X)=\int_{-\infty}^{+\infty}xf(x)dx.$$

对于连续型随机变量 $X$ 的函数 $Y=g(X)$，当$\int_{-\infty}^{+\infty}|g(x)|f(x)dx<+\infty$（即广义积分$\int_{-\infty}^{+\infty}g(x)f(x)dx$绝对收敛）时，称$Y=g(X)$的数学期望存在，并且其**数学期望**记为$E(g(X))$，且有

$$E(g(X))=\int_{-\infty}^{+\infty}g(x)f(x)dx.$$

**例 4.4**　设随机变量 $X$ 的密度函数为

$$f(x)=\begin{cases}x, & 0\leqslant x<1,\\ 2-x, & 1\leqslant x<2,\\ 0, & \text{其他},\end{cases}$$

求 $E(X)$ 及 $E(|X-E(X)|)$.

**解**　$E(X)=\int_{-\infty}^{+\infty}xf(x)\mathrm{d}x=\int_0^1 x^2\mathrm{d}x+\int_1^2 x(2-x)\mathrm{d}x=1$,

$$\begin{aligned}E(|X-E(X)|)=E(|X-1|)&=\int_{-\infty}^{+\infty}|x-1|f(x)\mathrm{d}x\\&=\int_0^1|x-1|x\mathrm{d}x+\int_1^2|x-1|(2-x)\mathrm{d}x\\&=\int_0^1(1-x)x\mathrm{d}x+\int_1^2(x-1)(2-x)\mathrm{d}x\\&=\frac{1}{3}.\end{aligned}$$

**例 4.5**　设 $X\sim U(a,b)$，求 $E(X)$ 和 $E(X^2)$.

**解**　由于 $X\sim U(a,b)$，则其密度函数为

$$f(x)=\begin{cases}\dfrac{1}{b-a}, & a\leqslant x\leqslant b,\\ 0, & \text{其他}.\end{cases}$$

所以

$$E(X)=\int_{-\infty}^{+\infty}xf(x)\mathrm{d}x=\int_a^b x\cdot\frac{1}{b-a}\mathrm{d}x=\frac{a+b}{2},$$

$$E(X^2)=\int_{-\infty}^{+\infty}x^2f(x)\mathrm{d}x=\int_a^b x^2\cdot\frac{1}{b-a}\mathrm{d}x=\frac{a^2+ab+b^2}{3}.$$

**例 4.6**　设 $X\sim E(\lambda)$，求 $E(X)$ 和 $E(X^2)$.

**解**　由于 $X\sim E(\lambda)$，则其密度函数为

$$f(x)=\begin{cases}\lambda\mathrm{e}^{-\lambda x}, & x>0,\\ 0, & x\leqslant 0.\end{cases}$$

所以

$$\begin{aligned}E(X)&=\int_{-\infty}^{+\infty}xf(x)\mathrm{d}x=\int_0^{+\infty}x\cdot\lambda\mathrm{e}^{-\lambda x}\mathrm{d}x=-\int_0^{+\infty}x\mathrm{d}\mathrm{e}^{-\lambda x}\\&=-\left(x\mathrm{e}^{-\lambda x}\Big|_0^{+\infty}-\int_0^{+\infty}\mathrm{e}^{-\lambda x}\mathrm{d}x\right)=\int_0^{+\infty}\mathrm{e}^{-\lambda x}\mathrm{d}x\\&=\frac{1}{\lambda},\end{aligned}$$

$$E(X^2)=\int_{-\infty}^{+\infty}x^2f(x)\mathrm{d}x=\int_0^{+\infty}x^2\cdot\lambda\mathrm{e}^{-\lambda x}\mathrm{d}x=-\int_0^{+\infty}x^2\mathrm{d}\,\mathrm{e}^{-\lambda x}$$

$$=-\left(x^2\mathrm{e}^{-\lambda x}\Big|_0^{+\infty}-\int_0^{+\infty}\mathrm{e}^{-\lambda x}\mathrm{d}x^2\right)=\int_0^{+\infty}\mathrm{e}^{-\lambda x}\mathrm{d}x^2$$

$$=\int_0^{+\infty}2x\,\mathrm{e}^{-\lambda x}\mathrm{d}x=\frac{2}{\lambda}\int_0^{+\infty}\lambda x\,\mathrm{e}^{-\lambda x}\mathrm{d}x$$

$$=\frac{2}{\lambda}\cdot\frac{1}{\lambda}=\frac{2}{\lambda^2}.$$

**例 4.7** 设 $X\sim N(\mu,\sigma^2)$，求 $E(X)$ 和 $E(X^2)$.

**解** 由于 $X\sim N(\mu,\sigma^2)$，则其密度函数为

$$f(x)=\frac{1}{\sqrt{2\pi}\sigma}\mathrm{e}^{-\frac{(x-\mu)^2}{2\sigma^2}},\quad -\infty<x<+\infty.$$

所以

$$E(X)=\int_{-\infty}^{+\infty}xf(x)\mathrm{d}x=\frac{1}{\sqrt{2\pi}\sigma}\int_{-\infty}^{+\infty}x\cdot\mathrm{e}^{-\frac{(x-\mu)^2}{2\sigma^2}}\mathrm{d}x$$

$$\xlongequal{t=\frac{x-\mu}{\sigma}}\frac{1}{\sqrt{2\pi}}\int_{-\infty}^{+\infty}(\sigma t+\mu)\cdot\mathrm{e}^{-\frac{t^2}{2}}\mathrm{d}t$$

$$=\frac{\sigma}{\sqrt{2\pi}}\int_{-\infty}^{+\infty}t\cdot\mathrm{e}^{-\frac{t^2}{2}}\mathrm{d}t+\mu\int_{-\infty}^{+\infty}\frac{1}{\sqrt{2\pi}}\mathrm{e}^{-\frac{t^2}{2}}\mathrm{d}t$$

$$=\mu,$$

$$E(X^2)=\int_{-\infty}^{+\infty}x^2f(x)\mathrm{d}x=\frac{1}{\sqrt{2\pi}\sigma}\int_{-\infty}^{+\infty}x^2\cdot\mathrm{e}^{-\frac{(x-\mu)^2}{2\sigma^2}}\mathrm{d}x$$

$$\xlongequal{t=\frac{x-\mu}{\sigma}}\frac{1}{\sqrt{2\pi}}\int_{-\infty}^{+\infty}(\sigma t+\mu)^2\cdot\mathrm{e}^{-\frac{t^2}{2}}\mathrm{d}t$$

$$=\frac{\sigma^2}{\sqrt{2\pi}}\int_{-\infty}^{+\infty}t^2\cdot\mathrm{e}^{-\frac{t^2}{2}}\mathrm{d}t+\frac{2\sigma\mu}{\sqrt{2\pi}}\int_{-\infty}^{+\infty}t\cdot\mathrm{e}^{-\frac{t^2}{2}}\mathrm{d}t+\mu^2\int_{-\infty}^{+\infty}\frac{1}{\sqrt{2\pi}}\mathrm{e}^{-\frac{t^2}{2}}\mathrm{d}t$$

$$=-\frac{\sigma^2}{\sqrt{2\pi}}\int_{-\infty}^{+\infty}t\cdot\mathrm{e}^{-\frac{t^2}{2}}d\left(-\frac{t^2}{2}\right)+\mu^2=-\frac{\sigma^2}{\sqrt{2\pi}}\int_{-\infty}^{+\infty}t\,\mathrm{d}(\mathrm{e}^{-\frac{t^2}{2}})+\mu^2$$

$$=-\frac{\sigma^2}{\sqrt{2\pi}}\left(t\cdot\mathrm{e}^{-\frac{t^2}{2}}\Big|_{-\infty}^{+\infty}-\int_{-\infty}^{+\infty}\mathrm{e}^{-\frac{t^2}{2}}\mathrm{d}t\right)+\mu^2$$

$$=\frac{\sigma^2}{\sqrt{2\pi}}\int_{-\infty}^{+\infty}\mathrm{e}^{-\frac{t^2}{2}}\mathrm{d}t+\mu^2=\sigma^2\int_{-\infty}^{+\infty}\frac{1}{\sqrt{2\pi}}\mathrm{e}^{-\frac{t^2}{2}}\mathrm{d}t+\mu^2$$

$$=\sigma^2+\mu^2.$$

**例 4.8**　假定暑假市场上对冰淇淋的需求量是随机变量 $X$ 盒，它服从区间[200,400]上的均匀分布，设每售出一盒冰淇淋可为小店挣得1元，但假如销售不出而囤积于冰箱，则每盒赔 3 元. 问小店应组织多少货源，才能使平均收益最大？

**解**　设应组织 $y$ 盒该种商品，则显然应有 $200 \leqslant y \leqslant 400$，这样小店所获得收益为(单位：元)

$$Y = g(X) = \begin{cases} y, & X \geqslant y, \\ X - 3(y - X), & X < y. \end{cases}$$

它是一个随机变量，在经济学中常用其数学期望来评价平均收益的好坏，

$$\begin{aligned} E(Y) &= \int_{-\infty}^{+\infty} g(x) f(x) \mathrm{d}x = \frac{1}{200}\int_{200}^{400} g(x) \mathrm{d}x \\ &= \frac{1}{200}\int_{200}^{y} (4x - 3y) \mathrm{d}x + \frac{1}{200}\int_{y}^{400} y \mathrm{d}x \\ &= \frac{1}{200}(-2y^2 + 1\,000y - 80\,000). \end{aligned}$$

要使平均受益最大，显然 $y = 250$，因此组织 250 盒冰淇淋是最好的选择.

### 4.1.3　二维随机变量函数的期望

**定理 4.1**　(1) 若$(X,Y)$为二维离散型随机变量，其联合分布律为

$$P\{X = x_i, Y = y_j\} = p_{ij}, \quad i,j = 1,2,\cdots,$$

其边缘分布律为

$$P\{X = x_i\} = \sum_{j=1}^{\infty} p_{ij} = p_{i\cdot}, \quad i = 1,2,\cdots,$$

$$P\{Y = y_j\} = \sum_{i=1}^{\infty} p_{ij} = p_{\cdot j}, \quad j = 1,2,\cdots,$$

则

$$E(X) = \sum_{i=1}^{\infty} x_i p_{i\cdot} = \sum_{i=1}^{\infty}\sum_{j=1}^{\infty} x_i p_{ij},$$

$$E(Y) = \sum_{j=1}^{\infty} y_j p_{\cdot j} = \sum_{i=1}^{\infty}\sum_{j=1}^{\infty} y_j p_{ij}.$$

(2) 若$(X,Y)$为二维连续型随机变量，其联合密度函数为 $f(x,y)$，边缘密度函数为

$$f_X(x) = \int_{-\infty}^{+\infty} f(x,y) \mathrm{d}y, \quad f_Y(y) = \int_{-\infty}^{+\infty} f(x,y) \mathrm{d}x,$$

则

$$E(X) = \int_{-\infty}^{+\infty} x f_X(x) \mathrm{d}x = \int_{-\infty}^{+\infty}\int_{-\infty}^{+\infty} x f(x,y) \mathrm{d}x \mathrm{d}y,$$

$$E(Y)=\int_{-\infty}^{+\infty} y f_Y(y)\mathrm{d}y=\int_{-\infty}^{+\infty}\int_{-\infty}^{+\infty} y f(x,y)\mathrm{d}x\,\mathrm{d}y.$$

**定理4.2** 设$Z=g(X,Y)$为二维随机变量$(X,Y)$的函数，其数学期望按以下方式计算：

(1) 若$(X,Y)$为二维离散型随机变量，则

$$E(g(X,Y))=\sum_{i=1}^{\infty}\sum_{j=1}^{\infty} g(x_i,y_j)p_{ij};$$

(2) 若$(X,Y)$为二维连续型随机变量，则

$$E(g(X,Y))=\int_{-\infty}^{+\infty}\int_{-\infty}^{+\infty} g(x,y)f(x,y)\mathrm{d}x\,\mathrm{d}y.$$

**例4.9** 设$(X,Y)$的联合分布律为

| $X$ \ $Y$ | 0 | 1 | 2 |
|---|---|---|---|
| 0 | $\frac{3}{20}$ | $\frac{3}{10}$ | $\frac{3}{20}$ |
| 1 | $\frac{1}{10}$ | $\frac{1}{5}$ | $\frac{1}{10}$ |

求$E(X+Y),E(XY),E(\max\{X,Y\}),E(\min\{X,Y\})$.

**解** 设$Z_1=X+Y$，$Z_2=XY$，$Z_3=\max\{X,Y\}$，$Z_4=\min\{X,Y\}$，由例3.26知$Z_1,Z_2,Z_3,Z_4$的分布律分别为

| $Z_1=X+Y$ | 0 | 1 | 2 | 3 |
|---|---|---|---|---|
| $P$ | $\frac{3}{20}$ | $\frac{2}{5}$ | $\frac{7}{20}$ | $\frac{1}{10}$ |

| $Z_2=XY$ | 0 | 1 | 2 |
|---|---|---|---|
| $P$ | $\frac{7}{10}$ | $\frac{1}{5}$ | $\frac{1}{10}$ |

| $Z_3=\max\{X,Y\}$ | 0 | 1 | 2 |
|---|---|---|---|
| $P$ | $\frac{3}{20}$ | $\frac{3}{5}$ | $\frac{1}{4}$ |

| $Z_4=\min\{X,Y\}$ | 0 | 1 |
|---|---|---|
| $P$ | $\frac{7}{10}$ | $\frac{3}{10}$ |

所以

$$E(X+Y)=0\times\frac{3}{20}+1\times\frac{2}{5}+2\times\frac{7}{20}+3\times\frac{1}{10}=1.4,$$

$$E(XY)=0\times\frac{7}{10}+1\times\frac{1}{5}+2\times\frac{1}{10}=0.4,$$

$$E(\max\{X,Y\})=0\times\frac{3}{20}+1\times\frac{3}{5}+2\times\frac{1}{4}=1.1,$$

$$E(\min\{X,Y\})=0\times\frac{7}{10}+1\times\frac{3}{10}=\frac{3}{10}.$$

**例 4.10**　设二维随机变量 $(X,Y)$ 的联合概率密度函数为

$$f(x,y)=\begin{cases}8xy, & 0\leqslant x\leqslant 1,\ 0\leqslant y\leqslant x,\\ 0, & \text{其他},\end{cases}$$

求 $E(X),E(Y),E(X+Y),E(XY)$.

**解**　$$E(X)=\int_{-\infty}^{+\infty}\int_{-\infty}^{+\infty}xf(x,y)\,\mathrm{d}x\,\mathrm{d}y=\int_0^1\mathrm{d}x\int_0^x x\cdot 8xy\,\mathrm{d}y=\int_0^1 4x^4\,\mathrm{d}x=\frac{4}{5},$$

$$E(Y)=\int_{-\infty}^{+\infty}\int_{-\infty}^{+\infty}yf(x,y)\,\mathrm{d}x\,\mathrm{d}y=\int_0^1\mathrm{d}x\int_0^x y\cdot 8xy\,\mathrm{d}y=\int_0^1\frac{8}{3}x^4\,\mathrm{d}x=\frac{8}{15},$$

$$\begin{aligned}E(X+Y)&=\int_{-\infty}^{+\infty}\int_{-\infty}^{+\infty}(x+y)f(x,y)\,\mathrm{d}x\,\mathrm{d}y\\&=\int_{-\infty}^{+\infty}\int_{-\infty}^{+\infty}xf(x,y)\,\mathrm{d}x\,\mathrm{d}y+\int_{-\infty}^{+\infty}\int_{-\infty}^{+\infty}yf(x,y)\,\mathrm{d}x\,\mathrm{d}y\\&=E(X)+E(Y)=\frac{4}{5}+\frac{8}{15}=\frac{4}{3},\end{aligned}$$

$$E(XY)=\int_{-\infty}^{+\infty}\int_{-\infty}^{+\infty}xyf(x,y)\,\mathrm{d}x\,\mathrm{d}y=\int_0^1\mathrm{d}x\int_0^x xy\cdot 8xy\,\mathrm{d}y=\int_0^1\frac{8}{3}x^5\,\mathrm{d}x=\frac{4}{9}.$$

### 4.1.4　数学期望的性质

期望有很多重要性质，利用这些性质可以进行期望的计算.

**性质 1**　若 $C$ 为常数，则 $E(C)=C$.

**性质 2**　若 $k,C$ 为常数，$X$ 为随机变量，则 $E(kX+C)=kE(X)+C$.

**性质 3** 设 $X,Y$ 为两随机变量，则

$$E(X\pm Y)=E(X)\pm E(Y).$$

这一性质可推广：若 $C_1,C_2$ 为两常数，则

$$E(C_1X\pm C_2Y)=C_1E(X)\pm C_2E(Y).$$

一般地，设 $X_1,X_2,\cdots,X_n$ 为 $n$ 个随机变量，$C_1,C_2,\cdots,C_n$ 为 $n$ 个常数，则

$$\begin{aligned}&E(C_1X_1+C_2X_2+\cdots+C_nX_n)\\&=C_1E(X_1)+C_2E(X_2)+\cdots+C_nE(X_n).\end{aligned}$$

**性质 4** 若 $X,Y$ 相互独立，则 $E(XY)=E(X)E(Y)$. 一般地，设 $X_1$，$X_2,\cdots,X_n$ 为 $n$ 个随机变量，则

$$E(X_1X_2\cdots X_n)=E(X_1)E(X_2)\cdots E(X_n).$$

**例 4.11** 设 $X_1,X_2,\cdots,X_n$ 相互独立，且 $E(X_i)=\mu$，$i=1,2,\cdots,n$. 设 $Y=\frac{1}{n}\sum_{i=1}^{n}X_i$，求 $E(Y)$.

**解** $$\begin{aligned}E(Y)&=E\left(\frac{1}{n}\sum_{i=1}^{n}X_i\right)=\frac{1}{n}E\left(\sum_{i=1}^{n}X_i\right)=\frac{1}{n}\sum_{i=1}^{n}E(X_i)\\&=\frac{1}{n}\cdot n\mu=\mu.\end{aligned}$$

## 习 题 4.1

1. 设随机变量 $X$ 的分布律为

| $X$ | $-2$ | $-1$ | $0$ | $1$ | $2$ |
|---|---|---|---|---|---|
| $P$ | $\frac{1}{8}$ | $\frac{3}{8}$ | $\frac{1}{8}$ | $\frac{1}{8}$ | $\frac{1}{4}$ |

求 $E(X),E(X^2),E(2X+3)$.

2. 设随机变量 $X\sim B(5,p)$，且 $E(X)=1.6$，求 $p$.

3. 袋子中有5个同样大小的球，编号分别为1,2,3,4,5. 从中同时取出3个球，记 $X$ 为取出的球的最大编号，求 $E(X)$.

4. 设随机变量 $X$ 的概率密度函数为 $f(x)=\frac{1}{2}\mathrm{e}^{-|x|}$，$-\infty<x<+\infty$，求 $E(X)$.

5. 设随机变量 $X$ 的概率密度函数为

$$f(x)=\begin{cases}cx^{\alpha}, & 0\leqslant x\leqslant 1,\\0, & 其他,\end{cases}$$

且 $E(X)=0.75$，求常数 $c,\alpha$.

6. 设随机变量 $X$ 的概率密度函数为

$$f(x)=\begin{cases}e^{-x}, & x>0,\\ 0, & x\leqslant 0.\end{cases}$$

设 $Y=2X$，$Z=e^{-2X}$，求 $E(Y)$，$E(Z)$.

7. 设随机变量 $X_1,X_2$ 相互独立，且 $X_1\sim E(2)$，$X_2\sim E(3)$，求 $E(2X_1+3X_2)$，$E(2X_1-3X_2{}^2)$，$E(X_1X_2)$.

8. 已知 $(X,Y)$ 的联合分布律为

| X \ Y | 1 | 2 | 3 |
|---|---|---|---|
| 0 | 0.1 | 0.2 | 0.3 |
| 1 | 0.15 | 0 | 0.25 |

求 $E(X)$，$E(Y)$，$E(XY)$.

9. 设二维随机变量 $(X,Y)$ 的联合概率密度函数为

$$f(x,y)=\begin{cases}e^{-y}, & 0\leqslant x\leqslant 1,\ y>0,\\ 0, & \text{其他},\end{cases}$$

求 $E(X)$，$E(Y)$，$E(X+Y)$，$E(XY)$.

10. 设某种商品每周的需求量 $X$ 是服从区间[10,30]上的均匀分布的随机变量，而经销商进货数量为区间[10,30]中的某一整数，商店每销售一单位商品可获利500元. 若供大于求则削价处理，每处理1单位商品亏损100元；若供不应求，则可从外部调剂供应，此时每1单位商品仅获利300元. 为使商店所获利润期望值不少于9 280元，试确定最少进货量.

11. 市场上对商品需求量为 $X\sim U(2\,000,4\,000)$，每售出1吨可得3万元，若售不出而囤积在仓库中则每吨需保养费1万元. 问需要组织多少货源，才能使收益最大？

# 4.2　方　　差

## 4.2.1　方差的定义

随机变量的数学期望反映了随机变量取值的集中程度. 在许多问题中，我们还要了解随机变量的其他特征. 例如，在投掷决策中，我们选择某一项

目或购买某种资产(如股票、债券)，我们不仅关心其未来的收益水平，还关心其未来收益的不确定程度. 前者通常用期望来度量，后者通常称为**风险程度**. 这种风险程度有多种衡量方法，最简单、直接的方法就是用方差来度量. 粗略地讲，方差反映了随机变量取值的偏离程度.

对任一随机变量 $X$，期望为 $E(X)$，记 $Y=X-E(X)$，称为随机变量 $X$ 的**离差**. 由于 $E(X)$ 是常数，所以

$$E(Y)=E(X-E(X))=E(X)-E(X)=0.$$

由此可知，离差 $Y$ 代表随机变量 $X$ 与期望之间的随机误差，其值有正有负，从整体上讲正负抵消，故期望为零. 这样 $E(Y)$ 不足以描述 $X$ 取值的分散程度. 为了消除离差中的符号，我们也可以考虑绝对离差 $|X-E(X)|$，但由于 $E(|X-E(X)|)$ 中绝对值不便处理，故转而考虑离差平方 $(X-E(X))^2$ 的期望，即用 $E(X-E(X))^2$ 来描述 $X$ 取值的分散程度.

**定义 4.3** 设 $X$ 为一随机变量. 若 $(X-E(X))^2$ 的期望存在，则称 $E(X-E(X))^2$ 为随机变量 $X$ 的**方差**，记为 $D(X)$，即

$$D(X)=E(X-E(X))^2.$$

而 $\sqrt{D(X)}$ 称为**标准差(均方差)**.

**注** (1) 方差在形式上也是一种期望，是随机变量 $X$ 的函数 $(X-E(X))^2$ 的期望，它不具有随机性，跟 $E(X)$ 一样要以常数看待.

(2) 若 $X$ 为离散型随机变量，则

$$D(X)=\sum_{i=1}^{\infty}(x_i-E(X))^2 p_i;$$

若 $X$ 为连续型随机变量，则

$$D(X)=\int_{-\infty}^{+\infty}(x-E(X))^2 f(x)\mathrm{d}x.$$

(3) 利用期望的性质可以得到方差计算的一般公式：

$$D(X)=E(X^2)-E^2(X).$$

**证** 
$$\begin{aligned}D(X)&=E(X-E(X))^2=E(X^2-2XE(X)+E^2(X))\\&=E(X^2)-2E(X)E(X)+E(E^2(X))\\&=E(X^2)-2E^2(X)+E^2(X)\\&=E(X^2)-E^2(X).\end{aligned}$$

**例 4.12** 设随机变量 $X$ 的密度函数为

$$f(x)=\begin{cases}x, & 0\leqslant x<1,\\ 2-x, & 1\leqslant x<2,\\ 0, & \text{其他},\end{cases}$$

求 $D(X)$.

**解** 由于

$$E(X)=\int_{-\infty}^{+\infty}xf(x)\mathrm{d}x=\int_0^1 x^2\mathrm{d}x+\int_1^2 x(2-x)\mathrm{d}x=1,$$

$$E(X^2)=\int_{-\infty}^{+\infty}x^2f(x)\mathrm{d}x=\int_0^1 x^3\mathrm{d}x+\int_1^2 x^2(2-x)\mathrm{d}x=\frac{7}{6},$$

所以

$$D(X)=E(X^2)-E^2(X)=\frac{7}{6}-1^2=\frac{1}{6}.$$

**例 4.13** 设$(X,Y)$的联合分布律为

| X \ Y | 0 | 1 | 2 |
|---|---|---|---|
| 0 | $\frac{3}{20}$ | $\frac{3}{10}$ | $\frac{3}{20}$ |
| 1 | $\frac{1}{10}$ | $\frac{1}{5}$ | $\frac{1}{10}$ |

求 $E(X),E(Y),D(X),D(Y)$.

**解** $(X,Y)$关于 $X,Y$ 的边缘分布律分别为

| X | 0 | 1 |
|---|---|---|
| P | $\frac{3}{5}$ | $\frac{2}{5}$ |

| Y | 0 | 1 | 2 |
|---|---|---|---|
| P | $\frac{1}{4}$ | $\frac{1}{2}$ | $\frac{1}{4}$ |

所以 $E(X)=\frac{2}{5}$，$E(Y)=1$，$E(X^2)=\frac{2}{5}$，$E(Y^2)=\frac{3}{2}$，

$$D(X)=E(X^2)-E^2(X)=\frac{6}{25},$$

$$D(Y)=E(Y^2)-E^2(Y)=\frac{1}{2}.$$

**例 4.14** 设二维随机变量$(X,Y)$的联合概率密度函数为

$$f(x,y)=\begin{cases}8xy, & 0\leqslant x\leqslant 1,0\leqslant y\leqslant x,\\ 0, & \text{其他},\end{cases}$$

求 $E(X),E(Y),D(X),D(Y)$.

**解** 由 4.10 知 $E(X)=\frac{4}{5}$，$E(Y)=\frac{8}{15}$，而

$$E(X^2)=\int_{-\infty}^{+\infty}\int_{-\infty}^{+\infty}x^2f(x,y)\mathrm{d}x\,\mathrm{d}y=\int_0^1\mathrm{d}x\int_0^x x^2\cdot 8xy\,\mathrm{d}y$$

$$=\int_0^1 4x^5\mathrm{d}x=\frac{2}{3},$$

$$E(Y^2)=\int_{-\infty}^{+\infty}\int_{-\infty}^{+\infty} y^2 f(x,y)\mathrm{d}x\,\mathrm{d}y=\int_0^1 \mathrm{d}x\int_0^x y^2\cdot 8xy\mathrm{d}y$$
$$=\int_0^1 2x^5\,\mathrm{d}x=\frac{1}{3},$$

所以

$$D(X)=E(X^2)-E^2(X)=\frac{2}{3}-\left(\frac{4}{5}\right)^2=\frac{2}{75},$$
$$D(Y)=E(Y^2)-E^2(Y)=\frac{1}{3}-\left(\frac{8}{15}\right)^2=\frac{11}{225}.$$

### 4.2.2 常见随机变量的方差

常见的随机变量的方差如下：

(1) 当 $X\sim B(1,p)$ 时，由例 4.1 知：$E(X)=p$，$E(X^2)=p$，所以
$$D(X)=E(X^2)-E^2(X)=p-p^2=p(1-p)=pq.$$

(2) 当 $X\sim B(n,p)$ 时，由例 4.2 知：
$$E(X)=np,\quad E(X^2)=n(n-1)p^2+np,$$

所以

$$D(X)=E(X^2)-E^2(X)=n(n-1)p^2+np-(np)^2$$
$$=np(1-p)=npq.$$

(3) 当 $X\sim P(\lambda)$ 时，由例 4.3 知：$E(X)=\lambda$，$E(X^2)=\lambda^2+\lambda$，所以
$$D(X)=E(X^2)-E^2(X)=\lambda^2+\lambda-\lambda^2=\lambda.$$

(4) 当 $X\sim U(a,b)$ 时，由例 4.5 知：
$$E(X)=\frac{a+b}{2},\quad E(X^2)=\frac{a^2+ab+b^2}{3},$$

所以

$$D(X)=E(X^2)-E^2(X)=\frac{a^2+ab+b^2}{3}-\left(\frac{a+b}{2}\right)^2=\frac{(b-a)^2}{12}.$$

(5) 当 $X\sim E(\lambda)$ 时，由例 4.6 知：$E(X)=\frac{1}{\lambda}$，$E(X^2)=\frac{2}{\lambda^2}$，所以
$$D(X)=E(X^2)-E^2(X)=\frac{2}{\lambda^2}-\left(\frac{1}{\lambda}\right)^2=\frac{1}{\lambda^2}.$$

(6) 当 $X\sim N(\mu,\sigma^2)$ 时，由例 4.7 知：$E(X)=\mu$，$E(X^2)=\mu^2+\sigma^2$，所以
$$D(X)=E(X^2)-E^2(X)=\mu^2+\sigma^2-\mu^2=\sigma^2.$$

### 4.2.3　方差的性质

方差有很多重要性质，利用这些性质可以进行方差的计算.

**性质 1**　若 $C$ 为常数，则 $D(C)=0$.

**性质 2**　若 $k,C$ 为常数，$X$ 为随机变量，则 $D(kX+C)=k^2D(X)$.

**性质 3**　设 $X,Y$ 为两随机变量，则

$$D(X\pm Y)=D(X)+D(Y)\pm 2E[(X-E(X))(Y-E(Y))].$$

**证**

$$\begin{aligned}D(X\pm Y)&=E(X\pm Y)^2-E^2(X\pm Y)\\&=E(X^2\pm 2XY+Y^2)-(E^2(X)\pm 2E(X)E(Y)+E^2(Y))\\&=E(X^2)\pm 2E(XY)+E(Y^2)-E^2(X)\\&\quad\mp 2E(X)E(Y)-E^2(Y)\\&=D(X)+D(Y)\pm 2[E(XY)-E(X)E(Y)]\\&=D(X)+D(Y)\pm 2E[(X-E(X))(Y-E(Y))].\end{aligned}$$ □

特别地，当 $X,Y$ 相互独立时，

$$D(X\pm Y)=D(X)+D(Y).$$

**证**　当 $X,Y$ 相互独立时，$E(XY)=E(X)E(Y)$，所以

$$E[(X-E(X))(Y-E(Y))]=E(XY)-E(X)E(Y)=0.$$

因而 $D(X\pm Y)=D(X)+D(Y)$. □

这一性质可推广：当 $X,Y$ 相互独立时，若 $C_1,C_2$ 为两常数，则

$$D(C_1X\pm C_2Y)={C_1}^2D(X)+{C_2}^2D(Y).$$

一般地，设 $X_1,X_2,\cdots,X_n$ 为 $n$ 个相互独立的随机变量，$C_1,C_2,\cdots,C_n$ 为 $n$ 个常数，则

$$\begin{aligned}&D(C_1X_1+C_2X_2+\cdots+C_nX_n)\\&={C_1}^2D(X_1)+{C_2}^2D(X_2)+\cdots+{C_n}^2D(X_n).\end{aligned}$$

**例 4.15**　设 $X_1,X_2,\cdots,X_n$ 相互独立，且 $D(X_i)=\sigma^2$，$i=1,2,\cdots,n$. 设 $Y=\frac{1}{n}\sum_{i=1}^{n}X_i$，求 $D(Y)$.

**解**

$$\begin{aligned}D(Y)&=D\left(\frac{1}{n}\sum_{i=1}^{n}X_i\right)=\frac{1}{n^2}D\left(\sum_{i=1}^{n}X_i\right)=\frac{1}{n^2}\sum_{i=1}^{n}D(X_i)\\&=\frac{1}{n^2}\cdot n\sigma^2=\frac{\sigma^2}{n}.\end{aligned}$$

**例 4.16** 设 $X \sim B(n,p)$，且 $E(X)=2.7$，$D(X)=1.89$，求 $n,p$.

**解** 由于 $E(X)=np$，$D(X)=npq$，所以

$$\begin{cases} np=2.7, \\ npq=1.89 \end{cases} \Rightarrow \begin{cases} n=9, \\ p=0.3. \end{cases}$$

**例 4.17** 设 $X \sim N(-3,4)$，$Y \sim N(5,5)$，且 $X,Y$ 相互独立，求 $E(3X-2Y)$ 及 $D(3X-2Y)$.

**解** 由于 $X \sim N(-3,4)$，$Y \sim N(5,5)$，即 $E(X)=-3$，$E(Y)=5$，$D(X)=4$，$D(Y)=5$，所以

$$E(3X-2Y)=3E(X)-2E(Y)=3\times(-3)-2\times 5=-19,$$

$$D(3X-2Y)=3^2 D(X)+2^2 D(Y)=9\times 4+4\times 5=56.$$

## 习　题　4.2

1. 设随机变量 $X$ 的分布律为

| $X$ | $-2$ | $-1$ | $0$ | $1$ | $2$ |
|---|---|---|---|---|---|
| $P$ | $\frac{1}{8}$ | $\frac{3}{8}$ | $\frac{1}{8}$ | $\frac{1}{8}$ | $\frac{1}{4}$ |

求 $D(X)$.

2. 设随机变量 $X \sim P(\lambda)$，且 $P\{X=1\}=P\{X=2\}$，求 $E(X),D(X)$.

3. 袋子中有5个同样大小的球，编号分别为1,2,3,4,5. 从中同时取出3个球，记 $X$ 为取出的球的最大编号，求 $D(X)$.

4. 设随机变量 $X$ 的概率密度函数为 $f(x)=\frac{1}{2}e^{-|x|}$，$-\infty < x < +\infty$，求 $D(X)$.

5. 设 $X,Y$ 相互独立，且 $E(X)=3$，$E(Y)=3$，$D(X)=12$，$D(Y)=16$，求 $E(3X-2Y)$ 及 $D(2X-3Y)$.

6. 已知 $(X,Y)$ 的联合分布律为

| $X$ \ $Y$ | 1 | 2 | 3 |
|---|---|---|---|
| 0 | 0.1 | 0.2 | 0.3 |
| 1 | 0.15 | 0 | 0.25 |

求 $D(X),D(Y)$.

7. 设二维随机变量 $(X,Y)$ 的联合概率密度函数为

$$f(x,y)=\begin{cases}e^{-y}, & 0\leqslant x\leqslant 1,\ y>0,\\ 0, & 其他,\end{cases}$$

求 $D(X),D(Y)$.

# 4.3　协方差与相关系数

对于二维随机变量，我们除了讨论 $X,Y$ 的期望与方差外，还需讨论表征 $X,Y$ 之间相互关系的数字特征.

## 4.3.1　协方差

1. 协方差的定义

**定义 4.4**　设二维随机变量 $(X,Y)$，且 $E(X),E(Y)$ 均存在. 若

$$E[(X-E(X))(Y-E(Y))]$$

存在，则称

$$E[(X-E(X))(Y-E(Y))]$$

为 $X$ 与 $Y$ 的**协方差**，记为 $\operatorname{cov}(X,Y)$，即

$$\operatorname{cov}(X,Y)=E[(X-E(X))(Y-E(Y))].$$

**注**　(1) $X$ 与 $Y$ 的协方差 $\operatorname{cov}(X,Y)$ 实质上是二维随机变量 $X$ 与 $Y$ 函数 $(X-E(X))(Y-E(Y))$ 的期望，它不具有随机性，当常数看待.

(2) 若 $(X,Y)$ 为二维离散型随机变量，则

$$\operatorname{cov}(X,Y)=\sum_{i=1}^{\infty}\sum_{j=1}^{\infty}(x_i-E(X))(y_j-E(Y))p_{ij};$$

若 $(X,Y)$ 为二维连续型随机变量，则

$$\operatorname{cov}(X,Y)=\int_{-\infty}^{+\infty}(x-E(X))(y-E(Y))f(x,y)\mathrm{d}x\,\mathrm{d}y.$$

(3) 利用期望的性质可以得到协方差计算的一般公式：

$$\begin{aligned}\operatorname{cov}(X,Y)&=E[(X-E(X))(Y-E(Y))]\\&=E(XY-XE(Y)-YE(X)+E(X)E(Y))\\&=E(XY)-E(X)E(Y)-E(X)E(Y)+E(X)E(Y)\\&=E(XY)-E(X)E(Y).\end{aligned}$$

特别地，当 $X=Y$ 时，

$$\operatorname{cov}(X,X)=E(XX)-E(X)E(X)=E(X^2)-E^2(X)=D(X),$$

即方差是协方差的特殊情形.

(4) $D(X \pm Y) = D(X) + D(Y) \pm 2\text{cov}(X,Y)$.

**例 4.18** 设$(X,Y)$的联合分布律为

| X \ Y | 0 | 1 | 2 |
|---|---|---|---|
| 0 | $\frac{3}{20}$ | $\frac{3}{10}$ | $\frac{3}{20}$ |
| 1 | $\frac{1}{10}$ | $\frac{1}{5}$ | $\frac{1}{10}$ |

求 $\text{cov}(X,Y)$.

**解** 由例 4.9 与例 4.13 知

$$E(X) = \frac{2}{5}, \quad E(Y) = 1, \quad E(XY) = \frac{2}{5},$$

所以

$$\text{cov}(X,Y) = E(XY) - E(X)E(Y) = \frac{2}{5} - \frac{2}{5} \times 1 = 0.$$

**例 4.19** 设二维随机变量$(X,Y)$的联合概率密度函数为

$$f(x,y) = \begin{cases} 8xy, & 0 \leqslant x \leqslant 1, 0 \leqslant y \leqslant x, \\ 0, & \text{其他}, \end{cases}$$

求 $\text{cov}(X,Y)$.

**解** 由例 4.10 知

$$E(X) = \frac{4}{5}, \quad E(Y) = \frac{8}{15}, \quad E(XY) = \frac{4}{9},$$

所以

$$\text{cov}(X,Y) = E(XY) - E(X)E(Y) = \frac{4}{9} - \frac{4}{5} \times \frac{8}{15} = \frac{4}{225}.$$

2. *协方差的性质*

**性质 1** $\text{cov}(X,Y) = \text{cov}(Y,X)$.

**性质 2** $\text{cov}(aX,bY) = ab\,\text{cov}(X,Y)$, $\text{cov}(aX+c,bY+d) = ab\,\text{cov}(X,Y)$.

**性质 3** $\text{cov}(X_1 + X_2,Y) = \text{cov}(X_1,Y) + \text{cov}(X_2,Y)$.

**性质 4** *若 $X$ 与 $Y$ 相互独立，则 $\text{cov}(X,Y) = 0$，反之不然.*

这些性质用期望的性质和公式 $\text{cov}(X,Y) = E(XY) - E(X)E(Y)$ 很容易

证明.

**例 4.20**　设二维随机变量$(X,Y)\sim U(D)$，且

$$D=\{(x,y)\mid 0\leqslant x\leqslant 1,\ 0\leqslant y\leqslant 1-x\},$$

求$\operatorname{cov}(X,Y)$并判断$X$与$Y$是否相互独立.

**解**　$(X,Y)$的联合密度函数为

$$f(x,y)=\begin{cases}2, & (x,y)\in D,\\ 0, & (x,y)\notin D,\end{cases}$$

于是

$$E(X)=\int_{-\infty}^{+\infty}\int_{-\infty}^{+\infty}xf(x,y)\mathrm{d}x\,\mathrm{d}y=\int_0^1\mathrm{d}x\int_0^{1-x}x\cdot 2\mathrm{d}y$$

$$=\int_0^1 2x(1-x)\mathrm{d}x=\frac{1}{3},$$

$$E(Y)=\int_{-\infty}^{+\infty}\int_{-\infty}^{+\infty}yf(x,y)\mathrm{d}x\,\mathrm{d}y=\int_0^1\mathrm{d}x\int_0^{1-x}y\cdot 2\mathrm{d}y$$

$$=\int_0^1(1-x)^2\mathrm{d}x=\frac{1}{3},$$

$$E(XY)=\int_{-\infty}^{+\infty}\int_{-\infty}^{+\infty}xyf(x,y)\mathrm{d}x\,\mathrm{d}y=\int_0^1\mathrm{d}x\int_0^{1-x}xy\cdot 2\mathrm{d}y$$

$$=\int_0^1 x(1-x)^2\mathrm{d}x=\frac{1}{12}.$$

所以

$$\operatorname{cov}(X,Y)=E(XY)-E(X)E(Y)=\frac{1}{12}-\frac{1}{3}\times\frac{1}{3}=-\frac{1}{36}.$$

由于$\operatorname{cov}(X,Y)=-\frac{1}{36}\neq 0$，所以$X$与$Y$不相互独立.

**例 4.21**　设二维随机变量$(X,Y)\sim U(D)$，且$D=\{(x,y)\mid x^2+y^2\leqslant 1\}$，求$\operatorname{cov}(X,Y)$并判断$X$与$Y$是否相互独立.

**解**　$(X,Y)$联合密度函数为

$$f(x,y)=\begin{cases}\dfrac{1}{\pi}, & x^2+y^2\leqslant 1,\\ 0, & \text{其他},\end{cases}$$

于是

$$E(X)=\int_{-\infty}^{+\infty}\int_{-\infty}^{+\infty}xf(x,y)\mathrm{d}x\,\mathrm{d}y=\int_{-1}^1\mathrm{d}x\int_{-\sqrt{1-x^2}}^{\sqrt{1-x^2}}x\cdot\frac{1}{\pi}\mathrm{d}y$$

$$=\int_{-1}^1\frac{2x\sqrt{1-x^2}}{\pi}\mathrm{d}x=0,$$

$$E(Y)=\int_{-\infty}^{+\infty}\int_{-\infty}^{+\infty} yf(x,y)\mathrm{d}x\,\mathrm{d}y=\int_{-1}^{1}\mathrm{d}x\int_{-\sqrt{1-x^2}}^{\sqrt{1-x^2}} y\cdot\frac{1}{\pi}\mathrm{d}y=0;$$

$$E(XY)=\int_{-\infty}^{+\infty}\int_{-\infty}^{+\infty} xyf(x,y)\mathrm{d}x\,\mathrm{d}y=\int_{-1}^{1}\mathrm{d}x\int_{-\sqrt{1-x^2}}^{\sqrt{1-x^2}} xy\cdot\frac{1}{\pi}\mathrm{d}y=0.$$

所以

$$\operatorname{cov}(X,Y)=E(XY)-E(X)E(Y)=0.$$

但是由例 3.23 知 $f(x,y)\neq f_X(x)f_Y(y)$，所以 $X$ 与 $Y$ 不相互独立.

可见，$\operatorname{cov}(X,Y)=0$ 只是 $X$ 与 $Y$ 相互独立的必要非充分条件.

### 4.3.2 相关系数

协方差 $\operatorname{cov}(X,Y)$ 是有量纲的量，譬如，$X$ 表示儿童的身高，单位为 m，$Y$ 表示儿童的体重，单位是 kg，则协方差 $\operatorname{cov}(X,Y)$ 的量纲是 m·kg. 为了消除量纲的影响，若对协方差除以两个分量的标准差的乘积 $\sqrt{D(X)}\sqrt{D(Y)}$ 就可得到一个无量纲的量 —— 相关系数，它是用来刻画两个变量间线性相关程度的量.

**定义 4.5** 设二维随机变量 $(X,Y)$ 的 $D(X),D(Y)$ 均存在，则称

$$\rho_{XY}=\frac{\operatorname{cov}(X,Y)}{\sqrt{D(X)}\sqrt{D(Y)}}$$

为 $X$ 与 $Y$ 的**线性相关系数**，简称为**相关系数**.

**注** 相关系数的另一个解释是：它是相应标准化随机变量的协方差. 若记 $X$ 与 $Y$ 的数学期望分别为 $E(X),E(Y)$，标准差分别为 $\sqrt{D(X)},\sqrt{D(Y)}$，其标准化随机变量分别为

$$X^*=\frac{X-E(X)}{\sqrt{D(X)}},\quad Y^*=\frac{Y-E(Y)}{\sqrt{D(Y)}},$$

则有

$$\operatorname{cov}(X^*,Y^*)=\operatorname{cov}\left(\frac{X-E(X)}{\sqrt{D(X)}},\frac{Y-E(Y)}{\sqrt{D(Y)}}\right)=\frac{\operatorname{cov}(X,Y)}{\sqrt{D(X)}\sqrt{D(Y)}}=\rho_{XY}.$$

**例 4.22** 设 $(X,Y)$ 的联合分布律为

| $X$ \ $Y$ | 0 | 1 | 2 |
|---|---|---|---|
| 0 | $\frac{3}{20}$ | $\frac{3}{10}$ | $\frac{3}{20}$ |
| 1 | $\frac{1}{10}$ | $\frac{1}{5}$ | $\frac{1}{10}$ |

求 $\rho_{XY}$.

**解**　由例 4.13 与例 4.18 知

$$D(X)=\frac{6}{25},\quad D(Y)=\frac{1}{2},\quad \operatorname{cov}(X,Y)=0,$$

所以

$$\rho_{XY}=\frac{\operatorname{cov}(X,Y)}{\sqrt{D(X)}\sqrt{D(Y)}}=\frac{0}{\sqrt{\frac{6}{25}}\sqrt{\frac{1}{2}}}=0.$$

**例 4.23**　设二维随机变量 $(X,Y)$ 的联合概率密度函数为

$$f(x,y)=\begin{cases}8xy, & 0\leqslant x\leqslant 1,\ 0\leqslant y\leqslant x,\\ 0, & \text{其他},\end{cases}$$

求 $\rho_{XY}$.

**解**　由例 4.14 与例 4.19 知

$$D(X)=\frac{2}{75},\quad D(Y)=\frac{11}{225},\quad \operatorname{cov}(X,Y)=\frac{4}{225},$$

所以

$$\rho_{XY}=\frac{\operatorname{cov}(X,Y)}{\sqrt{D(X)}\sqrt{D(Y)}}=\frac{\frac{4}{225}}{\sqrt{\frac{2}{75}}\sqrt{\frac{11}{225}}}=\frac{2\sqrt{66}}{33}.$$

**例 4.24**　设 $(X,Y)\sim N(\mu_1,\mu_2,\sigma_1{}^2,\sigma_2{}^2,\rho)$，则

$$\operatorname{cov}(X,Y)=\rho\sigma_1\sigma_2,\quad \rho_{XY}=\rho.$$

**解**　$(X,Y)$ 的联合概率密度函数为

$$f(x,y)=\frac{1}{2\pi\sigma_1\sigma_2\sqrt{1-\rho^2}}\mathrm{e}^{-\frac{1}{2(1-\rho^2)}\left[\left(\frac{x-\mu_1}{\sigma_1}\right)^2-\frac{2\rho(x-\mu_1)(y-\mu_2)}{\sigma_1\sigma_2}+\left(\frac{y-\mu_2}{\sigma_2}\right)^2\right]},$$

且 $(X,Y)$ 关于 $X$、关于 $Y$ 的边缘分布分别为 $X\sim N(\mu_1,\sigma_1{}^2)$，$Y\sim N(\mu_2,\sigma_2{}^2)$，即

$$E(X)=\mu_1,\quad E(Y)=\mu_2,\quad D(X)=\sigma_1{}^2,\quad D(Y)=\sigma_2{}^2.$$

下面计算协方差与相关系数.

$$\begin{aligned}\operatorname{cov}(X,Y)&=E[(X-\mu_1)(Y-\mu_2)]\\&=\frac{1}{2\pi\sigma_1\sigma_2\sqrt{1-\rho^2}}\int_{-\infty}^{+\infty}\int_{-\infty}^{+\infty}(x-\mu_1)(y-\mu_2)\\&\quad\mathrm{e}^{-\frac{1}{2(1-\rho^2)}\left[\left(\frac{x-\mu_1}{\sigma_1}\right)^2-\frac{2\rho(x-\mu_1)(y-\mu_2)}{\sigma_1\sigma_2}+\left(\frac{y-\mu_2}{\sigma_2}\right)^2\right]}\mathrm{d}x\,\mathrm{d}y.\end{aligned}$$

注意

$$\left(\frac{x-\mu_1}{\sigma_1}\right)^2-\frac{2\rho(x-\mu_1)(y-\mu_2)}{\sigma_1\sigma_2}+\left(\frac{y-\mu_2}{\sigma_2}\right)^2$$
$$=\left(\frac{x-\mu_1}{\sigma_1}-\rho\frac{y-\mu_2}{\sigma_2}\right)^2+(1-\rho^2)\left(\frac{y-\mu_2}{\sigma_2}\right)^2,$$

作变量替换

$$\begin{cases}u=\dfrac{1}{\sqrt{1-\rho^2}}\left(\dfrac{x-\mu_1}{\sigma_1}-\rho\dfrac{y-\mu_2}{\sigma_2}\right),\\ v=\dfrac{y-\mu_2}{\sigma_2},\end{cases}$$

由此得到

$$\begin{cases}x-\mu_1=\sigma_1\left(u\sqrt{1-\rho^2}+\rho v\right),\\ y-\mu_2=\sigma_2 v,\end{cases}$$
$$\mathrm{d}x\,\mathrm{d}y=\sigma_1\sigma_2\sqrt{1-\rho^2}\,\mathrm{d}u\,\mathrm{d}v.$$

从而

$$\mathrm{cov}(X,Y)=\frac{\sigma_1\sigma_2}{2\pi}\int_{-\infty}^{+\infty}\int_{-\infty}^{+\infty}(uv\sqrt{1-\rho^2}+\rho v^2)\mathrm{e}^{-\frac{u^2+v^2}{2}}\mathrm{d}u\,\mathrm{d}v.$$

上式右端二重积分可分为两个二重积分，其中

$$\int_{-\infty}^{+\infty}\int_{-\infty}^{+\infty}uv\mathrm{e}^{-\frac{u^2+v^2}{2}}\mathrm{d}u\,\mathrm{d}v=\int_{-\infty}^{+\infty}u\mathrm{e}^{-\frac{u^2}{2}}\mathrm{d}u\cdot\int_{-\infty}^{+\infty}v\mathrm{e}^{-\frac{v^2}{2}}\mathrm{d}v=0,$$
$$\int_{-\infty}^{+\infty}\int_{-\infty}^{+\infty}v^2\mathrm{e}^{-\frac{u^2+v^2}{2}}\mathrm{d}u\,\mathrm{d}v=\int_{-\infty}^{+\infty}\mathrm{e}^{-\frac{u^2}{2}}\mathrm{d}u\cdot\int_{-\infty}^{+\infty}v^2\mathrm{e}^{-\frac{v^2}{2}}\mathrm{d}v=2\pi,$$

所以

$$\mathrm{cov}(X,Y)=\frac{\sigma_1\sigma_2}{2\pi}\cdot\rho\cdot 2\pi=\rho\sigma_1\sigma_2,$$
$$\rho_{XY}=\frac{\mathrm{cov}(X,Y)}{\sqrt{D(X)}\sqrt{D(Y)}}=\frac{\rho\sigma_1\sigma_2}{\sigma_1\sigma_2}=\rho.$$

**注** 在二维正态分布中第5个参数$\rho$就是相关系数. 在例3.22已经证明$X$与$Y$相互独立的充要条件是$\rho=0$，所以$X$与$Y$相互独立的充要条件是

$$\rho_{XY}=0.$$

下面研究相关系数的性质，通过这些性质可以更深刻地理解相关系数的含义.

**性质5** 若$X$与$Y$相互独立，则$\rho_{XY}=0$，反之不然.

**性质6** $|\rho_{XY}|\leqslant 1$.

**证**　首先证明$(\operatorname{cov}(X,Y))^2 \leqslant D(X)D(Y)$. 不妨设$D(X)>0$. 考虑$t$的如下二次函数：

$$E[t(X-E(X))+(Y-E(Y))]^2$$
$$=t^2D(X)+2t\operatorname{cov}(X,Y)+D(Y)\geqslant 0.$$

上述关于$t$的二次三项式非负，平方项的系数为正，所以其判别式非正，即

$$(2\operatorname{cov}(X,Y))^2-4D(X)D(Y)\leqslant 0$$
$$\Rightarrow (\operatorname{cov}(X,Y))^2\leqslant D(X)D(Y).$$

于是有$|\rho_{XY}|\leqslant 1$. □

**性质 7**　$|\rho_{XY}|=1$的充要条件是$X$与$Y$以概率1线性相关(几乎处处有线性关系)，即存在常数$a,b$使得$P\{Y=aX+b\}=1$.

**证**　先证充分性. 若$Y=aX+b$，则$|\rho_{XY}|=1$.

事实上，当$Y=aX+b$时，$D(Y)=a^2D(X)$，所以

$$\operatorname{cov}(X,Y)=\operatorname{cov}(X,aX+b)=a\operatorname{cov}(X,X)=aD(X).$$

代入相关系数定义得

$$\rho_{XY}=\frac{\operatorname{cov}(X,Y)}{\sqrt{D(X)}\sqrt{D(Y)}}=\frac{aD(X)}{|a|D(X)}=\begin{cases}1, & a>0,\\ -1, & a<0.\end{cases}$$

再证必要性. 若$|\rho_{XY}|=1$，则几乎处处有$Y=aX+b$，即存在常数$a,b$使得$P\{Y=aX+b\}=1$. 为证明这一点，我们来考查如下方差：

$$D\left(\frac{X}{\sqrt{D(X)}}\pm\frac{Y}{\sqrt{D(Y)}}\right)=2(1\pm\rho_{XY}).$$

当$\rho_{XY}=1$时，$D\left(\frac{X}{\sqrt{D(X)}}-\frac{Y}{\sqrt{D(Y)}}\right)=0$，而方差为零的随机变量必几乎处处为常数，即

$$P\left\{\frac{X}{\sqrt{D(X)}}-\frac{Y}{\sqrt{D(Y)}}=c\right\}=1 \text{ 或 } P\left\{Y=\frac{\sqrt{D(Y)}}{\sqrt{D(X)}}X-c\sqrt{D(Y)}\right\}=1.$$

这就说明$X$与$Y$间几乎处处有线性关系，且斜率$\frac{\sqrt{D(Y)}}{\sqrt{D(X)}}$为正. 类似地，当$\rho_{XY}=-1$时，$D\left(\frac{X}{\sqrt{D(X)}}+\frac{Y}{\sqrt{D(Y)}}\right)=0$，则有

$$P\left\{\frac{X}{\sqrt{D(X)}}+\frac{Y}{\sqrt{D(Y)}}=c\right\}=1 \text{ 或 } P\left\{Y=-\frac{\sqrt{D(Y)}}{\sqrt{D(X)}}X+c\sqrt{D(Y)}\right\}=1.$$

这就说明$X$与$Y$间几乎处处有线性关系，且斜率$-\frac{\sqrt{D(Y)}}{\sqrt{D(X)}}$为负. □

**注** (1) 相关系数 $\rho_{XY}$ 刻画了随机变量 $X$ 与 $Y$ 间的线性关系，因此也常称为**线性相关系数**.

(2) 若 $\rho_{XY}=0$ ($\operatorname{cov}(X,Y)=0$)，则称 $X$ 与 $Y$ **不相关**，这里的不相关是指 $X$ 与 $Y$ 之间没有线性关系，但 $X$ 与 $Y$ 之间可能有其他的函数关系，譬如平方关系、对数关系等，也可能 $X$ 与 $Y$ 之间没有任何函数关系. 但 $X$ 与 $Y$ 相互独立是指 $X$ 与 $Y$ 之间不含任何关系(既无线性关系，也无非线性关系). 显然当 $X$ 与 $Y$ 相互独立时，$X$ 与 $Y$ 不相关，但 $X$ 与 $Y$ 不相关时，$X$ 与 $Y$ 未必相互独立. 但有一点例外，在二维正态分布场合，不相关与独立等价.

(3) 若 $|\rho_{XY}|=1$，则称 $X$ 与 $Y$ **相关(线性相关)**. 当 $\rho_{XY}=1$ 时，$X$ 与 $Y$ **正相关**；当 $\rho_{XY}=-1$ 时，$X$ 与 $Y$ **负相关**.

(4) 若 $0<|\rho_{XY}|<1$，则称 $X$ 与 $Y$ 有**"一定程度"的线性关系**. $|\rho_{XY}|$ 越接近于1，则线性相关程度越高；$|\rho_{XY}|$ 越接近于0，则线性相关程度越低. 而协方差看不出这一点. 如协方差很小，且其两个标准差也很小，其比值却不一定很小.

**例 4.25** 设二维随机变量 $(X,Y)$ 的联合概率密度函数为

$$f(x,y)=\begin{cases}\dfrac{8}{3}, & 0<x-y<0.5,\ 0<x<1,\ 0<y<1,\\ 0, & \text{其他},\end{cases}$$

求 $\operatorname{cov}(X,Y)$ 与 $\rho_{XY}$.

**解** 由于 $(X,Y)$ 的联合密度函数为

$$f(x,y)=\begin{cases}\dfrac{8}{3}, & 0<x-y<0.5,\ 0<x<1,\ 0<y<1,\\ 0, & \text{其他},\end{cases}$$

于是

$$\begin{aligned}E(X)&=\int_{-\infty}^{+\infty}\int_{-\infty}^{+\infty}xf(x,y)\,\mathrm{d}x\,\mathrm{d}y\\&=\int_0^{0.5}\mathrm{d}x\int_0^x x\cdot\frac{8}{3}\mathrm{d}y+\int_{0.5}^1\mathrm{d}x\int_{x-0.5}^x x\cdot\frac{8}{3}\mathrm{d}y\\&=\int_0^{0.5}\frac{8}{3}x^2\,\mathrm{d}x+\int_{0.5}^1\frac{4}{3}x\,\mathrm{d}x=\frac{11}{18},\end{aligned}$$

$$\begin{aligned}E(Y)&=\int_{-\infty}^{+\infty}\int_{-\infty}^{+\infty}yf(x,y)\,\mathrm{d}x\,\mathrm{d}y\\&=\int_0^{0.5}\mathrm{d}x\int_0^x y\cdot\frac{8}{3}\mathrm{d}y+\int_{0.5}^1\mathrm{d}x\int_{x-0.5}^x y\cdot\frac{8}{3}\mathrm{d}y\\&=\int_0^{0.5}\frac{4}{3}x^2\,\mathrm{d}x+\int_{0.5}^1\left(\frac{4}{3}x-\frac{1}{3}\right)\mathrm{d}x=\frac{7}{18},\end{aligned}$$

$$E(X^2)=\int_{-\infty}^{+\infty}\int_{-\infty}^{+\infty}x^2f(x,y)\mathrm{d}x\,\mathrm{d}y$$
$$=\int_0^{0.5}\mathrm{d}x\int_0^x x^2\cdot\frac{8}{3}\mathrm{d}y+\int_{0.5}^1\mathrm{d}x\int_{x-0.5}^x x^2\cdot\frac{8}{3}\mathrm{d}y$$
$$=\int_0^{0.5}\frac{8}{3}x^3\mathrm{d}x+\int_{0.5}^1\frac{4}{3}x^2\mathrm{d}x=\frac{31}{72},$$
$$E(Y^2)=\int_{-\infty}^{+\infty}\int_{-\infty}^{+\infty}y^2f(x,y)\mathrm{d}x\,\mathrm{d}y$$
$$=\int_0^{0.5}\mathrm{d}x\int_0^x y^2\cdot\frac{8}{3}\mathrm{d}y+\int_{0.5}^1\mathrm{d}x\int_{x-0.5}^x y^2\cdot\frac{8}{3}\mathrm{d}y$$
$$=\int_0^{0.5}\frac{8}{9}x^3\mathrm{d}x+\int_{0.5}^1\left(\frac{8}{9}x^3-\frac{8}{9}\left(x-\frac{1}{2}\right)^3\right)\mathrm{d}x$$
$$=\frac{15}{72},$$
$$E(XY)=\int_{-\infty}^{+\infty}\int_{-\infty}^{+\infty}xyf(x,y)\mathrm{d}x\,\mathrm{d}y$$
$$=\int_0^{0.5}\mathrm{d}x\int_0^x xy\cdot\frac{8}{3}\mathrm{d}y+\int_{0.5}^1\mathrm{d}x\int_{x-0.5}^x xy\cdot\frac{8}{3}\mathrm{d}y$$
$$=\int_0^{0.5}\frac{4}{3}x^3\mathrm{d}x+\int_{0.5}^1\left(\frac{4}{3}x^2-\frac{1}{3}x\right)\mathrm{d}x=\frac{41}{144}.$$

所以

$$D(X)=E(X^2)-E^2(X)=\frac{31}{72}-\left(\frac{11}{18}\right)^2=\frac{37}{648},$$
$$D(Y)=E(Y^2)-E^2(Y)=\frac{15}{72}-\left(\frac{7}{18}\right)^2=\frac{37}{648},$$
$$\mathrm{cov}(X,Y)=E(XY)-E(X)E(Y)$$
$$=\frac{41}{144}-\frac{11}{18}\times\frac{7}{18}=\frac{61}{1\,296}\approx0.047\,1,$$
$$\rho_{XY}=\frac{\mathrm{cov}(X,Y)}{\sqrt{D(X)}\sqrt{D(Y)}}=\frac{\frac{61}{1\,296}}{\sqrt{\frac{37}{648}}\sqrt{\frac{37}{648}}}=\frac{61}{74}=0.824\,3.$$

这个协方差很小，但其相关系数并不小. 从相关系数 $\rho_{XY}=0.824\,3$ 看，$X$ 与 $Y$ 有相当程度的正相关，但从相应的协方差 $\mathrm{cov}(X,Y)=0.047\,1$ 看，$X$ 与 $Y$ 的相关性很微弱. 造成这种错觉的原因在于没有考虑标准差. 若两个标准差都很小，即使协方差小一些，相关系数也能显示一定程度的相关性. 由此可见，在协方差基础上加工形成的相关系数是更为重要的相关性特征.

**例 4.26（投资风险组合）** 设有一笔资金，总量记为 1（可以是 1 万元，也可以是 100 万元），如今要投资甲、乙两种证券．若将资金 $x_1$ 投资于甲证券，将余下的资金 $1-x_1=x_2$ 投资于乙证券，于是$(x_1,x_2)$就形成了一个投资组合．记 $X$ 为"投资甲证券的收益率"，$Y$ 为"投资乙证券的收益率"，它们都是随机变量．如果已知 $X$ 与 $Y$ 的均值(代表平均收益）分别为 $\mu_1,\mu_2$，方差(代表风险）分别为 $\sigma_1{}^2,\sigma_2{}^2$，$X$ 与 $Y$ 间的相关系数为 $\rho$，试求该投资组合的平均收益与风险，并求使投资组合风险最小的 $x_1$ 是多少．

**解** 因为投资组合收益为

$$Z=x_1X+x_2Y=x_1X+(1-x_1)Y,$$

所以该组合的平均收益为

$$E(Z)=x_1E(X)+(1-x_1)E(Y)=x_1\mu_1+(1-x_1)\mu_2.$$

而该组合的风险为

$$\begin{aligned}D(Z)&=D(x_1X+(1-x_1)Y)\\&=x_1{}^2D(X)+(1-x_1)^2D(Y)+2x_1(1-x_1)\mathrm{cov}(X,Y)\\&=x_1{}^2\sigma_1{}^2+(1-x_1)^2\sigma_2{}^2+2x_1(1-x_1)\rho\sigma_1\sigma_2.\end{aligned}$$

求最小组合风险，即求 $D(Z)$ 关于 $x_1$ 的极小点．为此，令

$$\frac{\mathrm{d}D(Z)}{\mathrm{d}x_1}=2x_1\sigma_1{}^2-2(1-x_1)\sigma_2{}^2+2\rho\sigma_1\sigma_2-4x_1\rho\sigma_1\sigma_2=0.$$

从中解得

$$x_1^*=\frac{\sigma_2{}^2-\rho\sigma_1\sigma_2}{\sigma_1{}^2+\sigma_2{}^2-2\rho\sigma_1\sigma_2},$$

它与$\mu_1,\mu_2$无关．又因为$x_1{}^2$的系数为正，所以以上的$x_1^*$可使组合风险达到最小．

譬如，假设 $\sigma_1{}^2=0.3$，$\sigma_2{}^2=0.5$，$\rho=0.4$，则

$$x_1^*=\frac{0.5-0.4\sqrt{0.3\times0.5}}{0.3+0.5-2\times0.4\sqrt{0.3\times0.5}}=0.704.$$

这说明应把全部资金的 70% 投资于甲证券，而把余下的 30% 的资金投资于乙证券，这样的投资组合风险最小．

### 4.3.3 矩、协方差阵

随机变量的数学期望和方差可以放到一个更一般的概念范畴中，那就是随机变量的矩．

**定义 4.6** 设 $X,Y$ 为随机变量，$k,l$（$k,l=1,2,\cdots$）为正整数．若 $E(X^k)$

存在，则称 $E(X^k)$ 为 $X$ 的 $k$ **阶原点矩**，记为 $v_k$，即

$$v_k=E(X^k);$$

若 $E[(X-E(X))^k]$ 存在，则称 $E[(X-E(X))^k]$ 为 $X$ 的 $k$ **阶中心矩**，记为 $\mu_k$，即

$$\mu_k=E[(X-E(X))^k];$$

若 $E(X^kY^l)$ 存在，则称

$$E(X^kY^l)$$

为 $X$ 和 $Y$ 的 $k+l$ **阶混合原点矩**；若 $E[(X-E(X))^k(Y-E(Y))^l]$ 存在，则称

$$E[(X-E(X))^k(Y-E(Y))^l]$$

为 $X$ 和 $Y$ 的 $k+l$ **阶混合中心矩**.

**注**　随机变量 $X$ 的数学期望是 $X$ 的 1 阶原点矩，$X$ 的方差是 $X$ 的 2 阶中心矩，协方差 $\mathrm{cov}(X,Y)$ 是 $X$ 和 $Y$ 的 2 阶混合中心矩.

下面介绍 $n$ 维随机变量的协方差矩阵，先从二维随机变量开始.

**定义 4.7**　将二维随机变量 $(X_1,X_2)$ 的 4 个二阶中心矩

$$c_{11}=E[(X_1-E(X_1))^2]=D(X_1)=\mathrm{cov}(X_1,X_1),$$

$$c_{12}=E[(X_1-E(X_1))(X_2-E(X_2))]=\mathrm{cov}(X_1,X_2),$$

$$c_{21}=E[(X_2-E(X_2))(X_1-E(X_1))]=\mathrm{cov}(X_2,X_1),$$

$$c_{22}=E[(X_2-E(X_2))^2]=D(X_2)=\mathrm{cov}(X_2,X_2)$$

排成矩阵

$$\begin{pmatrix} c_{11} & c_{12} \\ c_{21} & c_{22} \end{pmatrix}\quad（对称矩阵），$$

则称此矩阵为 $(X_1,X_2)$ 的**协方差矩阵**.

**定义 4.8**　若 $n$ 维随机变量 $(X_1,X_2,\cdots,X_n)$ 的所有二阶中心矩

$$c_{ij}=E[(X_i-E(X_i))(X_j-E(X_j))]=\mathrm{cov}(X_i,X_j)$$

均存在，则称矩阵

$$\begin{pmatrix} c_{11} & c_{12} & \cdots & c_{1n} \\ c_{21} & c_{22} & \cdots & c_{2n} \\ \vdots & \vdots & & \vdots \\ c_{n1} & c_{n2} & \cdots & c_{nn} \end{pmatrix}\quad（对称矩阵）$$

为 $n$ 维随机变量 $(X_1,X_2,\cdots,X_n)$ 的**协方差矩阵**.

**例 4.27**　设 $(X,Y)$ 的协方差矩阵为 $\begin{pmatrix} 1 & -1 \\ -1 & 9 \end{pmatrix}$，求 $\rho_{XY}$.

**解**　由协方差矩阵的定义知

$$\operatorname{cov}(X,Y)=-1,\quad D(X)=1,\quad D(Y)=9,$$

所以

$$\rho_{XY}=\frac{\operatorname{cov}(X,Y)}{\sqrt{D(X)}\sqrt{D(Y)}}=\frac{-1}{\sqrt{1}\sqrt{9}}=-\frac{1}{3}.$$

## 习 题 4.3

1. 设随机变量 $X\sim P(2)$，$Y=3X-2$，求 $E(Y),D(Y),\operatorname{cov}(X,Y),\rho_{XY}$.

2. 已知 $D(X)=4$，$D(Y)=1$，$\rho_{XY}=0.6$，求 $D(X+Y),D(3X-2Y)$.

3. 已知 $D(X)=4$，$D(Y)=2$，且 $X$ 与 $Y$ 相互独立，求 $D(3X-2Y)$.

4. 已知 $(X,Y)$ 的联合分布律为

| X \ Y | 1 | 2 | 3 |
|---|---|---|---|
| 0 | 0.1 | 0.2 | 0.3 |
| 1 | 0.15 | 0 | 0.25 |

求 $\operatorname{cov}(X,Y)$ 与 $\rho_{XY}$.

5. 设二维随机变量 $(X,Y)$ 的联合概率密度函数为

$$f(x,y)=\begin{cases}\mathrm{e}^{-y}, & 0\leqslant x\leqslant 1,\ y>0,\\ 0, & \text{其他},\end{cases}$$

求 $\operatorname{cov}(X,Y)$ 与 $\rho_{XY}$.

6. 设 $(X,Y)$ 的协方差矩阵为 $\begin{pmatrix}4 & -3\\ -3 & 9\end{pmatrix}$，求 $\rho_{XY}$.

7. 两只股票 $A$ 和 $B$，在一个给定时期内的收益率 $r_A,r_B$ 均为随机变量，已知 $(r_A,r_B)$ 协方差矩阵为 $\begin{pmatrix}16 & 6\\ 6 & 9\end{pmatrix}$. 现将一笔资金按比例 $x,1-x$ 分别投资到两只股票上形成一个投资组合 $P$，其收益率为 $r_P$.

(1) 求 $r_A,r_B$ 的相关系数 $\rho$.

(2) 求 $D(r_P)$.

(3) 在不允许卖空的情况下(即 $0\leqslant x\leqslant 1$)，$x$ 为何值时 $D(r_P)$ 最小？何时 $D(r_P)\leqslant\min\{D(r_A),D(r_B)\}$？

## 本章小结

随机变量的数字特征是由随机变量的分布确定的，是能描述随机变量某

一方面的特征的常数. 最重要的数字特征是数学期望和方差. 数学期望 $E(X)$ 是描述随机变量 $X$ 取值的平均值，方差 $D(X)=E(X-E(X))^2$ 是描述随机变量 $X$ 与它的数学期望 $E(X)$ 的偏离程度. 数学期望和方差虽不能像分布函数、分布律、密度函数一样完整地描述随机变量取值的统计规律，但它们能描述随机变量分布的主要特征，数学期望和方差的性质也是计算随机变量函数的期望或方差的主要方法，尤其是方差的性质就是著名的误差传播律，它们在实际应用和理论上都非常重要.

要掌握随机变量函数 $Y=g(X)$ 的数学期望的计算公式：

$$E(g(X))=\sum_{i=1}^{\infty}g(x_i)p_i,\quad E(g(X))=\int_{-\infty}^{+\infty}g(x)f(x)\mathrm{d}x.$$

它们的意义在于，当我们求 $E(Y)$ 时，不必先求出 $Y=g(X)$ 的分布律或密度函数，而只需要利用 $X$ 的分布律或密度函数就可以了，这样极大地方便了我们计算随机变量函数 $Y=g(X)$ 的数学期望. 至于方差 $D(X)$，我们常用公式

$$D(X)=E(X^2)-E^2(X)$$

来计算；随机变量 $X$ 与 $Y$ 的协方差 $\mathrm{cov}(X,Y)$，我们常用公式

$$\mathrm{cov}(X,Y)=E(XY)-E(X)E(Y)$$

来计算；随机变量 $X$ 与 $Y$ 的相关系数 $\rho_{XY}$，我们常用公式

$$\rho_{XY}=\frac{\mathrm{cov}(X,Y)}{\sqrt{D(X)}\sqrt{D(Y)}}$$

来计算.

要掌握随机变量的数学期望和方差的性质，需要注意以下几个方面：

(1) 当 $X$ 与 $Y$ 独立或不相关时，才有 $E(XY)=E(X)E(Y)$；

(2) 设 $c$ 为常数，则有 $D(cX)=c^2D(X)$；

(3) $D(X\pm Y)=D(X)+D(Y)\pm 2\mathrm{cov}(X,Y)$，当 $X$ 与 $Y$ 独立或不相关时，才有 $D(X\pm Y)=D(X)+D(Y)$.

相关系数 $\rho_{XY}$ 实际是线性相关系数，它是一个用来描述 $X$ 与 $Y$ 之间的线性关系紧密程度的数字特征. 当 $|\rho_{XY}|$ 较小时，$X$ 与 $Y$ 之间的线性关系程度较弱；当 $|\rho_{XY}|$ 较大时，$X$ 与 $Y$ 之间的线性关系程度较强；当 $|\rho_{XY}|=1$ 时，称 $X$ 与 $Y$ 相关；当 $\rho_{XY}=0$ 时，称 $X$ 与 $Y$ 不相关. 这里的不相关是指 $X$ 与 $Y$ 之间没有线性关系，但 $X$ 与 $Y$ 之间可能有其他的函数关系，譬如平方关系、对数关系等，也可能 $X$ 与 $Y$ 之间没有任何函数关系. 但 $X$ 与 $Y$ 相互独立是指 $X$ 与 $Y$ 之间不含任何关系(既无线性关系，也无非线性关系). 显然，当 $X$ 与 $Y$ 相互独立时，$X$ 与 $Y$ 不相关，但 $X$ 与 $Y$ 不相关时，$X$ 与 $Y$ 未必相互独立. 但有一点例外，在二维正态分布场合，不相关与独立等价. 所以，对于二维正态分布

可以用 $\rho=0$ 是否成立来检验 $X$ 与 $Y$ 是否相互独立是很方便的.

## 总习题四

### 一、填空题

1. 已知连续型随机变量 $X$ 的概率密度为 $f(x)=\frac{1}{\sqrt{\pi}}e^{-x^2+2x-1}$，则 $E(X)=$________，$D(X)=$________.

2. 已知随机变量 $X$ 服从参数为 2 的泊松分布，且随机变量 $Z=3X-2$，则 $E(Z)=$________.

3. 设随机变量 $X$ 服从参数为 1 的指数分布，则 $E(X+e^{-2X})=$________.

4. 设 $X$ 表示 10 次独立重复射击命中目标的次数，每次射中目标的概率为 0.4，则 $E(X^2)=$________.

5. 设 $X$ 和 $Y$ 是两个相互独立且均服从正态分布 $N\left(0,\frac{1}{2}\right)$ 的随机变量，则 $E(|X-Y|)=$________.

6. 设随机变量 $X$ 服从参数为 $\lambda$ 的指数分布，则 $P\{X>\sqrt{D(X)}\}=$________.

7. 设随机变量 $X$ 在区间 $[-1,2]$ 上服从均匀分布，随机变量

$$Y=\begin{cases}1, & X>0,\\ 0, & X=0,\\ -1, & X<0,\end{cases}$$

则方差 $D(Y)=$________.

8. 设随机变量 $X$ 和 $Y$ 的联合分布律为

| $X$ \ $Y$ | $-1$ | 0 | 1 |
|---|---|---|---|
| 0 | 0.07 | 0.18 | 0.15 |
| 1 | 0.08 | 0.32 | 0.20 |

则 $X^2$ 和 $Y^2$ 的协方差 $\mathrm{cov}(X^2,Y^2)=$________.

9. 设随机变量 $X$ 和 $Y$ 的相关系数为 0.5，$E(X)=E(Y)=0$，$E(X^2)=E(Y^2)=2$，则 $E[(X+Y)^2]=$________.

10. 设随机变量 $X$ 的概率密度为

$$f_X(x)=\begin{cases}\frac{1}{2}, & -1<x<0,\\ \frac{1}{4}, & 0\leqslant x<2,\\ 0, & 其他.\end{cases}$$

令 $Y=X^2$，则 $\mathrm{cov}(X,Y)=$ ________.

## 二、选择题

1. 设随机变量 $X$ 和 $Y$ 独立，且 $X\sim B(16,0.5)$，$Y\sim P(9)$，则 $D(X-2Y+1)=$(　　).

A. $-14$　　B. 13　　C. 40　　D. 41

2. 已知 $D(X)=25$，$D(Y)=1$，$\rho_{XY}=0.4$，则 $D(X-Y)=$(　　).

A. 6　　B. 22　　C. 30　　D. 46

3. 设二维随机变量 $(X,Y)\sim N\left(1,1,4,9,\frac{1}{2}\right)$，则 $\mathrm{cov}(X,Y)=$(　　).

A. $\frac{1}{2}$　　B. 3　　C. 18　　D. 36

4. 设随机变量 $X$ 和 $Y$ 独立，且 $X\sim U(-1,3)$，$Y\sim U(2,4)$，则 $E(XY)=$(　　).

A. 3　　B. 6　　C. 10　　D. 12

5. 设二维随机变量 $(X,Y)\sim N(0,0,1,1,0)$，$\Phi(x)$ 为标准正态分布函数，则下列选项错误的是(　　).

A. $X$ 和 $Y$ 都服从 $N(0,1)$ 正态分布

B. $X$ 和 $Y$ 独立

C. $\mathrm{cov}(X,Y)=1$

D. $(X,Y)$ 的联合分布函数是 $\Phi(x)\Phi(y)$

6. 对任意两个随机变量 $X$ 和 $Y$，若 $E(XY)=E(X)E(Y)$，则(　　).

A. $D(XY)=D(X)D(Y)$　　B. $D(X+Y)=D(X)+D(Y)$

C. $X$ 和 $Y$ 独立　　D. $X$ 和 $Y$ 不独立

7. 设随机变量 $X$ 和 $Y$ 独立同分布，记 $U=X-Y$，$V=X+Y$，则随机变量 $U$ 与 $V$ 必然(　　).

A. 不独立　　B. 独立

C. 相关系数不为零　　D. 相关系数为零

8. 设二维随机变量 $(X,Y)$ 服从二维正态分布，则随机变量 $\xi=X+Y$ 与 $\eta=X-Y$ 不相关的充分必要条件为(　　).

A. $E(X)=E(Y)$

B. $E(X^2)-[E(X)]^2=E(Y^2)-[E(Y)]^2$

C. $E(X^2)=E(Y^2)$

D. $E(X^2)+[E(X)]^2=E(Y^2)+[E(Y)]^2$

9. 将一枚硬币重复掷 $n$ 次，以 $X$ 和 $Y$ 分别表示正面向上和反面向上的次数，则 $X$ 和 $Y$ 的相关系数等于(　　).

A. $-1$　　B. $0$　　C. $\frac{1}{2}$　　D. $1$

10. 设随机变量 $X_1,X_2,\cdots,X_n(n>1)$ 独立同分布，且其方差为 $\sigma^2>0$. 令 $Y=\frac{1}{n}\sum_{i=1}^{n}X_i$，则(　　).

A. $\operatorname{cov}(X_1,Y)=\frac{\sigma^2}{n}$　　B. $\operatorname{cov}(X_1,Y)=\sigma^2$

C. $D(X_1+Y)=\frac{n+2}{n}\sigma^2$　　D. $D(X_1-Y)=\frac{n+1}{n}\sigma^2$

**三、解答题**

1. 已知随机变量 $X\sim N(1,3^2)$，$Y\sim N(0,4^2)$，且 $X$ 和 $Y$ 的相关系数 $\rho_{XY}=-\frac{1}{2}$. 设 $Z=\frac{X}{3}+\frac{Y}{2}$.

(1) 求 $E(Z)$ 和 $D(Z)$.

(2) 求 $X$ 与 $Z$ 的相关系数 $\rho_{XZ}$.

2. 一商店经销某种商品，每周的进货量 $X$ 与顾客对该种商品的需求量 $Y$ 是两个相互独立的随机变量，且都服从区间[10，20]上的均匀分布. 商店每售出一单位商品可得利润1 000元；若需求量超过了进货量，可从其他商店调剂供应，这时每单位商品的售出获利润为 500 元. 试求此商店经销该种商品每周所得利润的期望值.

3. 设由自动线加工的某种零件的内径 $X$（毫米）服从正态分布 $N(\mu,1)$，内径小于10或大于12为不合格品，其余为合格品. 销售每件合格品获利，销售每件不合格品亏损. 已知销售利润 $T$（单元:元）与销售零件的内径 $X$ 有如下关系：

$$T=\begin{cases}-1, & X<10,\\ 20, & 10\leqslant X\leqslant 12,\\ -5, & X>12.\end{cases}$$

问平均内径 $\mu$ 取何值时，销售一个零件的平均利润最大？

4. 设一部机器在一天内发生故障的概率为 0.2，机器发生故障时全天停止工作. 一周五个工作日，若无故障，可获利润10万元；发生一次故障仍可获利润5万元；若发生两次故障，获利润0万元；若发生三次或三次以上故障就要亏损2万元. 求一周内的利润期望.

5. 设二维随机变量$(X,Y)$的密度函数为

$$f(x,y)=\frac{1}{2}(\varphi_1(x,y)+\varphi_2(x,y)),$$

其中$\varphi_1(x,y)$和$\varphi_2(x,y)$都是二维正态密度函数，且它们对应的二维随机变量的相关系数分别为$\frac{1}{3}$和$-\frac{1}{3}$，它们的边缘密度函数所对应的随机变量的数学期望都是0，方差都是1.

(1) 求随机变量$X$和$Y$的密度函数$f_1(x)$和$f_2(y)$，以及$X$和$Y$的相关系数$\rho_{XY}$(可以直接利用二维正态的性质).

(2) $X$和$Y$是否独立？ 为什么？

6. 假设随机变量$U$在区间$[-2, 2]$上服从均匀分布，随机变量

$$X=\begin{cases}-1, & U\leqslant -1,\\ 1, & U>-1,\end{cases}\qquad Y=\begin{cases}-1, & U\leqslant 1,\\ 1, & U>1.\end{cases}$$

试求：(1) $X$和$Y$的联合分布律；(2) $D(X+Y)$.

7. 设$A,B$为两个随机事件，且

$$P(A)=\frac{1}{4},\quad P(B\mid A)=\frac{1}{3},\quad P(A|B)=\frac{1}{2}.$$

令

$$X=\begin{cases}1, & A\text{发生},\\ 0, & A\text{不发生},\end{cases}\qquad Y=\begin{cases}1, & B\text{发生},\\ 0, & B\text{不发生}.\end{cases}$$

求：

(1) 二维随机变量$(X,Y)$的概率分布；

(2) $X$与$Y$的相关系数$\rho_{XY}$；

(3) $Z=X^2+Y^2$的概率分布.

8. 设$X_1,X_2,\cdots,X_n(n>2)$为独立同分布的随机变量，且均服从$N(0,1)$. 记$\overline{X}=\frac{1}{n}\sum\limits_{i=1}^{n}X_i$，$Y_i=X_i-\overline{X}$，$i=1,2,\cdots,n$. 求：

(1) $Y_i$的方差$D(Y_i)$，$i=1,2,\cdots,n$；

(2) $Y_1$与$Y_n$的协方差$\mathrm{cov}(Y_1,Y_n)$；

(3) $P\{Y_1+Y_n\leqslant 0\}$.

9. 设$A$和$B$是随机事件，随机变量

$$X=\begin{cases}1, & A\text{ 出现}, \\ -1, & A\text{ 不出现},\end{cases} \quad Y=\begin{cases}1, & B\text{ 出现}, \\ -1, & B\text{ 不出现}.\end{cases}$$

试证明：随机变量 $X$ 和 $Y$ 不相关的充分必要条件是 $A$ 与 $B$ 相互独立.

10. 对于任意两事件 $A$ 和 $B$，$0<P(A)<1$，$0<P(B)<1$，设

$$\rho=\frac{P(AB)-P(A)P(B)}{\sqrt{P(A)P(B)P(\overline{A})P(\overline{B})}},$$

称为事件 $A$ 和 $B$ 的相关系数.

(1) 证明：事件 $A$ 和 $B$ 独立的充分必要条件是其相关系数等于零.

(2) 利用随机变量相关系数的基本性质，证明：$|\rho|<1$.

# 第五章

# 大数定律与中心极限定理

前面各章节中我们所叙述的理论是以随机事件概率为基础的，而随机现象的统计规律只有在大量随机现象的考查中才能显现出来，研究大量的随机现象，我们常常采用极限的方法，因而需要研究极限定理. 极限定理也是概率论与数理统计学中很重要的理论结果，极限定理的内容很广泛，其中有两类重要的极限定理——大数定律与中心极限定理. 大数定律和中心极限定理在生产实际中有广泛的应用，本章将介绍这两类极限定理.

## 5.1 大数定律

在第一章中，我们提到过事件发生的频率具有稳定性，即随着观测次数的增加，事件发生的频率将逐渐稳定于某个常数. 在实践中人们发现，大量测量值的算术平均值也具有稳定性，再比如大量抛掷硬币正面出现的频率，生产过中的废品率，字母使用频率等，这种稳定性就是本节所要讨论的大数定律研究的客观背景.

### 5.1.1 切比雪夫(Chebyshev) 不等式

对随机现象的大数量观察引出的定律叫**大数定律**，后经严格的数学证明，叫**大数定理**. 在引入大数定理之前，我们先学习一个重要的不等式——切比雪夫(Chebyshev) 不等式.

**定理 5.1** 设随机变量 $X$ 的数学期望 $E(X)$ 与方差 $D(X)$ 均存在，则对任意给定的 $\varepsilon>0$，有下列不等式成立：

$$P\{|X-E(X)|\geqslant\varepsilon\}\leqslant\frac{D(X)}{\varepsilon^2}.$$

**证** (1) 若 $X$ 是离散型随机变量，$p(x_i)$ 是随机变量 $X$ 的概率函数，则

$$\begin{aligned}
P\{|X-E(X)|\geqslant\varepsilon\} &= \sum_{|x_i-E(X)|\geqslant\varepsilon} p(x_i) \\
&\leqslant \sum_{|x_i-E(X)|\geqslant\varepsilon} \frac{(x_i-E(X))^2}{\varepsilon^2} p(x_i) \\
&= \frac{1}{\varepsilon^2} \sum_{|x_i-E(X)|\geqslant\varepsilon} (x_i-E(X))^2 p(x_i) \\
&\leqslant \frac{1}{\varepsilon^2} \sum_{i} (x_i-E(X))^2 p(x_i) \\
&= \frac{D(X)}{\varepsilon^2}.
\end{aligned}$$

(2) 若 $X$ 是连续型随机变量，$f(x)$ 是随机变量 $X$ 的概率密度函数，则

$$\begin{aligned}
P\{|X-E(X)|\geqslant\varepsilon\} &= \int_{|X-E(X)|\geqslant\varepsilon} f(x)\mathrm{d}x \\
&\leqslant \int_{|X-E(X)|\geqslant\varepsilon} \frac{(X-E(X))^2}{\varepsilon^2} f(x)\mathrm{d}x \\
&= \frac{1}{\varepsilon^2}\int_{|X-E(X)|\geqslant\varepsilon} (X-E(X))^2 f(x)\mathrm{d}x \\
&\leqslant \frac{1}{\varepsilon^2}\int_{-\infty}^{+\infty} (X-E(X))^2 f(x)\mathrm{d}x \\
&= \frac{D(X)}{\varepsilon^2}.
\end{aligned}$$

□

切比雪夫不等式的另外一种常用形式如下：

$$P\{|X-E(X)|<\varepsilon\}\geqslant 1-\frac{D(X)}{\varepsilon^2}.$$

切比雪夫不等式对离散型随机变量和连续型随机变量都成立，它揭示了随机变量的离差与方差的具体关系，并且具体地估算了随机变量 $X$ 取值时以 $X$ 的数学期望 $E(X)$ 为中心的分散程度. 方差起着决定性的作用，对于给定的 $\varepsilon>0$，方差 $D(X)$ 越小，$P\{|X-E(X)|<\varepsilon\}$ 越大，表明随机变量 $X$ 的取值越集中在 $E(X)$ 附近，分布就越集中；反之，说明随机变量 $X$ 的取值越偏离 $E(X)$，分布就越分散. 这也进一步说明方差可以很好地度量随机变量与数学期望之间的偏离程度.

利用切比雪夫不等式，可以在随机变量 $X$ 的分布未知的情况下，只利用随机变量 $X$ 的期望 $E(X)$ 和方差 $D(X)$，就可以对概率分布估计 $P\{|X-E(X)|<\varepsilon\}$，即 $X$ 落在 $(E(X)-\varepsilon,E(X)+\varepsilon)$ 内的概率，这也是切比雪夫不等式的重要性所在，但在一个具体问题中，它给出的概率估计是比较粗略的.

**例 5.1** 设随机变量 $X$ 的数学期望 $E(X)=\mu$，方差 $D(X)=\sigma^2$，估计 $P\{|X-\mu|\geqslant 3\sigma\}$ 的大小区间.

**解** 令 $\varepsilon=3\sigma$，则由切比雪夫不等式 $P\{|X-E(X)|\geqslant\varepsilon\}\leqslant\dfrac{D(X)}{\varepsilon^2}$ 有

$$P\{|X-\mu|\geqslant 3\sigma\}\leqslant\frac{\sigma^2}{(3\sigma)^2}=\frac{1}{9}.$$

对任意一个期望和方差均存在的分布来说，在区间 $(E(X)-\varepsilon,E(X)+\varepsilon)$ 外的概率不超过 $\dfrac{1}{9}$，而在此区间内的概率不会小于 $\dfrac{8}{9}$. 在实际运用中就只考虑这个区间，这称为"$3\sigma$ **准则**"（三倍标准差准则），它在各行生产或科学实验中常用来作为质量控制的依据.

**例 5.2** 已知正常男性成人血液中，每毫升白细胞数的平均值是7 300，均方差是 700，利用切比雪夫不等式估计每毫升血液白细胞数在 5 200 ～ 9 400 之间的概率.

**解** 设 $X$ 表示每毫升血液中含白细胞个数，则 $E(X)=7\,300$，$\sigma=\sqrt{D(X)}=700$. 由切比雪夫不等式有

$$\begin{aligned}P\{5\,200\leqslant X\leqslant 9\,400\}&=P\{|X-7\,300|\leqslant 2\,100\}\\&\geqslant 1-\frac{D(X)}{2\,100^2}=1-\frac{700^2}{2\,100^2}\\&=\frac{8}{9}.\end{aligned}$$

**例 5.3** 假设一批种子的优良种率为 $\dfrac{1}{6}$，从中任意选出 600 颗，试用切比雪夫不等式估计：这 600 颗种子中优良种子所占比例与 $\dfrac{1}{6}$ 之差的绝对值不超过 0.02 的概率.

**解** 设 $X$ 表示 600 颗种子中优良种子的颗数，则 $X\sim B\left(600,\dfrac{1}{6}\right)$，于是

$$E(X)=np=600\times\frac{1}{6}=100,$$

$$D(X)=npq=600\times\frac{1}{6}\times\left(1-\frac{1}{6}\right)=\frac{250}{3},$$

$$\varepsilon=600\times 0.02=12.$$

由切比雪夫不等式有

$$P\left\{\left|\frac{X}{600}-\frac{1}{6}\right|\leqslant 0.02\right\}=P\{|X-100|\leqslant 12\}\geqslant 1-\frac{D(X)}{12^2}=0.421\,3.$$

**定理 5.2** 方差为零的随机变量 $X$ 几乎处处为常数，且这个常数为它的数学期望 $E(X)$.

**证** 由切比雪夫不等式，对任意 $\varepsilon>0$，恒有

$$P\{|X-E(X)|\geqslant\varepsilon\}\leqslant\frac{D(X)}{\varepsilon^2}=0,$$

故有 $P\{|X-E(X)|\geqslant\varepsilon\}=0$. 由 $\varepsilon$ 的任意性，因此 $P\{X\neq E(X)\}=0$，即

$$P\{X=E(X)\}=1.$$

□

### 5.1.2 大数定律

大数定律主要用来描述事件发生的频率和大量随机试验的算术平均值具有稳定性. 大数定律形式很多，我们仅介绍几种常用的大数定律.

**定理 5.3（切比雪夫大数定律）** 设随机变量 $X_1,X_2,\cdots,X_n,\cdots$ 相互独立，期望 $E(X_1),E(X_2),\cdots,E(X_n),\cdots$ 与方差 $D(X_1),D(X_2),\cdots,D(X_n),\cdots$ 均存在，且方差具有公共上界，即存在某一常数 $M$，使

$$D(X_i)\leqslant M,\quad i=1,2,\cdots,n,\cdots,$$

则对任意的 $\varepsilon>0$，有

$$\lim_{n\to\infty}P\left\{\left|\frac{1}{n}\sum_{i=1}^{n}X_i-\frac{1}{n}\sum_{i=1}^{n}E(X_i)\right|<\varepsilon\right\}=1.$$

**证** 由于

$$E\left(\frac{1}{n}\sum_{i=1}^{n}X_i\right)=\frac{1}{n}\sum_{i=1}^{n}E(X_i),\quad D\left(\frac{1}{n}\sum_{i=1}^{n}X_i\right)=\frac{1}{n^2}\sum_{i=1}^{n}D(X_i)\leqslant\frac{M}{n},$$

对随机变量 $\frac{1}{n}\sum_{i=1}^{n}X_i$ 应用切比雪夫不等式，有

$$P\left\{\left|\frac{1}{n}\sum_{i=1}^{n}X_i-\frac{1}{n}\sum_{i=1}^{n}E(X_i)\right|<\varepsilon\right\}\geqslant1-\frac{1}{n^2\varepsilon^2}\sum_{i=1}^{n}D(X_i)\geqslant1-\frac{M}{n\varepsilon^2}.$$

同时，注意到事件的概率不会超过 1，于是

$$1-\frac{M}{n\varepsilon^2}\leqslant P\left\{\left|\frac{1}{n}\sum_{i=1}^{n}X_i-\frac{1}{n}\sum_{i=1}^{n}E(X_i)\right|<\varepsilon\right\}\leqslant1.$$

当 $n\to\infty$ 时，我们有

$$\lim_{n\to\infty}P\left\{\left|\frac{1}{n}\sum_{i=1}^{n}X_i-\frac{1}{n}\sum_{i=1}^{n}E(X_i)\right|<\varepsilon\right\}=1.$$

□

该式表明：当 $n\to\infty$ 时，$\left\{\left|\frac{1}{n}\sum_{i=1}^{n}X_i-\frac{1}{n}\sum_{i=1}^{n}E(X_i)\right|<\varepsilon\right\}$ 这个事件的概

率趋于 1，即对任意的 $\varepsilon>0$，当 $n$ 充分大时，不等式

$$\left|\frac{1}{n}\sum_{i=1}^{n}X_i-\frac{1}{n}\sum_{i=1}^{n}E(X_i)\right|<\varepsilon$$

成立的概率很大. 当 $n$ 很大时，随机变量 $X_1,X_2,\cdots,X_n$ 的算术平均 $\frac{1}{n}\sum_{i=1}^{n}X_i$ 接近于它们的数学期望的算术平均值 $\frac{1}{n}\sum_{i=1}^{n}E(X_i)$ 的可能性很大. 这个接近是概率意义下的接近，即在定理条件下，$n$ 个随机变量的算术平均，随着 $n$ 的无限增加，几乎变成一个常数.

一般地，称概率接近于 1 的事件为**大概率事件**，而称概率接近于 0 的事件为**小概率事件**. 在一次实验中大概率事件几乎肯定要发生，而小概率事件几乎不可能发生，这一规律称为**实际推断原理**.

**例 5.4**　在 $n$ 次独立试验中，设事件 $A$ 在第 $i$ 次试验中发生的概率为 $p_i$ $(i=1,2,\cdots,n)$. 试证明：$A$ 发生的频率稳定于概率的平均值.

**证**　设 $X$ 表示 $n$ 次试验中 $A$ 发生的次数，引入新的随机变量

$$X_i=\begin{cases}1, & \text{第 } i \text{ 次试验中 } A \text{ 发生},\\ 0, & \text{第 } i \text{ 次试验中 } A \text{ 不发生},\end{cases}\quad i=1,2,\cdots,n,$$

则 $X_i\sim B(1,p_i)$，故

$$E(X_i)=p_i,\quad D(X_i)=p_i(1-p_i)=p_iq_i.$$

又因为

$$(p_i-q_i)^2=(p_i+q_i)^2-4p_iq_i=1-4p_iq_i\geqslant 0,$$

所以 $D(X_i)=p_iq_i\leqslant\frac{1}{4}$ $(i=1,2,\cdots,n)$. 由切比雪夫大数定律，对任意的 $\varepsilon>0$，有

$$\lim_{n\to\infty}P\left\{\left|\frac{1}{n}\sum_{i=1}^{n}(X_i-E(X_i))\right|<\varepsilon\right\}=1,$$

即

$$\lim_{n\to\infty}P\left\{\left|\frac{X}{n}-\frac{1}{n}\sum_{i=1}^{n}p_i\right|<\varepsilon\right\}=1.$$

**定理 5.4（伯努利大数定律）**　*设 $X_n$ 是 $n$ 重伯努利试验中事件 $A$ 发生的次数，而 $A$ 在每次试验中发生的概率为 $P(A)=p$，则对任意的 $\varepsilon>0$，有*

$$\lim_{n\to\infty}P\left\{\left|\frac{X_n}{n}-p\right|<\varepsilon\right\}=1.$$

**证**　在 $n$ 重伯努利试验中事件 $A$ 发生的次数 $X_n\sim B(n,p)$，故

$$E(X_n)=np,\quad D(X_n)=npq.$$

而$\frac{X_n}{n}$是$n$重伯努利试验中事件$A$出现的频率，其对应的数学期望和方差分别为

$$E\left(\frac{X_n}{n}\right)=p,\quad D\left(\frac{X_n}{n}\right)=\frac{pq}{n}.$$

由切比雪夫不等式，有

$$P\left\{\left|\frac{X_n}{n}-p\right|\geqslant\varepsilon\right\}\leqslant\frac{D\left(\frac{X_n}{n}\right)}{\varepsilon^2}=\frac{pq}{n\varepsilon^2}.$$

对任意的$\varepsilon>0$，同时由概率的非负性，则有

$$\lim_{n\to\infty}P\left\{\left|\frac{X_n}{n}-p\right|\geqslant\varepsilon\right\}=0.$$

因此

$$\lim_{n\to\infty}P\left\{\left|\frac{X_n}{n}-p\right|<\varepsilon\right\}=1,$$

即$n\to\infty$时，$P\left\{\frac{X_n}{n}=p\right\}=1.$ □

伯努利大数定律以严格的数学形式解释了频率的稳定性. 它建立在大量独立重复试验的前提下，说明事件$A$发生的频率$\frac{X_n}{n}$与其概率$p$有较大偏差的可能性很小，由实际推断原理，在实际应用中，可通过多次重复一个试验，确定事件$A$在每次试验中发生的概率. 这也为用频率来估计概率提供了理论依据.

**例 5.5** 我们知道，掷一枚硬币出现正面(事件$A$)的概率为$\frac{1}{2}$. 若把这枚硬币掷10次或者20次，则正面出现的频率$\frac{X_n}{n}$与$\frac{1}{2}$的偏差有时会大些，有时会小些，总之不能保证大偏差发生的概率一定很小. 但是当掷的次数较大时，出现大偏差的概率一定会很小. 若取偏差$\varepsilon=0.01$，则

$$P\left\{\left|\frac{X_n}{n}-\frac{1}{2}\right|\geqslant 0.01\right\}\leqslant\frac{D\left(\frac{X_n}{n}\right)}{\varepsilon^2}=\frac{\frac{1}{2}\cdot\frac{1}{2}}{n\varepsilon^2}=\frac{10^4}{4n}.$$

可见，当$n=10^5$时，频率与概率的偏差超过0.01的机会不会超过$\frac{1}{40}$；当$n=10^6$时，频率与概率的偏差超过0.01的机会不会超过$\frac{1}{400}$. 随着试验次数增多，出现大偏差的可能性更小. 但这并不是说不会出现大偏差，只是这种

机会很小，以至于不会影响人们决策．人们在生活和工作中的某些决策常常是建立在这种概率意义下做出的．

上述大数定律中要求随机变量 $X_1, X_2, \cdots, X_n$ 的方差存在，但在这些随机变量服从相同分布的场合，并不需要这一要求，我们有以下的定理：

**定理 5.5（辛钦大数定律）**　设 $X_1, X_2, \cdots$ 是一列独立同分布的随机变量，且 $E(X_i)=\mu$，$i=1,2,\cdots$，则对任意的 $\varepsilon>0$，有

$$\lim_{n\to\infty} P\left\{\left|\frac{1}{n}\sum_{i=1}^{n} X_i-\mu\right|<\varepsilon\right\}=1.$$

辛钦大数定律说明算术均值具有稳定性，经验均值接近于理论平均值，可以用算术平均值近似地代替数学期望．单个随机现象的行为对大量随机现象共同产生的总平均效果几乎不产生影响，尽管某个随机现象的具体表现不可避免地引起随机误差，然而在大量随机现象共同作用时，这些随机偏差相互抵消、补偿与拉平，致使总平均结果趋于稳定．辛钦大数定律为实际生活中经常采用的多次测量然后求平均值提供了理论依据，即在实践中往往用物体的某一指标值的一系列实测值的算术平均值作为该指标值的近似值．例如，要估计某地区水稻的平均亩产量只要收割一部分有代表性的地块，计算它们的平均亩产量就可以作为全地区的平均亩产量．

**例 5.6**　设 $X_1, X_2, \cdots$ 是独立同分布的随机变量，其分布函数为

$$F(x)=a+\frac{1}{\pi}\arctan\frac{x}{b}\quad(b\neq 0),$$

问其是否适用辛钦大数定律？

**解**　辛钦大数定律成立的条件是：随机变量的数学期望存在，即 $\int_{-\infty}^{+\infty}|xf(x)|\mathrm{d}x$ 收敛，由于 $f(x)=F'(x)=\dfrac{b}{\pi(b^2+x^2)}$，从而有

$$\begin{aligned}\int_{-\infty}^{+\infty}|xf(x)|\mathrm{d}x&=\int_{-\infty}^{+\infty}\left|\frac{bx}{\pi(b^2+x^2)}\right|\mathrm{d}x\\&=\int_{-\infty}^{+\infty}\frac{|b|\,|x|}{\pi(b^2+x^2)}\mathrm{d}x\\&=\frac{2|b|}{\pi}\int_{0}^{+\infty}\frac{x}{b^2+x^2}\mathrm{d}x\\&=\frac{|b|}{\pi}\lim_{A\to+\infty}\int_{0}^{+\infty}\frac{\mathrm{d}(b^2+x^2)}{b^2+x^2}\\&=\frac{|b|}{\pi}\lim_{A\to+\infty}\ln\left(1+\frac{A^2}{b^2}\right)=+\infty,\end{aligned}$$

即辛钦大数定律不适用.

大数定律给我们的实际推断原理(小概率原理)作了理论支撑. 如 $P(A)=0.001$, 则可理解为在1 000次的试验中只能希望发生一次. 而对于概率很小的事件在一次试验中发生几乎被认为是不可能的, 即小概率事件的不可能原理. 但小到什么程度, 则要视其具体问题的要求而定.

## 习 题 5.1

1. 设随机变量 $X$ 的方差 $D(X)=2.5$, 利用切比雪夫不等式估计概率 $P\{|X-E(X)|\geqslant 7.5\}$.

2. 设随机变量 $X$ 和 $Y$ 的数学期望都是2, 方差分别为1和4, 而相关系数为0.5. 试用切比雪夫不等式估计概率 $P\{|X-Y|\geqslant 6\}$.

3. 在每次试验中事件 $A$ 发生的概率为0.5, 利用切比雪夫不等式估计, 在1 000次独立试验中, 事件 $A$ 发生的次数在 $400\sim 600$ 之间的概率.

4. 在每次试验中事件 $A$ 发生的概率为0.75. 若使 $A$ 发生的频率在 $0.74\sim 0.76$ 之间的概率至少为0.90, 利用切比雪夫不等式估计至少需要多少次试验.

5. 在伯努利试验中, 事件 $A$ 出现的概率为 $p$, 令

$$\varepsilon_n=\begin{cases}1, & \text{在第 } n \text{ 次及第 } n+1 \text{ 次试验中 } A \text{ 出现,}\\ 0, & \text{其他.}\end{cases}$$

证明: $\{\varepsilon_n\}$ 服从大数定律.

6. 设 $\{\varepsilon_n\}$ 为独立同分布的随机变量序列, 共同分布为

$$P\left\{\varepsilon_n=\frac{2^k}{k^2}\right\}=\frac{1}{2^k},\quad k=1,2,\cdots.$$

试问 $\{\varepsilon_n\}$ 是否服从大数定律?

7. 设 $X_1,X_2,\cdots$ 是独立同分布的随机变量, 且 $X_i\sim U(a,b)$, $i=1,2,\cdots$, 问平均值 $\overline{X}=\frac{1}{n}\sum_{i=1}^{n}X_i$ 依概率收敛于何值?

8. 设 $X_1,X_2,\cdots$ 是独立同分布的随机变量, 且 $X_i\sim P(\lambda)$, $i=1,2,\cdots$, 问 $n$ 很大时, 可用何值估计 $\lambda$?

9. 仪器测量已知量 $A$ 时, 设 $n$ 次独立得到的测量数据为 $x_1,x_2,\cdots,x_n$. 如果仪器无系统误差, 问 $n$ 充分大时, 是否可取 $\frac{1}{n}\sum_{i=1}^{n}(x_i-A)^2$ 作为仪器测量的方差的值?

## 5.2 中心极限定理

大数定律揭示了大量随机变量的平均结果的稳定性，但没有涉及随机变量的分布问题．概率论中把研究在什么条件下，大量独立随机变量和的分布以正态分布为极限分布的这一类定理称为**中心极限定理**．中心极限定理是概率论中的一类重要的定理，是数理统计和误差分析的理论基础，有着广泛的实际应用背景．在实际问题中，常常需要考虑许多随机因素所产生的总的影响，例如，炮弹射击的着落点与目标的偏差，就受着许多随机因素的影响，如瞄准时的误差，空气阻力所产生的误差，炮弹或炮身结构所引起的误差，等等．对我们来说重要的是这些随机因素的总影响．所有这些不同因素所引起的微小误差认为是相互独立的，并且它们中每一个对总和产生的影响都不大．自从高斯指出测量误差服从正态分布之后，人们发现正态分布在自然界中极为常见．观察表明，如果一随机现象是由大量相互独立的随机因素的影响所生成的，而每一个因素在总影响中所起的作用都很微小，且没有一个因素起主导作用时，则这种量一般都服从或近似服从正态分布．中心极限定理就是从数学上证明了这一现象．本节将介绍几个常用的中心极限定理．

**定理 5.6（独立同分布序列的中心极限定理）** 设 $X_1, X_2, \cdots$ 是一列独立同分布的随机变量，其数学期望和方差分别为

$$E(X_i)=\mu,\ D(X_i)=\sigma^2\ (0<\sigma^2<\infty),\quad i=1,2,\cdots,$$

则对任意的实数 $x$，有

$$\lim_{n\to\infty} P\left\{\frac{\sum_{i=1}^{n} X_i - n\mu}{\sqrt{n}\sigma} < x\right\} = \frac{1}{\sqrt{2\pi}}\int_{-\infty}^{x} \mathrm{e}^{-\frac{t^2}{2}}\mathrm{d}t.$$

定理说明，对独立同分布的随机变量序列 $\{X_n\}$，其共同分布可以是离散分布也可以是连续分布，只要它们是同分布且又有有限的数学期望和方差，那么当 $n$ 充分大时，前 $n$ 项和 $\sum_{i=1}^{n} X_i$ 的标准化随机变量将以标准正态分布为近似（极限）分布，即

$$\frac{\sum_{i=1}^{n} X_i - n\mu}{\sqrt{n}\sigma} \overset{\text{近似}}{\sim} N(0,1),$$

从而$\sum_{i=1}^{n} X_i \overset{\text{近似}}{\sim} N(n\mu, n\sigma^2)$. 不难理解，随机变量的个数 $n$ 越大，近似的效果越好，这一结果是数理统计中大样本统计推断的基础. 这两个结果在数理统计的大样本理论中有着很广泛的应用，同时也提供了计算独立同分布的随机变量之和的近似概率分布的简便方法，其近似公式为

$$P\left\{\sum_{i=1}^{n} X_i \leqslant x\right\} = P\left\{\frac{\sum_{i=1}^{n} X_i - n\mu}{\sqrt{n}\sigma} \leqslant \frac{x - n\mu}{\sqrt{n}\sigma}\right\} \approx \Phi\left(\frac{x - n\mu}{\sqrt{n}\sigma}\right).$$

该定理也解释了现实中哪些随机变量可看成服从正态分布. 另外，在中心极限定理中，所谈及的一般条件可以非正式地概括如下：如果一个随机现象是由众多的随机因素（相互独立）所引起的，而每一个因素在总影响中起着不大显著的作用，就可以推断这个随机变量近似地服从正态分布.

**例 5.7** 设一加法器同时接收 20 个噪声电压 $V_k (k=1,2,\cdots,20)$，它们是相互独立的随机变量且都服从区间(0,10)上的均匀分布. 试求 $P\left\{\sum_{k=1}^{20} V_k > 105\right\}$.

**解** 由于 $V_k \sim U(0,10)\ (k=1,2,\cdots,20)$，故

$$E(V_k)=5,\quad D(V_k)=\frac{25}{3},\quad k=1,2,\cdots,20.$$

由定理 5.6 得

$$P\left\{\sum_{k=1}^{20} V_k > 105\right\} = 1 - P\left\{\sum_{k=1}^{20} V_k \leqslant 105\right\} \approx 1 - \Phi\left(\frac{105 - 20\times 5}{\sqrt{20}\times\sqrt{\frac{25}{3}}}\right)$$

$$= 1 - \Phi(0.387) \approx 1 - 0.6517$$

$$= 0.3483.$$

**例 5.8** 一部件包括 10 部分，每部分的长度是一个随机变量，它们相互独立，且服从同一分布，其数学期望为 2 mm，均方差为 0.05 mm. 规定总长度为 20±0.1 时，产品合格，试求产品合格的概率.

**解** 以 $X_k (k=1,2,\cdots,10)$ 表示第 $k$ 部分的长度，则

$$E(X_k)=2,\quad D(X_k)=0.05^2.$$

记 $X$ 表示这 10 部分的总长度，则 $X=\sum_{k=1}^{10} X_k$. 据独立同分布的中心极限定理有

$$P\{19.9 < X < 20.1\}$$

$$= P\left\{\frac{19.9-20}{\sqrt{10\times 0.05^2}} < \frac{X-20}{\sqrt{10\times 0.05^2}} < \frac{20.1-20}{\sqrt{10\times 0.05^2}}\right\}$$

$$\approx 2\Phi(0.632\,4)-1=2\times 0.735\,7-1=0.471\,4.$$

现在我们来研究一个特殊的场合——相互独立的伯努利试验序列$\{X_i\}$，$X_i \sim B(1,p)$ $(i=1,2,\cdots)$，$E(X_i)=p$，$D(X_i)=p(1-p)$ $(i=1,2,\cdots)$，满足定理5.6的条件，于是得到下面定理：

**定理5.7（棣莫弗-拉普拉斯中心极限定理）**　在$n$重伯努利试验中，事件$A$在每次试验中出现的概率为$p$ $(0<p<1)$，$Y_n$是事件$A$在$n$重伯努利试验中出现的次数，则

$$\lim_{n\to\infty}P\left\{\frac{Y_n-np}{\sqrt{npq}}<x\right\}=\frac{1}{\sqrt{2\pi}}\int_{-\infty}^{x}\mathrm{e}^{-\frac{t^2}{2}}\,\mathrm{d}t.$$

定理说明，当$n$充分大时，$\frac{Y_n-np}{\sqrt{npq}}\overset{\text{近似}}{\sim}N(0,1)$，即$Y_n\overset{\text{近似}}{\sim}N(np,npq)$。而$Y_n\sim B(n,p)$，因此正态分布是二项分布的极限分布，图5-1～图5-4表明：正态分布是二项分布的逼近.

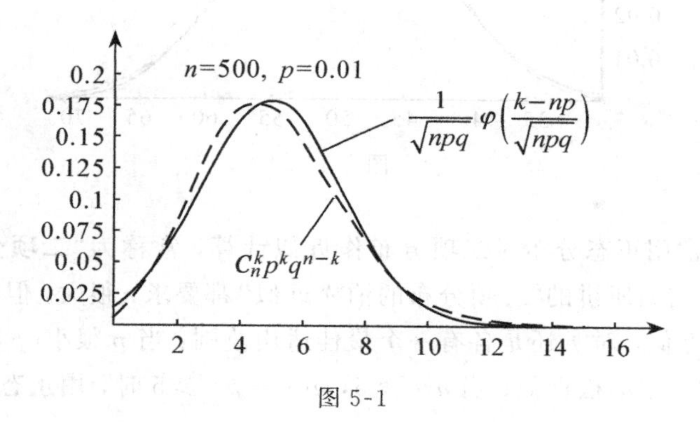


图5-1

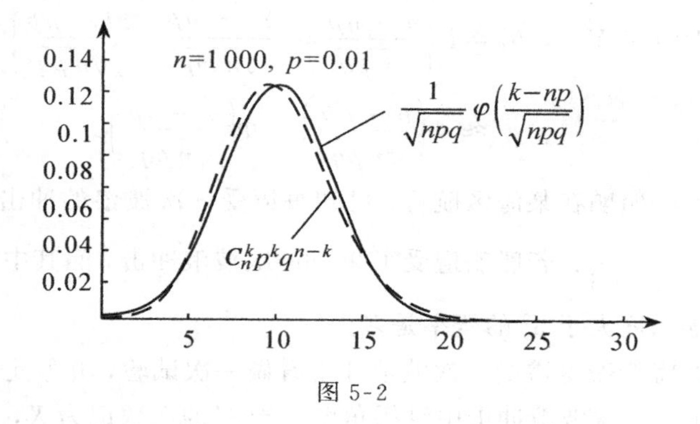


图5-2

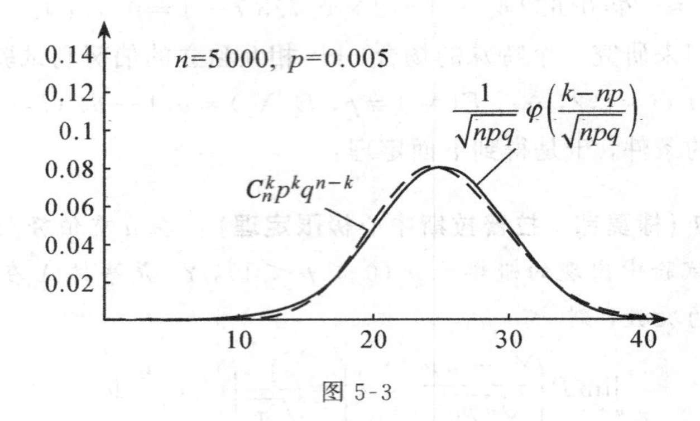


图 5-3

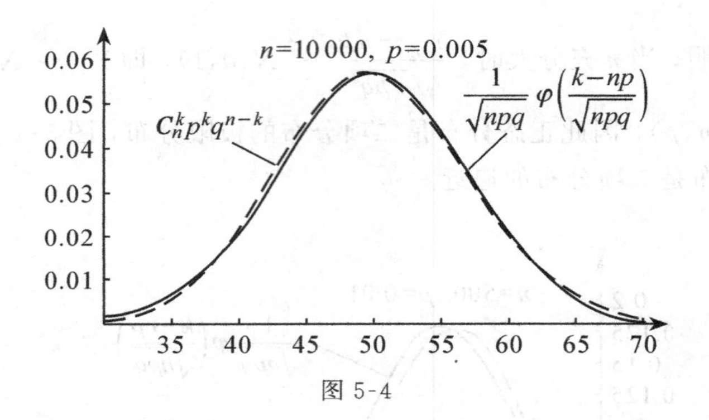


图 5-4

实际中常用正态分布对二项分布作近似计算，常称为"**二项分布的正态近似**". 这与前面所讲的"二项分布的泊松近似"都要求 $n$ 很大，但在实际中为获得更好的近似，对 $p$ 还是各有一个最佳适用范围：当 $p$ 很小($p \leqslant 0.1$)，且 $np$ 不太大时，用泊松近似；当 $np \geqslant 5$，$n(1-p) \geqslant 5$ 时，用正态近似，其近似计算公式为

$$P\{a \leqslant Y_n < b\} = P\left\{\frac{a-np}{\sqrt{npq}} \leqslant \frac{Y_n-np}{\sqrt{npq}} < \frac{b-np}{\sqrt{npq}}\right\}$$

$$\approx \Phi\left(\frac{b-np}{\sqrt{npq}}\right) - \Phi\left(\frac{a-np}{\sqrt{npq}}\right).$$

**例 5.9** 一船舶在某海区航行，已知每遭受一次波浪的冲击，纵摇角大于 3° 的概率为 $p=\frac{1}{3}$. 若船舶遭受了 90 000 次波浪冲击，问其中有 29 500 ~ 30 500 次纵摇角度大于 3° 的概率是多少？

**解** 我们将船舶每遭受一次波浪冲击看做一次试验，并假定各次试验是独立的. 在 90 000 次波浪冲击中纵摇角度大于 3° 的次数记为 $X$，则 $X$ 是一个

随机变量，且有 $X \sim B\left(90\,000, \frac{1}{3}\right)$，其分布律为

$$P\{X=k\}=C_{90\,000}^{k}\left(\frac{1}{3}\right)^{k}\left(\frac{2}{3}\right)^{90\,000-k}, \quad k=0,1,\cdots,90\,000.$$

所求的概率为

$$P\{29\,500 \leqslant X \leqslant 30\,500\}=\sum_{k=29\,500}^{30\,500} C_{90\,000}^{k}\left(\frac{1}{3}\right)^{k}\left(\frac{2}{3}\right)^{90\,000-k}.$$

要直接计算是麻烦的，我们利用棣莫弗 - 拉普拉斯定理来求它的近似值，即有

$$P\{29\,500 \leqslant X \leqslant 30\,500\} \approx \Phi\left(\frac{30\,500-np}{\sqrt{np(1-p)}}\right)-\Phi\left(\frac{29\,500-np}{\sqrt{np(1-p)}}\right),$$

其中 $n=90\,000$，$p=\frac{1}{3}$，于是

$$P\{29\,500 \leqslant X \leqslant 30\,500\} \approx \Phi\left(\frac{5\sqrt{2}}{2}\right)-\Phi\left(-\frac{5\sqrt{2}}{2}\right)=0.999\,5.$$

**例 5.10**　已知在某十字路口，一周事故发生数的数学期望为 2.2，标准差为 1.4.

(1) 以 $\overline{X}$ 表示一年(以 52 周计) 此十字路口一周事故发生数的算术平均，试用中心极限定理求 $\overline{X}$ 的近似分布，并求 $P\{\overline{X}<2\}$.

(2) 求一年事故发生数小于 100 的概率.

**解**　(1) 设随机变量 $X$ 表示“一周事故发生数”，则由题意有

$$E(\overline{X})=E(X)=2.2, \quad D(\overline{X})=\frac{D(X)}{52}=\frac{1.4^2}{52}.$$

由中心极限定理，可认为 $\overline{X} \overset{\text{近似}}{\sim} N\left(2.2, \frac{1.4^2}{52}\right)$. 于是

$$\begin{aligned}P\{\overline{X}<2\} &\approx \Phi\left(\frac{2-2.2}{1.4/\sqrt{52}}\right)=\Phi\left(\frac{-0.2\times\sqrt{52}}{1.4}\right)=\Phi(-1.030)\\&=1-\Phi(1.030)=1-0.848\,5=0.151\,5.\end{aligned}$$

(2) 一年 52 周，设各周事故发生数分别为 $X_1, X_2, \cdots, X_{52}$，则需计算 $P\left\{\sum_{i=1}^{52} X_i<100\right\}$，即 $P\left\{\overline{X}<\frac{100}{52}\right\}$. 用中心极限定理可知所求概率为

$$\begin{aligned}P\left\{\sum_{i=1}^{52} X_i<100\right\}&=P\left\{\overline{X}<\frac{100}{52}\right\} \approx \Phi\left(\frac{\left(\frac{100}{52}-2.2\right)\sqrt{52}}{1.4}\right)\\&=\Phi(-1.426)=1-\Phi(1.426)\\&=1-0.923\,0=0.077\,0.\end{aligned}$$

**例 5.11** 某种小汽车氧化氮的排放量的数学期望为 0.9 g/km，标准差为1.9 g/km. 某汽车公司有这种小汽车100辆，以 $\overline{X}$ 表示这些车辆氧化氮排放量的算术平均. 问当 $L$ 为何值时 $\overline{X}>L$ 的概率不超过0.01?

**解** 设 $X_i(i=1,2,\cdots,100)$ 表示第 $i$ 辆小汽车氧化氮的排放量，则

$$\overline{X}=\frac{1}{100}\sum_{i=1}^{100}X_i.$$

由已知条件 $E(X_i)=0.9$，$D(X_i)=1.9^2$，得

$$E(\overline{X})=0.9,\quad D(\overline{X})=\frac{1.9^2}{100}.$$

各辆汽车氧化氮的排放量相互独立，故可认为近似地有 $\overline{X}\sim N\left(0.9,\frac{1.9^2}{100}\right)$，需要计算的是满足 $P\{\overline{X}>L\}\leqslant 0.01$ 的最小值 $L$.

由中心极限定理有

$$P\{\overline{X}>L\}=P\left\{\frac{\overline{X}-0.9}{0.19}>\frac{L-0.9}{0.19}\right\}\leqslant 0.01.$$

查表得 $\Phi\left(\frac{L-0.9}{0.19}\right)\geqslant 0.99=\Phi(2.33)$，即

$$\frac{L-0.9}{0.19}\geqslant 2.33,$$

故 $L\geqslant 0.9+0.19\times 2.33=1.3427$，应取 $L=1.3427$ g/km.

中心极限定理表明，在相当一般的条件下，当独立随机变量的个数增加时，可以不必考虑和式中的随机变量服从什么分布，其和的分布趋于正态分布，这一事实阐明了正态分布的重要性.

## 习 题 5.2

1. 一盒同型号螺丝钉共有100个，已知该型号的螺丝钉的重量是一个随机变量，期望值为100 g，标准差为10 g. 问一盒螺丝钉的重量超过10.2 kg的概率是多少?

2. 某国新闻周报报道，该国早产婴儿占10%. 假如随机选出250名婴儿，其中早产婴儿数记为 $X$，求 $P\{15\leqslant X\leqslant 30\}$，$P\{X<20\}$.

3. 抛掷一枚质地均匀的硬币，试用中心极限定理求解：至少抛掷多少次才能保证正面在0.4～0.6之间的概率不小于0.9.

4. 某厂有400台同型机器，各台机器发生故障的概率均为0.02. 假如各台机器相互独立工作，试求机器出现故障的台数不少于2台的概率.

5. 设供电网中有10 000盏灯，夜晚每一盏灯开着的概率都是0.7. 假设

各灯开、关时间彼此无关，计算同时开着的灯数在6 800～7 200之间的概率.

6. 对于一个学生而言，来参加家长会的家长人数是一个随机变量. 设一个学生无家长、1名家长、2名家长来参加会议的概率分别为0.05,0.8,0.15. 若学校共有400名学生，设各学生参加会议的家长数相互独立，且服从同一分布.

(1) 求参加会议的家长数 $X$ 超过450的概率；

(2) 求有1名家长来参加会议的学生数不多于340的概率.

7. 对敌人的防御地段进行100次炮击，在每次炮击中，炮弹命中枚数的数学期望为2，均方差为1.5. 求在100次炮击中，有180～220枚炮弹命中目标的概率.

8. 某保险公司多年的统计资料表明，在索赔户中被盗索赔户占20%，以 $X$ 表示在随机抽查的100个索赔户中因被盗向保险公司索赔的户数.

(1) 写出 $X$ 的概率分布.

(2) 利用棣莫弗-拉普拉斯定理，求被盗索赔户不少于14户且不多于30户的概率的近似值.

9. 某商店负责供应某地区1 000人商品，某种产品在一段时间内每人需用一件的概率为0.6. 假定在这一段时间内，各人购买与否彼此无关，问商店应预备多少件时，才能以0.997的概率保证不会脱销(假定该商品在某一段时间内每人最少可以买一件)?

## 本章小结

本章主要内容为切比雪夫不等式、三个大数定律和两个中心极限定理.

基本要求如下：

(1) 会利用切比雪夫不等式估计事件$\{|X-E(X)|\geqslant\varepsilon\}$的概率，即

$$P\{|X-E(X)|\geqslant\varepsilon\}\leqslant\frac{D(X)}{\varepsilon^2}.$$

(2) 了解大数定律主要用来描述事件发生的频率和大量随机试验的算术平均值具有稳定性，为用事件的频率估计概率、大量随机试验的算术平均值(经验均值)，估计数学期望(理论平均值)提供理论依据.

(3) 知道大量独立随机变量的和近似服从正态分布，会利用中心极限定理计算大量独立随机变量和的概率.

## 总习题五

### 一、填空题

1. 设随机变量 $X$ 的 $E(X)=\mu$，$D(X)=\sigma^2$，利用切比雪夫不等式估计：$P\{|X-\mu|<3\sigma\}\geqslant$ ________.

2. 设随机变量 $X\sim U(0,1)$，利用切比雪夫不等式估计：$P\left\{\left|X-\frac{1}{2}\right|\geqslant\frac{1}{\sqrt{3}}\right\}\leqslant$ ________.

3. 设随机变量 $X_1,X_2,\cdots,X_n$ 独立同分布于参数为 2 的指数分布，则当 $n\to\infty$ 时，$Y_n=\frac{1}{n}\sum_{i=1}^{n}X_i{}^2$ 依概率收敛于________.

4. 设随机变量 $X\sim B(100,0.8)$，由中心极限定理知 $P\{74<X\leqslant 86\}\approx$ ________. ($\Phi(1.5)=0.933\,2$)

### 二、选择题

1. 设 $X_1,X_2,\cdots,X_n$ 是来自总体 $N(\mu,\sigma^2)$ 的样本，对任意的 $\varepsilon>0$，样本均值 $\overline{X}$ 所满足的切比雪夫不等式为(    ).

A. $P\{|\overline{X}-n\mu|<\varepsilon\}\geqslant\frac{n\sigma^2}{\varepsilon^2}$

B. $P\{|\overline{X}-\mu|<\varepsilon\}\geqslant 1-\frac{\sigma^2}{n\varepsilon^2}$

C. $P\{|\overline{X}-\mu|\geqslant\varepsilon\}\leqslant 1-\frac{\sigma^2}{n\varepsilon^2}$

D. $P\{|\overline{X}-n\mu|\geqslant\varepsilon\}\leqslant\frac{n\sigma^2}{\varepsilon^2}$

2. 设 $\mu_n$ 是 $n$ 次独立重复试验中事件 $A$ 出现的次数，$p$ 是事件 $A$ 在每次试验中发生的概率，则对于任意的 $\varepsilon>0$，均有 $\lim\limits_{n\to\infty}P\left\{\left|\frac{\mu_n}{n}-p\right|>\varepsilon\right\}$ (    ).

A. $=0$ B. $=1$

C. $>0$ D. 不存在

3. 设 $X_i=\begin{cases}0, & \text{事件 } A \text{ 不发生},\\ 1, & \text{事件 } A \text{ 发生}\end{cases}$ $(i=1,2,\cdots,10\,000)$，且 $P(A)=0.8$，

$X_1, X_2, \cdots, X_{10000}$ 相互独立. 令 $Y = \sum_{i=1}^{10000} X_i$，则由中心极限定理知 $Y$ 近似服从的分布是(　　).

A. $N(0,1)$　　B. $N(8\,000,40)$

C. $N(1\,600,8\,000)$　　D. $N(8\,000,1\,600)$

4. 设随机变量 $X \sim N(\mu,\sigma^2)$，则随 $\sigma$ 的增大，$P\{|X-\mu|<\sigma\}$ 的值(　　)

A. 单调增大　　B. 单调减小

C. 保持不变　　D. 增减不定

**三、计算题**

1. 设 $X_1, X_2, \cdots, X_n$ 是来自总体 $N(\mu,\sigma^2)$ 的样本，对任意的 $\varepsilon > 0$，写出样本均值 $\overline{X}$ 所满足的切比雪夫不等式.

2. $X_1, X_2, \cdots, X_9$ 是相互独立同分布的随机变量，$E(X_i)=1$，$D(X_i)=1$ $(i=1,2,\cdots,9)$，则对于 $\overline{X} = \frac{1}{n}\sum_{i=1}^{n} X_i$，写出满足的切比雪夫不等式，并估计 $P\{|\overline{X}-1|<4\}$.

3. 设 $X_n$ 是 $n$ 次独立重复试验中事件 $A$ 出现的次数，$P(A)=p$，$q=1-p$，则对任意区间 $[a,b]$，求 $\lim\limits_{n\to\infty} P\{a < X_n \leqslant b\}$.

4. 在 $n$ 重伯努利试验中，若已知每次试验 $A$ 出现的概率为 0.75，试利用切比雪夫不等式估计 $n$，使 $A$ 出现的频率在 $0.74 \sim 0.76$ 之间的概率不小于 0.90.

5. 设某产品的不合格率为 0.005，任取 10 000，求不合格品不多于 70 件的概率.

6. 计算器在进行加法时，将每个加数舍入最靠近它的整数. 设所有舍入误差是相互独立的，且在 $(-0.5,0.5)$ 上服从均匀分布. 若将 300 个数相加，问误差总和的绝对值不超过 10 的概率是多少？

7. 某单位内部有 260 部电话分机，每个分机有 4% 的时间要用外线通话. 可以认为各个电话分机用不同外线是相互独立的. 问：总机需备多少条外线才能以 95% 的把握保证各个分机在使用外线时不必等候？

8. 已知在生产线上组装每件成品的时间 $X \sim E(\lambda)$. 统计资料表明，每件成品的组装时间平均为 10 min，各件成品的组装时间是相互独立的.

(1) 组装 100 件成品需要 $15 \sim 18$ h 的概率.

(2) 以 95% 的概率保证在 16 h 可以组装多少件成品？

9. 某工厂生产的零件废品率为 5%. 某人要采购一批零件，他希望以 95% 的概率保证其中有 2 000 个合格品. 问他至少应购买多少零件？

10. 用棣莫弗 - 拉普拉斯定理证明：在伯努利试验中，若 $0 < p < 1$，则不管 $k$ 是多大，总有 $\lim\limits_{n\to\infty} P\{|\mu_n - np| < k\} = 0$.

# 第六章 数理统计的基本概念

前面五章我们介绍了概率论的基本内容，从本章开始所研究的内容属于数理统计的范畴. 数理统计在自然科学、工程技术、管理科学及人文社会科学中得到越来越广泛和深刻的应用，数理统计可以分为两大类：

（1） 试验的设计和研究，即研究如何科学地安排试验，以获取更有效的随机数据，称为**描述统计学**. 如：试验设计，抽样方法等.

（2） 统计推断，研究如何对试验或观察得到的数据进行收集、整理及分析，由此对研究的随机现象的客观规律性作出科学的、合理的估计和推断，尽可能地为所关心的问题采取一定的决策提供依据，作出精确而可靠的结论，称为**推断统计学**. 如：参数估计，假设检验等.

本章我们介绍总体、随机样本及统计量等数理统计的一些基本概念，并着重介绍几个常用统计量及正态总体抽样分布的一些重要结论.

## 6.1 总体和样本

### 6.1.1 总体与个体

**定义 6.1** 研究对象的某一项或某几项数量指标值的随机试验的全部可能观测值称为**总体(母体)**，每一个可能观测值称为**个体**.

在数理统计中，我们往往研究有关对象的某一项或几项数量指标. 例如，研究一批灯泡的质量，尽管每个灯泡有许多特征，如颜色、大小、瓦数、寿命等，而我们关心的不是灯泡本身，而是灯泡的寿命这个数量指标，其他特性暂不考虑. 为此，考虑与这一数量指标相关联的随机试验，对这一数量指标进行试验或者观察. 如果我们想要研究一家工厂的某种产品的废品率，这种产品的全体就是我们的总体，而每件产品则是个体. 实际上，我们真正关心的并不是总体或个体的本身，而是其某项或某几项的数量指标. 比如某家工厂的一种产品的使用寿命这样一项数量指标，因此我们应该把总体理解为那些研究对象上的某项或某几项数量指标的全体. 那么总体就是一堆数，这些数不一定都不相同，数目上也不一定是有限的，总体中所包含的个体的个数称为**总体的容量**. 按照总体容量是有限还是无限将总体分为有限总体与无限总体. 总体容量有限的称为**有限总体**，总体容量无限的称为**无限总体**. 例如，某厂生产的所有灯泡的寿命所构成的总体是一个无限总体. 在实际问题中，当总体容量很大以至于很难数清时，可以把该总体看成是无限总体.

总体中的一个个随机试验的观测值，看成它是某一随机变量 $X$ 的值，这样，一个总体对应于一个随机变量 $X$. 我们对总体的研究就是对一个随机变量 $X$ 的研究，$X$ 的分布函数和数字特征就称为**总体的分布函数和数字特征**. 下面将不区分总体与相应的随机变量，统称为总体 $X$. 总体按照考查数量指标的项数分为一维总体、二维总体和多维总体. 例如，研究某地区中学生的营养状况时，若关心的数量指标是身高 $X$ 和体重 $Y$，则每个个体对应一个二维数组 $(X,Y)$，此种二维数组的全体就组成二维总体，可用二维随机变量 $(X,Y)$ 或二维联合分布 $F(x,y)$ 来描述. 本书主要介绍一维总体，有时也会涉及二维总体.

**例6.1** 若检验一批零件是次品还是正品，以0表示产品为正品，以1表示产品为次品. 设出现次品的概率为 $p$（常数），那么总体是由一些“1”和一些“0”组成的，这一总体对应于一个具有参数为 $p$ 的 0-1 分布：

$$P\{X=x\}=p^x(1-p)^{1-x}, \quad x=0,1,$$

也就是说，随机变量 $X$ 服从 0-1 分布. 总体中的观测值是 0-1 分布随机变量的值.

### 6.1.2 样本

总体是一个具有确定分布的随机变量，在实际中，总体的分布一向是未知的，或只知道它具有某种形式而其中包含着未知参数. 要研究总体的分布及其数字特征，常用两种方法：

(1) **普查** 对总体中的每个个体进行检查或观察，如 10 年进行一次的人口普查. 但是，这样做实际上往往是不可能或不允许的，一方面是总体的容量太大，无法逐个试验，例如，中央电视台为了调查某个节目的收视率，不会也不可能把全国所有家庭都调查到；另一方面，因普查费用高，耗时长，有些试验具有破坏性也不可能逐一试验，例如，要测定一批炮弹的射程，这仅对少数重要场合才使用.

（2）**抽样**　抽样是经常采用的方法，它指从总体中抽取部分个体进行检查或观察，然后根据抽样观察所得到的数据对总体进行推断．在实际应用中，由于抽样费用低，耗时短，故而频繁使用.

从总体 $X$ 中抽出的部分个体组成的集合称为**样本**，组成样本的个体称为**样品**，一个样本中所含个体的个数称为**样本容量**．将样本看成是一个随机向量，从总体中抽出的样本容量为 $n$ 的样本记为$(X_1,X_2,\cdots,X_n)$，此时样本的观测值相应地写成$(x_1,x_2,\cdots,x_n)$．若$(x_1,x_2,\cdots,x_n)$与$(y_1,y_2,\cdots,y_n)$都是相应于样本$(X_1,X_2,\cdots,X_n)$的样本值，一般来说它们是不相同的．例如，从国产某品牌轿车中抽出100辆进行耗油量试验，样本容量是100，抽到的那100辆是随机的.

抽样的目的是为了对总体进行统计推断．为了使推断结果更合理科学，必须考虑抽样方法，抽样时应避免人为干扰．在统计学中，最常用的一种抽样方法——“简单随机抽样”，它对抽样有如下两点要求：

（1）**代表性**　总体的每一个个体都有同等机会被选入样本；

（2）**独立性**　样品 $X_1,X_2,\cdots,X_n$ 是相互独立的随机变量.

这样得到的样本称为**独立同分布样本**，又称为**简单随机样本**．今后若无特殊声明，提到的样本都是简单随机样本.

对有限总体，采用放回抽样得到的随机样本是简单随机样本，而不放回的抽样不能保证 $X_1,X_2,\cdots,X_n$ 的独立性．但对无限总体而言，不放回的抽样能得到简单随机样本．当个体的总数 $N$ 比要得到的样本的容量 $n$ 大得多时，在实际中可将不放回抽样近似地当做放回抽样来处理.

**例 6.2**　研究某地区 $N$ 个农民的年收入.

在这里，总体既指这 $N$ 个农民，又指我们关心的数量指标，他们的年收入这 $N$ 个数字．如果我们从这 $N$ 个农户中随机地抽出 $n$ 个农民作为调查对象，那么这 $n$ 个农民及我们关心的数量指标，他们的年收入这 $n$ 个数字就是样本.

假设 $X_1,X_2,\cdots,X_n$ 是从总体 $X$ 中抽取的样本，在一次具体的观测或实验中，它们是一批测量值，是一些已得到的数据，这就是说，样本具有数的属性．另一方面，由于在具体的试验或观测中，受到各种随机因素的影响，在不同的观测中样本取值可能不同．因此，当脱离特定的具体试验或观测时，我们并不知道 $X_1,X_2,\cdots,X_n$ 的具体取值到底是多少，因此可以把它们看成是随机变量．样本具有二重性，即样本 $X_1,X_2,\cdots,X_n$ 既可被看成数又可被看成随机变量. 需要特别强调的是，以后凡是我们离开具体的一次观测或试验来谈及样本 $X_1,X_2,\cdots,X_n$ 时，它们总是被看成随机变量. 对于简单随机样本，由于在相同的条件下对总体 $X$ 进行了 $n$ 次重复的独立观测，则可以认为所获得的样本 $X_1,X_2,\cdots,X_n$ 是 $n$ 个独立且与总体 $X$ 同样分布的随机变量.

若总体 $X$ 的分布函数为 $F(x)$，则简单随机抽样得到的样本容量为 $n$ 的样本 $(X_1,X_2,\cdots,X_n)$ 的联合分布函数为

$$F(x_1,x_2,\cdots,x_n)=F(x_1)F(x_2)\cdots F(x_n)=\prod_{i=1}^{n}F(x_i).$$

若总体 $X$ 的概率密度函数为 $f(x)$，则简单随机抽样得到的样本容量为 $n$ 的样本 $(X_1,X_2,\cdots,X_n)$ 的联合密度函数为

$$f(x_1,x_2,\cdots,x_n)=\prod_{i=1}^{n}f(x_i).$$

若总体 $X$ 是离散型随机变量，总体的分布列为

$$p(x)=P\{X=x\},\quad x=a_k,\ k=1,2,\cdots,$$

则简单随机抽样得到的样本容量为 $n$ 的样本 $(X_1,X_2,\cdots,X_n)$ 的联合分布列为

$$\begin{aligned}p(x_1,x_2,\cdots,x_n)&=P\{X_1=x_1,\ X_2=x_2,\ \cdots,\ X_n=x_n\}\\&=\prod_{i=1}^{n}p(x_i).\end{aligned}$$

**例 6.3** 设总体 $X\sim B(1,p)$，$X_1,X_2,\cdots,X_n$ 是来自总体 $X$ 的样本，求 $(X_1,X_2,\cdots,X_n)$ 的分布律.

**解** 因为 $X_1,X_2,\cdots,X_n$ 相互独立，且有 $X\sim B(1,p)$，$i=1,2,\cdots,n$，即 $X_i$ 具有分布律

$$P\{X_i=x_i\}=p^{x_i}(1-p)^{1-x_i},\quad x_i=0,1,$$

所以 $(X_1,X_2,\cdots,X_n)$ 的分布律为

$$\begin{aligned}&P\{X_1=x_1,\ X_2=x_2,\ \cdots,\ X_n=x_n\}\\&=\prod_{i=1}^{n}P\{X_i=x_i\}=\prod_{i=1}^{n}p^{x_i}(1-p)^{1-x_i}\\&=p^{\sum\limits_{i=1}^{n}x_i}(1-p)^{n-\sum\limits_{i=1}^{n}x_i}.\end{aligned}$$

**例 6.4** 设总体 $X\sim P(\lambda)$，$(X_1,X_2,\cdots,X_n)$ 为来自总体 $X$ 的一组样本，求 $(X_1,X_2,\cdots,X_n)$ 的联合概率函数.

**解** 因为 $X\sim P(\lambda)$，所以

$$f(x)=P\{X=x\}=\frac{\lambda^x}{x!}\mathrm{e}^{-\lambda},\quad x=0,1,2,\cdots,$$

从而$(X_1,X_2,\cdots,X_n)$的联合概率函数为

$$p(x_1,x_2,\cdots,x_n)=\prod_{i=1}^n f(x_i)=\prod_{i=1}^n \frac{\lambda^{x_i}}{x_i!}\mathrm{e}^{-\lambda}=\frac{\lambda^{\sum\limits_{i=1}^n x_i}}{\prod\limits_{i=1}^n x_i!}\mathrm{e}^{-n\lambda}.$$

**例 6.5** 设总体 $X\sim N(\mu,\sigma^2)$，$(X_1,X_2,\cdots,X_n)$为取自总体 $X$ 的一组子样，求$(X_1,X_2,\cdots,X_n)$的联合概率函数.

**解** 因为 $X\sim N(\mu,\sigma^2)$，所以

$$f(x)=\frac{1}{\sqrt{2\pi}\,\sigma}\mathrm{e}^{-\frac{(x-\mu)^2}{2\sigma^2}},$$

从而$(X_1,X_2,\cdots,X_n)$的联合概率函数为

$$f(x_1,x_2,\cdots,x_n)=\prod_{i=1}^n f(x_i)=\prod_{i=1}^n \frac{1}{\sqrt{2\pi}\,\sigma}\mathrm{e}^{-\frac{(x_i-\mu)^2}{2\sigma^2}}$$

$$=\frac{1}{(\sqrt{2\pi}\,\sigma)^n}\mathrm{e}^{-\frac{1}{2\sigma^2}\sum\limits_{i=1}^n (x_i-\mu)^2}.$$

## 习 题 6.1

1. 从一个地区随机抽取 20 名老人测量血压，测得血压为(舒张压)：

75，73，80，88，75，71，99，102，89，76，

77，86，74，81，71，98，76，103，79，84，

指出其中的总体、个体、样本、样本容量.

2. 在某班级中，随机选取 10 同学去参加学校的表彰大会，指出其总体、个体、样本与样本容量.

3. 什么是简单随机样本？试举例进行说明.

4. 设总体 $X\sim B(n,p)$，求来自总体 $X$ 的样本$(X_1,X_2,\cdots,X_{n_1})$的联合分布律.

5. 设总体 $X\sim e(\lambda)$，试求来自总体 $X$ 的样本$(X_1,X_2,\cdots,X_n)$的联合概率密度函数.

6. 设总体 $X\sim U(0,\theta)$，$\theta>0$，试求来自总体 $X$ 的样本$(X_1,X_2,\cdots,X_n)$的联合密度函数.

# 6.2 统 计 量

事实上，我们抽样后得到的资料都是具体的、确定的值. 例如，我们从某班学生中抽取10人测量身高，得到10个数，它们是样本取到的值而不是样本. 我们只能观察到随机变量取的值，而见不到随机变量，总体分布决定了样本取值的概率规律，也就是样本取到样本值的规律，因而可以用样本值去推断总体. 我们知道子样是母体的反映，但是子样所含的信息不能直接用于解决我们所要研究的问题，而需要把子样所含的信息进行数学上的加工，使其浓缩起来，从而方便有效地解决问题，这在数理统计学中往往是通过构造一个合适的依赖于子样的函数 —— 统计量来达到的.

## 6.2.1 统计量

**定义 6.2** 设$(X_1,X_2,\cdots,X_n)$是来自总体$X$的一个样本，$g(X_1,X_2,\cdots,X_n)$是样本函数，且$g$中不含有任何的未知参数，则称$g(X_1,X_2,\cdots,X_n)$是一个**统计量**.

因为$X_1,X_2,\cdots,X_n$都是随机变量，而统计量$g(X_1,X_2,\cdots,X_n)$是随机变量的函数，所以统计量$g(X_1,X_2,\cdots,X_n)$也是一个随机变量. 设$x_1,x_2,\cdots,x_n$是相应于样本$X_1,X_2,\cdots,X_n$的样本值，则称$g(x_1,x_2,\cdots,x_n)$是**统计量$g(X_1,X_2,\cdots,X_n)$的观测值**. 另外要注意的是统计量中可以含有参数，但不能含有未知参数.

**例 6.6** 设$(X_1,X_2,\cdots,X_n)$是来自总体$X\sim N(\mu,\sigma^2)$的一个样本，其中$\mu$已知，$\sigma$未知. 指出下列样本函数中哪些是统计量，哪些不是：

(1) $g_1(X_1,X_2,\cdots,X_n)=X_1+1$；

(2) $g_2(X_1,X_2,\cdots,X_n)=\max\{X_1,X_2,\cdots,X_n\}$；

(3) $g_3(X_1,X_2,\cdots,X_n)=\dfrac{1}{n}\sum\limits_{i=1}^{n}(X_i-\mu)^2$；

(4) $g_4(X_1,X_2,\cdots,X_n)=\dfrac{1}{n}\sum\limits_{i=1}^{n}\left(\dfrac{X_i-\mu}{\sigma}\right)^2$.

**解** 统计量是不含未知参数的样本函数，故(1),(2),(3)均是统计量，而(4)不是统计量，因为含有未知参数$\sigma$.

### 6.2.2　常用统计量

设$(X_1,X_2,\cdots,X_n)$是来自总体$X$的一个样本，$(x_1,x_2,\cdots,x_n)$是该样本的观测值，定义以下统计量：

(1)　样本平均值(均值)：$\overline{X}=\frac{1}{n}\sum_{i=1}^{n}X_i$，它反映总体$X$的数学期望的信息；

(2)　样本方差：$S^2=\frac{1}{n-1}\sum_{i=1}^{n}(X_i-\overline{X})^2$，它反映总体$X$的方差、标准差的信息；

(3)　样本标准差：

$$S=\sqrt{S^2}=\sqrt{\frac{1}{n-1}\sum_{i=1}^{n}(X_i-\overline{X})^2}=\sqrt{\frac{1}{n-1}\left(\sum_{i=1}^{n}X_i{}^2-n\overline{X}^2\right)};$$

(4)　样本$k$阶(原点)矩：

$$A_k=\frac{1}{n}\sum_{i=1}^{n}X_i{}^k,\quad k=1,2,\cdots,$$

这里$A_1=\overline{X}$，且$\sum_{i=1}^{n}(X_i-\overline{X})=0$，它反映总体$X$的$k$阶(原点)矩的信息；

(5)　样本$k$阶中心矩：

$$B_k=\frac{1}{n}\sum_{i=1}^{n}(X_i-\overline{X})^k,\quad k=1,2,\cdots,$$

这里$B_2=A_2-A_1{}^2$，且$\sum_{i=1}^{n}(X_i-\overline{X})^2=\sum_{i=1}^{n}X_i{}^2-n\overline{X}^2$，它反映总体$X$的$k$阶中心矩的信息.

它们的观测值分别如下：

$$\overline{x}=\frac{1}{n}\sum_{i=1}^{n}x_i;$$

$$s^2=\frac{1}{n-1}\sum_{i=1}^{n}(x_i-\overline{x})^2=\frac{1}{n-1}\left(\sum_{i=1}^{n}x_i{}^2-n\overline{x}^2\right);$$

$$s=\sqrt{\frac{1}{n-1}\sum_{i=1}^{n}(x_i-\overline{x})^2};$$

$$a_k=\frac{1}{n}\sum_{i=1}^{n}x_i{}^k,\quad k=1,2,\cdots;$$

$$b_k=\frac{1}{n}\sum_{i=1}^{n}(x_i-\overline{x})^k,\quad k=1,2,\cdots.$$

这些观测值仍分别称为**样本均值、样本方差、样本标准差、样本 $k$ 阶(原点)矩、样本 $k$ 阶中心矩**. 以上这些统计量统称为**样本矩**.

**例 6.7** 从某工厂的产品中随机抽取 5 件，测得其直径分别为(单位：mm) 97,104,102,99,103.

(1) 写出总体、样本值、样本容量.

(2) 求样本观测值的均值、方差.

**解** (1) 总体为该工厂生产的所有产品，样本为$(X_1,X_2,X_3,X_4,X_5)$，样本值为(97,104,102,99,103)，样本容量为 5.

(2) 样本均值为

$$\overline{x}=\frac{1}{n}\sum_{i=1}^{n}x_i=\frac{1}{5}(97+104+102+99+103)=101;$$

样本方差为

$$s^2=\frac{1}{n-1}\sum_{i=1}^{n}(x_i-\overline{x})^2=\frac{1}{4}(4^2+3^2+1^2+2^2+2^2)=8.5.$$

**例 6.8** 证明：$S^2=\frac{1}{n-1}\left(\sum_{i=1}^{n}X_i^{\ 2}-n\overline{X}^2\right)$.

**证**
$$S^2=\frac{1}{n-1}\sum_{i=1}^{n}(X_i-\overline{X})^2=\frac{1}{n-1}\sum_{i=1}^{n}(X_i^{\ 2}-2X_i\overline{X}+\overline{X}^2)$$
$$=\frac{1}{n-1}\left(\sum_{i=1}^{n}X_i^{\ 2}-2\overline{X}\sum_{i=1}^{n}X_i+\sum_{i=1}^{n}\overline{X}^2\right)$$
$$=\frac{1}{n-1}\left(\sum_{i=1}^{n}X_i^{\ 2}-2n\overline{X}\,\overline{X}+n\overline{X}^2\right)$$
$$=\frac{1}{n-1}\left(\sum_{i=1}^{n}X_i^{\ 2}-n\overline{X}^2\right).$$

在第四章中我们定义过总体 $X$ 的 $k$ 阶原点矩、$k$ 阶中心矩(假设其存在)，在此分别记为 $\mu_k=E(X^k)$，$v_k=E[(X-E(X))^k]$，将其统称为**总体矩**.

需要指出的是，由辛钦大数定律，当总体 $X$ 的 $k$ 阶矩存在时，样本的 $k$ 阶矩必依概率收敛于总体的 $k$ 阶矩. 这也是下一章所要介绍的矩法估计的理论依据. 事实上，若总体 $X$ 的 $k$ 阶矩 $\mu_k=E(X^k)$ 存在，而样本的 $k$ 阶矩 $A_k=\frac{1}{n}\sum_{i=1}^{n}X_i^{\ k}$，由于 $X_1,X_2,\cdots,X_n$ 独立同分布于总体 $X$ 的分布，故 $X_1^{\ k},X_2^{\ k},\cdots,X_n^{\ k}$ 独立同分布于 $X^k$ 的分布，由辛钦大数定律，对任意的 $\varepsilon>0$，有

$$\lim_{n\to\infty}P\{|\mu_k-A_k|<\varepsilon\}=1,$$

即 $A_k$ 依概率收敛于 $\mu_k$.

**定理 6.1**　设$(X_1,X_2,\cdots,X_n)$是来自总体$X$的一个样本. 若$X$的二阶矩存在，且$E(X)=\mu$，$D(X)=\sigma^2$，则

$$E(\overline{X})=E(X)=\mu,\ D(\overline{X})=\frac{D(X)}{n}=\frac{\sigma^2}{n},\ E(S^2)=D(X)=\sigma^2.$$

**证**　由题意有$E(X_i)=\mu$，$D(X_i)=\sigma^2$，$i=1,2,\cdots,n$. 再由期望和方差的性质，有

$$E(\overline{X})=E\left(\frac{\sum_{i=1}^{n}X_i}{n}\right)=\frac{1}{n}\sum_{i=1}^{n}E(X_i)=\frac{1}{n}\sum_{i=1}^{n}E(X_i)$$

$$=\frac{1}{n}\sum_{i=1}^{n}\mu=\frac{1}{n}\cdot n\mu=\mu,$$

$$D(\overline{X})=D\left(\frac{\sum_{i=1}^{n}X_i}{n}\right)=\frac{1}{n^2}\sum_{i=1}^{n}D(X_i)=\frac{1}{n^2}\sum_{i=1}^{n}\sigma^2$$

$$=\frac{1}{n^2}\cdot n\sigma^2=\frac{\sigma^2}{n},$$

$$E(S^2)=E\left[\frac{1}{n-1}\left(\sum_{i=1}^{n}X_i{}^2-n\overline{X}^2\right)\right]$$

$$=\frac{1}{n-1}(nE(X_i{}^2)-nE(\overline{X}^2))$$

$$=\frac{n}{n-1}(E(X_i{}^2)-E(\overline{X}^2))$$

$$=\frac{n}{n-1}[D(X_i)+E^2(X_i)-(D(\overline{X})+E^2(\overline{X}))]$$

$$=\frac{n}{n-1}\left(\sigma^2-\frac{\sigma^2}{n}\right)=\sigma^2.$$ □

**例 6.9**　设$(X_1,X_2,\cdots,X_n)$是来自总体$X$的一个样本，在下列三种情况下，分别求$E(\overline{X}),D(\overline{X}),E(S^2)$：

(1)　$X\sim B(1,p)$；

(2)　$X\sim E(\lambda)$；

(3)　$X\sim U(-1,1)$.

**解**　(1)　由于$X\sim B(1,p)$，则$E(X)=p$，$D(X)=p(1-p)$. 由定理 6.1，有

$$E(\overline{X})=E(X)=p,\quad D(\overline{X})=\frac{D(X)}{n}=\frac{p(1-p)}{n},$$

$$E(S^2)=D(X)=p(1-p).$$

(2) 由于 $X\sim E(\lambda)$，则 $E(X)=\frac{1}{\lambda}$，$D(X)=\frac{1}{\lambda^2}$. 由定理 6.1，有

$$E(\overline{X})=E(X)=\frac{1}{\lambda},\quad D(\overline{X})=\frac{D(X)}{n}=\frac{1}{n\lambda^2},$$

$$E(S^2)=D(X)=\frac{1}{\lambda^2}.$$

(3) 由于 $X\sim U(-1,1)$，则

$$E(X)=\frac{1}{2}(a+b)=0,\quad D(X)=\frac{1}{12}(b-a)^2=\frac{1}{3}.$$

由定理 6.1，有 $E(\overline{X})=E(X)=0$，

$$D(\overline{X})=\frac{D(X)}{n}=\frac{1}{3n},\quad E(S^2)=D(X)=\frac{1}{3}.$$

## 习 题 6.2

1. 在某工厂生产的轴承中随机地选取 10 件，测得其重量(以 kg 计) 如下：

2.36，2.42，2.38，2.34，2.40，2.42，2.39，2.43，2.39，2.37.

求样本均值、样本方差和样本标准差.

2. 设$(X_1,X_2,\cdots,X_n)$是来自正态总体 $N(\mu,\sigma^2)$ 中的一个样本，其中 $\mu$ 已知，$\sigma^2$ 是未知参数. 判断下列哪些是统计量：

(1) $T_1=\frac{1}{n}\sum_{i=1}^{n}(X_i-\mu)^2$； (2) $T_2=\frac{1}{n}\sum_{i=1}^{n}\left(\frac{X_i-\mu}{\sigma}\right)^2$；

(3) $T_1=\frac{1}{n}\sum_{i=1}^{n}(X_i-\overline{X})^2$； (4) $T_1=\frac{1}{n}\sum_{i=1}^{n}\left(\frac{X_i-\overline{X}}{\sigma}\right)^2$.

3. 设$(X_1,X_2,\cdots,X_n)$是来自正态总体 $N(\mu,\sigma^2)$ 中的一个样本，其中 $\mu$ 未知，$\sigma^2$ 已知. 判断下列函数哪些是统计量：

(1) $T_1=\frac{1}{n}\sum_{i=1}^{n}X_i$； (2) $T_2=\frac{1}{n}\sum_{i=1}^{n}X_i-\mu$；

(3) $T_3=\max\{X_1,X_2,\cdots,X_n\}$.

4. 设 $X_1,X_2,\cdots,X_n$ 是来自总体 $X$ 的一个样本，在下列情况下分别求 $E(\overline{X}),D(\overline{X}),E(S^2)$：

(1) $X\sim B(n,p)$； (2) $X\sim p(\lambda)$；

(3) $X\sim U(0,2\theta)$.

# 6.3 三大抽样分布

统计量是获得总体信息进行统计推断的重要的基本概念. 在使用统计量进行推断时常常需要知道其分布, 统计量的分布称为**抽样分布**. 当总体的分布函数已知时, 抽样分布是确定的. 然而求统计量的精确分布一般来说是困难的, 但在实际问题中, 大多的总体是服从正态分布的, 本节就介绍来自正态总体的几个常用统计量的分布: $\chi^2$ 分布, $t$ 分布, $F$ 分布.

1. $\chi^2$ 分布

设随机变量 $X_1, X_2, \cdots, X_n$ 相互独立, 且都服从标准正态分布 $N(0,1)$, 则称随机变量

$$\chi^2 = X_1{}^2 + X_2{}^2 + \cdots + X_n{}^2$$

**服从自由度为 $n$ 的 $\chi^2$ 分布**, 记为 $\chi^2 \sim \chi^2(n)$. 这里自由度 $n$ 指的是包含的独立随机变量的个数.

$\chi^2(n)$ 分布的概率密度函数为

$$f(x) = \begin{cases} \dfrac{1}{2^{\frac{n}{2}}\Gamma\left(\dfrac{n}{2}\right)} x^{\frac{n}{2}-1} \mathrm{e}^{-\frac{x}{2}}, & x > 0, \\ 0, & x \leqslant 0, \end{cases}$$

其中 $\Gamma(s)$ 是伽玛函数, $\Gamma(s) = \int_0^{+\infty} x^{s-1} \mathrm{e}^{-x} \mathrm{d}x$, $s > 0$.

伽玛函数具有如下性质:

$$\Gamma(s+1) = s\Gamma(s), \quad \Gamma(1) = 1,$$

$$\Gamma\left(\frac{1}{2}\right) = \sqrt{\pi}, \quad \Gamma(n+1) = n! \quad (n \in \mathbf{N}).$$

$\chi^2(n)$ 分布的概率密度曲线如图 6-1 所示.

$\chi^2(n)$ 分布的性质和特点如下:

(1) $\chi^2(n)$ 分布的概率密度曲线形状与 $n$ 有关, 通常为不对称的右偏分布, 但随着 $n$ 的增大而逐渐趋于对称.

(2) 若 $\chi^2 \sim \chi^2(n)$, 则 $E(\chi^2) = n$, $D(\chi^2) = 2n$.

这是因为 $X_i \sim N(0,1)$, $i = 1, 2, \cdots, n$, 故 $E(X_i) = 0$, $D(X_i) = 1$, 而

$$D(X_i) = E(X_i{}^2) - (E(X_i))^2,$$

从而 $E(X_i{}^2) = 1$,

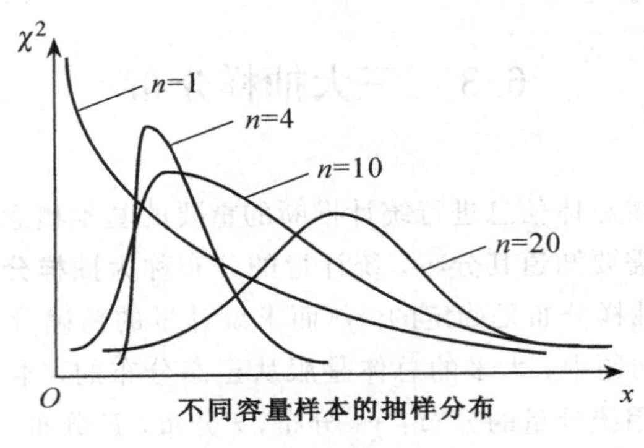


图 6-1

$$D(X_i^2)=E(X_i^4)-(E(X_i^2))^2=\frac{1}{\sqrt{2\pi}}\int_{-\infty}^{+\infty}x^4\mathrm{e}^{-\frac{x^2}{2}}\mathrm{d}x-1^2$$
$$=3-1=2.$$

再由 $X_i$ 的独立性，可知 $X_i^2$ 也是独立的$(i=1,2,\cdots,n)$，于是

$$E(\chi^2)=E\left(\sum_{i=1}^{n}X_i^2\right)=\sum_{i=1}^{n}E(X_i^2)=n,$$

$$D(\chi^2)=D\left(\sum_{i=1}^{n}X_i^2\right)=\sum_{i=1}^{n}D(X_i^2)=2n.$$

(3) 若 $\chi_1^2\sim\chi^2(n_1)$，$\chi_2^2\sim\chi^2(n_2)$，且 $\chi_1^2,\chi_2^2$ 相互独立，则

$$\chi_1^2+\chi_2^2\sim\chi^2(n_1+n_2).$$

这一结果可以推广到多个 $\chi^2$ 分布和的分布.

(4) 应用中心极限定理可得，若 $\chi^2\sim\chi^2(n)$，则当 $n$ 充分大时，$\dfrac{\chi^2-n}{\sqrt{2n}}$ 的分布近似服从标准正态分布.

**例 6.10** 设总体 $X\sim\chi^2(n)$，$X_1,X_2,\cdots,X_{10}$ 是来自 $X$ 的样本，求 $E(\overline{X}),D(\overline{X}),E(S^2)$.

**解** 由 $\chi^2(n)$ 分布的性质，$E(X)=n$，$D(X)=2n$，故有

$$E(\overline{X})=E(X)=n,\quad D(\overline{X})=\frac{D(X)}{n}=\frac{2n}{10}=\frac{n}{5},$$

$$E(S^2)=D(X)=2n.$$

**例 6.11** 设$(X_1,X_2,\cdots,X_n)$是来自总体 $X\sim N(\mu,\sigma^2)$ 的一个样本，求 $\left(\dfrac{X_1-\mu}{\sigma}\right)^2+\left(\dfrac{X_2-\mu}{\sigma}\right)^2+\left(\dfrac{X_3-\mu}{\sigma}\right)^2$ 的分布.

**解**　由题意，知 $X_i$ 相互独立，且 $X_i \sim N(\mu,\sigma^2)$，$i=1,2,3$，于是 $\frac{X_i-\mu}{\sigma}$ 也相互独立且 $\frac{X_i-\mu}{\sigma} \sim N(0,1)$，$i=1,2,3$. 由 $\chi^2$ 分布的定义，得

$$\left(\frac{X_1-\mu}{\sigma}\right)^2+\left(\frac{X_2-\mu}{\sigma}\right)^2+\left(\frac{X_3-\mu}{\sigma}\right)^2 \sim \chi^2(3).$$

**例 6.12**　设样本 $X_1,X_2,\cdots,X_6$ 来自总体 $N(0,1)$，

$$Y=(X_1+X_2+X_3)^2+(X_4+X_5+X_6)^2.$$

试确定常数 $C$ 使 $CY$ 服从 $\chi^2$ 分布.

**解**　因 $X_1,X_2,\cdots,X_6$ 是总体 $N(0,1)$ 的样本，故

$$X_1+X_2+X_3 \sim N(0,3),\quad X_4+X_5+X_6 \sim N(0,3),$$

且相互独立，因此

$$\frac{X_1+X_2+X_3}{\sqrt{3}} \sim N(0,1),\quad \frac{X_4+X_5+X_6}{\sqrt{3}} \sim N(0,1),$$

且两者相互独立. 按 $\chi^2$ 分布的定义，

$$\frac{(X_1+X_2+X_3)^2}{3}+\frac{(X_4+X_5+X_6)^2}{3} \sim \chi^2(2),$$

即 $\frac{1}{3}Y \sim \chi^2(2)$，所以 $C=\frac{1}{3}$.

**定义 6.3**　若随机变量 $\chi^2 \sim \chi^2(n)$，则对给定的正数 $\alpha$ $(0<\alpha<1)$，称满足条件

$$P\{\chi^2 \geqslant \chi^2_\alpha(n)\}=\int_{\chi^2_\alpha(n)}^{+\infty} f(x)\mathrm{d}x=\alpha$$

的点 $\chi^2_\alpha(n)$ 为 $\chi^2(n)$ **分布的上 $\alpha$ 分位点**. 如图 6-2 所示.

对于不同的 $\alpha,n$，$\chi^2(n)$ 分布的上 $\alpha$ 分位点 $\chi^2_\alpha(n)$ 可以查表，见附表 3，如 $\chi^2_{0.1}(25)=34.382$.

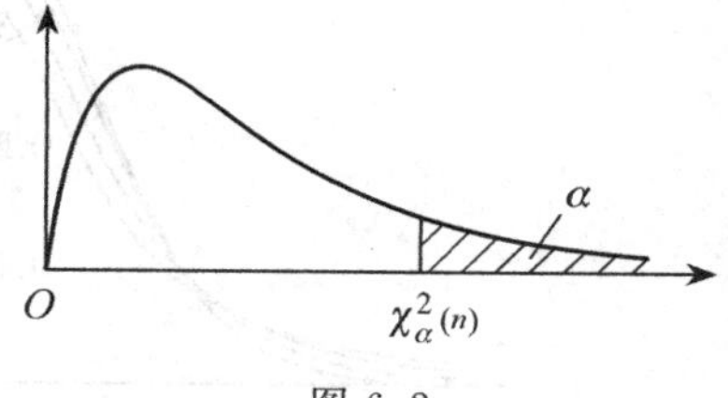

图 6-2

**例 6.13**　查表求 $\chi^2_{0.01}(12)$，$\chi^2_{0.99}(12)$.

**解**　查表得 $\chi^2_{0.01}(12)=26.217$，$\chi^2_{0.99}(12)=3.571$.

**例 6.14**　设 $(X_1,X_2,\cdots,X_{16})$ 是来自总体 $X \sim N(0,2^2)$ 的一个简单随机样本，求 $P\left\{\sum_{i=1}^{16} X_i{}^2 \leqslant 77.476\right\}$.

**解** 由题意有$\frac{X_i}{2} \sim N(0,1)$，$\sum_{i=1}^{16}\frac{X_i{}^2}{2^2} \sim \chi^2(16)$，故

$$P\left\{\sum_{i=1}^{16}X_i{}^2 \leqslant 77.476\right\} = P\left\{\frac{1}{4}\sum_{i=1}^{16}X_i{}^2 \leqslant \frac{1}{4}\times 77.476\right\}$$
$$= 1 - P\left\{\frac{1}{4}\sum_{i=1}^{16}X_i{}^2 > 19.369\right\}.$$

查表得$\chi^2_{0.25}(16) = 19.369$，故

$$P\left\{\sum_{i=1}^{16}X_i{}^2 \leqslant 77.476\right\} \approx 1 - 0.25 = 0.75.$$

2. t 分布

设$X \sim N(0,1)$，$Y \sim \chi^2(n)$，且$X$与$Y$相互独立，则称随机变量

$$T = \frac{X}{\sqrt{Y/n}}$$

**服从自由度为$n$的$t$分布**，记为$T \sim t(n)$.

$t$分布又称为**学生氏**(student)**分布**. $t$分布的概率密度函数为

$$f(t) = \frac{\Gamma\left(\frac{n+1}{2}\right)}{\sqrt{n\pi}\,\Gamma\left(\frac{n}{2}\right)}\left(1+\frac{t^2}{n}\right)^{-\frac{n+1}{2}}, \quad -\infty < t < +\infty.$$

$t$分布的概率密度曲线如图 6-3 所示. $t$分布与标准正态分布的比较如图 6-4 所示.

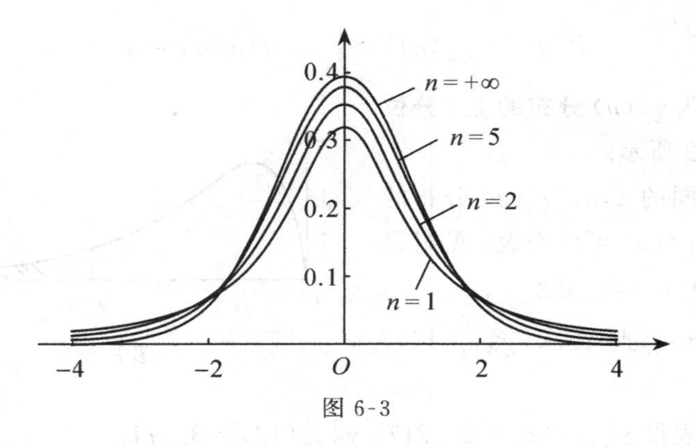


图 6-3

$t$分布的性质如下：

(1) $t$分布的密度函数$f(t)$关于$t=0$对称，当自由度$n$充分大时，$t$分布是类似正态分布的一种对称分布，$t$分布越来越接近$N(0,1)$，但它通常比正态分布平坦和分散. 实际应用中，当$n \geqslant 30$时，$t$分布与$N(0,1)$就非常接

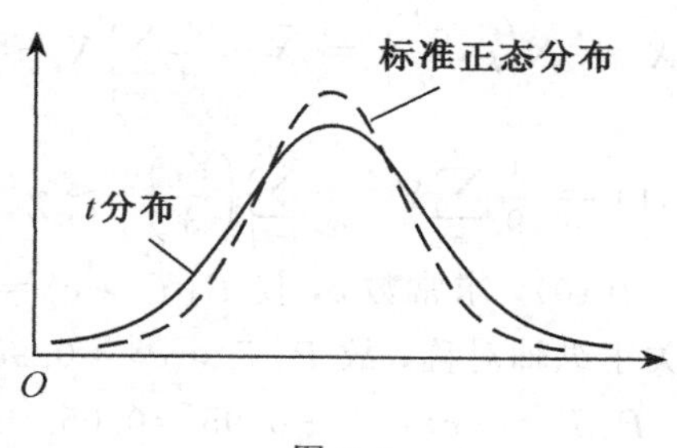


图 6-4

近；自由度为 1 的 $t$ 分布称为**柯西分布**，但对较小的自由度 $n$，$t$ 分布与 $N(0,1)$ 分布相差很大.

(2) $t$ 分布一般只用于小样本问题.

(3) 若 $T\sim t(n)$，则 $E(T)=0\ (n>1)$，$D(T)=\dfrac{n}{n-2}\ (n>2)$.

**定义 6.4** 若随机变量 $T\sim t(n)$，对于给定的正数 $\alpha$ $(0<\alpha<1)$，称满足条件

$$P\{T\geqslant t_\alpha(n)\}=\int_{t_\alpha(n)}^{+\infty}f(t)\mathrm{d}t=\alpha$$

的点 $t_\alpha(n)$ 为 **$t$ 分布的上 $\alpha$ 分位点**. 如图 6-5 所示.

对于不同的 $\alpha,n$，上 $\alpha$ 分位点 $t_\alpha(n)$ 可以查表，见附表 4，如 $t_{0.05}(9)=1.8331$.

由 $t$ 分布上 $\alpha$ 分位点的定义及 $f(t)$ 关于 $t=0$ 对称，得

$$t_\alpha(n)=-t_{1-\alpha}(n).$$

当 $n>45$ 时，对于常用的 $\alpha$ 的值，就用正态近似 $t_\alpha(n)\approx z_\alpha$.

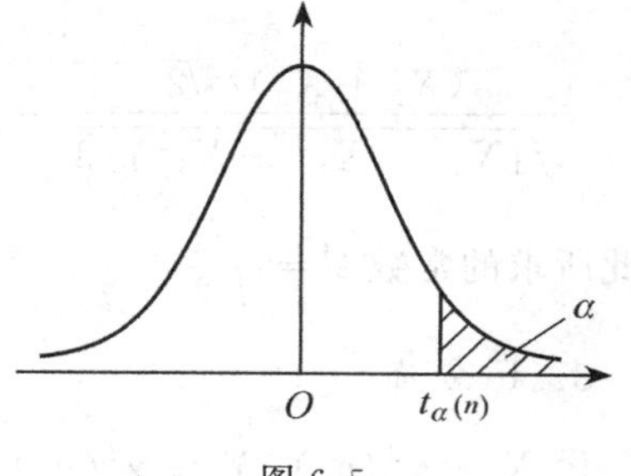


图 6-5

**例 6.15** 查表求 $t_{0.01}(12),t_{0.99}(12)$.

**解** 查表得 $t_{0.01}(12)=2.6810$，$t_{0.99}(12)=-t_{0.01}(12)=-2.6810$.

**例 6.16** 设 $X,Y$ 相互独立，都服从 $N(0,3^2)$，则统计量

$$U=\frac{X_1+X_2+\cdots+X_9}{\sqrt{Y_1{}^2+Y_2{}^2+\cdots+Y_9{}^2}}$$

服从什么分布？

**解** 根据 $t$ 分布的定义，需要把分子和分母标准化成 $N(0,1)$，

$$\overline{X}=\frac{1}{n}\sum_{i=1}^{n}X_i\sim N\left(\mu,\frac{\sigma^2}{n}\right)\Rightarrow \overline{X}=\frac{1}{9}\sum_{i=1}^{9}X_i\sim N(0,1),$$

$$\frac{Y_i}{3}\sim N(0,1)\Rightarrow \frac{1}{9}\sum_{i=1}^{9}{Y_i}^2=\sum_{i=1}^{9}\left(\frac{Y_i}{3}\right)^2\sim\chi^2(9).$$

**例 6.17** 设 $T\sim t(10)$，求常数 $c$，使 $P\{T>c\}=0.95$.

**解** 由于 $t$ 分布关于纵轴对称，故 $P\{T>c\}=0.95$，即

$$P\{T>-c\}=1-0.95=0.05.$$

查表可得 $t_{0.05}(10)=1.81$，因此 $-c=1.81$，即 $c=-1.81$.

**例 6.18** 设样本 $X_1,X_2,\cdots,X_5$ 来自总体 $N(0,1)$，

$$Y=\frac{C(X_1+X_2)}{({X_3}^2+{X_4}^2+{X_5}^2)^{\frac{1}{2}}}.$$

试确定常数 $C$，使 $Y$ 服从 $t$ 分布.

**解** 因为 $X_1,X_2,\cdots,X_5$ 是总体 $N(0,1)$ 的样本，所以 $X_1+X_2\sim N(0,2)$，即有

$$\frac{X_1+X_2}{\sqrt{2}}\sim N(0,1).$$

而 ${X_3}^2+{X_4}^2+{X_5}^2\sim\chi^2(3)$ 且 $\frac{X_1+X_2}{\sqrt{2}}$ 与 ${X_3}^2+{X_4}^2+{X_5}^2$ 相互独立，于是

$$\frac{(X_1+X_2)/\sqrt{2}}{\sqrt{({X_3}^2+{X_4}^2+{X_5}^2)/3}}=\sqrt{\frac{3}{2}}\frac{X_1+X_2}{({X_3}^2+{X_4}^2+{X_5}^2)^{\frac{1}{2}}}\sim t(3).$$

因此所求的常数 $C=\sqrt{\frac{3}{2}}$.

3. F 分布

设 $X\sim\chi^2(n_1)$，$Y\sim\chi^2(n_2)$，且 $X$ 与 $Y$ 相互独立，则称随机变量

$$F=\frac{X/n_1}{Y/n_2}$$

**服从第一自由度为 $n_1$、第二自由度为 $n_2$ 的 $F$ 分布，记为 $F\sim F(n_1,n_2)$.**

$F$ 分布的概率密度函数为

$$f(x)=\begin{cases}\dfrac{\Gamma\left(\dfrac{n_1+n_2}{2}\right)}{\Gamma\left(\dfrac{n_1}{2}\right)\Gamma\left(\dfrac{n_2}{2}\right)\left(1+\dfrac{n_1}{n_2}x\right)^{\frac{n_1+n_2}{2}}}\left(\dfrac{n_1}{n_2}\right)^{\frac{n_1}{2}}x^{\frac{n_1}{2}-1}, & x>0,\\ 0, & x\leqslant 0.\end{cases}$$

$F$ 分布的概率密度曲线如图 6-6 所示.

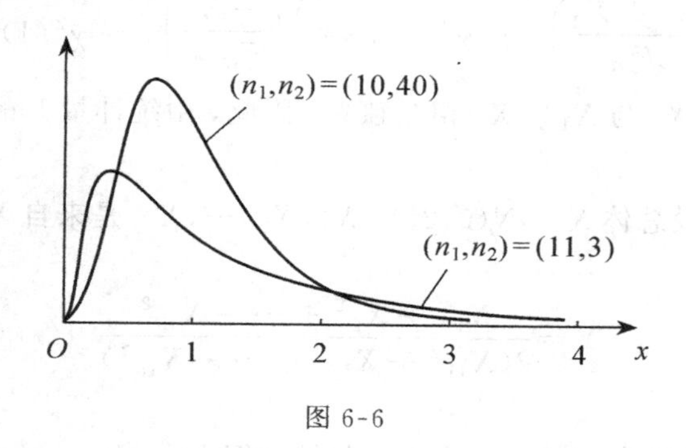


图 6-6

$F$ 分布的性质如下：

(1) 若 $F \sim F(n_1,n_2)$，则$\frac{1}{F} \sim F(n_2,n_1)$.

这是因为$F \sim F(n_1,n_2)$，则由$F$分布的构造，知存在$X \sim \chi^2(n_1)$，$Y \sim \chi^2(n_2)$，且 $X$ 与 $Y$ 相互独立，使$F=\frac{X/n_1}{Y/n_2}$，故有$\frac{1}{F}=\frac{Y}{X} \sim F(n_2,n_1)$.

(2) 若 $X \sim F(n_1,n_2)$，则

$$E(X)=\frac{n_2-2}{n_2} \quad (n_2>2),$$

$$D(X)=\frac{2{n_2}^2(n_1+n_2-2)}{n_1(n_2-2)(n_2-4)} \quad (n_2>4).$$

(3) 若 $T \sim t(n)$，则 $T^2 \sim F(1,n)$.

这是因为 $T \sim t(n)$，则由 $t$ 分布的构造，知存在 $X \sim N(0,1)$，$Y \sim \chi^2(n)$，且 $X$ 与 $Y$ 相互独立，使 $T=\frac{X}{\sqrt{Y/n}}$，于是

$$T^2=\left(\frac{X}{\sqrt{Y/n}}\right)^2=\frac{X^2/1}{Y/n}.$$

而 $X \sim N(0,1)$，得 $X^2 \sim \chi^2(1)$，故由 $F$ 分布的构造，知 $T^2 \sim F(1,n)$.

**例 6.19** 设总体 $X \sim N(0,\sigma^2)$，$X_1,X_2$ 是总体的一个样本，求 $Y=\frac{(X_1+X_2)^2}{(X_1-X_2)^2}$ 的分布.

**解** $Y=\left(\frac{X_1+X_2}{\sqrt{2}\sigma}\right)^2\Big/\left(\frac{X_1-X_2}{\sqrt{2}\sigma}\right)^2$. 因为

$$X_1+X_2 \sim N(0,2\sigma^2), \quad X_1-X_2 \sim N(0,2\sigma^2),$$

所以

$$\left(\frac{X_1+X_2}{\sqrt{2}\sigma}\right)^2 \sim \chi^2(1),\quad \left(\frac{X_1-X_2}{\sqrt{2}\sigma}\right)^2 \sim \chi^2(1),$$

且易验证 $X_1+X_2$ 与 $X_1-X_2$ 相互独立，因此，由统计量 $F$ 的定义可知 $Y \sim F(1,1)$.

**例 6.20** 设总体 $X \sim N(0,2^2)$，$X_1, X_2, \cdots, X_{15}$ 是来自 $X$ 的简单随机样本，则

$$Y=\frac{{X_1}^2+{X_2}^2+\cdots+{X_{10}}^2}{2({X_{11}}^2+{X_{12}}^2+\cdots+{X_{15}}^2)}$$

服从什么分布？

**解** 分子量纲为 $N^2 \to \chi^2$ 分布，分母量纲也为 $N^2 \to \chi^2$ 分布，根据量纲法，可以推知结果是 $F$ 分布. 下面具体计算如下：

$$\begin{aligned} Y &= \frac{{X_1}^2+{X_2}^2+\cdots+{X_{10}}^2}{2({X_{11}}^2+{X_{12}}^2+\cdots+{X_{15}}^2)} \\ &= \frac{1}{2}\cdot\frac{\left(\frac{X_1}{2}\right)^2+\left(\frac{X_2}{2}\right)^2+\cdots+\left(\frac{X_{10}}{2}\right)^2}{\left(\frac{X_{11}}{2}\right)^2+\left(\frac{X_{12}}{2}\right)^2+\cdots+\left(\frac{X_{15}}{2}\right)^2} \\ &\sim \frac{1}{2}\cdot\frac{\chi^2(10)}{\chi^2(5)}=\frac{\frac{\chi^2(10)}{10}}{\frac{\chi^2(5)}{5}} \sim F(10,5). \end{aligned}$$

**定义 6.5** 若随机变量 $F \sim F(n_1, n_2)$，对于给定的正数 $\alpha$ $(0<\alpha<1)$，称满足条件

$$P\{F \geqslant F_\alpha(n_1,n_2)\}=\int_{F_\alpha(n_1,n_2)}^{+\infty} f(x)\,\mathrm{d}x=\alpha$$

的点 $F_\alpha(n_1,n_2)$ 为 $F(n_1,n_2)$ **分布的上 $\alpha$ 分位点**. 如图 6-7 所示.

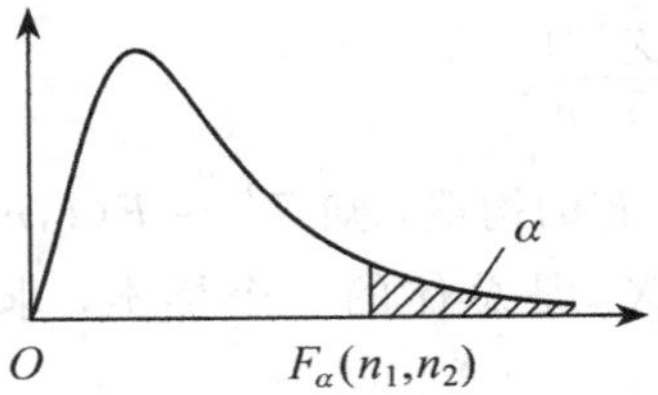

图 6-7

对于不同的 $\alpha, n_1, n_2$，上 $\alpha$ 分位点 $F_\alpha(n_1,n_2)$ 可以查表，见附表 5，如 $F_{0.05}(9,12)=2.80$.

由 $F$ 分布上 $\alpha$ 分位点的定义及 $F$ 分布的性质，得

$$F_{1-\alpha}(n_1,n_2)=\frac{1}{F_\alpha(n_2,n_1)}.$$

事实上，

$$1-\alpha=P\{F\geqslant F_{1-\alpha}(n_1,n_2)\}=P\left\{\frac{1}{F}\leqslant\frac{1}{F_{1-\alpha}(n_1,n_2)}\right\}$$

$$=1-P\left\{\frac{1}{F}\geqslant\frac{1}{F_{1-\alpha}(n_1,n_2)}\right\},$$

故 $\alpha=P\left\{\frac{1}{F}\geqslant\frac{1}{F_{1-\alpha}(n_1,n_2)}\right\}$. 而$\frac{1}{F}\sim F(n_2,n_1)$，即有

$$P\left\{\frac{1}{F}\geqslant F_{\alpha}(n_2,n_1)\right\}=\alpha,$$

故 $F_{1-\alpha}(n_1,n_2)=\frac{1}{F_{\alpha}(n_2,n_1)}$.

表中所给的$\alpha$都是很小的数，如0.05,0.01等，当$\alpha$较大时，如$\alpha=0.95$，表中查不出，这时可利用上面的性质. 例如，

$$F_{0.95}(12,9)=\frac{1}{F_{0.05}(9,12)}=\frac{1}{2.80}=0.357.$$

### 习　题　6.3

1. 设 $X_1,X_2,X_3,X_4$ 是来自正态总体 $N(0,2^2)$ 的简单随机样本，求 $a$，$b$，使得 $X=a(X_1-2X_2)^2+b(3X_3-4X_4)^2\sim\chi^2$.

2. $X_i\sim N(0,2^2)$，$i=1,2,\cdots,10$，且相互独立，

$Q=aX_1{}^2+b(X_2+X_3)^2+c(X_4+X_5+X_6)^2+d(X_7+X_8+X_9+X_{10})$

服从 $\chi^2$ 分布，求 $a,b,c,d$ 和自由度 $m$.

3. 设 $X_1,X_2,\cdots,X_n$ 为来自总体 $X\sim\chi^2(10)$ 的样本，求统计量 $Y=\sum_{i=1}^{n}X_i$ 的分布.

4. $X\sim t(n)$，求$\frac{1}{X^2}$ 的分布.

5. 设总体 $X\sim B(1,p)$，其中 $p$ 为未知参数. 设 $X_1,X_2,\cdots,X_n$ 是来自总体 $X$ 的一个样本，求 $P\left\{\overline{X}=\frac{k}{n}\right\}$.

## 6.4　正态总体样本均值与方差的分布

在概率统计问题中，正态分布占据着十分重要的位置，这是因为许多量的概率分布或者是正态分布，或者是接近于正态分布，而且正态分布有许多

优良性质，便于进行较深入的理论研究. 因此，我们着重讨论一下正态总体下的抽样分布，其中最重要的统计量自然是样本均值和样本方差. 我们现在对总体为正态分布时推导样本均值和方差的分布.

**定理 6.2** 设$(X_1,X_2,\cdots,X_n)$是来自正态总体$X\sim N(\mu,\sigma^2)$的一个样本，其样本均值为$\overline{X}=\frac{1}{n}\sum_{i=1}^{n}X_i$，样本方差为$S^2=\frac{1}{n-1}\sum_{i=1}^{n}(X_i-\overline{X})^2$，则

(1) $\overline{X}\sim N\left(\mu,\frac{\sigma^2}{n}\right)$；

(2) $\frac{\overline{X}-\mu}{\sigma/\sqrt{n}}\sim N(0,1)$；

(3) $\sum_{i=1}^{n}\left(\frac{X_i-\mu}{\sigma}\right)^2\sim\chi^2(n)$；

(4) 样本均值$\overline{X}$与样本方差$S^2$相互独立；

(5) 统计量$\chi^2=\frac{(n-1)S^2}{\sigma^2}$服从自由度为$n-1$的$\chi^2$分布，即

$$\chi^2=\frac{(n-1)S^2}{\sigma^2}\sim\chi^2(n-1).$$

**例 6.21** 设总体$X\sim N(\mu,\sigma^2)$，$X_1,X_2,\cdots,X_{10}$是来自$X$的样本.

(1) 写出$X_1,X_2,\cdots,X_{10}$的联合概率密度.

(2) 写出$\overline{X}$的概率密度.

**解** (1) 由题意有$X_i\sim N(\mu,\sigma^2)$，$i=1,2,\cdots,10$，即

$$f_{X_i}(x_i)=\frac{1}{\sqrt{2\pi}\sigma}e^{-\frac{(x_i-\mu)^2}{2\sigma^2}},$$

故$X_1,X_2,\cdots,X_{10}$的联合概率密度为

$$f(x_1,x_2,\cdots,x_n)=\prod_{i=1}^{10}f_{X_i}(x_i)=\prod_{i=1}^{10}\frac{1}{\sqrt{2\pi}\sigma}e^{-\frac{(x_i-\mu)^2}{2\sigma^2}}$$

$$=\frac{1}{(2\pi\sigma^2)^5}e^{-\sum_{i=1}^{10}\frac{(x_i-\mu)^2}{2\sigma^2}}.$$

(2) 由定理 6.2 知$\overline{X}\sim N\left(\mu,\frac{\sigma^2}{10}\right)$，故$\overline{X}$的概率密度为

$$f_{\overline{X}}(x)=\frac{\sqrt{10}}{\sqrt{2\pi}\sigma}e^{-\frac{5(x-\mu)^2}{\sigma^2}}=\frac{\sqrt{5}}{\sqrt{\pi}\sigma}e^{-\frac{5(x-\mu)^2}{\sigma^2}}.$$

**例 6.22**　已知总体 $X\sim N(52,6.3^2)$，样本容量 $n=36$.

（1）求样本均值 $\overline{X}$ 落在(50.8,53.8)内的概率.

（2）若要以 99.9% 以上的概率保证 $|\overline{X}-52|<2$，则样本容量至少要取多大?

**解**　（1）由于 $X\sim N(52,6.3^2)$，则 $\overline{X}\sim N\left(52,\frac{6.3^2}{n}\right)$，即 $\overline{X}\sim N(52,1.05^2)$，故所求概率为

$$
\begin{aligned}
P\{50.8<\overline{X}<53.8\}&=\Phi\left(\frac{53.8-52}{1.05}\right)-\Phi\left(\frac{50.8-52}{1.05}\right)\\
&=\Phi(1.7143)-\Phi(-1.1429)\\
&=0.9564-(1-0.8729)\\
&=0.8293.
\end{aligned}
$$

（2）设所求样本容量为 $n$，则 $\overline{X}\sim N\left(52,\frac{6.3^2}{n}\right)$，故要使

$$
P\{|\overline{X}-52|<2\}=2\Phi\left(\frac{2\sqrt{n}}{6.3}\right)-1\geqslant 99.9\%,
$$

则 $\Phi\left(\frac{2\sqrt{n}}{6.3}\right)\geqslant 0.9995$. 查表得 $\frac{2\sqrt{n}}{6.3}\geqslant 3.3$，于是 $n\geqslant 108.06$. 故可取 $n=109$ 可保证 $P\{|\overline{X}-52|<2\}\geqslant 99.9\%$.

**例 6.23**　设在总体 $X\sim N(\mu,\sigma^2)$ 中抽得一容量为16的样本，这里 $\mu,\sigma^2$ 均未知.

（1）求 $P\left\{\frac{S^2}{\sigma^2}\leqslant 2.041\right\}$，其中 $S^2$ 为样本方差.

（2）求 $D(S^2)$.

**解**　（1）因为 $\frac{(n-1)S^2}{\sigma^2}\sim\chi^2(n-1)$，现在 $n=16$，即有 $\frac{15S^2}{\sigma^2}\sim\chi^2(15)$，故

$$
\begin{aligned}
p=P\left\{\frac{S^2}{\sigma^2}\leqslant 2.041\right\}&=P\left\{\frac{15S^2}{\sigma^2}\leqslant 15\times 2.041\right\}\\
&=P\left\{\frac{15S^2}{\sigma^2}\leqslant 30.615\right\}=1-P\left\{\frac{15S^2}{\sigma^2}>30.615\right\}.
\end{aligned}
$$

查 $\chi^2$ 分布表得 $\chi^2_{0.01}(15)=30.578$，从而知 $p=1-0.01=0.99$.

（2）由 $\frac{15S^2}{\sigma^2}\sim\chi^2(15)$，得

$$
D\left(\frac{15S^2}{\sigma^2}\right)=2\times 15=30,
$$

即$\frac{15^2}{\sigma^4}D(S^2)=30$，$D(S^2)=\frac{2\sigma^4}{15}$.

**例 6.24** 从正态总体 $X\sim N(\mu,\sigma^2)$ 中抽取了样本容量为 $n=20$ 的样本 $(X_1,X_2,\cdots,X_{20})$，其样本均值为 $\overline{X}=\frac{1}{n}\sum_{i=1}^{n}X_i$，求

(1) $P\left\{0.37\sigma^2\leqslant\frac{1}{20}\sum_{i=1}^{20}(X_i-\overline{X})^2\leqslant 1.76\sigma^2\right\}$；

(2) $P\left\{0.37\sigma^2\leqslant\frac{1}{20}\sum_{i=1}^{20}(X_i-\mu)^2\leqslant 1.76\sigma^2\right\}$.

**解** (1) 由$\frac{(n-1)S^2}{\sigma^2}\sim\chi^2(n-1)$知

$$\frac{(20-1)S^2}{\sigma^2}=\frac{1}{\sigma^2}\sum_{i=1}^{20}(X_i-\overline{X})^2\sim\chi^2(19),$$

故

$$P\left\{0.37\sigma^2\leqslant\frac{1}{20}\sum_{i=1}^{20}(X_i-\overline{X})^2\leqslant 1.76\sigma^2\right\}$$

$$=P\left\{\frac{1}{\sigma^2}\sum_{i=1}^{20}(X_i-\overline{X})^2\geqslant 7.4\right\}-P\left\{\frac{1}{\sigma^2}\sum_{i=1}^{20}(X_i-\overline{X})^2\geqslant 35.2\right\}$$

$$\xlongequal{\text{查表}}0.99-0.01=0.98.$$

(2) 由于$\sum_{i=1}^{20}\left(\frac{X_i-\mu}{\sigma}\right)^2\sim\chi^2(20)$，故

$$P\left\{0.37\sigma^2\leqslant\frac{1}{20}\sum_{i=1}^{20}(X_i-\mu)^2\leqslant 1.76\sigma^2\right\}$$

$$=P\left\{\sum_{i=1}^{20}\left(\frac{X_i-\mu}{\sigma}\right)^2\geqslant 7.4\right\}-P\left\{\sum_{i=1}^{20}\left(\frac{X_i-\mu}{\sigma}\right)^2\geqslant 35.2\right\}$$

$$\xlongequal{\text{查表}}0.995-0.025=0.97.$$

**例 6.25** 从正态总体 $X\sim N(\mu,4^2)$ 中抽取样本容量为10的简单随机样本，$S^2$ 为样本方差. 已知 $P\{S^2>a\}=0.1$，求 $a$ 的值.

**解** 由题意知 $n=10$，$\sigma^2=4^2$，故$\frac{(n-1)S^2}{\sigma^2}=\frac{9S^2}{4^2}\sim\chi^2(9)$. 于是

$$P\{S^2>a\}=P\left\{\frac{9S^2}{4^2}>\frac{9a}{16}\right\}=0.1.$$

查表得$\frac{9a}{16}=\chi^2_{0.1}(9)\approx 14.684$，故 $a=\frac{14.684\times 16}{9}\approx 26.105$.

由定理 6.2 和三大抽样分布，不难推出下面结论：

**推论 1** 设$(X_1, X_2, \cdots, X_n)$是来自正态总体$X \sim N(\mu, \sigma^2)$的一个样本，$\overline{X}$与$S^2$分别是样本均值与样本方差，则统计量$t = \dfrac{\overline{X}-\mu}{S/\sqrt{n}}$服从自由度为$n-1$的$t$分布，即

$$t = \frac{\overline{X}-\mu}{S/\sqrt{n}} \sim t(n-1).$$

**证** 由定理 6.2 知，统计量

$$u = \frac{\overline{X}-\mu}{\sigma/\sqrt{n}} \sim N(0,1), \quad \chi^2 = \frac{(n-1)S^2}{\sigma^2} \sim \chi^2(n-1),$$

且$\overline{X}$与$S^2$相互独立，所以$u$与$\chi^2$也相互独立，且由$t$分布的定义知：

$$\frac{u}{\sqrt{\chi^2/(n-1)}} = \frac{(\overline{X}-\mu)/(\sigma/\sqrt{n})}{S/\sigma} = \frac{\overline{X}-\mu}{S/\sqrt{n}} \sim t(n-1). \qquad \square$$

**推论 2** 设$(X_1, X_2, \cdots, X_{n_1})$与$(Y_1, Y_2, \cdots, Y_{n_2})$是分别来自正态总体$N(\mu_1, \sigma^2)$和$N(\mu_2, \sigma^2)$的样本，并且相互独立，$\overline{X}$与${S_1}^2$分别是样本$(X_1, X_2, \cdots, X_{n_1})$的样本均值与样本方差，$\overline{Y}$与${S_2}^2$分别是样本$(Y_1, Y_2, \cdots, Y_{n_2})$的样本均值与样本方差，则统计量

$$U = \frac{(\overline{X}-\overline{Y})-(\mu_1-\mu_2)}{\sigma\sqrt{\dfrac{1}{n_1}+\dfrac{1}{n_2}}} \sim N(0,1),$$

$$T = \frac{(\overline{X}-\overline{Y})-(\mu_1-\mu_2)}{S_\omega\sqrt{\dfrac{1}{n_1}+\dfrac{1}{n_2}}} \sim t(n_1+n_2-2),$$

其中$S_\omega = \sqrt{\dfrac{(n_1-1){S_1}^2+(n_2-1){S_2}^2}{n_1+n_2-2}}$.

**证** 由定理 6.2，$\overline{X} \sim N\left(\mu_1, \dfrac{\sigma^2}{n_1}\right)$，$\overline{Y} \sim N\left(\mu_2, \dfrac{\sigma^2}{n_2}\right)$，于是

$$E(\overline{X}) = \mu_1, \quad E(\overline{Y}) = \mu_2, \quad D(\overline{X}) = \frac{\sigma^2}{n_1}, \quad D(\overline{Y}) = \frac{\sigma^2}{n_2},$$

因此

$$E(\overline{X}-\overline{Y}) = E(\overline{X}) - E(\overline{Y}) = \mu_1 - \mu_2,$$

$$D(\overline{X}-\overline{Y}) = D(\overline{X}) + D(\overline{Y}) = \frac{\sigma^2}{n_1} + \frac{\sigma^2}{n_2} = \left(\frac{1}{n_1}+\frac{1}{n_2}\right)\sigma^2.$$

故

$$U=\frac{(\overline{X}-\overline{Y})-(\mu_1-\mu_2)}{\sigma\sqrt{\frac{1}{n_1}+\frac{1}{n_2}}}\sim N(0,1).$$

由定理 6.2 知

$$\frac{(n_1-1)S_1{}^2}{\sigma^2}\sim\chi^2(n_1-1),\quad \frac{(n_2-1)S_2{}^2}{\sigma^2}\sim\chi^2(n_2-1).$$

因为 $S_1{}^2$ 与 $S_2{}^2$ 相互独立，由 $\chi^2$ 分布的可加性知

$$V=\frac{(n_1-1)S_1{}^2+(n_2-1)S_2{}^2}{\sigma^2}\sim\chi^2(n_1+n_2-2).$$

又 $U$ 和 $V$ 相互独立，所以由 $t$ 分布的定义得

$$T=\frac{U}{\sqrt{\frac{V}{n_1+n_2-2}}}=\frac{[(\overline{X}-\overline{Y})-(\mu_1-\mu_2)]\Big/\left(\sigma\sqrt{\frac{1}{n_1}+\frac{1}{n_2}}\right)}{\sqrt{\frac{(n_1-1)S_1{}^2+(n_2-1)S_2{}^2}{\sigma^2(n_1+n_2-2)}}}$$

$$=\frac{(\overline{X}-\overline{Y})-(\mu_1-\mu_2)}{S_w\sqrt{\frac{1}{n_1}+\frac{1}{n_2}}}\sim t(n_1+n_2-2).\qquad\square$$

**推论 3** 设 $(X_1,X_2,\cdots,X_{n_1})$ 与 $(Y_1,Y_2,\cdots,Y_{n_2})$ 是分别来自正态总体 $N(\mu_1,\sigma_1{}^2)$ 及 $N(\mu_2,\sigma_2{}^2)$ 的样本，并且相互独立，$S_1{}^2$ 是样本 $(X_1,X_2,\cdots,X_{n_1})$ 的样本方差，$S_2{}^2$ 是样本 $(Y_1,Y_2,\cdots,Y_{n_2})$ 的样本方差，则统计量 $F=\frac{S_1{}^2/\sigma_1{}^2}{S_2{}^2/\sigma_2{}^2}$ 服从自由度为 $(n_1-1,n_2-1)$ 的 $F$ 分布，即

$$F=\frac{S_1{}^2/\sigma_1{}^2}{S_2{}^2/\sigma_2{}^2}\sim F(n_1-1,n_2-1).$$

**证** 由定理 6.2 知

$$\frac{(n_1-1)S_1{}^2}{\sigma_1{}^2}\sim\chi^2(n_1-1),\quad \frac{(n_2-1)S_1{}^2}{\sigma_2{}^2}\sim\chi^2(n_2-1).$$

再由 $F$ 分布的定义得

$$F=\frac{\frac{(n_1-1)S_1{}^2}{\sigma_1{}^2}\Big/(n_1-1)}{\frac{(n_2-1)S_2{}^2}{\sigma_2{}^2}\Big/(n_2-1)}=\frac{S_1{}^2/\sigma_1{}^2}{S_2{}^2/\sigma_2{}^2}$$

$$\sim F(n_1-1,n_2-1).\qquad\square$$

**例 6.26**　设总体 $X \sim N(0,1)$，$X_1, X_2, \cdots, X_{2n}$ 是来自总体的简单随机样本，求下列统计量服从的分布：

(1) $Y_1 = \dfrac{\sqrt{2n-1}X_1}{\sqrt{\sum\limits_{i=2}^{2n} X_i^2}}$；　　(2) $Y_2 = \dfrac{(2n-3)\sum\limits_{i=1}^{3} X_i^2}{3\sum\limits_{i=4}^{2n} X_i^2}$；

(3) $Y_3 = \dfrac{1}{2}\sum\limits_{i=1}^{2n} X_i^2 + \sum\limits_{i=1}^{n} X_{2i-1}X_{2i}$.

**解**　(1) $$Y_1 = \frac{\sqrt{2n-1}X_1}{\sqrt{\sum\limits_{i=2}^{2n} X_i^2}} = \frac{X_1}{\sqrt{\sum\limits_{i=2}^{2n} X_i^2 \Big/ (2n-1)}} \sim \frac{N(0,1)}{\sqrt{\dfrac{\chi^2(2n-1)}{2n-1}}} \sim t(2n-1).$$

(2) $$Y_2 = \frac{(2n-3)\sum\limits_{i=1}^{3} X_i^2}{3\sum\limits_{i=4}^{2n} X_i^2} = \frac{\sum\limits_{i=1}^{3} X_i^2 \Big/ 3}{\sum\limits_{i=4}^{2n} X_i^2 \Big/ (2n-3)} \sim \frac{\dfrac{\chi^2(3)}{3}}{\dfrac{\chi^2(2n-3)}{2n-3}} \sim F(3, 2n-3).$$

(3) $$\begin{aligned} Y_3 &= \frac{1}{2}\sum_{i=1}^{2n} X_i^2 + \sum_{i=1}^{n} X_{2i-1}X_{2i} \\ &= \frac{1}{2}(X_1^2 + \cdots + X_{2n}^2) + X_1X_2 + X_3X_4 + \cdots + X_{2n-1}X_{2n} \\ &= \frac{1}{2}(X_1 + X_2)^2 + \frac{1}{2}(X_3 + X_4)^2 + \cdots + \frac{1}{2}(X_{2n-1} + X_{2n})^2 \\ &= \sum_{i=1}^{n}\left(\frac{X_{2i-1} + X_{2i}}{\sqrt{2}}\right)^2 \sim \sum_{i=1}^{n}(N_i(0,1))^2 \sim \chi^2(n). \end{aligned}$$

**例 6.27**　$X \sim N(\mu, \sigma^2)$，$Y \sim N(\mu, \sigma^2)$，均为简单随机样本，求

$$E\left[\frac{\sum\limits_{i=1}^{n_1}(X_i - \overline{X})^2 + \sum\limits_{j=1}^{n_2}(Y_i - \overline{Y})^2}{n_1 + n_2 - 2}\right].$$

**解**　所求期望为

$$\begin{aligned} &E\left[\frac{\sum\limits_{i=1}^{n_1}(X_i - \overline{X})^2 + \sum\limits_{j=1}^{n_2}(Y_i - \overline{Y})^2}{n_1 + n_2 - 2}\right] \\ &= E\left[\frac{(n_1 - 1)S_1^2 + (n_2 - 1)S_2^2}{n_1 + n_2 - 2}\right] \end{aligned}$$

$$=E\left[\frac{(n_1-1)+(n_2-1)}{n_1+n_2-2}\right]\sigma^2=\sigma^2.$$

## 习 题 6.4

### 一、填空题

1. 若 $X_1,X_2,\cdots,X_n$ 是取自总体 $X\sim N(\mu,\sigma^2)$ 的一个样本，则 $\overline{X}=\frac{1}{n}\sum_{i=1}^{n}X_i$ 服从________.

2. 设 $X_1,X_2,\cdots,X_n$ 为来自总体 $X\sim\chi^2(10)$ 的样本，则统计量 $Y=\sum_{i=1}^{n}X_i\sim$ ________.

3. 设 $X_1,X_2,\cdots,X_n$ 是来自总体 $X$ 的样本，总体 $X\sim U(a,b)$，则 $E(\overline{X})=$________，$D(\overline{X})=$________，$E(S^2)=$________.

4. 设 $X_1,X_2,X_3,X_4$ 是来自总体 $X\sim N(0,1)$ 的样本，

$$X=a(X_1-2X_2)^2+b(3X_3-4X_4)^2,$$

则当 $a=$________，$b=$________时，总体服从 $\chi^2(n)$，自由度为________.

5. 设总体 $X,Y$ 相互独立，且都服从正态分布 $N(0,3^2)$，而 $X_1,X_2,\cdots,X_9$ 和 $Y_1,Y_2,\cdots,Y_9$ 分别为来自总体 $X,Y$ 的简单随机样本，则统计量 $T=\frac{X_1+X_2+\cdots+X_9}{\sqrt{{Y_1}^2+{Y_2}^2+\cdots+{Y_9}^2}}$ 服从________.

6. 设 $X\sim N(\mu,\sigma^2)$，样本容量为 $n$，则

$$\frac{\sum_{i=1}^{n}(X_i-\overline{X})^2}{\sigma^2}\sim \text{________},\quad \frac{(n-1)S^2}{\sigma^2}\sim \text{________}.$$

### 二、选择题

1. 设 $X\sim N(1,3^2)$，$X_1,X_2,\cdots,X_9$ 是来自总体的样本，则(　　).

A. $\frac{\overline{X}-1}{3}\sim N(0,1)$　　B. $\frac{\overline{X}-1}{1}\sim N(0,1)$

C. $\frac{\overline{X}-1}{9}\sim N(0,1)$　　D. $\frac{\overline{X}-1}{\sqrt{3}}\sim N(0,1)$

2. 设 $X_1,X_2,\cdots,X_n$ 是总体 $X\sim N(0,1)$ 的样本，$\overline{X},S$ 分别为样本的均值和样本标准差，则有(　　).

A. $n\overline{X}\sim N(0,1)$　　B. $\overline{X}\sim N(0,1)$

C. $\sum_{i=1}^{n} X_i^{\ 2} \sim \chi^2(n)$　　　　D. $\frac{\overline{X}}{S} \sim t(n-1)$

3. 设 $X \sim N(\mu_1, \sigma_1^{\ 2})$，$Y \sim N(\mu_2, \sigma_2^{\ 2})$，$X, Y$ 相互独立，$X_1, X_2, \cdots, X_{n_1}$ 和 $Y_1, Y_2, \cdots, Y_{n_2}$ 分别为 $X, Y$ 的样本，则(　　).

A. $\overline{X}-\overline{Y} \sim N(\mu_1+\mu_2, \sigma_1^{\ 2}+\sigma_2^{\ 2})$

B. $\overline{X}-\overline{Y} \sim N\left(\mu_1-\mu_2, \frac{\sigma_1^{\ 2}}{n_1}+\frac{\sigma_2^{\ 2}}{n_2}\right)$

C. $\overline{X}-\overline{Y} \sim N\left(\mu_1-\mu_2, \frac{\sigma_1^{\ 2}}{n_1}-\frac{\sigma_2^{\ 2}}{n_2}\right)$

D. $\overline{X}-\overline{Y} \sim N\left(\mu_1-\mu_2, \sqrt{\frac{\sigma_1^{\ 2}}{n_1}+\frac{\sigma_2^{\ 2}}{n_2}}\right)$

4. 设 $X$ 服从正态分布，$E(X)=-1$，$E(X^2)=4$，$\overline{X}=\frac{1}{n}\sum_{i=1}^{n} X_i$，则 $\overline{X}$ 服从的分布是(　　).

A. $N\left(-1, \frac{3}{n}\right)$　　　　B. $N(-1,1)$

C. $N\left(-\frac{1}{n}, 4\right)$　　　　D. $N\left(-\frac{1}{n}, \frac{1}{n}\right)$

5. 设总体 $X \sim B(1,p)$，其中 $p$ 为未知参数. 设 $X_1, X_2, \cdots, X_n$ 是来自总体 $X$ 的一个样本，则 $P\left\{\overline{X}=\frac{k}{n}\right\}=$(　　).

A. $p$　　　　B. $1-p$

C. $C_n^k p^k (1-p)^{n-k}$　　　　D. $C_n^k (1-p)^k p^{n-k}$

6. 设 $X_1, X_2, \cdots, X_{10}$ 是来自总体 $X \sim N(0, 0.3^2)$ 的样本，则 $P\left\{\sum_{I=1}^{10} X_i^{\ 2} > 0.4379\right\}=$(　　).

A. 0.9　　　　B. 0.

C. 0.2　　　　D. 0.3

**三、计算题**

1. 设总体 $X \sim N(60, 15^2)$，从总体中抽取容量为 100 的样本，求样本均值与总体均值之差的绝对值大于 3 的概率.

2. 设总体 $X \sim N(40, 5^2)$.

(1) 抽取容量为 36 的样本，求 $P\{38 \leqslant \overline{X} \leqslant 43\}$.

(2) 抽取容量为 64 的样本，求 $P\{|\overline{X}-40|<1\}$.

(3) 取样本容量 $n$ 多大时，才能使 $P\{\overline{X}-40<1\}=0.95$?

3. 设总体 $X\sim N(40,\sigma^2)$，$\sigma^2$ 未知. 已知样本容量 $n=16$，样本均值 $\overline{x}=12.5$，样本方差 $s^2=5.333$，求 $P\{|\overline{X}-40|<0.4\}$.

4. 设总体 $X\sim N(\mu,\sigma^2)$，$\mu,\sigma^2$ 皆未知，抽取样本容量 $n=16$ 的样本，$S^2$ 为样本方差，求：(1) $P\left\{\frac{S^2}{\sigma^2}\leqslant 2.040\right\}$；(2) $D(S^2)$.

5. 设总体 $X\sim N(0,1^2)$，从总体中取一个容量为 6 的样本 $X_1,X_2,\cdots,X_6$. 设 $Y=(X_1+X_2+X_3)^2+(X_4+X_5+X_6)^2$，试确定常数 $C$，使随机变量 $CY$ 服从 $\chi^2$ 分布.

6. 已知 $X\sim t(n)$，证明：$X^2\sim F(1,n)$.

7. 从正态总体 $N(3.4,6^2)$ 中抽取容量为 $n$ 的样本. 如果要求其样本均值位于区间(1.4,5.4) 内的概率不小于 0.95，问样本容量 $n$ 应取多大?

8. 设 $X_1,X_2,\cdots,X_{10}$ 是来自总体 $X\sim N(0,0.3^2)$ 的样本，求 $P\left\{\sum\limits_{I=1}^{10}X_i{}^2>0.4379\right\}$.

9. 设总体 $X\sim N(\mu,\sigma^2)$，已知样本容量 $n=24$，样本方差 $S^2=12.5227$，求总体标准差大于 3 的概率.

## 本章小结

本章介绍了数理统计的一些基本概念及必需的理论知识.

在数理统计中，我们将研究对象的全体称为总体(母体)，而把组成总体的每个成员称为个体. 在实际问题中，通常研究对象的某个或某几个数值指标，因而常把总体的数值称为总体. 总体中的每一个个体是某一随机变量的取值，因此一个总体对应一个随机变量，我们将不区分总体与相应的随机变量，笼统称为总体 $X$ 或总体 $X$ 服从什么分布.

数理统计方法实质是由局部来推断整体的方法，即通过一些个体的特征来推断整体的特征. 为了推断总体的性质，需进行抽样，并使推断更科学合理，我们一般都是抽取简单随机样本，即样本满足两点要求：(1) 代表性：总体的每一个体有同等机会被选入样本；(2) 独立性：样本 $X_1,X_2,\cdots,X_n$ 是相互独立的随机变量. 设总体 $X$ 的概率函数(密度函数) 为 $f(x)$，则样本($X_1$,

$X_2,\cdots,X_n$）的联合概率函数（联合密度函数）为

$$f(x_1,x_2,\cdots,x_n)=\prod_{i=1}^{n}f(x_i).$$

有了样本，一般都是把样本信息浓缩加工，这需构造不依赖于任何未知参数的样本函数——统计量．本章介绍了常用的几个统计量：样本均值、样本方差、样本标准差、样本$k$阶(原点)矩、样本$k$阶中心矩．必须熟悉它们的计算方法及其有关性质．

统计量也是随机变量，统计量的分布称为抽样分布，本章介绍了由正态总体导出的在统计中常用的几个抽样分布：$\chi^2(n)$分布，$t$分布，$F$分布．要求读者掌握它们的构造、性质及其上侧$\alpha$分位点的查表方法，还会使用分位点，并会利用分位点表写出分位点．

利用正态分布的性质及三大抽样分布的构造，本章着重介绍了正态总体的抽样分布．正态总体抽样分布是统计学中最重要的一个理论结果，须弄清它的条件及结论，并能运用它来判断一些常用统计量的分布．这在后面的章节中将会看到其广泛的应用．

## 总习题六

**一、填空题**

1．设总体$X\sim B(1,p)$，则来自总体$X$的样本$(X_1,X_2,\cdots,X_n)$的联合分布列为________．

2．设随机变量$F\sim F(n_1,n_2)$，则$\dfrac{1}{F}\sim$________．

3．设$(X_1,X_2,\cdots,X_n)$为来自总体$X\sim N(\mu,\sigma^2)$的样本，则$\sum\limits_{i=1}^{20}\dfrac{(X_i-\mu)^2}{\sigma^2}$服从参数为________的$\chi^2$分布．

4．设$(X_1,X_2,\cdots,X_n)$为来自总体$X\sim N(\mu,\sigma^2)$的样本，则有

$$\frac{1}{\sigma^2}\sum_{i=1}^{n}(X_i-\overline{X})^2\sim________,\quad \frac{1}{\sigma^2}\sum_{i=1}^{n}(X_i-\mu)^2\sim________,$$

$$E\left(\sum_{i=1}^{n}(X_i-\overline{X})^2\right)=________,\quad D\left(\sum_{i=1}^{n}(X_i-\mu)^2\right)=________.$$

5．当随机变量$F\sim F(m,n)$时，对给定的$\alpha\ (0<\alpha<1)$，$P\{F>F_\alpha(m,n)\}=\alpha$．若$F\sim F(10,5)$，则$P\left\{F<\dfrac{1}{F_{0.95}(5,10)}\right\}=$________．

6. 设随机变量 $X \sim N(\mu,2^2)$，$Y \sim \chi^2(n)$，$T=\frac{X-\mu}{2\sqrt{Y}}\sqrt{n}$，则 $T$ 服从自由度为________的 $t$ 分布.

**二、选择题**

1. 设总体 $X$ 的分布律为

$$P\{X=1\}=p,\quad P\{X=0\}=1-p,$$

其中 $0<p<1$. 设 $X_1,X_2,\cdots,X_n$ 为来自总体的样本，则样本均值 $\overline{X}$ 的标准差为(　　).

A. $\sqrt{\frac{p(1-p)}{n}}$　　B. $\frac{p(1-p)}{n}$

C. $\sqrt{np(1-p)}$　　D. $np(1-p)$

2. 设随机变量 $X \sim N(0,1)$，$Y \sim N(0,1)$，且 $X$ 与 $Y$ 相互独立，则 $X^2+Y^2 \sim$ (　　).

A. $N(0,2)$　　B. $\chi^2(2)$

C. $t(2)$　　D. $F(1,1)$

3. 记 $F_{1-\alpha}(m,n)$ 为自由度 $m$ 与 $n$ 的 $F$ 分布的 $1-\alpha$ 分位数，则有(　　).

A. $F_\alpha(n,m)=\frac{1}{F_{1-\alpha}(m,n)}$　　B. $F_{1-\alpha}(n,m)=\frac{1}{F_{1-\alpha}(m,n)}$

C. $F_\alpha(n,m)=\frac{1}{F_\alpha(m,n)}$　　D. $F_\alpha(n,m)=\frac{1}{F_{1-\alpha}(n,m)}$

4. 设 $X_1,X_2,\cdots,X_n$ 为正态总体 $X \sim N(\mu,\sigma^2)$ 的样本. 记 $S^2=\frac{1}{n-1}\sum_{i=1}^{n}(X_i-\overline{X})^2$，则下列选项中正确的是(　　).

A. $\frac{(n-1)S^2}{\sigma^2} \sim \chi^2(n-1)$　　B. $\frac{(n-1)S^2}{\sigma^2} \sim \chi^2(n)$

C. $(n-1)S^2 \sim \chi^2(n-1)$　　D. $\frac{S^2}{\sigma^2} \sim \chi^2(n-1)$

**三、计算题**

1. 从某工人的产品中随机抽取 5 件产品，测得其直径分别为(单位：mm) 13.70，13.15，13.08，13.11，13.11.

(1) 写出总体、样本、样本值、样本容量.

(2) 求样本观测值的均值、样本方差、样本二阶中心矩.

2. 设有 $N$ 件产品，其中有 $M$ 件次品，其余为正品. 现进行有放回的抽样，定义

$$X_i=\begin{cases}1, & \text{第 } i \text{ 次取到次品},\\ 0, & \text{第 } i \text{ 次取到正品},\end{cases}$$

求样本$(X_1,X_2,\cdots,X_n)$的分布.

3. 设总体$X\sim N(\mu,\sigma^2)$，试求来自总体$X$的样本$(X_1,X_2,\cdots,X_n)$的联合概率密度.

4. 什么是统计量？ 若$X_1,X_2$是服从正态总体$N(\mu,\sigma^2)$中抽取的样本，其中$\mu$和$\sigma^2$是未知参数，判断下列哪些是统计量：

(1) $X_1+X_2$；　　(2) $X_1+2\mu$；

(3) ${X_1}^2+{X_2}^2$；　　(4) $\frac{1}{2}X_1+\sigma^2$.

5. 设总体$X\sim N(0,1)$，$(X_1,X_2,\cdots,X_n)$是来自总体$X$的样本. 令

$$Y=a(X_1+X_2+X_3)^2+b(X_4+X_5)^2,$$

试求常数$a,b$，使随机变量$Y$服从$\chi^2$分布.

6. 已知$X\sim t(n)$，求证：$X^2\sim F(1,n)$.

7. 设总体$X\sim N(70,15^2)$，从总体中抽取容量为100的样本，求样本均值与总体均值之差的绝对值大于3的概率.

8. 从正态总体$N(4.2,5^2)$中抽取样本容量为$n$的样本，若要求其样本均值位于区间(2.2,6.2)内的概率不小于0.95，则样本容量$n$至少取多大?

9. 设总体$X\sim N(\mu,4^2)$，$X_1,X_2,\cdots,X_{10}$是来自总体$X$的一个容量为10的简单随机样本，$s^2$为其样本方差，且$P\{S^2>a\}=0.1$，求$a$的值.

10. 设$X_1,X_2,\cdots,X_n$是来自总体$X$的一个样本，在下列情况下分别求$E(\overline{X}),D(\overline{X}),E(S^2)$：

(1) $X\sim B(1,p)$；　　(2) $X\sim E(\lambda)$；

(3) $X\sim U(0,2\theta)$.

# 第七章 参数估计

本章开始，我们将讨论数理统计的一个核心部分——统计推断，即依据样本中所含的信息推断总体中我们关心的问题，如：对总体的分布及总体分布的数字特征等作出统计推断．统计推断问题可分为两类：一类是参数估计，另一类是假设检验．本章我们先介绍第一类问题——总体参数的估计．所谓参数估计就是根据样本提供的信息对某种问题进行推断．如根据前几天的交易数据估计今天的股市行情，根据随机抽样的结果估计生产线上螺丝钉的合格率等．用数理统计的语言描述就是根据子样所提供的信息，对总体的分布或分布的数字特征等作出统计推断．

在这类问题中，假定总体分布形式或分布类型已知但其分布函数中含有未知参数．设有一个统计总体，总体 $X$ 的分布函数为 $F(x,\theta)$，其中 $\theta$ 为未知参数，现从该总体中抽取一个样本 $X_1,X_2,\cdots,X_n$，依据该样本对参数 $\theta$ 或 $\theta$ 的函数作出推断，也就是对总体分布或总体分布的数字特征等作出推断．参数估计依据的估计形式分为点估计和区间估计两大类，下面将分别介绍．

## 7.1 参数的点估计

设总体 $X$ 的分布函数 $F(x,\theta)$ 的类型已知，但其中有一个或多个未知参数 $\theta$，现在我们的任务是：如何根据子样提供的信息，估计出未知参数 $\theta$ 的值．这样就能使总体 $X$ 的分布从不明确变成明确的了．设 $X_1,X_2,\cdots,X_n$ 是取自总体 $X$ 的一个样本，我们构造一个适当的统计量 $\hat{\theta}(X_1,X_2,\cdots,X_n)$ 作为参数 $\theta$ 的估计，$\hat{\theta}(X_1,X_2,\cdots,X_n)$ 称为未知参数 $\theta$ 的**估计量**．若 $(x_1,x_2,\cdots,x_n)$ 是样本 $(X_1,X_2,\cdots,X_n)$ 的一组观测值，则称 $\hat{\theta}(x_1,x_2,\cdots,x_n)$ 是未知参数 $\theta$ 的一个**点估计值**，简称**估计值**．估计量和估计值统称为 $\theta$ 的**估计**，并简记

为 $\hat{\theta}$. 但须注意，估计量是一个随机变量，估计值是一个具体的值，对于样本的不同观测值，估计值是不同的. 若总体 $X$ 的概率函数含有 $k$ 个未知参数，则需要构造 $k$ 个统计量分别作为 $\theta_1,\theta_2,\cdots,\theta_k$ 的估计量，这种问题称为**参数的点估计问题**.

由参数点估计的概念可以看到，要求参数 $\theta$ 的估计值，必须先构造一个估计量，然后把样本观测值代入估计量得到一个估计值. 但是对一组观测值所决定的估计值是不可能知道这个估计的优劣的，必须从总体出发，在大量重复取样下才能评价估计的优劣. 研究估计的优劣，一个很自然的想法是研究参数 $\theta$ 的一个估计量 $\hat{\theta}$ 与参数 $\theta$ 的真值的偏差在统计意义下是大还是小，偏差小的估计量通常被认为是较好的. 本章还要介绍评价估计量优劣的三个标准：无偏性、有效性和相合性.

如何求参数的点估计量呢？ 方法较多，如矩法估计、极大似然估计、最小二乘估计、极大验后估计、最小方差估计、同变估计等. 在工程实践和科学实验中要根据实际问题的特点选取恰当的估计方法. 本节只介绍最常用的前两种方法，这也是本章的重点.

### 7.1.1　矩估计法

对于随机变量来说，矩是最广泛、最常用的数字特征. 总体 $X$ 的各阶矩一般与总体 $X$ 的分布中所含的未知参数有关，有的甚至就等于未知参数. 由第五章大数定律我们知道，样本矩依概率收敛于相应的总体矩，样本矩的连续函数依概率收敛于相应的总体矩的连续函数. 这启发我们想到用样本矩替换总体矩，用样本矩的连续函数来估计相应的总体矩的连续函数，进而找出未知参数的估计，基于这种思想求估计量的方法称为**矩法**. 用矩法求得的估计称为**矩法估计**，简称**矩估计**. 它是由英国统计学家 Pearson 于 1894 年提出的.

矩估计法是一种古老的估计方法，它是基于一种简单的“替换”思想建立起来的一种估计方法. 其基本思想是用样本矩估计相应的总体矩，用样本矩的连续函数来估计相应的总体矩的连续函数，从而得出参数估计，这种方法称为**矩估计法**. 矩估计法的理论背景是：样本 $X_1,X_2,\cdots,X_n$ 是独立同分布的且 $E(X_i)=E(X)$，因而 $X_1{}^m,X_2{}^m,\cdots,X_n{}^m$ 也是独立同分布的且 $E(X_i{}^m)=E(X^m)$，由大数定律知 $\frac{1}{n}\sum_{i=1}^{n}X_i{}^m \to E(X^m)$（依概率），所以对充分大的 $n$，有

$$\frac{1}{n}\sum_{i=1}^{n}X_i^{\ m}\approx E(X^m).$$

由于中心矩可用原点矩表示，所以只讨论原点矩.

已知总体 $X$ 的分布函数 $F(x,\theta)$，其中分布函数中含有 $k$ 个未知参数 $\theta_1$，$\theta_2,\cdots,\theta_k$，$(X_1,X_2,\cdots,X_n)$ 是取自总体 $X$ 的一个样本，设总体 $X$ 的前 $k$ 阶原点矩

$$E(X^l)=\mu_l(\theta_1,\theta_2,\cdots,\theta_k),\quad l=1,2,\cdots,k$$

存在，并且都是 $\theta_1,\theta_2,\cdots,\theta_k$ 的函数，样本的前 $k$ 阶原点矩为

$$A_l=\frac{1}{n}\sum_{i=1}^{n}X_i^{\ l},\quad l=1,2,\cdots,k,$$

则矩估计法的具体步骤如下：令

$$\begin{cases}A_1=E(X),\\A_2=E(X^2),\\\cdots,\\A_k=E(X^k),\end{cases}\tag{7.1}$$

这样我们就得到含 $k$ 个未知参数 $\theta_1,\theta_2,\cdots,\theta_k$ 的 $k$ 个方程，解由这 $k$ 个方程所构成的方程组就可以得到 $\theta_1,\theta_2,\cdots,\theta_k$ 的一组解：

$$\begin{cases}\hat{\theta}_1=\hat{\theta}_1(X_1,X_2,\cdots,X_n),\\\hat{\theta}_2=\hat{\theta}_2(X_1,X_2,\cdots,X_n),\\\cdots,\\\hat{\theta}_k=\hat{\theta}_k(X_1,X_2,\cdots,X_n).\end{cases}\tag{7.2}$$

用方程组(7.2)的 $\hat{\theta}_1,\hat{\theta}_2,\cdots,\hat{\theta}_k$ 分别作为 $\theta_1,\theta_2,\cdots,\theta_k$ 的估计量，这个估计量称为**矩估计量**.

**例 7.1** 两点分布 $X=\begin{cases}1, & A\text{ 发生},\\0, & A\text{ 不发生}.\end{cases}$ 设 $P(A)=p$，求 $p$ 的矩估计量.

**解** 由矩估计法令 $E(X)=\frac{1}{n}\sum_{i=1}^{n}X_i$，而 $E(X)=p$，所以 $p$ 的矩估计量为 $\hat{p}=\overline{X}$.

**例 7.2** 设总体 $X\sim P(\lambda)$，求参数 $\lambda$ 的矩估计量.

**解** 由矩估计法令 $E(X)=\frac{1}{n}\sum_{i=1}^{n}X_i$，而 $E(X)=\lambda$，解得 $\lambda$ 的矩估计量为 $\hat{\lambda}=\overline{X}=\frac{1}{n}\sum_{i=1}^{n}X_i$.

**例 7.3**　设总体 $X\sim B(m,p)$，其中 $m$ 为正整数，$0<p<1$. 如果取得样本 $X_1,X_2,\cdots,X_n$，求未知参数 $m$ 及 $p$ 的矩估计量.

**解**　因为分布中有两个未知参数，故令

$$\begin{cases}E(X)=\dfrac{1}{n}\sum\limits_{i=1}^{n}X_i,\\E(X^2)=\dfrac{1}{n}\sum\limits_{i=1}^{n}X_i{}^2.\end{cases}$$

由于

$$\begin{cases}E(X)=mp,\\E(X^2)=D(X)+(E(X))^2=mp(1-p)+(mp)^2,\end{cases}$$

解得 $m$ 及 $p$ 的矩估计量分别是

$$\hat{m}=\frac{n\overline{X}^2}{n\overline{X}-(n-1)S^2},\quad \hat{p}=1-\frac{(n-1)S^2}{n\overline{X}}.$$

**例 7.4**　设总体 $X\sim U[0,\theta]$，$x_1,x_2,\cdots,x_n$ 为一样本观测值，试求未知参数 $\theta$ 的矩估计量.

**解**　因为分布中有一个未知参数，故令

$$E(X)=\frac{\theta}{2}=\frac{1}{n}\sum_{i=1}^{n}X_i=\overline{X},$$

由此得 $\theta$ 的矩估计量为 $\hat{\theta}=2\overline{X}$.

**例 7.5**　设总体 $X\sim U[a,b]$，$X_1,X_2,\cdots,X_n$ 是来自 $X$ 的样本，试求未知参数 $a,b$ 的矩估计量.

**解**　因为分布中有两个未知参数，故令

$$\begin{cases}E(X)=\dfrac{1}{n}\sum\limits_{i=1}^{n}X_i,\\E(X^2)=\dfrac{1}{n}\sum\limits_{i=1}^{n}X_i{}^2.\end{cases}$$

由于

$$\begin{cases}E(X)=\dfrac{a+b}{2},\\E(X^2)=D(X)+(E(X))^2=\dfrac{(b-a)^2}{12}+\left(\dfrac{a+b}{2}\right)^2,\end{cases}$$

即

$$\begin{cases}a+b=2\overline{X},\\b-a=2\sqrt{\dfrac{3}{n}\sum\limits_{i=1}^{n}X_i{}^2-\overline{X}^2},\end{cases}$$

解得 $a,b$ 的矩估计量分别为

$$\hat{a}=\overline{X}-\sqrt{\frac{3}{n}\sum_{i=1}^{n}(X_i-\overline{X})^2},\quad \hat{b}=\overline{X}-\sqrt{\frac{3}{n}\sum_{i=1}^{n}(X_i-\overline{X})^2}.$$

**例 7.6** 设总体 $X\sim N(\mu,\sigma^2)$，其中 $\mu,\sigma^2$ 未知，$(X_1,X_2,\cdots,X_n)$ 是总体 $X$ 的一个样本，试求参数 $\mu$ 和 $\sigma^2$ 的矩估计量.

**解** 因为分布中有两个未知参数，故令

$$\begin{cases}E(X)=\dfrac{1}{n}\sum\limits_{i=1}^{n}X_i,\\ E(X^2)=\dfrac{1}{n}\sum\limits_{i=1}^{n}X_i{}^2.\end{cases}$$

由于

$$\begin{cases}E(X)=\mu,\\ E(X^2)=D(X)+(E(X))^2=\sigma^2+\mu^2,\end{cases}$$

解得 $\mu$ 和 $\sigma^2$ 的矩估计量分别为

$$\hat{\mu}=\overline{X},\quad \hat{\sigma}^2=\frac{1}{n}\sum_{i=1}^{n}X_i{}^2-\overline{X}^2.$$

**例 7.7** 在某炸药厂，一天中发生着火现象的次数 $X$ 是一个随机变量，假设它服从参数 $\lambda>0$ 的泊松分布. 现有如表7-1所示的样本值，试估计参数 $\lambda$.

表 7-1

| 着火次数 $k$ | 0 | 1 | 2 | 3 | 4 | 5 | 6 | |
|---|---|---|---|---|---|---|---|---|
| 发生 $k$ 次着火的天数 $n_k$ | 75 | 90 | 54 | 22 | 6 | 2 | 1 | $\sum=250$ |

**解** 由于 $X\sim p(\lambda)$，故有 $\lambda=E(X)$. 用样本均值来估计总体均值. 由于

$$\begin{aligned}\overline{x}&=\sum_{k=0}^{6}kn_k\Big/\sum_{k=0}^{6}n_k\\&=\frac{1}{250}(0\times75+1\times90+2\times54+3\times22+4\times6+5\times2+6\times1)\\&=1.22,\end{aligned}$$

故 $\lambda$ 的矩估计值为 1.22.

**定理 7.1 (矩估计的不变估计)** 设 $\hat{\theta}$ 是 $\theta$ 的矩估计，$g(\theta)$ 是 $\theta$ 的连续函数，则 $g(\theta)$ 的矩估计是 $g(\hat{\theta})$.

**例 7.8**　设样本 $X_1, X_2, \cdots, X_n$ 来自总体 $X \sim N(\mu, \sigma^2)$，$\mu$ 和 $\sigma^2$ 均未知，求 $p = P\{X < 1\}$ 的矩估计.

**解**　由例题 7.6 知，均值和方差的矩估计量分别为

$$\hat{\mu} = \overline{X}, \quad \hat{\sigma}^2 = \frac{1}{n}\sum_{i=1}^{n} X_i^{\,2} - \overline{X}^2.$$

而 $p = P\{X < 1\} = \Phi\left(\frac{1-\mu}{\sigma}\right)$，故其矩估计为

$$\hat{p} = \Phi\left(\frac{1-\overline{X}}{\sqrt{\frac{1}{n}\sum_{i=1}^{n} X_i^{\,2} - \overline{X}^2}}\right).$$

矩法估计原理简单、使用方便，当总体分布类型未知时仍可对总体各阶矩进行估计，而且具有一定的优良性质，因此在实际问题，特别是在教育统计问题中被广泛使用. 但在寻找参数的矩法估计量时，对母体原点矩不存在的分布如柯西分布等不能用. 另一方面它只表出母体的一些数字特征，并未涉及母体的分布，因此矩法估计量实际上只集中了总体的部分信息，未能充分利用总体分布提供的信息. 这样它在体现母体分布特征上往往性质较差，只有在样本容量 $n$ 较大时，才能保障它的优良性，因而理论上讲，矩法估计是以大样本为应用对象的. 在一些情况下矩估计结果并不唯一，例如，总体 $X \sim P(\lambda)$，由例 7.2 知 $\overline{X}$ 是参数 $\lambda$ 的矩法估计量，若令

$$D(X) = \frac{1}{n}\sum_{i=1}^{n}(X_i - \overline{X})^2,$$

则参数 $\lambda$ 的矩法估计量为 $\frac{1}{n}\sum_{i=1}^{n}(X_i - \overline{X})^2$；再如总体 $X \sim E(\lambda)$，由于 $E(X) = \frac{1}{\lambda}$，即 $\lambda = \frac{1}{E(X)}$，故 $\lambda$ 的矩估计为 $\hat{\lambda} = \frac{1}{\overline{X}}$；另外由于 $D(X) = \frac{1}{\lambda^2}$，其反函数 $\lambda = \frac{1}{\sqrt{D(X)}}$，由矩估计的不变估计及替换原理来看，$\lambda$ 的矩估计也可取为 $\hat{\lambda}_1 = \frac{1}{S}$，$S$ 为样本标准差. 这是矩估计的一个缺点，此时通常应该尽量采用低阶矩给出未知参数的估计.

### 7.1.2　极大似然估计

极大似然估计法最早是由 Gauss 提出的，后来 Fisher 重新提出，并证明了这个方法的一些性质，这是目前仍被广泛应用的一种求估计的方法. 极大

似然估计常用缩写 MLE 表示，它是利用总体的分布密度或者概率分布的表达式及其样本所提供的信息求未知参数的估计量. 它是建立在极大似然原理的基础上的一个统计方法.

极大似然原理的直观想法是，一个随机试验如有若干个可能的结果 $A$，$B$,$C$,…，若在一次试验中，结果 $A$ 出现了，那么可以认为实验条件对 $A$ 的出现有利，也即出现的概率 $P(A)$ 较大. 极大似然原理的直观想法我们用下面例子说明. 设甲箱中有 99 个白球，1 个黑球；乙箱中有 1 个白球，99 个黑球. 现随机取出一箱，再从抽取的一箱中随机取出一球，结果是黑球，这一黑球从乙箱抽取的概率比从甲箱抽取的概率大得多，这时我们自然更多地相信这个黑球是取自乙箱的. 一般说来，事件 $A$ 发生的概率与某一未知参数 $\theta$ 有关，$\theta$ 取值不同，则事件 $A$ 发生的概率 $P(A|\theta)$ 也不同，当我们在一次试验中事件 $A$ 发生了，则认为此时的 $\theta$ 值应是 $\theta$ 的一切可能取值中使 $P(A|\theta)$ 达到最大的那一个，极大似然估计法就是要选取这样的 $\theta$ 值作为参数 $\theta$ 的估计值，使所选取的样本在被选的总体中出现的可能性为最大.

下面分离散型与连续型总体两种场合来阐述极大似然估计法.

若总体 $X$ 为离散型，其概率分布列为

$$P\{X=x\}=p(x;\theta),$$

其中 $\theta$ 为未知参数. 设 $(X_1,X_2,\cdots,X_n)$ 是取自总体的样本容量为 $n$ 的样本，则 $(X_1,X_2,\cdots,X_n)$ 的联合分布律为 $\prod_{i=1}^{n} p(x_i;\theta)$. 又设 $(X_1,X_2,\cdots,X_n)$ 的一组观测值为 $(x_1,x_2,\cdots,x_n)$，易知样本 $X_1,X_2,\cdots,X_n$ 取到观测值 $x_1,x_2,\cdots,x_n$ 的概率为

$$L(\theta)=L(x_1,x_2,\cdots,x_n;\theta)=\prod_{i=1}^{n} p(x_i;\theta).$$

这一概率随 $\theta$ 的取值而变化，它是 $\theta$ 的函数，称 $L(\theta)$ 为样本的**似然函数**.

若总体 $X$ 为连续型，其概率密度函数为 $f(x;\theta)$，其中 $\theta$ 为未知参数. 设 $(X_1,X_2,\cdots,X_n)$ 是取自总体的样本容量为 $n$ 的简单样本，则 $(X_1,X_2,\cdots,X_n)$ 的联合概率密度函数为 $\prod_{i=1}^{n} f(x_i;\theta)$. 又设 $(X_1,X_2,\cdots,X_n)$ 的一组观测值为 $(x_1,x_2,\cdots,x_n)$，则随机点 $(X_1,X_2,\cdots,X_n)$ 落在点 $(x_1,x_2,\cdots,x_n)$ 的邻域（边长分别为 $\mathrm{d}x_1,\mathrm{d}x_2,\cdots,\mathrm{d}x_n$ 的 $n$ 维立方体）内的概率近似地为 $\prod_{i=1}^{n} f(x_i;\theta)\mathrm{d}x_i$.

考虑函数

$$L(\theta)=L(x_1,x_2,\cdots,x_n;\theta)=\prod_{i=1}^{n}f(x_i;\theta),$$

同样，$L(\theta)$ 称为样本的**似然函数**.

极大似然法原理就是固定样本观测值$(x_1,x_2,\cdots,x_n)$，挑选参数 $\theta$ 使

$$L(x_1,x_2,\cdots,x_n;\hat{\theta})=\max L(x_1,x_2,\cdots,x_n;\theta).$$

这样得到的 $\hat{\theta}$ 与样本值有关，$\hat{\theta}(x_1,x_2,\cdots,x_n)$ 称为参数 $\theta$ 的**极大似然估计值**，其相应的统计量 $\hat{\theta}(X_1,X_2,\cdots,X_n)$ 称为 $\theta$ 的**极大似然估计量**. 极大似然估计简记为 MLE 或 $\hat{\theta}$.

问题是如何把参数 $\theta$ 的极大似然估计 $\hat{\theta}$ 求出. 更多场合是利用 $\ln L(\theta)$ 是 $L(\theta)$ 的增函数，故 $\ln L(\theta)$ 与 $L(\theta)$ 在同一点处达到最大值，于是对似然函数 $L(\theta)$ 取对数，利用微分学知识转化为求解对数似然方程

$$\frac{\partial \ln L(\theta)}{\partial \theta_j}=0,\quad j=1,2,\cdots,k,$$

解此方程并对解做进一步的判断. 但由最值原理，如果最值存在，此方程组求得的驻点即为所求的最值点，就可以得到参数 $\theta$ 的极大似然估计 $\hat{\theta}(X_1,X_2,\cdots,X_n)$. 极大似然估计法一般属于这种情况，所以可以直接按上述步骤求极大似然估计 $\hat{\theta}(X_1,X_2,\cdots,X_n)$.

**例 7.9** 设总体 $X\sim P(\lambda)$，$x_1,x_2,\cdots,x_n$ 为一样本观测值，求参数 $\lambda$ 的极大似然估计值.

**解** 似然函数为

$$\begin{aligned}L(\lambda)&=P\{X_1=x_1,\ X_2=x_2,\ \cdots,\ X_n=x_n\}\\&=\prod_{i=1}^{n}P\{X_i=x_i\}=\prod_{i=1}^{n}\frac{\lambda^{x_i}}{x_i!}\mathrm{e}^{-\lambda}\\&=\frac{\lambda^{\sum\limits_{i=1}^{n}x_i}}{\prod\limits_{i=1}^{n}x_i!}\mathrm{e}^{-n\lambda},\end{aligned}$$

取对数得

$$\ln L(\lambda)=\left(\sum_{i=1}^{n}x_i\right)\ln\lambda-n\lambda-\sum_{i=1}^{n}\ln(x_i!\ ).$$

令 $\dfrac{\mathrm{d}\ln L(\lambda)}{\mathrm{d}\lambda}=\dfrac{1}{\lambda}\sum\limits_{i=1}^{n}x_i-n=0$，解得 $\lambda=\dfrac{1}{n}\sum\limits_{i=1}^{n}x_i=\overline{x}$. 故参数 $\lambda$ 的极大似然估计值为 $\hat{\lambda}=\overline{x}$.

**例 7.10** 设总体 $X\sim B(N,p)$，其中 $N$ 为正整数，$0<p<1$. 如果取得样本 $X_1,X_2,\cdots,X_n$，求未知参数 $p$ 的极大似然估计量.

**解** 似然函数为

$$L(p)=\prod_{i=1}^{n}P\{X_i=x_i\}=\prod_{i=1}^{n}C_N^{x_i}p^{x_i}(1-p)^{N-x_i}$$

$$=\left(\prod_{i=1}^{n}C_N^{x_i}\right)p^{\sum\limits_{i=1}^{n}x_i}(1-p)^{nN-\sum\limits_{i=1}^{n}x_i},$$

取对数得

$$\ln L(\lambda)=\sum_{i=1}^{n}\ln C_N^{x_i}+\left(\sum_{i=1}^{n}x_i\right)\ln p+\left(nN-\sum_{i=1}^{n}x_i\right)\ln(1-p).$$

令

$$\frac{\mathrm{d}\ln L(p)}{\mathrm{d}p}=\frac{1}{p}\sum_{i=1}^{n}x_i-\frac{1}{1-p}\left(nN-\sum_{i=1}^{n}x_i\right)=0,$$

解得 $p=\frac{1}{nN}\sum\limits_{i=1}^{n}x_i=\frac{\overline{x}}{N}$. 故参数 $p$ 的极大似然估计量为 $\hat{p}=\frac{\overline{X}}{N}$.

**例 7.11** 设总体 $X\sim E(\lambda)$, $x_1,x_2,\cdots,x_n$ 为一样本观测值，求参数 $\lambda$ 的极大似然估计值.

**解** 似然函数为

$$L(\lambda)=f(x_1,x_2,\cdots,x_n)=f(x_1)f(x_2)\cdots f(x_n)$$

$$=\prod_{i=1}^{n}\lambda\mathrm{e}^{-\lambda x_i}=\lambda^n\mathrm{e}^{-\lambda\sum\limits_{i=1}^{n}x_i},$$

取对数得 $\ln L(\lambda)=n\ln\lambda-\lambda\sum\limits_{i=1}^{n}x_i$. 令

$$\frac{\mathrm{d}\ln L(\lambda)}{\mathrm{d}\lambda}=\frac{n}{\lambda}-\sum_{i=1}^{n}x_i=0,$$

解得 $\lambda=\frac{n}{\sum\limits_{i=1}^{n}x_i}=\frac{1}{\overline{x}}$. 故参数 $\lambda$ 的极大似然估计值为 $\hat{\lambda}=\frac{1}{\overline{x}}$.

**例 7.12** 设总体 $X\sim N(\mu,\sigma^2)$, $x_1,x_2,\cdots,x_n$ 为一样本观测值，求参数 $\mu,\sigma^2$ 的极大似然估计量.

**解** 似然函数为

$$L(\mu,\sigma^2)=\prod_{i=1}^{n}\frac{1}{\sqrt{2\pi}\sigma}\mathrm{e}^{-\frac{(x_i-\mu)^2}{2\sigma^2}}=\left(\frac{1}{\sqrt{2\pi}}\right)^n\sigma^{-n}\mathrm{e}^{-\frac{1}{2\sigma^2}\sum\limits_{i=1}^{n}(x_i-\mu)^2},$$

取对数得

$$\ln L(\mu,\sigma^2)=-n\ln\sqrt{2\pi}-\frac{n}{2}\ln\sigma^2-\frac{1}{2\sigma^2}\sum_{i=1}^{n}(x_i-\mu)^2.$$

令

$$\begin{cases}\dfrac{\partial \ln L(\mu,\sigma^2)}{\partial\mu}=\dfrac{1}{\sigma^2}\sum\limits_{i=1}^{n}(x_i-\mu)^2=0,\\ \dfrac{\partial \ln L(\mu,\sigma^2)}{\partial\sigma^2}=-\dfrac{n}{2}\cdot\dfrac{1}{\sigma^2}+\dfrac{1}{2(\sigma^2)^2}\sum\limits_{i=1}^{n}(x_i-\mu)^2=0,\end{cases}$$

解得 $\mu,\sigma^2$ 的极大似然估计值分别为

$$\hat{\mu}=\overline{x},\quad \hat{\sigma}^2=\frac{1}{n}\sum_{i=1}^{n}(x_i-\overline{x})^2.$$

故 $\mu,\sigma^2$ 的极大似然估计量分别为 $\hat{\mu}=\overline{X}$, $\hat{\sigma}^2=\dfrac{1}{n}\sum\limits_{i=1}^{n}(X_i-\overline{X})^2$.

综上所述，当总体为正态分布、指数分布、泊松分布、二项分布时，未知参数的矩估计和极大似然估计结果是相同的.

虽然求导函数是求极大似然估计最常用的方法，但并不是在所有场合求导都是有效的. 当在求解 $L(\theta)$ 的最大值点时，若似然函数不可微或方程组无解，则应根据定义直接寻求能使 $L(\theta)$ 达到最大值的解作为极大似然估计. 见下面的例题.

**例 7.13** 设总体 $X\sim U[0,\theta]$, $x_1,x_2,\cdots,x_n$ 为一样本观测值，试求未知参数 $\theta$ 的极大似然估计值.

**解** 似然函数为

$$L(\theta)=\prod_{i=1}^{n}f(x_i;\theta)=\begin{cases}\dfrac{1}{\theta^n}, & 0\leqslant x_1,x_2,\cdots,x_n\leqslant\theta,\\ 0, & 其他,\end{cases}$$

取对数得 $\ln L(\theta)=-n\ln\theta$. 令

$$\frac{\mathrm{d}\ln L(\theta)}{\mathrm{d}\theta}=-\frac{n}{\theta}=0,$$

显然无解，故无法用微分法求极值. 于是我们由定义找 $L(\theta)$ 的最大值点. 由 $L(\theta)$ 的表达式，注意到当 $\theta$ 越小时 $L(\theta)=\dfrac{1}{\theta^n}$ 越大，$\theta$ 满足的约束条件是 $0\leqslant x_1,x_2,\cdots,x_n\leqslant\theta$，即

$$\theta\geqslant\max\{x_1,x_2,\cdots,x_n\}.$$

故 $\theta$ 的极大似然估计值为 $\hat{\theta}=\max\{x_1,x_2,\cdots,x_n\}$，这与矩估计 $\hat{\theta}=2\overline{X}$ 不同.

**定理 7.2（极大似然估计的不变估计）** 设 $\hat{\theta}$ 是 $\theta$ 的极大似然估计，$g(\theta)$ 是 $\theta$ 的连续函数，则 $g(\theta)$ 的极大似然估计是 $g(\hat{\theta})$.

该性质称为**极大似然估计的不变性**，从而使一些复杂结构的参数的极大似然估计的获得变得容易了.

**例 7.14** 设样本 $X_1, X_2, \cdots, X_n$ 来自总体 $X \sim N(\mu, \sigma^2)$，$\mu$ 和 $\sigma^2$ 均未知，求标准差 $\sigma$ 的极大似然估计量.

**解** 由例 7.12 知，$\sigma^2$ 的极大似然估计量为 $\hat{\sigma}^2 = \frac{1}{n}\sum_{i=1}^{n}(X_i - \overline{X})^2$，故标准差 $\sigma$ 的极大似然估计量是

$$\hat{\sigma} = \sqrt{\hat{\sigma}^2} = \sqrt{\frac{1}{n}\sum_{i=1}^{n}(X_i - \overline{X})^2}.$$

**例 7.15** 设样本 $X_1, X_2, \cdots, X_n$ 来自总体 $X \sim N(\mu, \sigma^2)$，$\mu$ 和 $\sigma^2$ 均未知，求 $p = P\{X < 1\}$ 的极大似然估计量.

**解** 由例 7.12 知 $\mu, \sigma^2$ 的极大似然估计量分别为

$$\hat{\mu} = \overline{X}, \quad \hat{\sigma}^2 = \frac{1}{n}\sum_{i=1}^{n}(X_i - \overline{X})^2,$$

而 $p = P\{X < 1\} = \Phi\left(\frac{1-\mu}{\sigma}\right)$，故其极大似然估计量为

$$\hat{p} = \Phi\left(\frac{1 - \overline{X}}{\sqrt{\frac{1}{n}\sum_{i=1}^{n}(X_i - \overline{X})^2}}\right).$$

**例 7.16** 已知在文学家萧伯纳的 *An Intelligent Woman's Guide To Socialism* 一书中，一个句子的单词数 $X$ 近似地服从对数正态分布，即 $Z = \ln X \sim N(\mu, \sigma^2)$. 今从该书中随机地取 20 个句子，这些句子中的单词数分别为

52，24，15，67，15，22，63，26，16，32，

7，33，28，14，7，29，10，6，59，30.

求该书中一个句子单词数均值 $E(X) = \mathrm{e}^{\mu + \frac{\sigma^2}{2}}$ 的极大似然估计量.

**解** 正态分布 $N(\mu, \sigma^2)$ 的参数的极大似然估计分别为样本均值和二阶中心矩，即

$$\hat{\mu} = \frac{1}{20}\sum_{i=1}^{20}\ln x_i = 3.089\,0,$$

$$\hat{\sigma}^2 = \frac{1}{20}\sum_{i=1}^{20}(\ln x_i - 3.089\,0)^2 = 0.508\,1.$$

由于极大似然估计具有不变性，故 $E(X) = \mathrm{e}^{\mu + \frac{\sigma^2}{2}}$ 的极大似然估计量为

$$E(X)=e^{3.0890+\frac{0.5081}{2}}=28.3053.$$

### 7.1.3 点估计的评价标准

前面已经讨论过，对于同一个总体的未知参数，可用不同的方法对其估计，即使是同一种方法，往往可能得到不尽相同的点估计量，比如 $\theta$ 有两个点估计量 $\hat{\theta}_1$ 与 $\hat{\theta}_2$，原则上讲，任何统计量均是未知参数的估计量. 那么哪一个点估计量好？ 好坏的标准又是什么？ 因此我们需要对参数估计的优良性进行评价. 下面介绍几种常用的衡量点估计量优劣的三个标准：无偏性，有效性，相合性.

估计量是随机变量，不同的观测结果会得到不同的参数估计值，因而一个好的估计应在多次重复试验中体现出其优良性.

1. 无偏性

设 $\hat{\theta}=\hat{\theta}(X_1,X_2,\cdots,X_n)$ 是未知参数 $\theta$ 的点估计量. 若 $E(\hat{\theta})=\theta$，则称 $\hat{\theta}$ 是 $\theta$ 的**无偏估计量**；若 $\lim\limits_{n\to\infty}E(\hat{\theta})=\theta$，则称 $\hat{\theta}$ 是 $\theta$ 的**渐近无偏估计量**.

使用无偏估计 $\hat{\theta}$ 估计 $\theta$ 时，由于样本的随机性，$\hat{\theta}$ 与 $\theta$ 的偏差总是存在的，且时大时小，时正时负，只是把这些偏差平均起来其值为零，即当一个无偏估计量被多次重复使用时，其估计量在未知参数的真值附近摆动，并且这些估计值的平均值等于被估计参数. 在科学技术中，称 $E(\hat{\theta})-\theta$ 为用 $\hat{\theta}$ 估计 $\theta$ 时产生的**系统偏差**，这样在实际应用中，无偏估计保证了没有系统偏差，只有随机偏差. 另外，若 $\hat{\theta}$ 是 $\theta$ 的无偏估计量，一般说来，$f(\hat{\theta})$ 不是 $f(\theta)$ 的无偏估计量.

**例 7.17** 证明：样本均值 $\overline{X}$ 是总体均值 $\mu$ 的无偏估计，样本方差 $S^2$ 是总体方差 $\sigma^2$ 的无偏估计，样本二阶中心矩 $\frac{1}{n}\sum\limits_{i=1}^{n}(X_i-\overline{X})^2$ 是总体方差 $\sigma^2$ 的渐近无偏估计.

**证** 由定理 6.1 有

$$E(\overline{X})=\mu,\quad D(\overline{X})=\frac{\sigma^2}{n},$$

故样本均值 $\overline{X}$ 是总体均值 $\mu$ 的无偏估计.

由于 $D(X_i)=D(X)=\sigma^2\ (i=1,2,\cdots,n)$，于是

$$E(X_i^2)=D(X_i)+(E(X_i))^2=\sigma^2+\mu^2,\quad i=1,2,\cdots,n,$$

$$E(\overline{X}^2)=D(\overline{X})+(E(\overline{X}))^2=\frac{\sigma^2}{n}+\mu^2,$$

故

$$E(S^2)=E\left(\frac{1}{n-1}\sum_{i=1}^{n}(X_i-\overline{X})^2\right)=\frac{1}{n-1}E\left(\sum_{i=1}^{n}X_i{}^2-n\overline{X}^2\right)$$

$$=\frac{1}{n-1}\left(\sum_{i=1}^{n}E(X_i{}^2)-nE(\overline{X}^2)\right)$$

$$=\frac{1}{n-1}\left[n(\mu^2+\sigma^2)-n\left(\mu^2+\frac{\sigma^2}{n}\right)\right]$$

$$=\frac{1}{n-1}(n-1)\sigma^2=\sigma^2.$$

所以，样本方差 $S^2$ 是总体方差 $\sigma^2$ 的无偏估计.

由于

$$E\left(\frac{1}{n}\sum_{i=1}^{n}(X_i-\overline{X})^2\right)=E\left(\frac{n-1}{n}S^2\right)=\frac{n-1}{n}E(S^2)=\frac{n-1}{n}\sigma^2,$$

所以

$$\lim_{n\to\infty}E\left(\frac{1}{n}\sum_{i=1}^{n}(X_i-\overline{X})^2\right)=\lim_{n\to\infty}\frac{n-1}{n}\sigma^2=\sigma^2,$$

即样本二阶中心矩 $\frac{1}{n}\sum_{i=1}^{n}(X_i-\overline{X})^2$ 是总体方差 $\sigma^2$ 的渐近无偏估计，样本方差 $S^2$ 是样本二阶中心矩 $\frac{1}{n}\sum_{i=1}^{n}(X_i-\overline{X})^2$ 的修正估计量.

**例 7.18** 若总体 $X$ 的 $k$ 阶矩 $\mu_k=E(X^k)\ (k\geqslant 1)$ 存在，设 $X_1,X_2,\cdots,X_n$ 是总体 $X$ 的一个样本. 试证明：不论总体服从什么分布，$k$ 阶样本矩 $A_k=\frac{1}{n}\sum_{i=1}^{n}X_i^k$ 是总体的 $k$ 阶矩 $\mu_k$ 的无偏估计量.

**证** 由于 $X_1,X_2,\cdots,X_n$ 相互独立且与总体 $X$ 同分布，故有

$$E(X_i{}^k)=E(X^k)=\mu_k,\quad k=1,2,\cdots.$$

从而

$$E(A_k)=\frac{1}{n}\sum_{i=1}^{n}E(X_i^k)=\frac{n\mu_k}{n}=\mu_k,$$

即说明了不论总体服从什么分布，样本 $k$ 阶矩 $A_k=\frac{1}{n}\sum_{i=1}^{n}X_i^k$ 是总体的 $k$ 阶矩 $\mu_k$ 的无偏估计量.

**例 7.19** 样本 $X_1,X_2,X_3$ 来自总体 $N(\mu,\sigma^2)$，且

$$Y=\frac{1}{3}X_1+\frac{1}{6}X_2+aX_3$$

为 $\mu$ 的无偏估计量，则 $a$ 为多少？

**解** 由题意得 $E(X_1)=\mu$，$E(X_2)=\mu$，$E(X_3)=\mu$. 因为

$$Y=\frac{1}{3}X_1+\frac{1}{6}X_2+aX_3$$

为 $\mu$ 的无偏估计量，所以

$$E(Y)=E\left(\frac{1}{3}X_1+\frac{1}{6}X_2+aX_3\right)=\frac{1}{3}E(X_1)+\frac{1}{6}E(X_2)+aE(X_3)$$

$$=\frac{1}{3}\mu+\frac{1}{6}\mu+a\mu=\mu.$$

从而 $a=\frac{1}{2}$.

**例 7.20** 设 $X_1,X_2,\cdots,X_n$ 是总体 $X\sim P(\lambda)$ 的一个简单随机样本，对任一数值 $a$ $(0\leqslant a\leqslant 1)$，试证：$a\overline{X}+(1-a)S^2$ 是 $\lambda$ 的无偏估计量.

**证** 由 $X\sim P(\lambda)$，知 $E(X)=\lambda$，$D(X)=\lambda$. 而 $X_1,X_2,\cdots,X_n$ 是总体 $X\sim P(\lambda)$ 的一个简单随机样本，所以

$$E(X_i)=\lambda,\ D(X_i)=\lambda,\quad i=1,2,\cdots,n.$$

由例 7.17 知，样本均值 $\overline{X}$ 是总体均值的无偏估计，样本方差 $S^2$ 是总体方差的无偏估计，即 $E(\overline{X})=E(X)=\lambda$，$E(S^2)=D(X)=\lambda$，所以有

$$\begin{aligned}E(a\overline{X}+(1-a)S^2)&=E(a\overline{X})+E((1-a)S^2)\\&=aE(\overline{X})+(1-a)E(S^2)\\&=a\lambda+(1-a)\lambda=\lambda.\end{aligned}$$

故 $a\overline{X}+(1-a)S^2$ 是 $\lambda$ 的无偏估计量.

由此可见，无偏估计不一定唯一，无偏估计若不唯一，则有无限多个. 事实上，若参数 $\theta$ 有两个无偏估计 $\hat{\theta}_1$ 与 $\hat{\theta}_2$，则对任何满足 $\alpha_1+\alpha_2=1$ 的 $\alpha_1$，$\alpha_2$，估计量 $\alpha_1\hat{\theta}_1+\alpha_2\hat{\theta}_2$ 都是 $\theta$ 的无偏估计.

把有偏估计修正成无偏估计是一种常用的方法. 一般说来，如果 $\hat{\theta}$ 是 $\theta$ 的有偏估计，且 $E(\hat{\theta})=a+b\theta$，这里 $a,b$ 是常数，则 $\hat{\theta}^*=\frac{\hat{\theta}-a}{b}$ 为 $\theta$ 的无偏估计.

还要注意的是，无偏估计不具有不变性. 若 $\hat{\theta}$ 是 $\theta$ 的无偏估计，一般而言，$g(\hat{\theta})$ 为连续函数，则 $g(\hat{\theta})$ 不是 $g(\theta)$ 的无偏估计. 如对泊松分布来说，$\overline{X}$ 是 $\lambda$ 的无偏估计，考虑 $\overline{X}^2$ 是否 $\lambda^2$ 的无偏估计. 因为

$$E(\overline{X}^2)=D(\overline{X})+E^2(\overline{X})=\frac{\lambda}{n}+\lambda^2\neq\lambda^2,$$

故 $\overline{X}^2$ 不是 $\lambda^2$ 的无偏估计.

2. 有效性

在实际中，参数 $\theta$ 的无偏估计量往往不止一个，那么，如何进一步作出评价呢？为保证 $\hat{\theta}$ 尽可能与 $\theta$ 接近，自然要求它与参数真值之间的偏差越小越好，即无偏估计量的方差越小越有效.

设 $\hat{\theta}_1=\hat{\theta}_1(X_1,X_2,\cdots,X_n)$，$\hat{\theta}_2=\hat{\theta}_2(X_1,X_2,\cdots,X_n)$ 是未知参数 $\theta$ 的无偏估计量. 若 $D(\hat{\theta}_1)\leqslant D(\hat{\theta}_2)$，则称 $\hat{\theta}_1$ **比** $\hat{\theta}_2$ **有效**.

**例 7.21** 设总体 $X$ 的期望 $\mu$ 和方差 $\sigma^2$ 均存在，$X_1,X_2,\cdots,X_n$ 是 $X$ 的一个样本，试证明：$\mu$ 的估计量 $\hat{\mu}_1=\frac{1}{3}(X_1+X_2+X_3)$ 比 $\hat{\mu}_2=\frac{1}{2}(X_1+X_2)$ 更有效.

**证** 由于

$$E(\hat{\mu}_1)=E\left(\frac{1}{3}(X_1+X_2+X_3)\right)=\frac{1}{3}(E(X_1)+E(X_2)+E(X_3))$$

$$=\frac{1}{3}\cdot 3\mu=\mu,$$

$$E(\hat{\mu}_2)=E\left(\frac{1}{2}(X_1+X_2)\right)=\frac{1}{2}[E(X_1)+E(X_2)]=\frac{1}{2}\cdot 2\mu=\mu,$$

故 $\hat{\mu}_1$ 与 $\hat{\mu}_2$ 都是 $\mu$ 的无偏估计量. 但是

$$D(\hat{\mu}_1)=D\left(\frac{1}{3}(X_1+X_2+X_3)\right)=\frac{1}{9}(D(X_1)+D(X_2)+D(X_3))$$

$$=\frac{1}{9}\cdot 3\sigma^2=\frac{\sigma^2}{3},$$

$$D(\hat{\mu}_2)=D\left(\frac{1}{2}(X_1+X_2)\right)=\frac{1}{4}(D(X_1)+D(X_2))$$

$$=\frac{1}{4}\cdot 2\sigma^2=\frac{\sigma^2}{2},$$

因此 $D(\hat{\mu}_1)=\frac{\sigma^2}{3}<D(\hat{\mu}_2)=\frac{\sigma^2}{2}$，故 $\mu$ 的估计量 $\hat{\mu}_1=\frac{1}{3}(X_1+X_2+X_3)$ 比 $\hat{\mu}_2=\frac{1}{2}(X_1+X_2)$ 更有效.

**例 7.22** 设 $X_1,X_2,\cdots,X_n$ 是取自总体的样本，记总体均值为 $\mu$，总体方差为 $\sigma^2$，则 $\mu_1=X_1$，$\mu_2=\overline{X}$ 都是 $\mu$ 的无偏估计. 但

$$D(\mu_1)=\sigma^2,\quad D(\mu_2)=\frac{\sigma^2}{n},$$

显然，只要 $n>1$，$\hat{\mu}_2$ 比 $\hat{\mu}_1$ 有效. 这表明使用全部数据比只使用部分数据更

有效.

这个例子说明，尽量用样本中所有的数据的平均去估计总体均值，这样可以提高估计的有效性.

**例 7.23** 设分别在总体 $N(\mu_1,\sigma^2)$ 和 $N(\mu_2,\sigma^2)$ 中抽取容量为 $n_1$ 和 $n_2$ 的两个独立样本，其样本方差分别为 ${S_1}^2,{S_2}^2$. 试证：对任意常数 $a,b$ $(a+b=1)$，$Z=a{S_1}^2+b{S_2}^2$ 都是 $\sigma^2$ 的无偏估计，并确定常数 $a,b$ 使 $D(Z)$ 达到最小.

**解** 由例 7.17 知 $E({S_1}^2)=E({S_2}^2)=\sigma^2$，故

$$E(Z)=E(a{S_1}^2+b{S_2}^2)=aE({S_1}^2)+bE({S_2}^2)$$
$$=a\sigma^2+b\sigma^2=(a+b)\sigma^2=\sigma^2.$$

这证明了 $Z=a{S_1}^2+b{S_2}^2$ 是 $\sigma^2$ 的无偏估计.

由已知条件有

$$\frac{(n_1-1){S_1}^2}{\sigma^2}\sim\chi^2(n_1-1),\quad \frac{(n_2-1){S_1}^2}{\sigma^2}\sim\chi^2(n_2-1),$$

且 ${S_1}^2,{S_2}^2$ 相互独立，故 $D({S_1}^2)=\dfrac{2\sigma^4}{n_1-1}$，$D({S_2}^2)=\dfrac{2\sigma^4}{n_2-1}$，从而

$$D(Z)=a^2D({S_1}^2)+(1-a)^2D({S_2}^2)$$
$$=2\left[\frac{n_1+n_2-2}{(n_1-1)(n_2-1)}a^2-\frac{2}{n_2-1}a+\frac{1}{n_2-1}\right]\sigma^4.$$

因而当 $a=\dfrac{n_1-1}{n_1+n_2-2}$ 时，$D(Z)$ 达到最小，此时 $b=\dfrac{n_2-1}{n_1+n_2-2}$，该无偏估计为

$$\hat{\sigma}^2=\frac{\sum_{i=1}^{n_1}(X_i-\overline{X})^2+\sum_{i=1}^{n_2}(Y_i-\overline{Y})^2}{n_1+n_2-2}.$$

这个结果表明，对来自方差相等(不论均值是否相等)的两个正态总体的容量为 $n_1$ 和 $n_2$ 的样本，上述 $\hat{\sigma}^2$ 是 $\sigma^2$ 的线性无偏估计类

$$U=\{a{S_1}^2+(1-a){S_2}^2\}$$

中方差最小的.

3. 相合性

一个好的估计量应是无偏的，且是具有较小方差的. 随着样本容量的增大，一个好的估计应该会越来越接近其真实值，使其偏差大的概率越来越小. 由此引入一致性(相合性)标准.

设 $\hat{\theta}=\hat{\theta}(X_1,X_2,\cdots,X_n)$ 是未知参数 $\theta$ 的估计量. 如果对任意的 $\varepsilon>0$，

都有 $\lim_{n\to\infty} P\{|\hat{\theta}-\theta|\geqslant\varepsilon\}=0$，则称 $\hat{\theta}$ 是 $\theta$ 的**相合估计量(一致估计量)**.

相合性被认为是估计量的一个最基本的要求，这也容易理解，因为大偏差 $|\hat{\theta}_n-\theta|\geqslant\varepsilon$ 发生的可能性将随着样本容量的增大而越来越小，直至为零；另外相合性是对于极限性质而言的，它只在样本容量较大时才起作用.

**例 7.24** 试证：

(1) 样本均值 $\overline{X}$ 是总体均值 $\mu$ 的相合估计量；

(2) 样本方差 $S^2=\frac{1}{n-1}\sum_{i=1}^{n}(X_i-\overline{X})^2$ 及样本二阶中心矩 $B_2=\frac{1}{n}\sum_{i=1}^{n}(X_i-\overline{X})^2$ 都是总体方差 $\sigma^2$ 的相合估计量.

**证** (1) 由于样本 $X_1,X_2,\cdots,X_n$ 独立同分布于总体分布，故 $E(X_i)=\mu$，$i=1,2,\cdots,n$. 根据辛钦大数定律，对任意的 $\varepsilon>0$，

$$\lim_{n\to\infty} P\left\{\left|\frac{1}{n}\sum_{i=1}^{n}X_i-\mu\right|\geqslant\varepsilon\right\}=0,$$

即证得样本均值 $\overline{X}$ 是总体均值 $\mu$ 的相合估计量.

(2) 由于

$$B_2=\frac{1}{n}\sum_{i=1}^{n}(X_i-\overline{X})^2=\frac{1}{n}\sum_{i=1}^{n}X_i^{\,2}-\overline{X}^2=A_2-\overline{X}^2,$$

根据大数定律，$A_2=\frac{1}{n}\sum_{i=1}^{n}X_i^{\,2}$ 依概率收敛于 $E(X^2)$，$\overline{X}=\frac{1}{n}\sum_{i=1}^{n}X_i$ 依概率收敛于 $E(X)$，故 $B_2=A_2-\overline{X}^2$ 依概率收敛于 $E(X^2)-(E(X))^2=\sigma^2$，所以 $B_2=\frac{1}{n}\sum_{i=1}^{n}(X_i-\overline{X})^2$ 是总体方差 $\sigma^2$ 的相合估计量.

因为 $\lim_{n\to\infty}\frac{n}{n-1}=1$，所以 $S^2=\frac{n}{n-1}B_2$ 也是总体方差 $\sigma^2$ 的相合估计量.

**例 7.25** 设 $X_1,X_2,\cdots,X_n$ 是取自总体 $X\sim N(0,\sigma^2)$ 的一个样本，其中 $\sigma$ 未知. 令 $\hat{\sigma}^2=\frac{1}{n}\sum_{i=1}^{n}X_i^{\,2}$，试证：$\hat{\sigma}^2$ 是 $\sigma^2$ 的相合估计.

**证** 我们有

$$E(\hat{\sigma}^2)=E\left(\frac{1}{n}\sum_{i=1}^{n}X_i^{\,2}\right)=\frac{1}{n}E\left(\sum_{i=1}^{n}X_i^{\,2}\right)=\sigma^2.$$

又 $\frac{1}{\sigma^2}\sum_{i=1}^{n}X_i^{\,2}\sim\chi^2(n)$，由 $\chi^2$ 分布的性质，知 $D\left(\frac{1}{\sigma^2}\sum_{i=1}^{n}X_i^{\,2}\right)=2n$，故

$$D(\hat{\sigma}^2)=D\left(\frac{1}{\sigma^2}\sum_{i=1}^{n}X_i^{\ 2}\right)\cdot\frac{\sigma^4}{n^2}=\frac{2\sigma^4}{n}.$$

由切比雪夫不等式，当 $n\to\infty$ 时，对任意的 $\varepsilon>0$，

$$P\{|\hat{\sigma}^2-\sigma^2|\geqslant\varepsilon\}\leqslant\frac{D(\hat{\sigma}^2)}{\varepsilon^2}=\frac{2\sigma^4}{n\varepsilon^2}\to 0,$$

所以 $\hat{\sigma}^2$ 是 $\sigma^2$ 的相合估计.

通过此例，我们看到要证明一个估计量具有相合性，须证明它依概率收敛，这有时很麻烦，为此，我们下面给出一个相合性的判定定理.

**定理 7.3**　设 $\hat{\theta}$ 是 $\theta$ 的无偏估计量. 若 $\lim\limits_{n\to\infty}D(\hat{\theta})=0$，则 $\hat{\theta}$ 是 $\theta$ 的相合估计量.

**证**　由切比雪夫不等式，对任意的 $\varepsilon>0$，

$$P\{|\hat{\theta}-\theta|\geqslant\varepsilon\}\leqslant\frac{D(\hat{\theta})}{\varepsilon^2}.$$

由于 $\lim\limits_{n\to\infty}D(\hat{\theta})=0$，故 $\lim\limits_{n\to\infty}P\{|\hat{\theta}-\theta|\geqslant\varepsilon\}=0$，即证得 $\hat{\theta}$ 是 $\theta$ 的相合估计量.

□

不难证明，在大样本场合下，样本 $k$ $(k\geqslant 1)$ 阶矩是总体的 $k$ 阶矩的相合估计量. 即矩法估计一般都具有相合性，这也是矩法估计的理论依据. 由极大似然估计法得到的估计量，在一定条件下也具有相合性. 相合性只有当样本容量相当大时，才能显示出其优越性.

**定理 7.4**　设 $\hat{\theta}_1,\hat{\theta}_2,\cdots,\hat{\theta}_k$ 分别是 $\theta_1,\theta_2,\cdots,\theta_k$ 的相合估计. 若 $g(\theta_1,\theta_2,\cdots,\theta_k)$ 为 $k$ 元连续函数，则 $g(\hat{\theta}_1,\hat{\theta}_2,\cdots,\hat{\theta}_k)$ 是 $g(\theta_1,\theta_2,\cdots,\theta_k)$ 的相合估计.

**例 7.26**　证明：对任意的总体 $X$，只要其期望 $\mu$ 与方差 $\sigma^2$ 存在，则其样本均值 $\overline{X}$ 与样本方差 $S^2$ 分别是总体均值 $\mu$ 与总体方差 $\sigma^2$ 的相合估计.

**证**　记总体的前二阶矩为 $\mu_1=E(X)$，$\mu_2=E(X^2)$，它们总存在，则总体方差 $\sigma^2=\mu_2-\mu_1^{\ 2}=g_1(\mu_1,\mu_2)$ 是 $\mu_1,\mu_2$ 的连续函数. 由辛钦大数定律知，$\overline{X}=\frac{1}{n}\sum\limits_{i=1}^{n}X_i$ 是 $\mu_1$ 的相合估计，$\overline{X^2}=\frac{1}{n}\sum\limits_{i=1}^{n}X_i^{\ 2}$ 是 $\mu_2$ 的相合估计，于是

$$g_1(\overline{X},\overline{X^2})=\frac{1}{n}\sum_{i=1}^{n}(X_i-\overline{X})^2$$

是 $g_1(\mu_1,\mu_2)=\sigma^2$ 的相合估计，

$$g_2(\overline{X},\overline{X^2})=\frac{n}{n-1}g_1(\overline{X},\overline{X^2})=\frac{1}{n-1}\sum_{i=1}^{n}(X_i-\overline{X})^2=S^2$$

仍是 $\sigma^2$ 的相合估计.

以上介绍了三种衡量估计量好坏的标准. 一个未知参数的估计量往往不唯一，采用哪一个好呢? 我们自然希望采用的估计量具有无偏性、有效性和相合性，但在实际问题中，对于一个统计量而言很难同时具有这三种标准. 相合性要求样本容量充分大，这有时很难做到，无偏性和有效性经常被采用，无偏性在直观上比较合理，但不是每个未知参数都有无偏估计量，只有有效性在理论上或直观上都比较合理，所以用得比较多.

## 习 题 7.1

1. 设总体 $X$ 服从 0-1 分布，其概率分布律为

$$P\{X=x\}=p^x(1-p)^{1-x},\quad x=0,1.$$

如果取得样本观测值为 $x_1,x_2,\cdots,x_n(x_i=0,1)$，求参数 $p$ 的矩估计值 $\hat{p}_1$ 与极大似然估计值 $\hat{p}_2$.

2. 设总体服从几何分布，其概率分布律为

$$P\{X=x\}=p(1-p)^{x-1},\quad x=1,2,3,\cdots.$$

如果取得样本观测值为 $x_1,x_2,\cdots,x_n$，求参数 $p$ 的矩估计值 $\hat{p}_1$ 与极大似然估计值 $\hat{p}_2$.

3. 设总体 $X$ 的概率密度函数为

$$f(x)=\begin{cases}\theta x^{-(\theta+1)}, & x>1,\\ 0, & \text{其他},\end{cases}$$

其中 $\theta>1$ 为未知参数. 如果取得样本观测值为 $x_1,x_2,\cdots,x_n$，求参数 $\theta$ 的矩估计值 $\hat{\theta}_1$ 与极大似然估计值 $\hat{\theta}_2$.

4. 从一批电子元件中抽取 8 个进行寿命测试，得到如下数据(单位：h)：

1 050，1 100，1 130，1 040，1 250，1 300，1 200，1 080.

试对这批元件的平均寿命以及分布的标准差给出矩估计.

5. 设总体 $X\sim U(0,\theta)$，现从该总体中抽取容量为10的样本，样本值为

0.5，1.3，0.6，1.7，2.2，1.2，0.8，1.5，2.0，1.6，

试对参数 $\theta$ 给出矩估计 $\hat{\theta}$.

6. 设某厂生产的晶体管的寿命服从指数分布，即 $X\sim E(\theta)$，$\theta>0$ 且未知. 现从中随机抽取 5 只进行测试，得到它们的寿命(单位:小时)如下：

518，612，713，388，434，

试求该厂晶体管平均寿命的最大似然估计值 $\hat{\theta}$.

7. 设 12,15,9,18,13,9,7,11,13,10 是来自总体 $X \sim N(\mu,\sigma^2)$ 的样本值，求 $P\{X > 10\}$ 的矩估计值与极大似然估计值.

8. 已知某地区各月因交通事故死亡的人数为

$$3, 4, 3, 0, 2, 5, 1, 0, 7, 2, 0, 3.$$

若死亡人数 $X$ 服从参数为 $\lambda$ 的 Poisson 分布，求：

(1) $\lambda$ 的极大似然估计值；

(2) 利用(1)的结果求 $P\{X > 2\}$.

9. 设 $x_1, x_2, \cdots, x_n$ 是取自参数为 $\lambda$ 的泊松分布的一个子样，试求 $\lambda^2$ 的无偏估计.

10. 设总体 $X$ 的数学期望和方差都存在，且 $E(X)=\mu$, $D(X)=\sigma^2$, $X_1$, $X_2$ 是取自总体 $X$ 的一个样本. 试问下列三个对 $\mu$ 的无偏估计量中哪个更有效？

(1) $\hat{\mu}_1 = \frac{3}{4}X_1 + \frac{1}{4}X_2$；　　(2) $\hat{\mu}_1 = \frac{1}{2}X_1 + \frac{1}{2}X_2$；

(3) $\hat{\mu}_1 = \frac{1}{3}X_1 + \frac{2}{3}X_2$.

11. 设总体 $X$ 有期望 $E(X)=\mu$，方差 $D(X)=\sigma^2$，但均未知. $X_1, X_2, \cdots, X_n$ 是取自总体 $X$ 的样本，$\overline{X} = \frac{1}{n}\sum_{i=1}^{n} X_i$，

$$B_2 = \frac{1}{n}\sum_{i=1}^{n}(X_i - \overline{X})^2, \quad S^2 = \frac{1}{n-1}\sum_{i=1}^{n}(X_i - \overline{X})^2.$$

试验证：$\overline{X}$ 是 $\mu$ 的无偏估计，$B_2$ 是 $\sigma^2$ 的渐近无偏估计，而 $S^2$ 是 $\sigma^2$ 的无偏估计.

12. 设 $X_1, X_2, \cdots, X_n$ 是总体 $X$ 的一个子样，$E(X)=\mu$, $D(X)=\sigma^2$ 存在且未知，任意正的常数 $a_i(i=1,2,\cdots,n)$ 满足 $\sum_{i=1}^{n} a_i = 1$. 试证：

(1) 估计量 $\hat{\mu} = \sum_{i=1}^{n} a_i X_i$ 总是 $\mu$ 的无偏估计；

(2) 在上述无偏估计中 $\overline{X} = \frac{1}{n}\sum_{i=1}^{n} X_i$ 最有效，并写出此时的最小方差.

13. 总体 $X$ 的概率密度函数为

$$f(x) = \begin{cases} \frac{1}{\theta} e^{-\frac{x}{\theta}}, & x > 0, \\ 0, & x \leqslant 0, \end{cases}$$

$\theta > 0$ 为常数，证明：$\overline{X}$ 是 $\theta$ 的相合估计.

# 7.2 参数的区间估计

前面我们已经讨论了参数的点估计，而点估计仅仅是未知参数的一个近似值，由于样本的随机性，点估计无从断定估计值是否为待估参数的真实值，即使是无偏估计和有效估计量；也不能把握估计值与参数真实值的偏离程度及估计的可靠程度；对于一个未知量除了求出它的点估计 $\hat{\theta}$ 外，我们还希望估计出一个范围，并希望知道这个范围包含参数 $\theta$ 真值的可信程度，对于 $\theta$ 的估计给定一个范围 $[\theta_1,\theta_2]$ 满足：$P\{\hat{\theta}_1 \leqslant \theta \leqslant \hat{\theta}_2\}$ 应尽可能大，即可靠程度高；$\hat{\theta}_2-\hat{\theta}_1$ 应尽可能小，即精确度高. 因此，这样的范围通常以区间的形式给出，同时还给出此区间包含参数 $\theta$ 真值的可信程度. 这种形式的估计称为**区间估计**，这样的区间即所谓的置信区间.

## 7.2.1 置信区间的概念

**定义 7.1** 设 $X_1,X_2,\cdots,X_n$ 是来自总体 $X\sim f(x;\theta)$ 的一个样本，$\theta$ 为未知参数. 若对给定的 $\alpha$ $(0<\alpha<1)$，存在两个统计量 $\hat{\theta}_1=\hat{\theta}_1(X_1,X_2,\cdots,X_n)$ 与 $\hat{\theta}_2=\hat{\theta}_2(X_1,X_2,\cdots,X_n)$，对所有 $\theta$ 可能取值均有

$$P\{\hat{\theta}_1<\theta<\hat{\theta}_2\}=1-\alpha,$$

则称随机区间 $(\hat{\theta}_1,\hat{\theta}_2)$ 为参数 $\theta$ 的**置信度为** $1-\alpha$ **的置信区间**，$\hat{\theta}_1$ 与 $\hat{\theta}_2$ 分别称为 $1-\alpha$ 的**置信下限与置信上限**，置信度 $1-\alpha$ 也称为**置信水平或置信概率**，$\alpha$ 称**显著性水平**.

参数 $\theta$ 是一个常数，没有随机性，而区间 $(\hat{\theta}_1,\hat{\theta}_2)$ 是随机的，置信水平 $1-\alpha$ 的含义是：随机区间 $(\hat{\theta}_1,\hat{\theta}_2)$ 以 $1-\alpha$ 的概率包含着待估参数 $\theta$ 的真实值，而不能说参数 $\theta$ 以 $1-\alpha$ 的概率落入随机区间 $(\hat{\theta}_1,\hat{\theta}_2)$. 进一步阐述是：当取得一组样本观测值后，将其代入 $\hat{\theta}_1$ 与 $\hat{\theta}_2$ 的表达式，可得估计值 $\hat{\theta}_1(x_1,x_2,\cdots,x_n)$ 与 $\hat{\theta}_2(x_1,x_2,\cdots,x_n)$，这样得到一个置信区间 $(\hat{\theta}_1(x_1,x_2,\cdots,x_n),\hat{\theta}_2(x_1,x_2,\cdots,x_n))$，这样每个样本值确定一个区间，此时已不是随机区间，这个区间可能包含真实值 $\theta$ 也可能不包含真实值 $\theta$，按大数定律，在多次观察和试验中，在这样多的取样中，大约有 $100(1-\alpha)\%$ 的区间包含未知参数 $\theta$ 的真实值.

区间估计的两个要求：

(1) 要求 $P\{\hat{\theta}_1 < \theta < \hat{\theta}_2\}$ 要尽可能大，即要求估计结果尽可能可靠；$1-\alpha$ 反映了区间的可靠度；

(2) 估计的精度尽可能的高，即要求区间长度 $\hat{\theta}_2 - \hat{\theta}_1$ 尽可能短. 随机区间 $(\hat{\theta}_1, \hat{\theta}_2)$ 的长度为 $\hat{\theta}_2 - \hat{\theta}_1$，而 $\hat{\theta}_2 - \hat{\theta}_1$ 是随机变量，反映了区间的精度.

希望可靠度与精度均高，而可靠度与精度是一对矛盾. 可靠度 $1-\alpha$ 越大，置信区间 $(\hat{\theta}_1, \hat{\theta}_2)$ 包含 $\theta$ 的真值的概率就越大，但区间 $(\hat{\theta}_1, \hat{\theta}_2)$ 的长度就越大，对未知参数 $\theta$ 的估计精度就越差. 反之，对参数 $\theta$ 的估计精度越高，置信区间 $(\hat{\theta}_1, \hat{\theta}_2)$ 长度就越小，$(\hat{\theta}_1, \hat{\theta}_2)$ 包含 $\theta$ 的真值的概率就越低，可靠度 $1-\alpha$ 越小. 在实际应用中，在可靠程度能接受的前提下，尽可能提高精度.

**例 7.27** 设 $X_1, X_2, \cdots, X_n$ 是来自总体 $X \sim N(\mu, \sigma^2)$ 的一个样本，$\sigma^2$ 为已知，$\mu$ 为未知，求 $\mu$ 的置信水平为 $1-\alpha$ 的置信区间.

**解** 我们知道 $\overline{X}$ 是 $\mu$ 的无偏估计，且有

$$\frac{\overline{X}-\mu}{\sigma/\sqrt{n}} \sim N(0,1),$$

而 $N(0,1)$ 不依赖于任何未知参数. 对于给定的 $\alpha$，查标准正态分布附表可得临界值 $z_{\alpha/2}$，使得(见图 7-1)

$$P\left\{\left|\frac{\overline{X}-\mu}{\sigma/\sqrt{n}}\right| < z_{\alpha/2}\right\} = 1-\alpha,$$

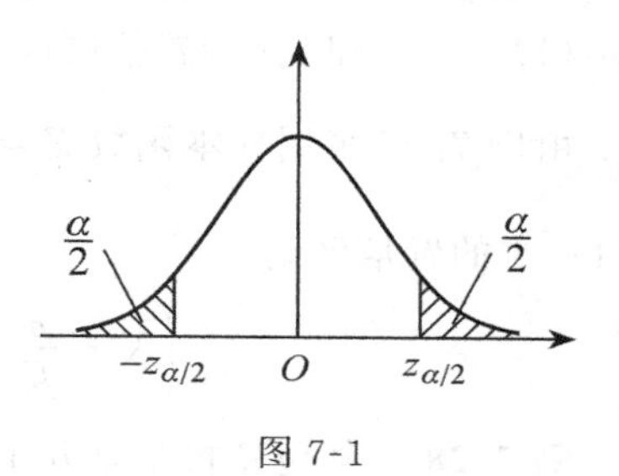


图 7-1

即

$$P\left\{\overline{X} - \frac{\sigma}{\sqrt{n}} z_{\alpha/2} < \mu < \overline{X} + \frac{\sigma}{\sqrt{n}} z_{\alpha/2}\right\} = 1-\alpha,$$

这样我们得到了 $\mu$ 的一个置信水平为 $1-\alpha$ 的置信区间

$$\left(\overline{X} - \frac{\sigma}{\sqrt{n}} z_{\alpha/2}, \overline{X} + \frac{\sigma}{\sqrt{n}} z_{\alpha/2}\right).$$

当然，$\mu$ 的置信水平为 $1-\alpha$ 的置信区间并不是唯一的，刚才取分点时，我们是对称地来取的，我们也可以不对称地来取，但在保证可靠度的条件下尽可能提高精度，故像标准正态分布这种单峰且对称的概率密度图形，对称来取分点则区间长度为最短，可以提高估计的精度.

通过上例可看到寻求置信区间的基本思想：在点估计的基础上，构造合适的统计量，并针对给定的置信度导出置信区间. 寻求参数 $\theta$ 置信区间的一般步骤如下：

(1) 选取未知参数 $\theta$ 的某个较优估计量 $\hat{\theta}$.

(2) 围绕 $\hat{\theta}$ 构造一个依赖于样本与参数 $\theta$ 的函数 $Z = Z(X_1, X_2, \cdots, X_n; \theta)$.

(3) 对给定的 $\alpha$ $(0<\alpha<1)$，确定分位点 $a,b$，使得

$$P\{a<Z(X_1,X_2,\cdots,X_n;\theta)<b\}=1-\alpha.$$

(4) 由 $a<Z(X_1,X_2,\cdots,X_n;\theta)<b$ 得到等价形式

$$(\hat{\theta}_1(x_1,x_2,\cdots,x_n)<\theta<\hat{\theta}_2(x_1,x_2,\cdots,x_n)),$$

则 $(\hat{\theta}_1,\hat{\theta}_2)$ 是参数 $\theta$ 的一个置信度为 $1-\alpha$ 的置信区间.

### 7.2.2 单个正态总体参数的置信区间

由于大多数情况下，我们遇到的是总体服从正态分布或近似正态分布，下面讨论单个正态总体 $N(\mu,\sigma^2)$ 的参数的区间估计问题.

1. 均值 $\mu$ 的置信区间

均值 $\mu$ 的置信区间要分 $\sigma^2$ 已知和未知两种情况，下面分别讨论：

(1) $\sigma^2$ 已知，$\mu$ 的置信区间

由例 7.27 采用样本函数 $Z=\dfrac{\overline{X}-\mu}{\sigma/\sqrt{n}}\sim N(0,1)$，已经得到 $\mu$ 的置信水平为 $1-\alpha$ 的置信区间

$$\left(\overline{X}-\frac{\sigma}{\sqrt{n}}z_{\alpha/2},\ \overline{X}+\frac{\sigma}{\sqrt{n}}z_{\alpha/2}\right).$$

**例 7.28** 某包糖机某日开工包了 12 包糖，称得重量(单位:克)分别为

506，500，495，488，504，486，505，513，521，520，512，485.

假设重量服从正态分布 $N(\mu,10^2)$，试求糖包的平均重量 $\mu$ 的置信度为 95% 的置信区间.

**解** 此题 $\sigma^2$ 已知，$\mu$ 的置信水平为 $1-\alpha$ 的置信区间为

$$\left(\overline{X}-\frac{\sigma}{\sqrt{n}}z_{\alpha/2},\ \overline{X}+\frac{\sigma}{\sqrt{n}}z_{\alpha/2}\right).$$

由题意有 $\sigma=10$，$n=12$，$\overline{x}=502.92$，$\alpha=0.05$，查表得 $z_{\alpha/2}=z_{0.025}=1.96$，于是

$$\overline{x}-\frac{\sigma}{\sqrt{n}}z_{\alpha/2}=502.92-\frac{10}{\sqrt{12}}\times 1.96=497.26,$$

$$\overline{x}+\frac{\sigma}{\sqrt{n}}z_{\alpha/2}=502.92+\frac{10}{\sqrt{12}}\times 1.96=508.58,$$

故糖包的平均重量 $\mu$ 的置信度为 95% 的置信区间(497.26,508.58).

**例 7.29** 设总体 $X\sim N(\mu,8)$，$\mu$ 为未知参数，$X_1,X_2,\cdots,X_{36}$ 是取自总体 $X$ 的简单随机样本. 如果以区间 $(\overline{X}-1,\overline{X}+1)$ 作为 $\mu$ 的置信区间，那么置

信度是多少？

**解**　由于 $\sigma^2=8$，故

$$\frac{\overline{X}-\mu}{\sigma/\sqrt{n}}=\frac{\overline{X}-\mu}{\sqrt{2}/3}\sim N(0,1).$$

依题意 $P\{\overline{X}-1<\mu<\overline{X}+1\}=1-\alpha$，即

$$P\{\mu-1<\overline{X}<\mu+1\}=\Phi\left(\frac{3}{\sqrt{2}}\right)-\Phi\left(\frac{-3}{\sqrt{2}}\right)=2\Phi\left(\frac{3}{2}\right)-1$$
$$=2\Phi(2.121)-1=0.966=1-\alpha,$$

所求的置信度为96.6%.

**例7.30**　设总体 $X\sim N(\mu,1)$，为得到 $\mu$ 的置信水平为0.95的置信区间长度不超过1.2，样本容量 $n$ 为多大？

**解**　由题设条件知 $\mu$ 的置信水平为0.95的置信区间为

$$\left(\overline{X}-\frac{\sigma}{\sqrt{n}}z_{\alpha/2},\ \overline{X}+\frac{\sigma}{\sqrt{n}}z_{\alpha/2}\right),\text{即}\left(\overline{X}-\frac{1}{\sqrt{n}}z_{\alpha/2},\ \overline{X}+\frac{1}{\sqrt{n}}z_{\alpha/2}\right),$$

其区间长度为 $2\frac{1}{\sqrt{n}}z_{\alpha/2}$，仅依赖于样本容量 $n$ 而与样本具体取值无关. 现要求

$$2\frac{1}{\sqrt{n}}z_{\alpha/2}\leqslant 1.2,$$

查表得 $z_{\alpha/2}=z_{0.025}=1.96$，从而 $2\frac{1}{\sqrt{n}}\times 1.96\leqslant 1.2$，即

$$n\geqslant\left(\frac{5}{3}\right)^2\times 1.96^2=10.67\approx 11,$$

故样本容量 $n\geqslant 11$ 时才能使得 $\mu$ 的置信水平为0.95的置信区间长度不超过1.2.

(2)　$\sigma^2$ 未知，$\mu$ 的置信区间

因其中含未知参数 $\sigma$. 考虑到 $S^2$ 是 $\sigma^2$ 的无偏估计，由第六章正态总体统计量的分布可知

$$T=\frac{\overline{X}-\mu}{S/\sqrt{n}}\sim t(n-1),$$

并且右边的分布 $t(n-1)$ 不依赖于任何未知参数. 对于给定的 $\alpha$，查 $t$ 分布附表可得临界值 $t_{\alpha/2}(n-1)$，使得(见图7-2)

$$P\left\{\left|\frac{\overline{X}-\mu}{S/\sqrt{n}}\right|<t_{\alpha/2}(n-1)\right\}=1-\alpha,$$

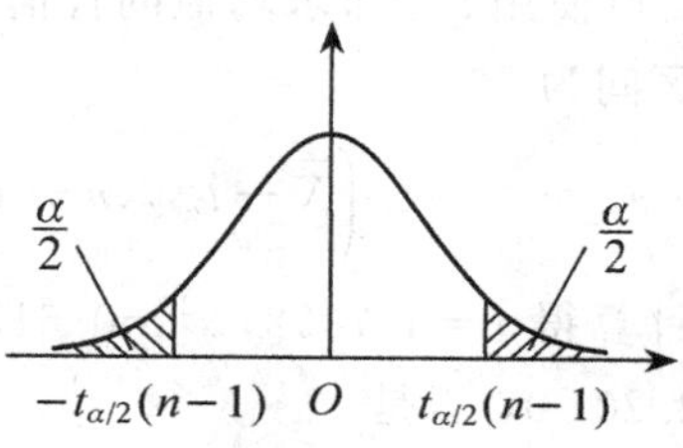

$\frac{\alpha}{2}$　$\frac{\alpha}{2}$

$-t_{\alpha/2}(n-1)$　$O$　$t_{\alpha/2}(n-1)$

图7-2

即

$$P\left\{\overline{X}-\frac{S}{\sqrt{n}}t_{\alpha/2}(n-1)<\mu<\overline{X}+\frac{S}{\sqrt{n}}t_{\alpha/2}(n-1)\right\}=1-\alpha.$$

这样，我们得到了 $\mu$ 的一个置信水平为 $1-\alpha$ 的置信区间

$$\left(\overline{X}-t_{\alpha/2}(n-1)\frac{S}{\sqrt{n}},\overline{X}+t_{\alpha/2}(n-1)\frac{S}{\sqrt{n}}\right).$$

**例 7.31** 某车间生产钢珠，从长期实践知道，钢珠直径服从正态分布 $N(\mu,\sigma^2)$. 从某天产品里随机抽取 12 个，测得直径为(单位：微米)分别为

506，500，495，488，504，486，505，513，521，520，512，485.

假设重量服从正态分布 $N(\mu,\sigma^2)$，试求钢珠的平均直径 $\mu$ 的置信度为 95% 的置信区间.

**解** 由于 $\sigma^2$ 未知，故 $\mu$ 的置信水平为 $1-\alpha$ 的置信区间

$$\left(\overline{X}-t_{\alpha/2}(n-1)\frac{S}{\sqrt{n}},\overline{X}+t_{\alpha/2}(n-1)\frac{S}{\sqrt{n}}\right).$$

由题意有 $n=12$，$\alpha=0.05$，$\overline{x}=502.92$，$s=12.35$，查表可知

$$t_{\alpha/2}(n-1)=t_{0.025}(11)=2.201,$$

于是

$$\overline{x}-t_{\alpha/2}(n-1)\frac{s}{\sqrt{n}}=502.92-2.201\times\frac{12.35}{\sqrt{12}}=495.07,$$

$$\overline{x}+t_{\alpha/2}(n-1)\frac{s}{\sqrt{n}}=502.92-2.201\times\frac{12.35}{\sqrt{12}}=510.77.$$

故钢珠的平均直径 $\mu$ 的置信度为 95% 的置信区间为(495.07,510.77).

**例 7.32** 假设轮胎的寿命服从正态分布，为估计某种轮胎的平均寿命，现随机地抽取 12 只轮胎试用，测得它们的寿命(单位：万公里)如下：

4.68，4.85，4.32，4.85，4.61，5.02，

5.20，4.60，4.58，4.72，4.38，4.70.

求轮胎的平均寿命置信水平为 $1-\alpha$ 的置信区间.

**解** 由题设知，轮胎的使用寿命服从正态分布，而正态总体标准差未知，可使用 $t$ 分布求均值的置信区间. 轮胎的使用寿命置信水平为 $1-\alpha$ 的置信区间为

$$\left(\overline{X}-t_{\alpha/2}(n-1)\frac{S}{\sqrt{n}},\overline{X}+t_{\alpha/2}(n-1)\frac{S}{\sqrt{n}}\right).$$

经计算得 $\overline{x}=4.7092$，$s^2=0.615$. 取 $\alpha=0.05$，查表知 $t_{\alpha/2}(n-1)=t_{0.025}(11)=2.2010$，于是

$$\overline{x}-t_{\alpha/2}(n-1)\frac{s}{\sqrt{n}}=4.7092-2.2010\times\frac{\sqrt{0.0615}}{\sqrt{12}}=4.5516,$$

$$\overline{x}+t_{\alpha/2}(n-1)\frac{s}{\sqrt{n}}=4.7092+2.2010\times\frac{\sqrt{0.0615}}{\sqrt{12}}=4.8668,$$

轮胎的平均寿命置信水平为 0.95 的置信区间为(4.551 6,4.866 8).

在实际问题中，由于轮胎的使用寿命越长越好，因此可以只求平均寿命的置信下限，也即构造置信下限. 由于

$$P\left\{\frac{(\overline{X}-\mu)}{S/\sqrt{n}}<t_{\alpha}(n-1)\right\}=1-\alpha,$$

即

$$P\left\{\mu>\overline{X}-\frac{S}{\sqrt{n}}t_{\alpha}(n-1)\right\}=1-\alpha,$$

这样就得到 $\mu$ 置信水平为 $1-\alpha$ 的置信区间

$$\left(\overline{X}-\frac{S}{\sqrt{n}}t_{\alpha}(n-1),+\infty\right).$$

$\mu$ 置信水平为 $1-\alpha$ 的置信下限为 $\overline{X}-\frac{S}{\sqrt{n}}t_{\alpha}(n-1)$，当置信水平为 0.95，$\alpha=0.05$，查表得 $t_{\alpha}(n-1)=t_{0.05}(11)=1.7959$. 代入计算可得平均寿命 $\mu$ 置信水平为 0.95 的置信下限为 4.580 6(万公里).

2. *方差 $\sigma^2$ 的置信区间*

方差 $\sigma^2$ 的置信区间要分 $\mu$ 已知和未知两种情况，下面分别讨论：

(1) $\mu$ 已知，$\sigma^2$ 的置信区间

构造样本函数 $\chi^2=\frac{\sum_{i=1}^{n}(X_i-\mu)^2}{\sigma^2}$，则

$$\chi^2=\frac{\sum_{i=1}^{n}(X_i-\mu)^2}{\sigma^2}\sim\chi^2(n),$$

并且此式右端的分布不依赖于任何未知参数. 顺便指出在密度函数不对称即偏态分布时，寻找平均长度最短区间很难实现，一般都是用等尾置信区间，如 $\chi^2$ 分布和 $F$ 分布，习惯上在分布两侧各截面积为 $\frac{\alpha}{2}$ 的部分，即取对称的分位点 $\chi^2_{1-\alpha/2}(n)$，$\chi^2_{\alpha/2}(n)$ 来确定置信区间（见图 7-3）. 于是有

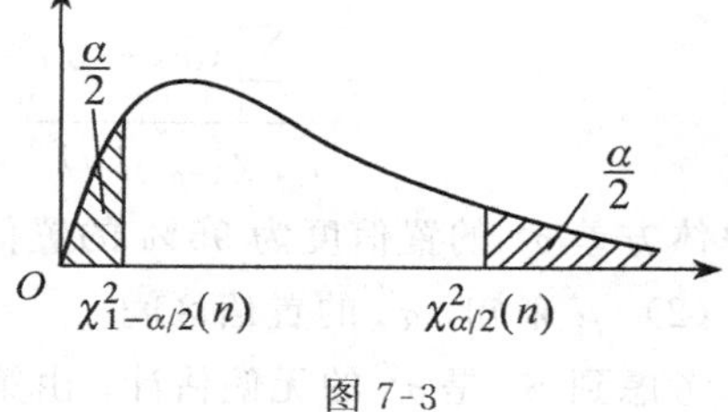

图 7-3

$$P\left\{\chi^2_{1-\alpha/2}(n) < \frac{\sum_{i=1}^{n}(X_i-\mu)^2}{\sigma^2} < \chi^2_{\alpha/2}(n)\right\} = 1-\alpha,$$

即

$$P\left\{\frac{\sum_{i=1}^{n}(X_i-\mu)^2}{\chi^2_{\alpha/2}(n)} < \sigma^2 < \frac{\sum_{i=1}^{n}(X_i-\mu)^2}{\chi^2_{1-\alpha/2}(n)}\right\} = 1-\alpha,$$

这就得到方差 $\sigma^2$ 的置信水平为 $1-\alpha$ 的置信区间

$$\left(\frac{\sum_{i=1}^{n}(X_i-\mu)^2}{\chi^2_{\alpha/2}(n)}, \frac{\sum_{i=1}^{n}(X_i-\mu)^2}{\chi^2_{1-\alpha/2}(n)}\right).$$

**例 7.33** 某汽车租赁公司随机记录了 12 个顾客每次租赁平均行驶的里程(单位：公里)分别为

506，500，495，488，504，486，505，513，521，520，512，485.

假设每次租赁行驶的路程服从正态分布 $N(500,\sigma^2)$，试求全年租赁汽车每次行驶里程方差 $\sigma^2$ 的置信度为 95% 的置信区间.

**解** 由于 $\mu$ 已知，故 $\sigma^2$ 的置信水平为 $1-\alpha$ 的置信区间为

$$\left(\frac{\sum_{i=1}^{n}(X_i-\mu)^2}{\chi^2_{\alpha/2}(n)}, \frac{\sum_{i=1}^{n}(X_i-\mu)^2}{\chi^2_{1-\alpha/2}(n)}\right),$$

由题意有 $n=12$，$\mu=500$，$\alpha=0.05$. 查表可知，

$$\chi^2_{\alpha/2}(n)=\chi^2_{0.025}(12)=23.337, \quad \chi^2_{1-\alpha/2}(n)=\chi^2_{0.975}(12)=4.404,$$

于是

$$\frac{\sum_{i=1}^{n}(x_i-\mu)^2}{\chi^2_{\alpha/2}(n)} = \frac{1821}{23.337} = 78.03,$$

$$\frac{\sum_{i=1}^{n}(x_i-\mu)^2}{\chi^2_{1-\alpha/2}(n)} = \frac{1821}{4.404} = 413.49,$$

故总体方差 $\sigma^2$ 的置信度为 95% 的置信区间为(78.03,413.49).

(2) $\mu$ 未知，$\sigma^2$ 的置信区间

考虑到 $S^2$ 是 $\sigma^2$ 的无偏估计，由第六章正态总体统计量的分布可知

$$\chi^2 = \frac{(n-1)S^2}{\sigma^2} \sim \chi^2(n-1),$$

且 $\chi^2(n-1)$ 分布不依赖于任何未知参数. 对于给定的 $\alpha$，查 $\chi^2$ 分布附表可得临界值 $\chi^2_{1-\alpha/2}(n-1)$，$\chi^2_{\alpha/2}(n-1)$（见图 7-4），使得

$$P\left\{\chi^2_{1-\alpha/2}(n-1) < \frac{(n-1)S^2}{\sigma^2} < \chi^2_{\alpha/2}(n-1)\right\} = 1-\alpha,$$

即

$$P\left\{\frac{(n-1)S^2}{\chi^2_{\alpha/2}(n-1)} < \sigma^2 < \frac{(n-1)S^2}{\chi^2_{1-\alpha/2}(n-1)}\right\} = 1-\alpha,$$

这样得到 $\sigma^2$ 的置信水平为 $1-\alpha$ 的置信区间

$$\left(\frac{(n-1)S^2}{\chi^2_{\alpha/2}(n-1)},\ \frac{(n-1)S^2}{\chi^2_{1-\alpha/2}(n-1)}\right).$$

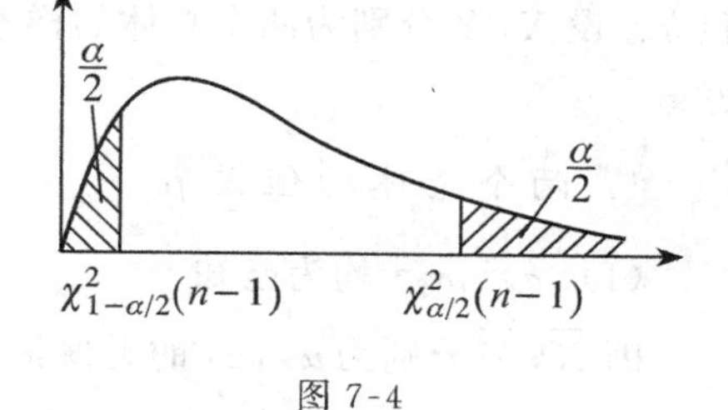


图 7-4

**例 7.34** 某厂生产一批金属材料，其抗热温度服从正态分布 $N(\mu,\sigma^2)$，今从这批金属材料中随机抽取 12 个试件，测得它们的抗热温度(单位：摄氏度）分别为

506，500，495，488，504，486，505，513，521，520，512，485.

假设重量服从正态分布 $N(\mu,\sigma^2)$，试求抗热温度方差 $\sigma^2$ 的置信度为 95% 的置信区间.

**解** 由于 $\mu$ 未知，故 $\sigma^2$ 的置信水平为 $1-\alpha$ 的置信区间为

$$\left(\frac{(n-1)S^2}{\chi^2_{\alpha/2}(n-1)},\ \frac{(n-1)S^2}{\chi^2_{1-\alpha/2}(n-1)}\right).$$

由题意有 $n=12$，$\alpha=0.05$，$s=12.35$，查表可知

$$\chi^2_{\alpha/2}(n-1) = \chi^2_{0.025}(11) = 21.920,$$

$$\chi^2_{1-\alpha/2}(n-1) = \chi^2_{0.975}(11) = 3.816,$$

于是

$$\frac{(n-1)s^2}{\chi^2_{\alpha/2}(n-1)} = \frac{11\times 12.35^2}{21.920} = 76.54,$$

$$\frac{(n-1)s^2}{\chi^2_{1-\alpha/2}(n-1)} = \frac{11\times 12.35^2}{3.816} = 439.66,$$

故热温度方差 $\sigma^2$ 的置信度为 95% 的置信区间为(76.54,439.66).

### 7.2.3 两个正态总体 $N(\mu_1,\sigma_1{}^2)$,$N(\mu_2,\sigma_2{}^2)$ 参数的置信区间

在实际中常遇到下面的问题，已知产品的某一质量指标服从正态分布，但由于原料，设备条件，操作人的不同，工艺过程改变等因素，引起总体均

值或总体方差有所改变，我们需要知道这些变化有多大，这就需要考虑两个正态总体均值差、方差比的估计问题.

设已给定置信水平为 $1-\alpha$，$X_1,X_2,\cdots,X_{n_1}$ 是来自总体 $X\sim N(\mu_1,\sigma_1{}^2)$ 的样本，$Y_1,Y_2,\cdots,Y_{n_2}$ 是来自总体 $Y\sim N(\mu_2,\sigma_2{}^2)$ 的样本，这两个样本相互独立. 设 $\overline{X}$，$\overline{Y}$ 分别为两个总体的样本均值，$S_1{}^2,S_2{}^2$ 分别是两个总体的样本方差.

1. 两个总体均值差 $\mu_1-\mu_2$ 的置信区间

(1) $\sigma_1{}^2,\sigma_2{}^2$ 均为已知

因 $\overline{X}$，$\overline{Y}$ 分别为 $\mu_1,\mu_2$ 的无偏估计，故 $\overline{X}-\overline{Y}$ 是 $\mu_1-\mu_2$ 的无偏估计. 由 $\overline{X}$，$\overline{Y}$ 的独立性以及 $\overline{X}\sim N\left(\mu_1,\frac{\sigma_1{}^2}{n_1}\right)$，$\overline{Y}\sim N\left(\mu_2,\frac{\sigma_2{}^2}{n_2}\right)$，构造样本函数

$$\overline{X}-\overline{Y}\sim N\left(\mu_1-\mu_2,\frac{\sigma_1{}^2}{n_1}+\frac{\sigma_2{}^2}{n_2}\right),$$

即

$$\frac{(\overline{X}-\overline{Y})-(\mu_1-\mu_2)}{\sqrt{\frac{\sigma_1{}^2}{n_1}+\frac{\sigma_2{}^2}{n_2}}}\sim N(0,1),$$

这样得到 $\mu_1-\mu_2$ 的置信水平为 $1-\alpha$ 的置信区间为

$$\left((\overline{X}-\overline{Y})-z_{\alpha/2}\sqrt{\frac{\sigma_1{}^2}{n_1}+\frac{\sigma_2{}^2}{n_2}},(\overline{X}-\overline{Y})+z_{\alpha/2}\sqrt{\frac{\sigma_1{}^2}{n_1}+\frac{\sigma_2{}^2}{n_2}}\right).$$

**例 7.35** 设从总体 $X\sim N(\mu_1,\sigma_1{}^2)$ 和总体 $Y\sim N(\mu_2,\sigma_2{}^2)$ 中分别抽取容量为 $n_1=10$，$n_2=15$ 的独立样本，可计算得 $\overline{x}=82$，$\overline{y}=76$. 若已知 $\sigma_1{}^2=64$，$\sigma_2{}^2=49$，求 $\mu_1-\mu_2$ 的置信水平为 95% 的置信区间.

**解** 在 $\sigma_1{}^2,\sigma_2{}^2$ 都已知时，$\mu_1-\mu_2$ 的 $1-\alpha$ 的置信区间为

$$\left((\overline{X}-\overline{Y})-z_{\alpha/2}\sqrt{\frac{\sigma_1{}^2}{n_1}+\frac{\sigma_2{}^2}{n_2}},\ (\overline{X}-\overline{Y})+z_{\alpha/2}\sqrt{\frac{\sigma_1{}^2}{n_1}+\frac{\sigma_2{}^2}{n_2}}\right).$$

经计算 $\overline{x}-\overline{y}=6$，查表得 $z_{\alpha/2}=1.96$，因而 $\mu_1-\mu_2$ 的置信水平为 95% 的置信区间为

$$\left(6-1.96\sqrt{\frac{64}{10}+\frac{49}{15}},6+1.96\sqrt{\frac{64}{10}+\frac{49}{15}}\right)=(-0.0939,12.0939).$$

(2) $\sigma_1{}^2=\sigma_2{}^2=\sigma^2$，但 $\sigma^2$ 为未知

由第六章正态总体统计量的分布可知

$$T=\frac{(\overline{X}-\overline{Y})-(\mu_1-\mu_2)}{S_\omega\sqrt{\frac{1}{n_1}+\frac{1}{n_2}}}\sim t(n_1+n_2-2),$$

从而可得 $\mu_1-\mu_2$ 的一个置信水平为 $1-\alpha$ 的置信区间为

$$\left(\overline{X}-\overline{Y}-t_{\alpha/2}(n_1+n_2-2)S_\omega\sqrt{\frac{1}{n_1}+\frac{1}{n_2}},\ \overline{X}-\overline{Y}+t_{\alpha/2}(n_1+n_2-2)S_\omega\sqrt{\frac{1}{n_1}+\frac{1}{n_2}}\right),$$

式中 $S_\omega{}^2=\frac{(n_1-1)S_1{}^2+(n_2-1)S_2{}^2}{n_1+n_2-2}$，$S_\omega=\sqrt{S_\omega{}^2}$.

**例 7.36** 设从总体 $X\sim N(\mu_1,\sigma_1{}^2)$ 和总体 $Y\sim N(\mu_2,\sigma_2{}^2)$ 中分别抽取容量为 $n_1=10$，$n_2=15$ 的独立样本，可计算得 $\overline{x}=82$，$s_1{}^2=56.5$，$\overline{y}=76$，$s_2{}^2=52.4$. 若已知 $\sigma_1{}^2=\sigma_2{}^2$，求 $\mu_1-\mu_2$ 的置信水平为 95% 的置信区间.

**解** 当 $\sigma_1{}^2=\sigma_2{}^2$ 时，$\mu_1-\mu_2$ 的 $1-\alpha$ 置信区间为

$$\left(\overline{X}-\overline{Y}-t_{\alpha/2}(n_1+n_2-2)S_\omega\sqrt{\frac{1}{n_1}+\frac{1}{n_2}},\ \overline{X}-\overline{Y}+t_{\alpha/2}(n_1+n_2-2)S_\omega\sqrt{\frac{1}{n_1}+\frac{1}{n_2}}\right),$$

式中

$$s_w{}^2=\frac{(n_1-1)s_1{}^2+(n_2-1)s_2{}^2}{n_1+n_2-2}=\frac{9\times 56.5+14\times 52.4}{23}=54.004\,3,$$

$t_{0.025}(23)=2.068\,7$，故

$$\begin{aligned}&\overline{x}-\overline{y}-t_{\alpha/2}(n_1+n_2-2)s_\omega\sqrt{\frac{1}{n_1}+\frac{1}{n_2}}\\&=82-76-2.068\,7\times\sqrt{54.004\,3}\times\sqrt{\frac{1}{10}+\frac{1}{15}}\\&=-0.206\,3,\\&\overline{x}-\overline{y}+t_{\alpha/2}(n_1+n_2-2)s_\omega\sqrt{\frac{1}{n_1}+\frac{1}{n_2}}\\&=82-76+2.068\,7\times\sqrt{54.004\,3}\times\sqrt{\frac{1}{10}+\frac{1}{15}}\\&=12.206\,3.\end{aligned}$$

因而 $\mu_1-\mu_2$ 的置信水平为 95% 的置信区间为 $(-0.206\,3,12.206\,3)$.

**例 7.37** 为了比较 Ⅰ，Ⅱ 两种型号步枪子弹的枪口速度，随机地取 Ⅰ 型子弹 10 发，得到枪口速度的平均值为 $\overline{x}_1=500$ m/s，标准差 $s_1=1.10$ m/s，随机地取 Ⅱ 型子弹 20 发，得到枪口速度的平均值为 $\overline{x}_2=496$ m/s，标准差 $s_2=1.20$ m/s. 假设两总体都可认为近似地服从正态分布，且由生产过程可认为方差相等. 求两总体均值差 $\mu_1-\mu_2$ 的一个置信水平 0.95 的置信区间.

**解** 按实际情况，可认为分别来自两个总体的样本是相互独立的. 又因由假设两总体的方差相等，但数值未知，故可用上面情况(2)的结果来求均值差的置信区间. 由于 $1-\alpha=0.95$，$\frac{\alpha}{2}=0.025$，$n_1=10$，$n_2=20$，$n_1+n_2-2=28$，$t_{0.025}(28)=2.0484$，

$$s_\omega{}^2=\frac{(n_1-1)s_1{}^2+(n_2-1)s_2{}^2}{n_1+n_2-2}$$

$$=\frac{9\times1.10^2+19\times1.20^2}{28},$$

$$s_\omega=\sqrt{s_\omega{}^2}=1.1688,$$

故所求的两总体均值差 $\mu_1-\mu_2$ 的一个置信水平为 0.95 的置信区间为

$$\left((\overline{x}_1-\overline{x}_2)\pm s_\omega\times t_{0.025}(28)\sqrt{\frac{1}{10}+\frac{1}{20}}\right)=(4\pm0.93),$$

即两总体均值差 $\mu_1-\mu_2$ 的一个置信水平为 0.95 的置信区间为(3.07,4.93).

2. 两个总体方差比 $\dfrac{\sigma_1{}^2}{\sigma_2{}^2}$ 的置信区间

仅讨论总体均值 $\mu_1,\mu_2$ 为未知的情况，由第六章正态总体统计量的分布可知

$$F=\frac{S_1{}^2/S_2{}^2}{\sigma_1{}^2/\sigma_2{}^2}\sim F(n_1-1,n_2-1),$$

并且分布 $F(n_1-1,n_2-1)$ 不依赖于任何未知参数，对于给定的 $\alpha$，查 $F$ 分布附表可得临界值 $F_{1-\alpha/2}(n_1-1,n_2-1)$，$F_{\alpha/2}(n_1-1,n_2-1)$，使得

$$P\left\{F_{1-\alpha/2}(n_1-1,n_2-1)<\frac{S_1{}^2/S_2{}^2}{\sigma_1{}^2/\sigma_2{}^2}<F_{\alpha/2}(n_1-1,n_2-1)\right\}=1-\alpha,$$

即

$$P\left\{\frac{S_1{}^2}{S_2{}^2}\frac{1}{F_{\alpha/2}(n_1-1,n_2-1)}<\frac{\sigma_1{}^2}{\sigma_2{}^2}<\frac{S_1{}^2}{S_2{}^2}\frac{1}{F_{1-\alpha/2}(n_1-1,n_2-1)}\right\}=1-\alpha,$$

这就得到 $\dfrac{\sigma_1{}^2}{\sigma_2{}^2}$ 的一个置信水平为 $1-\alpha$ 的置信区间为

$$\left(\frac{S_1{}^2}{S_2{}^2}\frac{1}{F_{\alpha/2}(n_1-1,n_2-1)},\frac{S_1{}^2}{S_2{}^2}\frac{1}{F_{1-\alpha/2}(n_1-1,n_2-1)}\right).$$

**例 7.38** 设从总体 $X\sim N(\mu_1,\sigma_1{}^2)$ 和总体 $Y\sim N(\mu_2,\sigma_2{}^2)$ 中分别抽取容量为 $n_1=10$，$n_2=15$ 的独立样本，可计算得 $\overline{x}=82$，$s_1{}^2=56.5$，$\overline{y}=76$，

$s_2{}^2=52.4$. 求$\frac{\sigma_1{}^2}{\sigma_2{}^2}$的置信水平为95%的置信区间.

**解** 由题意知$\frac{\sigma_1{}^2}{\sigma_2{}^2}$的置信水平为$1-\alpha$的置信区间为

$$\left(\frac{S_1{}^2}{S_2{}^2}\frac{1}{F_{\alpha/2}(n_1-1,n_2-1)},\frac{S_1{}^2}{S_2{}^2}\frac{1}{F_{1-\alpha/2}(n_1-1,n_2-1)}\right).$$

查表得$F_{0.025}(9,14)=3.21$，$F_{0.975}(9,14)=\frac{1}{F_{0.025}(14,9)}=\frac{1}{3.80}$，于是

$$\frac{s_1{}^2}{s_2{}^2}\frac{1}{F_{\alpha/2}(n_1-1,n_2-1)}=\frac{56.5}{52.4}\times\frac{1}{3.21}=0.3359,$$

$$\frac{s_1{}^2}{s_2{}^2}\frac{1}{F_{1-\alpha/2}(n_1-1,n_2-1)}=\frac{56.5}{52.4}\times 3.80=4.0973,$$

因而$\frac{\sigma_1{}^2}{\sigma_2{}^2}$的置信水平为95%的置信区间为$(0.3359,4.0973)$.

**例 7.39** 假设人体身高服从正态分布. 今抽测甲、乙两地区18～25岁女青年身高数据如下：甲地区抽取10名，样本均值1.64 m，样本标准差0.2 m；乙地区抽取10名，样本均值1.62 m，样本标准差0.4 m. 求：

(1) 两正态总体方差比的置信水平为95%的置信区间；

(2) 两正态总体均值差的置信水平为95%的置信区间.

**解** 设$x_1,x_2,\cdots,x_{10}$为甲地抽取的女青年身高，$y_1,y_2,\cdots,y_{10}$为乙地抽去的女青年身高. 由题设条件，$\overline{x}=1.64$，$s_1=0.2$，$\overline{y}=1.62$，$s_2=0.4$.

(1) $\frac{\sigma_甲{}^2}{\sigma_乙{}^2}$的$1-\alpha$置信区间为

$$\left(\frac{S_1{}^2}{S_2{}^2}\frac{1}{F_{\alpha/2}(n_1-1,n_2-1)},\frac{S_1{}^2}{S_2{}^2}\frac{1}{F_{1-\alpha/2}(n_1-1,n_2-1)}\right),$$

此处$\alpha=0.05$，$m=n=10$. 查表得

$$F_{0.025}(9,9)=4.03,\quad F_{0.975}=\frac{1}{F_{0.025}(9,9)}=\frac{1}{4.03},$$

由此，$\frac{\sigma_甲{}^2}{\sigma_乙{}^2}$的置信水平为95%的置信区间为

$$\left(\frac{0.2^2}{0.4^2}\times\frac{1}{4.03},\frac{0.2^2}{0.4^2}\times 4.03\right)=(0.0620,1.0075).$$

(2) 由(1)，$\frac{\sigma_甲{}^2}{\sigma_乙{}^2}$的置信水平为95%的置信区间包含1，因此有一定理由假定两个正态总体的方差相等，此时正态总体均值差的置信水平为$1-\alpha$的置

信区间为

$$\left(\overline{X}-\overline{Y}-t_{\alpha/2}(n_1+n_2-2)S_\omega\sqrt{\frac{1}{n_1}+\frac{1}{n_2}},\ \overline{X}-\overline{Y}+t_{\alpha/2}(n_1+n_2-2)S_\omega\sqrt{\frac{1}{n_1}+\frac{1}{n_2}}\right),$$

式中

$$s_w{}^2=\frac{(m-1)s_1{}^2+(n-1)s_2{}^2}{m+n-2}=\frac{9\times 0.2^2+9\times 0.4^2}{10+10-2}$$

$$=\frac{1.8}{18}=0.1.$$

查表得 $t_{0.025}(18)=2.1009$，故两正态总体均值差的置信水平为 95% 的置信区间为

$$\left(1.64-1.62-2.1009\sqrt{0.1}\sqrt{\frac{10+10}{10\times 10}},\ 1.64-1.62+2.1009\sqrt{0.1}\sqrt{\frac{10+10}{10\times 10}}\right)$$

$$=(-0.2771,0.3171).$$

## 习 题 7.2

1. 某批轮胎寿命(公里) $X\sim N(\mu,4\,000^2)$，从中随机抽取 100 只轮胎，其平均寿命为 32 000 公里，求轮胎平均寿命的区间估计($\alpha=0.05$).

2. 某药品每片中有效成分含量 $X$ (单位：mg) 服从正态分布 $N(\mu,0.3^2)$. 现从该药品中任意抽取 8 片进行检验，测得其有效成分含量为

26.2，24.1，26.3，25.7，27.0，25.1，26.8，25.6.

分别计算该药品有效成分含量均值 $\mu$ 的置信度为 0.9 及 0.95 的置信区间.

3. 随机地从一批钉子中抽取 16 枚，测得它们的直径 $x_i(i=1,2,\cdots)$ (单位：厘米)，并求得其样本均值 $\overline{x}=\frac{1}{16}\sum_{i=1}^{16}x_i=2.215$，样本方差

$$s^2=\frac{1}{15}\sum_{i=1}^{16}(x_i-\overline{x})^2=0.017\,13^2.$$

已知 $t_{0.1}(15)=1.753$，$t_{0.1}(16)=1.746$，设钉子的直径分布为正态分布，试求总体均值的置信水平为 0.90 的置信区间.

4. 已知某市新生婴儿体重 $X$ (单位：kg) 服从正态分布 $N(\mu,\sigma^2)$，其中 $\mu,\sigma^2$ 未知，试用该市新生婴儿体重的如下样本

3.5，2.9，3.1，4.2，2.8，3.2，

求出该市新生婴儿平均体重 $\mu$ 的置信度为 0.95 的置信区间.

5. 自动包装机包装某食品，每袋净重 $X\sim N(\mu,\sigma^2)$. 现随机抽取 9 袋，测得每袋净重(单位：克)：

$$43.5, 45.4, 45.1, 45.3, 45.5, 45.7, 45.4, 45.3, 45.6.$$

求总体方差 $\sigma^2$ 的置信水平为 95% 的置信区间.

6. 在一批钢丝中，随机抽取 16 根，测得抗拉强度的样本均值 $\overline{x}=560$，样本方差 $s^2=9.6$. 现认为抗拉强度服从 $N(\mu,\sigma^2)$，求置信水平为95%时，总体方差的 $\sigma^2$ 置信区间.

7. 某厂生产的零件重量服从正态分布 $N(\mu,\sigma^2)$，现从该厂生产的零件中抽取 9 个，测得其 $s^2=0.0325$. 试求置信水平为95%时，总体方差的 $\sigma^2$ 置信区间.

8. 欲比较甲、乙两种棉花品种的优劣，现假设用它们纺出的棉纱强度分别服从 $N(\mu_1,2.18^2)$ 和 $N(\mu_2,1.76^2)$，试验者从这两种棉花中分别抽取 $X_1$, $X_2,\cdots,X_{200}$ 和 $Y_1,Y_2,\cdots,Y_{100}$，其均值为 $\overline{x}=5.32$，$\overline{y}=5.76$. 求 $\mu_1-\mu_2$ 的置信水平为 95% 的置信区间.

9. 某公司利用两条生产线生产灌装矿泉水，现从生产线上随机抽取样本 $X_1,X_2,\cdots,X_{12}$ 和 $Y_1,Y_2,\cdots,Y_{17}$，它们是每瓶矿泉水的体积(毫升)，其均值为 $\overline{x}=501.1$，$\overline{y}=499.7$，样本方差为 ${s_1}^2=2.4$，${s_2}^2=4.7$. 假设这两条生产线灌装的矿泉水的体积分别服从 $N(\mu_1,\sigma^2)$ 和 $N(\mu_2,\sigma^2)$. 求 $\mu_1-\mu_2$ 的置信水平为 95% 的置信区间.

10. 设从总体 $X\sim N(\mu_1,64)$ 和总体 $Y\sim N(\mu_2,36)$ 中分别抽取容量为 $n_1=75$，$n_2=50$ 的独立样本，可计算得 $\overline{x}=82$，$\overline{y}=76$. 求 $\mu_1-\mu_2$ 的置信水平为 95% 的置信区间.

11. 从两正态总体 $X,Y$ 中分别抽取容量为 16 和 10 的样本，测得

$$\sum_{i=1}^{16}(x_i-\overline{x})^2=380, \quad \sum_{i=1}^{10}(y_i-\overline{y})^2=180.$$

试求方差比 $\dfrac{{\sigma_X}^2}{{\sigma_Y}^2}$ 的置信水平为 95% 的置信区间.

12. 两台机床加工同种零件，分别从两台车床加工的零件中抽取 8 个和 9 个测量其直径，并计算得

$$\overline{x}_1=15.05, \quad {s_1}^2=0.0457, \quad \overline{x}_2=14.9, \quad {s_2}^2=0.0575.$$

假定零件直径服从正态分布，试求零件的直径的方差比 $\dfrac{{\sigma_1}^2}{{\sigma_2}^2}$ 的置信水平为 90% 的置信区间，如果

(1) 两台车床加工零件的直径的均值分别是 $\mu_1=15.0$，$\mu_2=14.9$；

(2) 未知 $\mu_1,\mu_2$.

## 7.3 非正态总体参数的区间估计

**例 7.40** 设 $X_1, X_2, \cdots, X_n$ 为来自总体 $X$ 的样本，且 $E(X)=\mu$，$D(X)=\sigma^2$ 均存在，求 $\mu$ 的置信水平为 $1-\alpha$ 的置信区间.

因总体 $X$ 的分布未知，则样本函数的分布不易确定，所以要讨论总体分布中未知参数的区间估计往往比较困难，但是，当样本容量 $n$ 充分大时，我们可以根据中心极限定理近似地解决这个问题.

**解** 利用中心极限定理可知，当样本容量 $n$ 充分大时，若 $\sigma^2$ 已知，则

$$\frac{\overline{X}-\mu}{\sigma/\sqrt{n}} \overset{\text{近似}}{\sim} N(0,1);$$

若 $\sigma^2$ 未知，则

$$\frac{\overline{X}-\mu}{s/\sqrt{n}} \overset{\text{近似}}{\sim} N(0,1),$$

从而求得 $\mu$ 的置信水平为 $1-\alpha$ 的置信区间为

$$\left(\overline{X}-\frac{\sigma}{\sqrt{n}}z_{\alpha/2}, \overline{X}+\frac{\sigma}{\sqrt{n}}z_{\alpha/2}\right) \quad \text{或} \quad \left(\overline{X}-\frac{s}{\sqrt{n}}z_{\alpha/2}, \overline{X}+\frac{s}{\sqrt{n}}z_{\alpha/2}\right).$$

现以服从 0-1 分布的总体参数 $p$ 的区间估计为例说明. 设总体 $X$ 服从 0-1 分布，$X$ 的分布律为

$$p(x;p)=p^x(1-p)^{1-x}, \quad x=0,1,$$

其中 $p$ 为未知参数. 现在来求 $p$ 的置信水平为 $1-\alpha$ 的置信区间.

我们有 $E(X)=p$，$D(X)=p(1-p)$，当样本容量 $n$ 较大时，由中心极限定理知 $\frac{\overline{X}-\mu}{\sigma/\sqrt{n}} \overset{\text{近似}}{\sim} N(0,1)$，即

$$\frac{\sum_{i=1}^{n}X_i-np}{\sqrt{np(1-p)}}=\frac{n\overline{X}-np}{\sqrt{np(1-p)}} \overset{\text{近似}}{\sim} N(0,1),$$

于是有

$$P\left\{-z_{\alpha/2}<\frac{n\overline{X}-np}{\sqrt{np(1-p)}}<z_{\alpha/2}\right\} \approx 1-\alpha.$$

而不等式 $-z_{\alpha/2}<\frac{n\overline{X}-np}{\sqrt{np(1-p)}}<z_{\alpha/2}$ 等价于

$$(n+z_{\alpha/2}^2)p^2-(2n\overline{X}+z_{\alpha/2}^2)p+n\overline{X}^2<0,$$

令 $a=n+z_{\alpha/2}^2>0$，$b=-(2n\overline{X}+z_{\alpha/2}^2)$，$c=n\overline{X}^2$，则上式可写成

$$ap^2-bp+c<0.$$

注意到 $X_i=0$ 或 1，$i=1,2,\cdots,n$，所以 $0\leqslant\overline{X}\leqslant1$，于是有

$$b^2-4ac=4n\overline{X}z_{\alpha/2}(1-\overline{X})+z_{\alpha/2}^4>0.$$

由此可知 $ap^2-bp+c=0$ 有两个不相等的实根

$$p_1=\frac{1}{2a}(-b-\sqrt{b^2-4ac}),\quad p_2=\frac{1}{2a}(-b+\sqrt{b^2-4ac}).$$

于是可得 $p$ 的一个近似的置信水平为 $1-\alpha$ 的置信区间为 $(p_1,p_2)$. 事实上，上述近似区间是在 $n$ 比较大时使用的，此时 $p$ 的上述置信区间近似为

$$\left(\overline{x}-z_{\alpha/2}\sqrt{\frac{\overline{x}(1-\overline{x})}{n}},\overline{x}+z_{\alpha/2}\sqrt{\frac{\overline{x}(1-\overline{x})}{n}}\right).$$

**例 7.41** 设在一大批产品的 100 个样品中，得到一级品 60 个，求这批产品的一级品率 $p$ 的置信水平为 0.95 的置信区间.

**解** 一级品率 $p$ 是 0-1 分布的参数，此时

$$n=100,\ \overline{x}=\frac{60}{100}=0.6,\ 1-\alpha=0.95,\ \frac{\alpha}{2}=0.025,\ z_{\alpha/2}=1.96.$$

按上面的公式求 $p$ 的置信区间，其中

$$a=n+z_{\alpha/2}^2=103.84,\ b=-(2n\overline{X}+z_{\alpha/2}^2)=-123.84,\ c=n\overline{X}^2=36,$$

于是

$$p_1=\frac{1}{2a}(-b-\sqrt{b^2-4ac})=0.50,$$

$$p_2=\frac{1}{2a}(-b+\sqrt{b^2-4ac})=0.69,$$

故 $p$ 的一个近似的置信水平为 0.95 的置信区间为(0.50,0.69).

**例 7.42** 在一批货物中随机抽取 80 件，发现有 11 件不合格品，试求这批货物的不合格品率的置信水平为 0.90 的置信区间.

**解** 此处 $n=80$ 较大，不合格品率的 $1-\alpha$ 近似置信区间为

$$\left(\overline{x}-z_{\alpha/2}\sqrt{\frac{\overline{x}(1-\overline{x})}{n}},\overline{x}+z_{\alpha/2}\sqrt{\frac{\overline{x}(1-\overline{x})}{n}}\right).$$

此处 $\overline{x}=\frac{11}{80}=0.1375$，$z_{0.05}=1.645$，因而不合格品率的置信水平为 0.90 置信区间为

$$\left(0.1375-1.645\sqrt{\frac{0.1375\times0.8625}{80}},0.1375+1.645\sqrt{\frac{0.1375\times0.8625}{80}}\right)$$
$$=(0.0742,0.2008).$$

**例 7.43** 设 $x_1,x_2,\cdots,x_n$ 是来自泊松分布 $P(\lambda)$ 的样本，证明：当样本量 $n$ 较大时，$\lambda$ 的近似 $1-\alpha$ 置信区间为

$$\left(\overline{x}+\frac{1}{2n}z_{\alpha/2}^2-\frac{1}{2}\sqrt{\left(2\overline{x}+\frac{1}{n}z_{\alpha/2}^2\right)^2-4\overline{x}^2},\right.$$

$$\left.\overline{x}+\frac{1}{2n}z_{\alpha/2}^2+\frac{1}{2}\sqrt{\left(2\overline{x}+\frac{1}{n}z_{\alpha/2}^2\right)^2-4\overline{x}^2}\right).$$

**证** 由中心极限定理知，当样本量 $n$ 较大时，样本均值 $\overline{x}\dot{\sim}N\left(\lambda,\frac{\lambda}{n}\right)$，因而 $u=\frac{\overline{x}-\lambda}{\sqrt{\lambda/n}}\dot{\sim}N(0,1)$，对给定的 $\alpha$，利用标准正态分布的分位数 $z_{\alpha/2}$ 可得

$$P\left\{\left|\frac{\overline{x}-\lambda}{\sqrt{\lambda/n}}\leqslant z_{\alpha/2}\right|\right\}=1-\alpha.$$

括号里的事件等价于 $(\overline{x}-\lambda)^2\leqslant\frac{z_{\alpha/2}^2\lambda}{n}$，因而得

$$\lambda^2-\left(2\overline{x}+\frac{1}{n}z_{\alpha/2}^2\right)\lambda+\overline{x}^2\leqslant 0.$$

其左侧 $\lambda$ 的二次多项式二次项系数为正，故二次曲线开口向上，而其判别式

$$\left(2\overline{x}+\frac{z_{\alpha/2}^2}{n}\right)^2-4\overline{x}^2=\frac{4\overline{x}z_{\alpha/2}^2}{n}+\left(\frac{z_{\alpha/2}^2}{n}\right)^2>0,$$

故此二次曲线与 $\lambda$ 轴有两个交点，记为 $\lambda_L$ 和 $\lambda_U(\lambda_L<\lambda_U)$，则有

$$P\{\lambda_L\leqslant\lambda\leqslant\lambda_U\}=1-\alpha,$$

其中 $\lambda_L$ 和 $\lambda_U$ 可表示为

$$\frac{2\overline{x}+\frac{1}{n}z_{\alpha/2}^2\pm\sqrt{\left(2\overline{x}+\frac{1}{n}z_{\alpha/2}^2\right)^2-4\overline{x}^2}}{2}.$$

这就证明了 $\lambda$ 的近似 $1-\alpha$ 置信区间为

$$\left(\overline{x}+\frac{1}{2n}z_{1-\alpha/2}^2-\frac{1}{2}\sqrt{\left(2\overline{x}+\frac{1}{n}z_{\alpha/2}^2\right)^2-4\overline{x}^2},\right.$$

$$\left.\overline{x}+\frac{1}{2n}z_{\alpha/2}^2+\frac{1}{2}\sqrt{\left(2\overline{x}+\frac{1}{n}z_{\alpha/2}^2\right)^2-4\overline{x}^2}\right).$$

事实上，上述近似区间是在 $n$ 比较大时使用的，此时有

$$\frac{1}{2n}z_{\alpha/2}^2\approx 0,\quad \frac{1}{2}\sqrt{\left(2\overline{x}+\frac{z_{\alpha/2}^2}{n}\right)^2-4\overline{x}^2}\approx z_{\alpha/2}^2\sqrt{\frac{\overline{x}}{n}},$$

置信水平 $1-\alpha$ 下，$\lambda$ 的上述置信区间近似为

$$\left(\overline{x}-z_{\alpha/2}\sqrt{\frac{\overline{x}}{n}},\ \overline{x}+z_{\alpha/2}\sqrt{\frac{\overline{x}}{n}}\right).$$

**例 7.44** 某商店某种商品的月销售量服从泊松分布，为合理进货，必须了解销售情况. 现记录了该商店过去的一些销售量，数据如表 7-2 所示. 试求平均月销售量的置信水平为 0.95 的置信区间.

表 7-2

| 月销售量 | 9 | 10 | 11 | 12 | 13 | 14 | 15 | 16 |
|---|---|---|---|---|---|---|---|---|
| 月份 | 1 | 6 | 13 | 12 | 9 | 4 | 2 | 1 |

**解** 平均月销售量

$$\overline{x}=\sum_{i=1}^{8}n_ix_i\Big/\sum_{i=1}^{8}n_i=\frac{575}{48}=11.9792,$$

此处 $\alpha=0.05$，$z_{\alpha/2}=1.96$，$n=48$ 较大，利用上一题的结果，平均月销售量的 0.95 的置信区间近似为

$$\left(11.9792-1.96\sqrt{\frac{11.9792}{48}},\ 11.9792+1.96\sqrt{\frac{11.9792}{48}}\right)$$
$$=(11.0000,\ 12.9584).$$

若用较为精确的近似公式，所得置信区间为(11.039 2,12.999 2)，二者相差不大.

**例 7.45** 某公司欲估计自己生产的电池寿命，现从其产品中随机抽取 50 只电池做试验，得 $\overline{x}=2.266$ (单位：100 h)，$s=1.935$. 求该公司生产的电池平均寿命的置信系数为 95% 的置信区间.

**解** 因总体方差 $\sigma^2$ 未知，故 $\mu$ 的置信区间近似为

$$\left(\overline{X}-Z_{\alpha/2}\frac{S}{\sqrt{n}},\ \overline{X}+Z_{\alpha/2}\frac{S}{\sqrt{n}}\right).$$

查表得 $z_{\alpha/2}=1.96$，于是该公司生产的电池平均寿命的置信系数为 95% 的置信区间为

$$\left(2.266\pm1.96\times\frac{1.935}{\sqrt{50}}\right),\quad 即(1.73,2.80).$$

## 习 题 7.3

1. 公共汽车站在一单位时间内到达的乘客数服从 $P(\lambda)$，对不同车站，所不同的仅仅是参数 $\lambda$ 的取值不同，现对一城市某一公共汽车站进行了 100 个时间单位的调查，这里单位时间是 20 分钟，计算得到每 20 分钟内到该车站的乘客数平均值 $\overline{X}=15.2$ 人. 求参数 $\lambda$ 的置信系数为 95% 的置信区间.

2. 某地区调查了下岗工人中女性的比例，随机抽选了 36 个下岗工人，其中 20 个为女性. 要求估计：

(1) 下岗工人中女性的比例的点估计；

(2) 以 95% 的置信水平估计该地区下岗工人中女性的比例的置信区间；

(3) 能否认为下岗工人中女性超过男性.

3. 从一批产品中抽取 120 个样本，发现其中有 9 个次品. 求这批产品中的次品率 $p$ 的置信水平为 90% 的置信区间.

4. 设总体 $X \sim P(\lambda)$，抽取样本容量为 $n=100$ 的样本，已知样本均值 $\overline{x}=4$. 求未知参数 $\lambda$ 的置信水平为 95% 的置信区间.

5. 设电子元件的使用寿命 $X \sim E(\lambda)$（单位：小时）. 从这批电子元件中抽取100个样品，测得它们的使用寿命 $\overline{x}=2000$. 求未知参数 $\lambda$ 的置信水平为 95% 的置信区间.

## 本章小结

本章讨论了数理统计的基本问题——统计推断之参数估计，参数估计包含了点估计和区间估计两大部分内容.

点估计是着重介绍了两种常用的估计方法——矩估计法和极大似然估计法. 矩估计在理论上的依据是大数定律，其基本思想是用样本矩估计相应的总体矩，用样本矩的连续函数来估计相应的总体矩的连续函数，从而得出参数估计；而极大似然估计的理论依据是极大似然原理，一次试验中，事件发生了，说明该事件的概率是最大的，其基本思想是：先求出似然函数，然后其取得最大值时，求含参数的估值，从而得到极大似然估计.

不同的估计方法得到的未知参数的估计通常是不一样的，为了衡量估计的好坏，提出了三条衡量估计量好坏的标准：无偏性，有效性，相合性. 其中，相合性是估计的一个基本要求，但在实际应用中，相合性要求样本容量很大，这有时很难做到，但无偏性和有效性是经常被用到的，具体以哪条标准为主来衡量估计量的好坏要具体问题具体分析.

由于点估计不能反映估计近似值的精确度，又不能反映这个近似值的误差范围，于是统计学家提出了区间估计. 区间估计是求未知参数的置信区间，但构造置信区间须注意两条原则：精度和可靠性，可靠度与精度是一对矛盾，一般是在保证可靠度的条件下尽可能提高精度. 然后最后针对单个正态总体讨论了未知参数的单侧置信区间问题.

## 总习题七

1. 随机地取出 8 个零件，测得它们的直径为(单位：mm)

$$74.001, 74.005, 74.003, 74.000,$$
$$73.998, 74.006, 74.002, 74.001.$$

试求总体均值 $\mu$ 与方差 $\sigma^2$ 的矩估计.

2. 设 $X_1, X_2, \cdots, X_n$ 是来自总体 $X \sim P(\lambda)$ 的一个样本，其中 $\lambda$ 为未知，求 $\lambda$ 的矩估计与极大似然估计. 如得到一样本观测值

| $X$ | 0 | 1 | 2 | 3 | 4 |
|---|---|---|---|---|---|
| 频数 | 17 | 20 | 10 | 2 | 1 |

求 $\lambda$ 的矩估计值与极大似然估计值.

3. 对某型号的 20 辆汽车记录其每加仑汽油的行驶里程(km)，观测数据如下：

| | | | | | | |
|---|---|---|---|---|---|---|
| 29.8 | 27.6 | 28.3 | 27.9 | 30.1 | 28.7 | 29.9 |
| 28.0 | 27.9 | 28.7 | 28.4 | 27.2 | 29.5 | 28.5 |
| 28.0 | 30.0 | 9.1 | 29.8 | 29.6 | 26.9 | |

给出总体均值、方差估计.

4. 设 $X_1, X_2, \cdots, X_n$ 是来自总体 $X$ 的一个样本，$X$ 的概率密度函数为

$$f(x) = \begin{cases} \theta x^{\theta-1}, & 0 < x < 1, \\ 0, & \text{其他}, \end{cases}$$

其中 $\theta > 0$ 的未知参数. 求 $\theta$ 的矩估计和极大似然估计.

5. 设总体 $X$ 服从二点分布，

$$X = \begin{cases} 1, & A\text{ 发生}, \\ 0, & A\text{ 不发生}. \end{cases}$$

设 $P(A) = p$，$0 < p < 1$，$p$ 为未知参数，$X_1, X_2, \cdots, X_n$ 是样本. 证明：$\frac{1}{n}\sum_{i=1}^{n}(1 - X_i)$ 是 $1 - p$ 的无偏估计.

6. 设总体 $X$ 服从区间$[-\theta, \theta]$上的均匀分布，其中 $\theta > 0$ 为未知参数. 又 $X_1, X_2, \cdots, X_n$ 为样本，证明：$\hat{\theta}^2 = \frac{3}{n}\sum_{i=1}^{n} X_i^{\,2}$ 是 $\theta^2$ 的无偏估计.

7. 设总体 $X$ 的均值 $\mu$ 与方差均为未知参数，$X_1, X_2$ 为样本. 证明：$\frac{1}{2}(X_1 - X_2)^2$ 为 $\sigma^2$ 的无偏估计.

8. 设$(X_1, X_2, X_3)$是来自总体 $X$ 的一个样本，证明：

$$\mu_1 = \frac{1}{6}X_1 + \frac{1}{3}X_2 + \frac{1}{2}X_3,\quad \mu_2 = \frac{2}{5}X_1 + \frac{1}{5}X_2 + \frac{2}{5}X_3$$

都是总体均值的无偏估计，并进一步判断哪一个估计更有效.

9. 设 $X_1, X_2, \cdots, X_n$ 是来自总体 $X$ 的一个样本. 若 $\mu = \sum_{i=1}^{n} c_i X_i$，

(1) 系数 $c_i$ 应该满足何条件，可使 $\mu$ 成为总体均值的一个无偏估计？

(2) 系数 $c_i$ 应该满足何条件，可使 $\mu$ 成为总体均值的一个最有效估计？

10. 设 $X_1, X_2, \cdots, X_n$ 是来自总体 $X \sim N(0, \sigma^2)$ 的一个样本，其中 $\sigma^2 > 0$ 未知. 令 $\sigma^2 > 0$，$\hat{\sigma}^2 = \sum_{i=1}^{n} X_i^{\,2}$，试证：$\hat{\sigma}^2$ 是 $\sigma^2$ 的相合估计.

11. 设某地区幼儿园的幼儿身高服从正态分布 $N(\mu, 7^2)$，现从该地区一幼儿园大班中抽查了 9 名幼儿，测得身高(单位：cm)为

115，110，120，131，115，109，115，115，105.

在 $\alpha = 0.05$ 下，求大班幼儿身高均值 $\mu$ 的置信区间.

12. 某旅行团到某地旅游归来后，随机调查了 16 名游客的购物消费情况，得知平均消费额为 120 元，标准差为 15 元. 设游客的消费额非常正态分布 $N(\mu, \sigma^2)$，求游客平均消费额的 95% 的置信区间.

13. 设炮弹发射的速度服从正态分布 $N(\mu, \sigma^2)$，随机抽取 9 枚炮弹试验，测得样本方差 $s^2 = 11$. 求炮弹发射的速度 $\sigma^2$ 的置信度为 90% 的置信区间.

# 第八章 假设检验

上一章我们介绍了对总体中未知参数的估计方法，本章将继续讨论统计推断的另一重要方面：统计假设检验. 假设检验是统计推断的一个基本问题，在总体的分布函数完全未知或只知其形式但不知其参数的情况下，如对正态分布的总体均值的假设等，为了推断总体可能具备的某些性质，先对总体的分布类型或总体分布的参数作某种假设，这种假设称为**统计假设**，这个假设是否成立，还需要考查，根据样本提供的信息，对所作的假设作出判断，是接受还是拒绝假设的决策，这一过程就是假设检验.

假设检验是在样本的基础上对总体的某种结论作出判断的一种方法，它是统计推断的重要组成部分，对总体分布中未知参数的假设检验称为**参数假设检验**，而对未知分布函数的类型或某些特征提出的假设称为**非参数假设检验**. 本章主要介绍假设检验的基本思想和常用的检验方法，重点解决正态总体参数的假设检验.

## 8.1 假设检验的基本概念

本节中，我们将讨论假设检验的几个基本概念. 所谓统计假设检验，就是对总体的分布类型或分布中某些未知参数作某种假设，然后由抽取的样本所提供的信息对假设的正确性进行判断的过程. 现以实例说明假设检验的基本思想和概念.

### 8.1.1 统计假设和假设检验

从数理统计的角度来看，许多实际问题都可以作为假设检验问题来处理，那么，什么是假设检验问题？ 解决这类问题的基本思路是什么？ 为了回答这些问题，我们先看几个例子.

**例8.1** 将一枚硬币随机抛掷200次，发现有97次正面朝上，103次反面朝上. 问用此硬币打赌是否公平?

**分析** 在这个问题中，我们所关心的是：随机抛落时，该枚硬币正面朝上的概率与反面朝上的概率是否相等. 若设其正面朝上的概率为 $p$，则本题的任务就是根据实验结果来判断"$p=0.5$"和"$p\neq 0.5$"哪一个成立. 这里"$p=0.5$"和"$p\neq 0.5$"就称为**统计假设**. 对于本问题的解决，我们的思路是：因为正常的情况下，真硬币是均匀的，而我们又不应该轻易怀疑一枚硬币是假币，所以我们首先谨慎地假设"$p=0.5$"，并称其为**原假设或零假设**，记为 $H_0$；而"$p\neq 0.5$"是零假设"$p=0.5$"不成立时必定选择的结论，故称之为**备择假设**，记为 $H_1$，之后，我们根据样本提供的信息判定零假设"$p=0.5$"是否成立，这个过程就是所谓的**假设检验**.

**例8.2** 某青工以往的记录是：平均每加工100个零件，有60个是一等品，今年考核中，在他加工零件中随机抽取100件，发现有70个是一等品，这个成绩是否说明该青工的技术水平有了显著性的提高(取 $\alpha=0.05$)? 对此问题，假设检验问题应设为(　　).

A. $H_0: p\geqslant 0.6$，$H_1: p<0.6$

B. $H_0: p\leqslant 0.6$，$H_1: p>0.6$

C. $H_0: p=0.6$，$H_1: p\neq 0.6$

D. $H_0: p\neq 0.6$，$H_1: p=0.6$

一般地，选取问题的对立事件为原假设. 在本题中，需考查青工的技术水平是否有了显著性的提高，故选取原假设为 $H_0: p\leqslant 0.6$，相应地，对立假设为 $H_1: p>0.6$，故选B.

**例8.3** 某工厂生产一种电子元件，在正常生产情况下，电子元件的使用寿命(单位：h) $X\sim N(2500,120^2)$. 某日从该工厂生产的一批电子元件中随机抽取16个，测得样本均值为 $\overline{x}=2435$ h. 假定电子元件寿命的方差不变，能否认为该日生产的这批电子元件寿命均值 $\mu=2500$ h?

**分析** 本例中我们关心的是该日生产的这批电子元件的寿命均值 $\mu$ h是否为2500 h，我们选 $\mu=2500$ 为零假设，$\mu\neq 2500$ 为备择假设. 于是我们的任务就是根据样本提供的信息来检验统计假设.

**例8.4** 繁忙路段上一定时间间隔内通过的车辆数通常服从泊松分布，现在某段公路上，观测每15秒内通过的汽车辆数，得到数据如表8-1所示. 问该段公路上每15秒通过的汽车辆数是否服从泊松分布?

表 8-1

| 每15秒通过的汽车数 $x_i$ | 0 | 1 | 2 | 3 | 4 | 5 | 6 | 7 |
|---|---|---|---|---|---|---|---|---|
| 频数 $n_i$ | 24 | 67 | 58 | 35 | 10 | 4 | 2 | 0 |

**分析**　记该段公路上每15秒通过的汽车辆数为$X$，则本题的任务就是要根据所得数据检验统计假设

$$H_0: X\text{ 服从泊松分布}; \quad H_1: X\text{ 不服从泊松分布}.$$

上述4例均为假设检验问题，它们的共同点是：欲解决问题，首先对总体分布提出某种假设，然后由抽取样本中的相关信息，对所作假设的正确性进行推断. 在数理统计中，我们把任何一个在总体分布上所作的假设称为**统计假设**. 其中需要保护、不能轻易否定的假设称为**原假设**或**零假设**，记为$H_0$，这里$H$表示假设，0表明是零假设. 之所以称为零假设，可以理解为是由于假设的内容与正常情况或希望得到保护的结论没有差异. 当零假设不成立时必定选择的假设称为**备择假设**，记为$H_1$.

在例8.1～例8.3中，总体分布的形式是已知的，统计假设是对总体分布中的未知参数作的，这种仅涉及总体分布之未知参数的统计假设称为**参数假设**，而在例8.4中，总体分布的形式是未知的，统计假设是关于总体分布形式的，这种直接对总体分布形式所作的统计假设称为**非参数假设**. 我们知道，参数估计的主要任务是回答"总体分布中的参数等于何值"的问题，而参数假设检验的主要任务则是判定"总体分布中的参数是否等于某个或某些特定值"，从逻辑上看，这两类问题的实质似乎是一样的，但从数理统计的角度来看，这却是两类不同的统计推断问题. 事实上，假设检验有它独特的思想和推理过程.

### 8.1.2　假设检验的基本思想与推理方法

下面，我们通过对上述例8.3的具体解法来进一步说明假设检验的基本思想与推理方法.

考虑上述例8.3，已知$X \sim N(\mu,\sigma^2)$且$\sigma=\sigma_0=120$，要求检验下面的假设：

$$H_0: \mu=\mu_0=2\,500; \quad H_1: \mu \neq \mu_0.$$

检验的目的就是要在原假设$H_0$与备择假设$H_1$之间选择其中之一，若认为原假设$H_0$是正确的，则接受$H_0$；若认为原假设$H_0$是不正确的，则拒绝$H_0$而接受备择假设接受$H_1$.

自然地，对统计假设的取舍是由样本数据提供信息支持的，即：如果数据表现出支持零假设 $H_0$，就不应拒绝 $H_0$；反之，如果数据显示与零假设相距甚远，就应拒绝 $H_0$. 那么，如何确定样本数据是否与零假设一致呢？我们这样来考虑：由于样本均值 $\overline{X}$ 是总体均值 $\mu$ 的无偏估计，所以样本均值的观测值大小在一定程度上反映了总体均值 $\mu$ 的大小. 从抽样检查的结果知，样本均值 $\overline{x}=2\,435$ h，而不等于 $\mu_0=2\,500$，对于样本均值 $\overline{X}$ 与假设的总体均值 $\mu_0$ 之间的差异可以有两种不同的解释：

(1) 原假设 $H_0$ 是正确的，即总体均值 $\mu=\mu_0=2\,500$，由于抽样的随机性，样本均值 $\overline{X}$ 是总体均值 $\mu_0$ 之间出现某些差异是完全可能的.

(2) 原假设 $H_0$ 是不正确的，即总体均值 $\mu\neq\mu_0$，因而样本均值 $\overline{X}$ 与总体均值 $\mu_0$ 之间的差异不是随机的，而是存在实质性的差异，或者说，存在显著性差异.

上述两种解释，哪一种比较合理呢？

易知，如果 $H_0$ 为真，即 $\mu=\mu_0=2\,500$，那么样本均值 $\overline{X}$ 与总体均值 $\mu_0=2\,500$ 之间的偏差就不会太大，或者说样本均值 $\overline{X}$ 与总体均值 $\mu_0$ 的偏差 $|\overline{X}-\mu_0|$ 较大的可能性就较小. 如果 $|\overline{X}-\mu_0|$ 的值太大，以至于成了小概率事件，我们就有理由怀疑 $H_0$ 的正确性而拒绝 $H_0$. 那么现在样本均值 $\overline{x}=2\,435$ 与总体均值 $\mu_0=2\,500$ 的差 $|\overline{x}-\mu_0|=565$ 算不算大呢？在零假设成立的条件下，样本均值 $\overline{X}$ 与总体均值 $\mu_0$ 的偏差超过 565 的概率是否足够小呢？

为了回答这些问题，我们首先应当确定一个我们认为是足够小的临界概率 $\alpha$，称为**显著性水平**. 那么多大的概率认为是足够小呢？通常 $\alpha$ 取 0.05 或 0.01. 然后，在 $\alpha$ 的值取定的条件下，确定临界值 $\delta_\alpha$，使原假设 $H_0$ 成立的条件下随机事件 $|\overline{X}-\mu_0|>\delta_\alpha$ 的概率等于 $\alpha$，即 $P\{|\overline{X}-\mu_0|>\delta_\alpha\}=\alpha$，最后，看现在所得的 $|\overline{X}-\mu_0|$ 的值是否达到或超过上述临界值 $\delta_\alpha$，如果是，就拒绝 $H_0$；否则就不能拒绝 $H_0$，因而可以考虑接受 $H_0$. 至于临界值 $\delta_\alpha$ 的确定，因为当 $H_0$ 为真时，统计量 $U=\dfrac{\overline{X}-\mu_0}{\sigma_0/n}\sim N(0,1)$，所以有

$$P\{|U|>z_{\alpha/2}\}=P\left\{\frac{|\overline{X}-\mu_0|}{\sigma_0/\sqrt{n}}>z_{\alpha/2}\right\}$$

$$=P\left\{|\overline{X}-\mu_0|>\frac{z_{\alpha/2}\sigma_0}{\sqrt{n}}\right\}=\alpha.$$

由此得到临界值 $\delta_\alpha=\dfrac{z_{\alpha/2}\sigma_0}{\sqrt{n}}$，为了方便起见，不妨就用统计量 $u$ 的临界值 $z_{\alpha/2}$

取代上述的临界值 $\delta_\alpha$，于是当观测值 $\dfrac{|\overline{X}-\mu_0|}{\sigma_0/\sqrt{n}}>z_{\alpha/2}$ 时，就拒绝 $H_0$，当观测值 $\dfrac{|\overline{X}-\mu_0|}{\sigma_0/\sqrt{n}}\leqslant z_{\alpha/2}$ 时，就接受 $H_0$. 例如，取显著性水平 $\alpha=0.05$，则 $z_{\alpha/2}=z_{0.025}=1.96$，从而有

$$P\{|U|>1.96\}=P\left\{\frac{|\overline{X}-\mu_0|}{\sigma_0/\sqrt{n}}>1.96\right\}=0.05.$$

因为 $\alpha=0.05$ 很小，所以认为是小概率事件；根据小概率事件的实际不可能性原理，认为在原假设 $H_0$ 成立的条件下，认为这样的事件实际是不可能发生的，现在抽样计算的结果

$$|u|=\frac{|2\,435-2\,500|}{120/4}=2.17>1.96,$$

即上述小概率事件竟然发生了. 于是认为样本均值 $\overline{X}$ 与假设的总体均值 $\mu_0$ 之间有显著性差异，因此，应当拒绝原假设 $H_0$，接受备择假设 $H_1$，即认为该日生产的这批电子元件寿命均值 $\mu\neq 2\,500$ h.

由上例可见，假设检验中使用的推理方法可以说是一种“反正法”. 事实上，为了检验原假设是否成立，我们先假定原假设 $H_0$ 成立，然后构造一个事件 $A$，如上例中

$$A=\left\{\frac{|\overline{X}-\mu_0|}{\sigma_0/\sqrt{n}}>z_{\alpha/2}\right\},$$

它在 $H_0$ 为真时是小概率事件，如 $P(A|H_0)=0.05$，最后视为所得样本为一次试验的结果，看看在这一次试验中事件 $A$ 是否发生，事件 $A$ 发生则表明一个小概率事件在一次试验中就发生了，这是“不合理”的现象，为了消除这种不合理性，我们只能认为事实上事件 $A$ 很可能不是小概率事件，也即认为 $H_0$ 很可能不成立，从而拒绝 $H_0$；反之，若 $A$ 没在一次试验中就发生，则没有什么“不合理”的现象发生，因而也就没有理由拒绝 $H_0$，这样就可以考虑接受 $H_0$. 但是注意，这种“反正法”与我们在纯数学中使用的反正法不能完全等同，因为这里所谓的“不合理”现象并不是逻辑推理中出现的矛盾，而仅仅是根据小概率事件的实际不可能性原理来推断的.

应当指出，上例中的结论是在显著性水平 $\alpha=0.05$ 的情况下作出的. 若改取显著性水平 $\alpha=0.01$，则 $z_{\alpha/2}=z_{0.005}=2.58$，从而有

$$P\{|U|>2.58\}=P\left\{\frac{|\overline{X}-\mu_0|}{\sigma_0/\sqrt{n}}>2.58\right\}=0.01.$$

根据抽样计算的结果是

$$|u|=\frac{|2\,435-2\,500|}{120/4}=2.17<2.58,$$

即小概率事件没有发生，所以没有理由拒绝 $H_0$，即可以认为该日生产的这批电子元件寿命均值 $\mu=2\,500$ h. 当然，为了慎重起见，也可以作进一步的检验，然后再作出决定.

由此可见，假设检验的结论与选取的显著性水平 $\alpha$ 有密切的关系，因此，必须说明假设检验的结论是在怎样的显著性水平 $\alpha$ 下作出的.

### 8.1.3 双边假设检验与单边假设检验

对于上述例 8.3 的假设，我们用样本计算的统计量

$$U=\frac{\overline{X}-\mu_0}{\sigma_0/\sqrt{n}}$$

的值来作检验的，我们称这种统计量为**检验统计量**. 当检验统计量 $u$ 的观测值的绝对值不小于临界值 $z_{\alpha/2}$，即 $u$ 的观测值落在区间 $(-\infty,-z_{\alpha/2})$ 或 $(z_{\alpha/2},+\infty)$ 内时，我们拒绝原假设 $H_0$，通常称这样的区间为**关于原假设 $H_0$ 的拒绝域**（简称**拒绝域**），当检验统计量的观测值的绝对值小于临界值 $z_{\alpha/2}$，即 $u$ 的观测值落在区间 $[-z_{\alpha/2},z_{\alpha/2}]$ 内时，我们接受原假设 $H_0$，称这样的区间为**关于原假设 $H_0$ 的接受域**（简称**接受域**）. 假设例 8.1 的备择假设 $H_1$ 表明 $u$ 可能大于 $\mu_0$，也可能小于 $\mu_0$，我们称之为**双边备择假设**. 备择假设为双边备择假设的假设检验问题称为**双边假设检验问题**. 由例 8.3 可以看出，双边假设检验问题的拒绝域位于接受域的两边.

除了双边假设检验外，根据实际问题的特点，有时还需要用到单边假设检验. 以例 8.3 来说，实际上我们关心的是电子元件的寿命均值 $\mu$ 不应太低，所以把问题改为“是否可以认为该日生产的这批电子元件的寿命均值 $\mu$ 不小于 2 500 h？”似乎更为合理. 这其实就是要求检验作如下的假设：

$$H_0:\mu\geqslant\mu_0=2\,500;\quad H_1:\mu<\mu_0.$$

由于这里零假设比较复杂，需要分别进行讨论：

(1) 若 $\mu=\mu_0$，则对于给定的显著性水平 $\alpha$，我们有

$$P\{U<-z_\alpha\}=P\left\{\frac{\overline{X}-\mu_0}{\sigma_0/\sqrt{n}}<-z_\alpha\right\}=\alpha.$$

(2) 若 $\mu>\mu_0$，则因为 $\mu$ 是总体均值，所以对于给定的显著性水平 $\alpha$，我们有

$$P\left\{\frac{\overline{X}-\mu}{\sigma_0/\sqrt{n}}<-z_\alpha\right\}=\alpha.$$

注意到，当 $\mu > \mu_0$ 时，有 $\frac{\overline{X}-\mu}{\sigma_0/\sqrt{n}} < \frac{\overline{X}-\mu_0}{\sigma_0/\sqrt{n}}$，记

$$A=\left\{\frac{\overline{X}-\mu_0}{\sigma_0/\sqrt{n}} < -z_\alpha\right\},\quad B=\left\{\frac{\overline{X}-\mu}{\sigma_0/\sqrt{n}} < -z_\alpha\right\},$$

则易知 $A \subset B$. 由概率的性质可知 $P(A) < P(B)$，即

$$P\{U < -z_\alpha\}=P\left\{\frac{\overline{X}-\mu_0}{\sigma_0/\sqrt{n}} < -z_\alpha\right\} < P\left\{\frac{\overline{X}-\mu}{\sigma_0/\sqrt{n}} < -z_\alpha\right\}=\alpha.$$

综合上面的讨论可知，在原假设 $H_0: \mu \geqslant \mu_0 = 2\,500$ 成立的条件下，$P\{U < -z_\alpha\}=\alpha$，所以事件 $\{U < -z_\alpha\}$ 是小概率事件. 若抽样检查的结果表明，统计量 $U$ 观测值小于 $-z_\alpha$，则拒绝 $H_0$ 而接受备择假设 $H_1$，即认为 $\mu < \mu_0$；相反，若统计量 $U$ 观测值不小于 $-z_\alpha$，则接受 $H_0$ 即认为 $\mu \geqslant \mu_0$.

对于例 8.3 的假设取显著性水平 $\alpha = 0.05$，则 $z_\alpha = z_{0.05} = 1.645$，因统计量 $u$ 的观测值

$$u=\frac{2\,435-2\,500}{120/4}=-2.17 < -1.645,$$

所以应当拒绝 $H_0$ 而接受备择假设 $H_1$，即认为该日生产的这批电子元件的寿命均值 $\mu$ 显著地小于 2 500 h.

例 8.3 中的原假设 $H_0$ 比较复杂，我们考虑下面比较简单的假设：

$$H_0: \mu = \mu_0 = 2\,500;\quad H_1: \mu < \mu_0.$$

例如，已知某工厂在正常情况下生产的电子元件的寿命均值 $\mu = 2\,500$ h，若某日生产发生异常情况，可能影响产品的质量，则需要检验该日生产的这批元件的寿命均值 $\mu$ 是否有所降低，即需要检验上述的假设. 由上面的讨论易知，这两个假设虽然不同，但检验时选用的统计量及其分布是相同的；对于给定的显著性水平 $\alpha$，拒绝域也是相同的；从而检验的结论（拒绝或接受原假设 $H_0$）也是相同的，从这种意义上来说，这两个假设可以认为是“等价的”.

上述关于假设的检验中，当统计量 $u$ 的观测值落在区间 $(-\infty, -z_\alpha)$ 内时，则拒绝原假设 $H_0$. 因为拒绝域位于一边，所以称这类假设检验为**单边假设检验**. 按照拒绝域位于左边或右边，单边假设检验又可以分为左边假设检验或右边假设检验. 显然上述两个假设的检验都是左边假设检验；而关于假设

$$H_0: \mu = \mu_0;\quad H_1: \mu > \mu_0$$

或

$$H_0: \mu \leqslant \mu_0;\quad H_1: \mu > \mu_0$$

的检验都是右边假设检验.

### 8.1.4 假设检验的一般步骤

从上面的讨论可知，假设检验一般可以按下述步骤进行：

(1) 根据实际问题提出原假设 $H_0$ 与备择假设 $H_1$，即说明需要检验的假设的具体内容，这里要求原假设 $H_0$ 与备择假设 $H_1$ 有且仅有一个为真.

(2) 选取适当的检验统计量，并在原假设 $H_0$ 成立的条件下确定该统计量的分布.

(3) 按问题的具体要求，选取适当的显著性水平 $\alpha$，并根据统计量的分布表，查表确定对应于 $\alpha$ 的临界值，从而得到对原假设 $H_0$ 的拒绝域.

(4) 根据样本观测值计算统计量的观测值，并与临界值或拒绝域进行比较，从而对拒绝或接受原假设 $H_0$ 作出判断.

### 8.1.5 假设检验可能犯的两类错误

正如前面已经指出的，假设检验的依据是小概率事件的实际不可能性原理，即认为小概率事件在一次试验中是不可能发生的，如果发生了则认为是“不合理”的，即“出现矛盾”，然而，由于小概率事件 $A$，无论其概率多么小，还是可能发生的，所以利用上述方法进行假设检验，可能作出错误的判断，另外一方面，作假设检验的现实依据是样本，因而我们得到的信息是受到限制的，这也有可能导致我们最终作出错误的判断. 无论是接受还是拒绝原假设，我们的判断都有可能犯错误，就像足球比赛中，当进攻方球员在对方禁区与对方球员有身体接触并摔倒，这时无论裁判假摔还是判罚都有可能是误判. 作假设检验可能犯的错误有如下两种情况：

(1) 原假设 $H_0$ 实际是正确的，但是却被错误地拒绝了，这时我们就犯了“弃真”的错误，通常称为**第一类错误**. 由于仅当小概率事件 $A$ 发生时才可能拒绝 $H_0$，所以犯第一类错误的概率就是条件概率 $P(A|H_0)$，犯第一类错误的概率记为 $\alpha$，即

$$P\{\text{拒绝 } H_0 | H_0 \text{ 为真}\}=\alpha.$$

(2) 原假设 $H_0$ 实际是不正确的，但是却被错误地接受了，这样就犯了“取伪”的错误，通常称为**第二类错误**，犯第二类错误的概率记为 $\beta$，即

$$P\{\text{接受 } H_0 | H_0 \text{ 不真}\}=\beta.$$

因为事实上，根据假设检验的基本思想，拒绝原假设 $H_0$ 是因为小概率事件在一次试验中发生了，与小概率事件实际不可能发生原理矛盾，因而拒绝原假设 $H_0$ 是有说服力的. 如果小概率事件在一次试验中没有发生，这时

只能说"目前找不到拒绝原假设 $H_0$ 的理由"，因此接受原假设 $H_0$，这显然是一种比较勉强的选择，因此没有充足的理由说原假设 $H_0$ 一定是成立的.

为明确起见，对犯两类错误列表如表 8-2 所示.

表 8-2 **两类错误列表**

| 状态 | 检验结果 | |
|---|---|---|
| | 接受 $H_0$ | 拒绝 $H_0$ |
| $H_0$ 为真 | 正确 | 第一类错误 |
| $H_0$ 不真 | 第二类错误 | 正确 |

**例 8.5** 某厂生产一种螺钉，标准要求长度是 68 mm，实际生产的产品，其长度服从 $N(\mu,3.6^2)$. 考查假设检验问题

$$H_0:\mu=68,\quad H_1:\mu\neq 68.$$

设 $\overline{x}$ 为样本均值，若按下列方式进行假设检验：当 $|\overline{x}-68|>1$ 时，拒绝原假设 $H_0$；当 $|\overline{x}-68|\leqslant 1$ 时，接受原假设 $H_0$.

(1) 当样本容量 $n=36$ 时，求犯第一类错误的概率 $\alpha$.

(2) 当样本容量 $n=64$ 时，求犯第一类错误的概率 $\alpha$.

(3) 当 $H_0$ 不成立时(设 $\mu=70$)，又 $n=64$ 时，按上述检验法，求犯第二类错误的概率 $\beta$.

**解** (1) 当 $n=36$ 时，$\overline{X}\sim N\left(\mu,\dfrac{3.6^2}{36}\right)=N(\mu,0.6^2)$，

$$\begin{aligned}\alpha&=P\{|\overline{X}-68|>1\mid H_0\}\\&=P\{\overline{X}<67\mid H_0\}+P\{\overline{X}>69\mid H_0\}\\&=\Phi\left(\frac{67-68}{0.6}\right)+1-\Phi\left(\frac{69-68}{0.6}\right)\\&=\Phi(-1.67)+1-\Phi(1.67)\\&=2(1-\Phi(1.67))=2(1-0.99575)\\&=0.095.\end{aligned}$$

(2) 当 $n=64$ 时，$\overline{X}\sim N\left(\mu,\dfrac{3.6^2}{64}\right)=N(\mu,0.45^2)$，

$$\begin{aligned}\alpha&=P\{|\overline{X}-68|>1\mid H_0\}\\&=P\{\overline{X}<67\mid H_0\}+P\{\overline{X}>69\mid H_0\}\\&=\Phi\left(\frac{67-68}{0.45}\right)+1-\Phi\left(\frac{69-68}{0.45}\right)\end{aligned}$$

$$=\Phi(-2.22)+1-\Phi(2.22)$$
$$=2(1-\Phi(2.22))=2(1-0.9868)$$
$$=0.0264.$$

(3) 当 $n=64$，又 $\mu=70$ 时，$\overline{X}\sim N\left(\mu,\frac{3.6^2}{64}\right)=N(70,0.45^2)$，这时犯第二类错误的概率

$$\beta=P\{|\overline{X}-68|\leqslant 1|\mu=70\}=P\{67\leqslant\overline{X}\leqslant 69|\mu=70\}$$
$$=\Phi\left(\frac{69-70}{0.45}\right)-\Phi\left(\frac{67-70}{0.45}\right)=\Phi(-2.22)-\Phi(-6.67)$$
$$=1-\Phi(2.22)-(1-\Phi(6.67))=\Phi(6.67)-\Phi(2.22)$$
$$=1-0.9868=0.0132.$$

**注** (1) 例 8.5(1),(2) 的计算结果表明：当样本容量 $n$ 增大时，可减小犯第一类错误的概率 $\alpha$.

(2) 当 $n=64$，$\mu=66$ 时，同样可计算得到 $\beta(66)=0.0132$.

(3) 当 $n=64$，$\mu=68.5$ 时，$\overline{X}\sim N(68.5,0.45^2)$，则

$$\beta(68.5)=P\{67\leqslant\overline{X}\leqslant 69|\mu=68.5\}$$
$$=\Phi\left(\frac{69-68.5}{0.45}\right)-\Phi\left(\frac{67-68.5}{0.45}\right)$$
$$=\Phi(1.11)-\Phi(-3.33)$$
$$=1-\Phi(2.22)-(1-\Phi(6.67))$$
$$=\Phi(6.67)-\Phi(2.22)$$
$$=0.8665-(1-0.995)=0.8660.$$

这表明，当原假设 $H_0$ 不成立时，参数真值越接近于原假设下的值时，$\beta$ 的值就越大.

我们当然希望犯这两类错误的概率越小越好，但是在样本容量 $n$ 固定时，要使犯两类错误的概率都尽可能地同时减少是不可能的. 减少其中一个，另外一个往往将会增大. 我们用以下一个简单的例子说明这一事实.

**例 8.6** 设总体 $X\sim N(\mu,\sigma^2)$，其中 $\sigma^2$ 已知，$X_1,X_2,\cdots,X_n$ 是来自总体 $X$ 的一个样本，$\mu$ 可能取 $\mu_0$ 与 $\mu_1$ 两个值. 假定 $\mu_0<\mu_1$，设在显著性水平 $\alpha$ 下，检验假设

$$H_0:\mu=\mu_0;\ H_1:\mu=\mu_1\ (\mu_1>\mu_0)\quad(单侧检验).$$

**解** 若原假设 $H_0$ 成立时，$\overline{X}\sim N\left(\mu_0,\frac{\sigma^2}{n}\right)$，备择假设 $H_1$ 成立时，$\overline{X}\sim N\left(\mu_1,\frac{\sigma^2}{n}\right)$，由于在原假设 $H_0$ 成立时，$u=\frac{\overline{X}-\mu_0}{\sigma/\sqrt{n}}\sim N(0,1)$，在显著性水平

$\alpha$ 下，则 $P\left\{\dfrac{\overline{X}-\mu_0}{\sigma/\sqrt{n}} \geqslant z_\alpha\right\}=\alpha$，即

$$P\left\{\overline{X} \geqslant \mu_0+\frac{z_\alpha \sigma}{\sqrt{n}} \,\middle|\, H_0 \text{ 为真}\right\}=\alpha.$$

取 $\bar{\omega}=\mu_0+\frac{z_\alpha\sigma}{\sqrt{n}}$，则上式为

$$P\{\overline{X} \geqslant \bar{\omega} \mid H_0 \text{ 为真}\}=\alpha,$$

当 $\overline{X} \geqslant \bar{\omega}$ 时，拒绝 $H_0$.

可见，当原假设 $H_0$ 成立时，若 $\overline{X} \geqslant \bar{\omega}$ 时，则要拒绝 $H_0$，这时犯了第一类错误，其对应的犯第一类错误的概率 $\alpha$. 另外一方面，当原假设 $H_0$ 不成立时，即备择假设 $H_1$ 为真时，由定义知

$$\beta=P\{\text{接受 } H_0 \mid H_0 \text{ 不真}\}=P\left\{\frac{\overline{X}-\mu_0}{\sigma/\sqrt{n}}<z_\alpha \,\middle|\, H_0 \text{ 不真}\right\}$$

$$=P\left\{\overline{X}<\mu_0+\frac{z_\alpha\sigma}{\sqrt{n}} \,\middle|\, H_1 \text{ 为真}\right\}=P\{\overline{X}<\bar{\omega} \mid H_1 \text{ 为真}\},$$

即样本均值 $\overline{X}<\bar{\omega}$ 时，则接受 $H_0$，这时犯了第二类错误，其对应的犯第二类错误的概率 $\beta$.

两类错误的几何意义如图 8-1 所示.

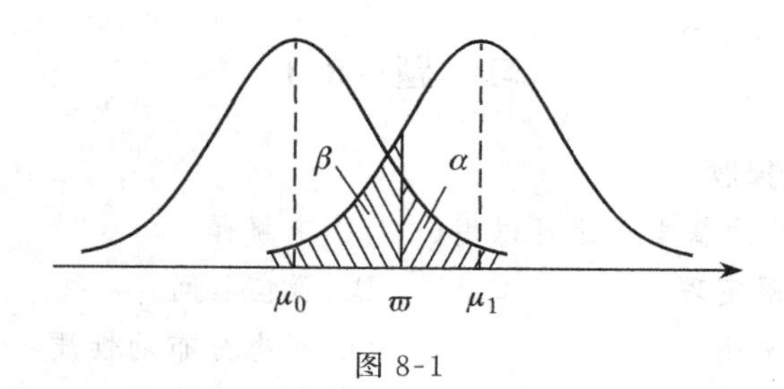


图 8-1

因此，要 $\alpha$ 减少，则临界值 $\bar{\omega}$ 右移，此时 $\beta$ 增大；要使 $\beta$ 减少，则临界值 $\bar{\omega}$ 左移，此时 $\alpha$ 增大，由此可见，在样本容量 $n$ 一定时，$\alpha$ 与 $\beta$ 相互制约，无法使它们同时都很小，若要使 $\alpha$ 与 $\beta$ 同时减少或减少其中之一而不增加另一个，只有增大样本容量，此时样本均值 $\overline{X}$ 的方差 $\frac{\sigma^2}{n}$ 变小，则样本均值 $\overline{X}$ 更集中在均值 $\mu$ 的附近，$\overline{X}$ 的分布密度变得更陡，容易理解，由于样本容量 $n$ 增大，样本提供的信息量就增多，判断也就更加准确. 一般说来，当取定显著性水平 $\alpha$ 后，通过增大样本容量 $n$ 可以使 $\alpha$ 与 $\beta$ 减小. 不过样本容量的无限增大在实际

问题中又是不切实际的，基于这种情况，统计学家奈曼 Neyman 和小皮尔逊 Pearson 提出这样的假设检验理论的一个原则，即在样本容量$n$固定时，先控制犯第一类错误的概率$\alpha$，并为一事先给定的小正数，然后在这一条件下寻找临界值使犯第二类错误的概率$\beta$尽可能地小.

为此，通常我们的做法是减低要求，在只限定犯第一类错误的概率即显著性水平$\alpha$的条件下判定零假设$H_0$是否成立，这种统计假设检验称为**显著性检验**. 本章只考虑显著性检验问题. 通常人们控制犯第一类错误的概率$\alpha$是由于：第一，犯这两类错误的影响是不一样的，人们把错误地拒绝原假设$H_0$比错误地接受原假设$H_0$看得更严重. 例如，检查某地区具有某种传染疾病，原假设$H_0$：该地区有这种疾病，备择假设$H_1$：该地区没有这种疾病，若犯第二类错误，即无病认为有病，造成的影响是引起国家经济上的浪费及人们接受检查与治疗上的痛苦，而犯第一类错误，即有病认为无病，造成的影响是，由于很多被传染上这种疾病的患者得不到及时的治疗使生命受到严重威胁，而且这种病在这个地区蔓延. 我们宁愿犯第二类错误的风险，也不愿意犯第一类错误. 第二，由于原假设$H_0$是人们常常经过周密慎重的研究作出的，所以对这两种假设持不同的要求，控制犯第一类错误的概率$\alpha$，也体现了对原假设$H_0$的保护. 在实际问题中，我们对犯第一类错误的概率$\alpha$加以控制，一般取 0.05,0.025,0.01，再适当地增大样本容量$n$，使犯第二类错误的概率$\beta$尽量小. 这就是显著性检验的基本原则.

## 习　题　8.1

### 一、单项选择题

1. 假设检验的基本思想可以用(　　)来解释.

A. 中心极限定理　　B. 置信区间

C. 小概率事件　　D. 正态分布的性质

2. 在假设检验中，原假设$H_0$，备择假设$H_1$，则称(　　)为犯第二类错误.

A. $H_0$为真，接受$H_1$　　B. $H_0$为真，拒绝$H_1$

C. $H_0$不真，接受$H_0$　　D. $H_0$不真，拒绝$H_0$

3. 一种零件的标准长度 5 cm，要检验某天生产的零件是否符合标准要求，建立的原假设和备选假设就为(　　).

A. $H_0: \mu=5$，$H_1: \mu\neq 5$　　B. $H_0: \mu\neq 5$，$H_1: \mu>5$

C. $H_0: \mu\leqslant 5$，$H_1: \mu>5$　　D. $H_0: \mu\geqslant 5$，$H_1: \mu<5$

4. 在假设检验中，原假设和备选假设(　　).

A. 都有可能成立

B. 都有可能不成立

C. 只有一个成立而且必有一个成立

D. 原假设一定成立，备选假设不一定成立

5. 生产耐高温玻璃，至少要能抗住500 ℃高温而玻璃不变形，这时对产品质量检验所设立的假设应当为(　　).

A. $H_0: \mu \geqslant 500$　　B. $H_0: \mu \leqslant 500$

C. $H_0: \mu = 500$　　D. $H_0: \mu_1 \geqslant \mu_2$

6. 加工零件所使用的毛坯如果过短，加工出来的零件则达不到规定的标准长度$\mu_0$，对生产毛坯的模框进行检验，所采用的假设应当为(　　).

A. $\mu = \mu_0$　　B. $\mu \geqslant \mu_0$

C. $\mu \leqslant \mu_0$　　D. $\mu \neq \mu_0$

7. 若$H_0: \mu = \mu_0$，抽出一个样本其均值$\overline{X} = \mu_0$，则(　　).

A. 肯定接受原假设　　B. 有可能接受原假设

C. 肯定拒绝原假设　　D. 有可能拒绝原假设

8. 若$H_0: \mu = \mu_0$，抽出一个样本，其均值$\overline{X} \leqslant \mu_0$，则(　　).

A. 肯定拒绝原假设　　B. 有可能拒绝原假设

C. 肯定接受原假设　　D. 以上说法都不对

9. 若$H_0: \mu \leqslant \mu_0$抽出一个样本，其均值$\overline{X} < \mu_0$，则(　　).

A. 肯定拒绝原假设　　B. 有可能拒绝原假设

C. 肯定接受原假设　　D. 有可能接受原假设

10. 在假设检验中，显著性水平$\alpha$是(　　).

A. 原假设为真时被拒绝的概率　　B. 原假设为真时被接受的概率

C. 原假设为伪时被拒绝的概率　　D. 原假设为伪时被接受的概率

## 二、简答题

1. 区间估计与假设检验的区别和联系是什么？

2. 假设检验的基本思想是什么？

3. 简述显著性检验的一般步骤.

4. 如何理解原假设和备择假设的含义和对应关系？

5. 使用显著性检验结论时应该注意哪些问题？

6. 显著性检验中存在哪些局限性？

7. 简述第一类错误和第二类错误概率$\alpha$和$\beta$的关系.

# 8.2 单个正态总体参数的假设检验

正态分布是自然界中比较普遍常见的分布，本节讨论正态总体均值与方差的假设检验问题.

设总体 $X \sim N(\mu,\sigma^2)$，$X_1,X_2,\cdots,X_n$ 是来自总体的样本容量为 $n$ 的一个样本，而样本均值与样本方差分别是

$$\overline{X}=\frac{1}{n}\sum_{i=1}^{n}X_i,\quad S^2=\frac{1}{n-1}\sum_{i=1}^{n}(X_i-\overline{X})^2.$$

## 8.2.1 单个正态总体 X ~ N($\mu,\sigma^2$) 均值 $\mu$ 的假设检验

1. *方差 $\sigma^2$ 已知时，关于均值 $\mu$ 的假设检验*

当方差 $\sigma^2$ 已知时，对均值 $\mu$ 可提出各种形式的统计假设，其检验统计量均为 $U=\dfrac{\overline{X}-\mu_0}{\sigma_0/\sqrt{n}}\sim N(0,1)$，把方差 $\sigma^2$ 已知时，关于均值 $\mu$ 的各种不同的假设检验问题的原假设 $H_0$、备择假设 $H_1$，以及在显著性水平 $\alpha$ 下关于原假设 $H_0$ 的拒绝域如表 8-3 所示.

表 8-3

| 原假设 $H_0$ | 备择假设 $H_1$ | 检验统计量 | 方差已知，$\sigma^2=\sigma_0{}^2$，在显著性水平 $\alpha$ 下的拒绝域 |
|---|---|---|---|
| $\mu=\mu_0$ | $\mu\neq\mu_0$ | $U=\dfrac{\overline{X}-\mu_0}{\sigma/\sqrt{n}}\sim N(0,1)$ | $\lvert u\rvert>z_{\alpha/2}$ |
| $\mu=\mu_0\ (\mu\leqslant\mu_0)$ | $\mu>\mu_0$ | | $u>z_\alpha$ |
| $\mu=\mu_0\ (\mu\geqslant\mu_0)$ | $\mu<\mu_0$ | | $u<-z_\alpha$ |

**例 8.7** 某厂生产日光灯管使用时间服从正态分布，以往经验表明，灯管平均使用时间为 1 600 h，标准差为 70 h，在最近生产的灯管中随机抽取了 55 件进行测试，测得平均使用时间为 1 520 h. 在显著性水平 $\alpha=0.05$ 下，判断新生产的灯管质量是否有显著变化.

**解** (1) 作原假设与备择假设：$H_o$：$\mu=1\,600$，$H_1$：$\mu\neq1\,600$.

(2) 构造统计量：在 $H_0$ 成立的条件下，构造 $U=\dfrac{\overline{X}-\mu_0}{\sigma_0/\sqrt{n}}\sim N(0,1)$.

(3) 查表得临界值，得 $H_0$ 的拒绝域：在显著性水平 $\alpha$ 下，$H_0$ 的拒绝域为 $W=\{U \mid |U| \geqslant z_{\alpha/2}\}$，其中分位点为 $z_{\alpha/2}=z_{0.025}=1.96$.

(4) 计算：根据样本观测值计算统计量的值

$$u=\frac{\overline{x}-\mu}{\sigma/\sqrt{n}}=\frac{1\,520-1\,600}{70/\sqrt{55}}=-8.48.$$

显然 $|u| \geqslant z_{\alpha/2}$，所以拒绝 $H_0$. 即样本数据表明日光灯管的质量有显著性改变.

**例 8.8** 已知某正态总体的方差 $\sigma^2=49$，抽测 24 个样本值为 $\overline{x}=55.8$. 问：在显著性水平 $\alpha=0.05$ 下总体均值 $\mu \leqslant 55$ 是否成立？

**解** (1) 作原假设与备择假设 $H_0: \mu \leqslant 55$，$H_1: \mu > 55$.

(2) 显然它与检验 $H_0: \mu=55$ 时的结论是一样的. 取统计量

$$U=\frac{\overline{X}-\mu_0}{\sigma_0/\sqrt{n}} \sim N(0,1),$$

(3) 给定显著性水平 $\alpha=0.05$，因为是单边检验，所以查表得

$$z_\alpha=z_{0.05}=1.645.$$

(4) 计算：$u=\dfrac{\overline{x}-\mu_0}{\sigma_0/\sqrt{n}}=\dfrac{55.8-55}{7/\sqrt{24}}=0.56<1.645$，没有落在拒绝域内.

所以接受原假设 $H_0$，即在显著性水平 $\alpha=0.05$ 下，认为总体均值 $\mu \leqslant 55$ 是成立的.

**例 8.9** 要求一种元件的平均使用寿命不得低于 1 000 h，生产者从一批这种元件中随机抽取 25 件，测得其寿命的平均值为 950 h. 已知该种元件寿命服从均值为 $\mu$、标准差为 $\sigma=100$ h 的正态分布. 试在显著性水平 $\alpha=0.05$ 下判断这批元件是否合格.

**解** 检验假设 $H_0: \mu \geqslant 1\,000$，$H_1: \mu < 1\,000$，因 $\sigma^2$ 已知，构造检验统计量为

$$U=\frac{\overline{X}-\mu_0}{\sigma/\sqrt{n}} \sim N(0,1).$$

由题意知 $n=25$，$\overline{x}=950$，$\sigma=100$，$\alpha=0.05$，查表得 $z_\alpha=z_{0.05}=1.645$，拒绝域为

$$U<-z_\alpha=-1.645.$$

因为 $u$ 的观测值为

$$u=\frac{950-1\,000}{100/\sqrt{25}}=-2.5<-1.645,$$

落在拒绝域内，故在显著性水平 $\alpha=0.05$ 下拒绝原假设 $H_0$，认为这批元件

不合格.

2. 方差 $\sigma^2$ 未知时，关于均值 $\mu$ 的假设检验

当方差 $\sigma^2$ 未知时，现在不能再利用 $U=\dfrac{\overline{X}-\mu_0}{\sigma/\sqrt{n}}$ 作为检验统计量了，注意到在 $H_0:\mu=\mu_0$ 成立时，$T=\dfrac{\overline{X}-\mu_0}{S/\sqrt{n}}\sim t(n-1)$，故构造 $T=\dfrac{\overline{X}-\mu_0}{S/\sqrt{n}}$ 作检验统计量. 把方差 $\sigma^2$ 未知时，关于均值 $\mu$ 的各种不同的假设检验问题的原假设 $H_0$、备择假设 $H_1$，以及在显著性水平 $\alpha$ 下关于原假设 $H_0$ 的拒绝域如表 8-4 所示.

表 8-4

| 原假设 $H_0$ | 备择假设 $H_1$ | 检验统计量 | 方差 $\sigma^2$ 未知，在显著性水平 $\alpha$ 下的拒绝域 |
|---|---|---|---|
| $\mu=\mu_0$ | $\mu\neq\mu_0$ | $T=\dfrac{\overline{X}-\mu_0}{S/\sqrt{n}}\sim t(n-1)$ | $\lvert T\rvert>t_{\alpha/2}(n-1)$ |
| $\mu=\mu_0\ (\mu\leqslant\mu_0)$ | $\mu>\mu_0$ | | $T>t_\alpha(n-1)$ |
| $\mu=\mu_0\ (\mu\geqslant\mu_0)$ | $\mu<\mu_0$ | | $T<-t_\alpha(n-1)$ |

**例 8.10** 某批矿砂的 5 个样品中的镍含量，经测定为(%)

$$3.25,\ 3.27,\ 3.24,\ 3.26,\ 3.24.$$

设测定值总体服从正态分布，但参数均未知，问在显著性水平 $\alpha=0.01$ 下能否接受假设这批矿砂的镍含量的均值为 3.25?

**解** 按题意总体 $X\sim N(\mu,\sigma^2)$，其中参数 $\mu,\sigma^2$ 均未知，要求在显著性水平 $\alpha=0.01$ 下检验

$$\text{原假设 } H_0:\mu=3.25,\quad \text{备择假设 } H_1:\mu\neq 3.25.$$

因方差 $\sigma^2$ 未知，故构造统计量为

$$T=\frac{\overline{X}-\mu_0}{S/\sqrt{n}}\sim t(n-1).$$

由题意知 $n=5$，查 $t$ 分布表得分位点 $t_{\alpha/2}(n-1)=t_{0.005}(4)=4.6041$，则在显著性水平 $\alpha=0.01$ 下拒绝域为

$$|T|=\left|\frac{\overline{x}-\mu_0}{S/\sqrt{n}}\right|\geqslant t_{\alpha/2}(n-1)=4.6041.$$

由题意知 $n=5$，$\overline{x}=3.252$，$s=0.013$，$\alpha=0.01$，得统计量 $t$ 的观测值

$$|t|=\left|\frac{3.252-3.25}{0.013/\sqrt{5}}\right|=0.344<4.6041,$$

不落在拒绝域之内，故在显著性水平 $\alpha=0.01$ 下接受原假设 $H_0$，即认为这批矿砂镍含量的均值为 3.25.

**例 8.11**　下面列出的是某工厂随机选取的 20 只部件的装配时间(min)：

9.8，10.4，10.6，9.6，9.7，9.9，10.9，11.1，9.6，10.2，

10.3，9.6，9.9，11.2，10.6，9.8，10.5，10.1，10.5，9.7.

设装配时间的总体服从正态分布 $N(\mu,\sigma^2)$，参数 $\mu,\sigma^2$ 均未知，在显著性水平 $\alpha=0.05$ 下是否可以认为装配时间的均值显著大于 10?

**解**　我们取 $H_0$ 为维持原状，即取 $H_0$ 为 $\mu\leqslant 10$，取 $H_1$ 为 $\mu>10$. 事实上，我们关心的是 $\mu$ 有没有大于 10，即需在显著性水平 $\alpha=0.05$ 下检验假设

$$H_0:\mu\leqslant 10,\quad H_1:\mu>10.$$

因方差 $\sigma^2$ 未知，故构造统计量

$$T=\frac{\overline{X}-\mu_0}{S/\sqrt{n}}\sim t(n-1).$$

由题意知 $n=20$，查 $t$ 分布表得分位点 $t_\alpha(n-1)=t_{0.05}(19)=1.7291$，则在显著性水平 $\alpha=0.05$ 下拒绝域为

$$T>t_\alpha(n-1)=1.7291.$$

由题意知 $n=20$，$\overline{x}=10.2$，$s=0.509$，计算统计量的观测值

$$t=\frac{\overline{x}-\mu_0}{s/\sqrt{n}}=\frac{10.2-10}{0.509/\sqrt{20}}=1.754>1.7291,$$

落在拒绝域内，故在显著性水平 $\alpha=0.05$ 下拒绝原假设 $H_0$，认为装配时间的均值显著地大于 10.

**例 8.12**　按规定，100 g 罐头番茄汁中的平均维生素 C 含量不得少于 21 mg/g. 现从工厂的产品中抽取 17 个罐头，其中 100 g 番茄汁中，测得维生素 C 含量(mg/g) 的记录如下：

16，25，21，20，23，21，19，15，13，23，17，20，29，18，22，16，22.

设维生素含量服从正态分布 $N(\mu,\sigma^2)$，参数 $\mu,\sigma^2$ 均未知，问这批罐头是否符合要求(取显著性水平 $\alpha=0.05$)?

**解**　本题需检验假设 $H_0:\mu\geqslant 21$，$H_1:\mu<21$. 由于方差 $\sigma^2$ 未知，构造统计量：

$$T=\frac{\overline{X}-\mu_0}{S/\sqrt{n}}\sim t(n-1).$$

由题意知 $n=17$，$\alpha=0.05$，查 $t$ 分布表得分位点

$$t_{\alpha}(n-1)=t_{0.05}(16)=1.745\,9,$$

则在显著性水平 $\alpha=0.05$ 下拒绝域为

$$T<-t_{\alpha}(n-1)=-t_{0.05}(16)=-1.745\,9.$$

由题意知 $n=17$，$\overline{x}=20$，$s=3.984$，计算统计量的观测值：

$$t=\frac{\overline{x}-\mu_0}{s/\sqrt{n}}=\frac{20-21}{3.984/\sqrt{17}}=-1.035>-1.745\,9,$$

落在拒绝域外，故接受 $H_0$，即在显著性水平 $\alpha=0.05$ 下认为这批罐头是符合规定要求的.

### 8.2.2 单个正态总体方差 $\sigma^2$ 的假设检验

在 $H_0:\sigma^2=\sigma_0{}^2$ 成立，当 $\mu$ 已知时，由第六章正态总体的分布知

$$\chi^2=\frac{\sum_{i=1}^{n}(X_i-\mu_0)^2}{\sigma_0{}^2}\sim\chi^2(n).$$

当 $\mu$ 未知时，由第六章正态总体的分布知

$$\chi^2=\frac{(n-1)S^2}{\sigma_0{}^2}=\frac{\sum_{i=1}^{n}(X_i-\overline{X})^2}{\sigma_0{}^2}\sim\chi^2(n-1).$$

把 $\mu$ 已知和未知时，关于均值 $\sigma^2$ 的各种不同的假设检验问题的原假设 $H_0$、备择假设 $H_1$，以及在显著性水平 $\alpha$ 下关于原假设 $H_0$ 的拒绝域列表，如表8-5所示.

表 8-5

| 原假设 $H_0$ | 备择假设 $H_1$ | 均值 $\mu$ 未知，在显著性水平 $\alpha$ 下的拒绝域 | 均值 $\mu$ 已知，在显著性水平 $\alpha$ 下的拒绝域 |
|---|---|---|---|
| $\sigma^2=\sigma_0{}^2$ | $\sigma^2\neq\sigma_0{}^2$ | $\chi^2<\chi^2_{1-\alpha/2}(n-1)$ 或 $\chi^2>\chi^2_{\alpha/2}(n-1)$ | $\chi^2<\chi^2_{1-\alpha/2}(n)$ 或 $\chi^2>\chi^2_{\alpha/2}(n)$ |
| $\sigma^2=\sigma_0{}^2$ ($\sigma^2\leqslant\sigma_0{}^2$) | $\sigma^2>\sigma_0{}^2$ | $\chi^2>\chi^2_{\alpha}(n-1)$ | $\chi^2>\chi^2_{\alpha}(n)$ |
| $\sigma^2=\sigma_0{}^2$ ($\sigma^2\geqslant\sigma_0{}^2$) | $\sigma^2<\sigma_0{}^2$ | $\chi^2<\chi^2_{1-\alpha}(n-1)$ | $\chi^2<\chi^2_{1-\alpha}(n)$ |

**例 8.13** 某厂生产的一种电池，其寿命长期以来服从方差 $\sigma^2=5\,000\ \mathrm{h}^2$ 的正态分布. 现有一批这种电池，从生产的情况来看，寿命的波动性有所

改变，现随机地抽取 26 只电池，测得寿命的样本方差 $s^2 = 9\,200\ h^2$. 问根据这一数据能否推断这批电池寿命的波动性较以往有显著性的变化(取 $\alpha = 0.02$)?

**解** 需要检验的假设问题为 $H_0: \sigma^2 = \sigma_0{}^2 = 5\,000$，$H_1: \sigma^2 \neq 5\,000$，构造统计量

$$\chi^2 = \frac{(n-1)S^2}{\sigma_0{}^2} \sim \chi^2(n-1).$$

又已知 $\alpha = 0.02$，$n = 26$，查 $\chi^2$ 分布表可得

$$\chi^2_{1-\alpha/2}(n-1) = \chi^2_{0.99}(25) = 11.524,$$
$$\chi^2_{\alpha/2}(n-1) = \chi^2_{0.01}(25) = 44.314.$$

根据样本的观测值计算统计量的观测值

$$\chi^2 = \frac{(n-1)s^2}{\sigma_0{}^2} = \frac{(26-1)\times 9\,200}{5\,000} = 46 > \chi^2_{0.01}(25) = 44.314,$$

落在拒绝域，故拒绝原假设 $H_0$，即在显著性水平 $\alpha = 0.02$ 下，认为这批电池寿命的波动性较以往有显著性的变化.

**例 8.14** 某种导线，要求其电阻的标准不得超过 0.005 欧姆. 今在生产的一批导线中取样品 9 根，测得 $s = 0.007$ 欧姆. 设总体为正态分布. 问在水平 $\alpha = 0.05$ 下，能否认为这批导线的标准差显著性地偏大?

**解** 本题属于总体均值未知，正态总体方差的单边检验问题，需要检验的假设问题为 $H_0: \sigma^2 = \sigma_0{}^2 = 0.005^2$，$H_1: \sigma^2 > 0.005^2$，选取检验统计量

$$\chi^2 = \frac{(n-1)S^2}{\sigma_0{}^2} \sim \chi^2(n-1).$$

当 $\alpha = 0.05$，$n = 9$ 时，查 $\chi^2$ 分布表可得

$$\chi^2_{\alpha}(n-1) = \chi^2_{0.05}(8) = 15.507.$$

又由题设知 $\alpha = 0.05$，$n = 9$，$s = 0.007$，则计算统计量的观测值

$$\chi^2 = \frac{(n-1)s^2}{\sigma_0{}^2} = \frac{(9-1)\times 0.007^2}{0.005^2} = 15.68 > \chi^2_{0.05}(8) = 15.507,$$

落在拒绝域，故拒绝原假设 $H_0$，即在显著性水平 $\alpha = 0.05$ 下，认为这批导线的标准差显著性地偏大.

**例 8.15** 机器自动包装食盐，设每袋盐的净重服从正态分布，规定每袋盐的标准重量为 500 克，标准差不超过 10 克. 某天开工以后，为了检查机器工作是否正常，从已包装好的食盐中随机抽取 9 袋，测得其重量(克)为

497，507，510，475，484，488，524，491，515.

问在显著性水平 $\alpha = 0.05$ 下，这天自动包装机工作是否正常?

**解** 设随机变量 $X$ 表示每袋盐的净重量，则 $X \sim N(\mu,\sigma^2)$，由题意，需要检验的假设问题为

$$H_{01}: \mu=500,\ H_{11}: \mu \neq 500 \text{ 及 } H_{02}: \sigma^2 \leqslant 100,\ H_{12}: \sigma^2 > 100.$$

下面先检验假设 $H_{01}: \mu=500$，$H_{11}: \mu \neq 500$，由于方差 $\sigma^2$ 未知，故构造统计量

$$T=\frac{\overline{X}-\mu_0}{S/\sqrt{n}} \sim t(n-1).$$

已知 $n=9$，$\alpha=0.05$，查 $t$ 分布表得分位点

$$t_{\alpha/2}(n-1)=t_{0.025}(8)=2.306,$$

则在显著性水平 $\alpha=0.05$ 下拒绝域为

$$|T|>t_{\alpha/2}(n-1)=t_{0.025}(8)=2.306.$$

由题意，可计算样本均值 $\overline{x}=499$，样本标准差 $s=16.03$，故计算统计量的观测值

$$|t|=\left|\frac{\overline{x}-\mu_0}{s/\sqrt{n}}\right|=\frac{|499-500|}{16.03/\sqrt{9}}=0.187<t_{0.025}(8)=2.306,$$

落在拒绝域外，故接受原假设 $H_{01}$，即在显著性水平 $\alpha=0.05$ 下，认为机器包装食盐的均值为 500 克，没产生系统误差.

再检验假设 $H_{02}: \sigma^2 \leqslant 100$，$H_{12}: \sigma^2 > 100$，构造统计量

$$\chi^2=\frac{(n-1)S^2}{{\sigma_0}^2} \sim \chi^2(n-1).$$

已知 $n=9$，$\alpha=0.05$，查 $\chi^2$ 分布表可得 $\chi^2_\alpha(n-1)=\chi^2_{0.05}(8)=15.5$，而统计量

$$\chi^2=\frac{(n-1)S^2}{\sigma^2}=20.56>\chi^2_{0.05}(8)=15.5,$$

故拒绝原假设 $H_{02}$，接受 $H_{12}$，即认为其标准差超过了 10 克.

由上可知，这天机器自动包装食盐，虽没有产生系统误差，但生产不够稳定(方差偏大)，从而认为这天自动包装机工作不正常.

## 习 题 8.2

1. 在显著性水平 $\alpha=0.05$ 下，对正态总体期望 $\mu$ 进行假设 $H_0: \mu=\mu_0$ 的检验，若经检验原假设被接受，则在水平 $\alpha=0.01$ 下，下面结论正确的是(　　).

A. 接受 $H_0$　　B. 拒绝 $H_0$

C. 可能接受也可能拒绝 $H_0$　　D. 不接受也不拒绝 $H_0$

2. 设总体 $X\sim N(\mu,\sigma^2)$，$\mu$ 已知，$\sigma^2>0$ 未知. $X_1,X_2,\cdots,X_n$ 为来自 $X$ 的一组样本，则检验假设 $H_0:\sigma^2\leqslant{\sigma_0}^2$，$H_1:\sigma^2>{\sigma_0}^2$ 的拒绝域为(　　).

A. $Z=\dfrac{\overline{X}-\mu}{{\sigma_0}^2/\sqrt{n}}>z_\alpha$　　　　B. $\chi^2=\dfrac{\sum\limits_{i=1}^{n}(X_i-\overline{X})^2}{{\sigma_0}^2}\geqslant\chi_\alpha^2(n-1)$

C. $\chi^2=\dfrac{\sum\limits_{i=1}^{n}(X_i-\overline{X})^2}{{\sigma_0}^2}\geqslant\chi_\alpha^2(n)$　　D. $\chi^2=\dfrac{\sum\limits_{i=1}^{n}(X_i-\mu)^2}{{\sigma_0}^2}\geqslant\chi_\alpha^2(n)$

3. 在假设检验中，记 $H_0$ 为待检验原假设，则称(　　)为第一类错误.

A. $H_0$ 为真，接受 $H_0$　　　　B. $H_0$ 不真，拒绝 $H_0$

C. $H_0$ 为真，拒绝 $H_0$　　　　D. $H_0$ 不真，接受 $H_0$

4. 化工厂用自动打包机包装化肥，某日测得 9 包化肥的重量(公斤)，如下：

49.7，49.8，50.3，50.5，49.7，50.1，49.9，50.5，50.4.

已知打包重量服从正态分布，是否可认为每包平均重量为 50 公斤($\alpha=0.05$)?

5. 某台机器加工零件，规定零件长度为 100 cm，标准差不得超过 2 cm，每天定时检查其运行情况，某月抽取零件 10 个，测得平均长度 $\overline{x}=101$ cm，标准差 $s=2$ cm. 设加工零件长度服从正态分布. 问该机器工作是否正常($\alpha=0.05$)?

(提示：设零件长度 $X\sim N(\mu,\sigma^2)$ 先检验假设 $H_0:\mu=\mu_0=100$，后检验假设 $H_0:\sigma^2\leqslant{\sigma_0}^2=2^2$)

6. 一种元件，要求其使用寿命不低于 1 000 小时. 现从一批这种元件中随机抽取 25 件，测得其平均寿命为 950 小时. 已知该种元件寿命服从标准差 $\sigma=100$ 小时的正态分布，试在显著性水平 $\alpha=0.01$ 要求下确定这批元件是否合格.

7. 面粉加工厂用自动打包机打包，每袋面粉标准重量为 50 kg. 每天开工后需要检验一次打包机工作是否正常，某时开工后测得 10 袋面粉，其重量(kg) 如下：

50.8，48.9，49.3，49.6，50.4，51.3，48.2，51.7，49.1，47.6.

已知每袋面粉重量服从正态分布，问：该日打包机工作是否正常？($\alpha=0.05$)

8. 某机床厂加工一种零件，根据经检知道，该厂加工零件的椭圆度渐近服从正态分布，其总体均值为 0.075 mm，总体标准差为 0.014 mm. 今另换一种新机床进行加工，取 400 个零件进行检验，测得椭圆度均值为 0.071 mm. 问：新机床加工零件的椭圆度总体均值与以前有无显著差别？（$\alpha=0.05$）

9. 一个汽车轮胎制造商声称，他所生产的轮胎平均寿命在一定的汽车重量和正常行驶条件下大于 40 000 km，对一个由 15 个轮胎组成的随机样本作了试验，得到了平均值和标准差分别为 42 000 km 和 3 000 km. 假定轮胎寿命的公里数近似服从正态分布，我们能否从这些数据作出结论，该制造商的声称是可信的？（$\alpha=0.05$）

10. 某地区为了使干部年轻化，对现任职的处以上干部的年龄进行抽样调查. 在过去的 10 年里，处以上干部的平均年龄为 48 岁，标准差为 5 岁(看做是总体的均值和标准差).

问:(1) 过去 10 年里，95% 的处以上干部的年龄在什么年龄范围内?

(2) 最近调整了干部班子后，随机抽取 100 名处以上干部，他们的平均年龄为 42 岁，问：处以上干部的平均年龄是否有明显的下降？（$\alpha=0.01$）

11. 某市调查职工平均每天用于家务劳动的时间，该市统计局主持这项调查的人以为职工用于家务劳动的时间不超过 2 小时. 随机抽取 400 名职工进行调查的结果为 $\overline{x}=1.8$ 小时，$s^2=1.44$. 问：调查结果是否支持调查主持人的看法？（$\alpha=0.05$）

12. 有一个组织在其成员中提倡通过自修提高水平，目前正考虑帮助成员中未曾高中毕业者通过自修达到高中毕业的水平. 该组织的会长认为成员中未读完高中的人少于 25%，并且想通过适当的假设检验来支持这一看法. 他从该组织成员中抽选 200 人组成一个随机样本，发现其中有 42 人没有高中毕业. 试问这些数据是否支持这个会长的看法？（$\alpha=0.05$）

## 8.3　两个正态总体参数的假设检验

前面讨论了单个正态总体参数的假设检验，本节讨论两个正态总体参数的假设检验问题. 设两正态总体 $X \sim N(\mu_1,\sigma_1{}^2)$，$Y \sim N(\mu_2,\sigma_2{}^2)$，$X_1, X_2,\cdots,X_{n_1}$ 是来自总体 $X$ 的样本容量为 $n_1$ 的一个样本，$Y_1,Y_2,\cdots,Y_{n_2}$ 是来自总体 $Y$ 的样本容量为 $n_2$ 的一个样本，$X$ 与 $Y$ 相互独立，而

$$\overline{X}=\frac{1}{n_1}\sum_{i=1}^{n_1}X_i,\quad S_1{}^2=\frac{1}{n_1-1}\sum_{i=1}^{n_1}(X_i-\overline{X})^2,$$

$$\overline{Y}=\frac{1}{n_2}\sum_{i=1}^{n_2}Y_i,\quad S_2{}^2=\frac{1}{n_2-1}\sum_{i=1}^{n_2}(Y_i-\overline{Y})^2$$

分别表示两样本均值与相应的样本方差.

### 8.3.1 两个正态总体均值的假设检验

1. 在总体方差 $\sigma_1{}^2$ 与 $\sigma_2{}^2$ 已知条件下，关于均值 $\mu_1=\mu_2$ 的假设检验

对均值可提出各种形式的统计假设，其统计推断方法都很类似. 这里详细介绍双侧检验问题，然后给出两个正态总体方差已知时均值的假设检验表.

$H_0:\mu_1=\mu_2,\quad H_1:\mu_1\neq\mu_2.$ （这是个双侧检验问题）

由 $\overline{X}\sim N\left(\mu_1,\frac{\sigma_1{}^2}{n_1}\right)$，$\overline{Y}\sim N\left(\mu_2,\frac{\sigma_2{}^2}{n_2}\right)$，又由 $\overline{X}-\overline{Y}\sim N\left(\mu_1-\mu_2,\frac{\sigma_1{}^2}{n_1}+\frac{\sigma_2{}^2}{n_2}\right)$，由此在原假设 $H_0$ 成立时，

$$U=\frac{\overline{X}-\overline{Y}}{\sqrt{\frac{\sigma_1{}^2}{n_1}+\frac{\sigma_2{}^2}{n_2}}}\sim N(0,1).$$

按照前面给定的假设检验的步骤如下：

(1) 作原假设与备择假设：

$$H_0:\mu_1=\mu_2,\quad H_1:\mu_1\neq\mu_2.$$

(2) 构造统计量：

$$U=\frac{\overline{X}-\overline{Y}}{\sqrt{\frac{\sigma_1{}^2}{n_1}+\frac{\sigma_2{}^2}{n_2}}}\sim N(0,1).$$

(3) 查表得临界值，得 $H_0$ 的拒绝域：在显著性水平 $\alpha$ 下，$P\{|U|>z_{\alpha/2}\}=\alpha$ 成立，其中分位点为 $z_{\alpha/2}$，查正态分布表可得 $H_0$ 的拒绝域为

$$W=\{U\,|\,|U|>z_{\alpha/2}\}.$$

(4) 根据样本观测值计算统计量的值，下结论. 由样本观测值计算出统计量 $U$ 的观测值

$$U=\frac{\overline{X}-\overline{Y}}{\sqrt{\frac{\sigma_1{}^2}{n_1}+\frac{\sigma_2{}^2}{n_2}}}.$$

若 $u=u_0\in W$ 则拒绝原假设 $H_0$，接受 $H_1$，认为两总体均值 $\mu_1\neq\mu_2$；否则接受原假设 $H_0$，认为 $\mu_1=\mu_2$.

两个正态总体方差已知下均值的假设检验表如表 8-6 所示.

表 8-6

| 原假设 $H_0$ | 备择假设 $H_1$ | 检验统计量 | 方差已知，$\sigma^2=\sigma_0{}^2$，在显著性水平 $\alpha$ 下的拒绝域 |
|---|---|---|---|
| $\mu_1=\mu_2$ | $\mu_1\neq\mu_2$ | $U=\dfrac{\overline{X}-\overline{Y}}{\sqrt{\dfrac{\sigma_1{}^2}{n_1}+\dfrac{\sigma_2{}^2}{n_2}}}$ | $\lvert U\rvert>z_{\alpha/2}$ |
| $\mu_1=\mu_2$ ($\mu_1\leqslant\mu_2$) | $\mu_1>\mu_2$ | | $U>z_\alpha$ |
| $\mu_1=\mu_2$ ($\mu_1\geqslant\mu_2$) | $\mu_1<\mu_2$ | | $U<-z_\alpha$ |

**例 8.16** 甲、乙两苗圃培育同一种树苗，甲苗圃所育树苗的苗高 $X\sim N(\mu_1,0.21^2)$，乙苗圃所育树苗的苗高 $Y\sim N(\mu_2,0.25^2)$. 现从甲乙两苗圃各取 9 株，测得苗高如下：

甲：0.20，0.30，0.40，0.50，0.60，0.70，0.80，0.90，1.00；

乙：0.10，0.21，0.52，0.32，0.78，0.59，0.68，0.77，0.87.

问甲、乙两苗圃所育该树的平均苗高有无显著差异？（取 $\alpha=0.05$）

**解** 由题意知 $X\sim N(\mu_1,0.21^2)$，$Y\sim N(\mu_2,0.25^2)$，要考查是否有 $\mu_1=\mu_2$，本题需在显著性水平 $\alpha=0.05$ 下检验假设 $H_0:\mu_1=\mu_2$，$H_1:\mu_1\neq\mu_2$. 构造统计量：

$$U=\frac{\overline{X}-\overline{Y}}{\sqrt{\dfrac{\sigma_1{}^2}{n_1}+\dfrac{\sigma_2{}^2}{n_2}}}\sim N(0,1).$$

查正态分布表得临界值 $z_{\alpha/2}=1.96$，得 $H_0$ 的拒绝域：在显著性水平 $\alpha$ 下 $H_0$ 的拒绝域为 $W=\{U\mid\lvert U\rvert>1.96\}$，根据样本计算样本均值

$$\overline{x}=\frac{1}{9}\sum_{i=1}^{9}x_i=0.60,\quad \overline{y}=\frac{1}{9}\sum_{i=1}^{9}y_i=0.54,$$

于是

$$\lvert u\rvert=\frac{\lvert\overline{x}-\overline{y}\rvert}{\sqrt{\dfrac{\sigma_1{}^2}{n_1}+\dfrac{\sigma_2{}^2}{n_2}}}=\frac{\lvert 0.60-0.54\rvert}{\sqrt{\dfrac{0.21^2}{n_1}+\dfrac{0.25^2}{n_2}}}=0.5577<z_{\alpha/2}=1.96,$$

落在拒绝域外，接受 $H_0$，认为 $\mu_1=\mu_2$，即在显著性水平 $\alpha=0.05$ 下，认为甲乙两苗圃所育该树的平均苗高无显著差异.

2. 在总体方差 $\sigma_1{}^2$ 与 $\sigma_2{}^2$ 未知但相等时 $\sigma_1{}^2=\sigma_2{}^2$，关于均值 $\mu_1=\mu_2$ 假设检验

对均值可提出各种形式的统计假设，其统计推断方法都很类似. 这里详

细介绍双侧检验问题，然后给出两个正态总体方差未知相等时均值的假设检验表.

$$H_0:\mu_1=\mu_2,\quad H_1:\mu_1\neq\mu_2.\quad(\text{这是个双侧检验问题})$$

由于

$$T=\frac{\overline{X}-\overline{Y}-(\mu_1-\mu_2)}{S_w\sqrt{\frac{1}{n_1}+\frac{1}{n_2}}}\sim t(n_1+n_2-2),$$

其中

$$S_w=\sqrt{\frac{(n_1-1)S_1{}^2+(n_2-1)S_2{}^2}{n_1+n_2-2}},$$

按照前面给定的假设检验的步骤如下：

(1) 作原假设与备择假设：$H_0:\mu_1=\mu_2$，$H_1:\mu_1\neq\mu_2$.

(2) 构造统计量：$T=\dfrac{\overline{X}-\overline{Y}}{S_w\sqrt{\frac{1}{n_1}+\frac{1}{n_2}}}\sim t(n_1+n_2-2)$.

(3) 查表得临界值，得 $H_0$ 的拒绝域：在显著性水平 $\alpha$ 下，查 $t$ 分布表得分位点 $t_{\alpha/2}(n_1+n_2-2)$，可得 $H_0$ 的拒绝域为

$$W=\{T\mid |T|>t_{\alpha/2}(n_1+n_2-2)\}.$$

(4) 根据样本观测值计算统计量的值，下结论. 由样本观测值计算出统计量 $T$ 的观测值

$$t=\frac{\overline{x}-\overline{y}}{s_w\sqrt{\frac{1}{n_1}+\frac{1}{n_2}}}.$$

若 $t=t_0\in W$，则拒绝原假设 $H_0$，接受 $H_1$，认为两总体均值 $\mu_1\neq\mu_2$；否则接受原假设 $H_0$，认为 $\mu_1=\mu_2$.

两个正态总体方差未知相等均值的假设检验表如表 8-7 所示.

表 8-7

| 原假设 $H_0$ | 备择假设 $H_1$ | 检验统计量 | 方差未知但 $\sigma_1{}^2=\sigma_2{}^2$，在显著性水平 $\alpha$ 下的拒绝域 |
|---|---|---|---|
| $\mu_1=\mu_2$ | $\mu_1\neq\mu_2$ | $T=\dfrac{\overline{X}-\overline{Y}}{S_w\sqrt{\frac{1}{n_1}+\frac{1}{n_2}}}$ | $\lvert T\rvert\geqslant t_{\alpha/2}(n_1+n_2-2)$ |
| $\mu_1=\mu_2$ $(\mu_1\leqslant\mu_2)$ | $\mu_1>\mu_2$ | | $T>t_\alpha(n_1+n_2-2)$ |
| $\mu_1=\mu_2$ $(\mu_1\geqslant\mu_2)$ | $\mu_1<\mu_2$ | | $T<-t_\alpha(n_1+n_2-2)$ |

**例 8.17** 表 8-8 给出两位文学家马克·吐温(Mark Twain)的 8 篇小品文以及斯诺特格拉斯(Snodgrass)的 10 篇小品文中由 3 个字母组成的词比例. 设两组数据分别来自正态总体，且两总体方差相等，但参数均未知，两样本相互独立. 问两位作家素所写的小品文中包含由 3 个字母组成的单字的比例是否显著的差异(取 $\alpha=0.05$)?

表 8-8

| 马克·吐温 | 0.225 | 0.262 | 0.217 | 0.240 | 0.230 | 0.229 | 0.235 | 0.217 | | |
|---|---|---|---|---|---|---|---|---|---|---|
| 斯诺特格拉斯 | 0.209 | 0.205 | 0.196 | 0.210 | 0.202 | 0.207 | 0.224 | 0.223 | 0.220 | 0.201 |

**解** 按题意总体 $X\sim N(\mu_1,\sigma_1{}^2)$, $Y\sim N(\mu_2,\sigma_2{}^2)$，两总体的方差相等，均等于 $\sigma^2$, $\sigma^2$ 未知，两样本相互独立，本题需在显著性水平 $\alpha=0.05$ 下检验假设

$$H_0: \mu_1=\mu_2, \quad H_1: \mu_1\neq\mu_2.$$

采用 $t$ 检验，取检验统计量为

$$T=\frac{\overline{X}-\overline{Y}}{S_w\sqrt{1/n_1+1/n_2}}.$$

今 $n_1=8$, $n_2=10$, $\overline{x}=0.2319$, $\overline{y}=0.2097$, $s_1{}^2=0.014\ 6^2$, $s_2{}^2=0.009\ 7^2$,

$$s_w{}^2=\frac{(8-1)s_1{}^2+(10-1)s_2{}^2}{8+10-2}=0.012^2,$$

$t_{0.025}(16)=2.119\ 9$，拒绝域为

$$|T|=\left|\frac{\overline{X}-\overline{Y}}{S_w\sqrt{\dfrac{1}{n_1}+\dfrac{1}{n_2}}}\right|\geqslant t_{\alpha/2}(n_1+n_2-2)=2.119\ 9.$$

因观测值

$$|t|=\left|\frac{0.231\ 9-0.209\ 7}{0.012\sqrt{\dfrac{1}{8}+\dfrac{1}{10}}}\right|=3.900>2.119\ 9,$$

落在拒绝域内，故拒绝 $H_0$，认为两位作家所写的小品文中包含由 3 个字母组成的单字的比例有显著的差异.

**例 8.18** 随机地选了 8 个人，分别测量了他们在早上起床时和晚上就寝时的身高(cm)，得到的数据如表 8-9 所示. 设各对数据的差 $D_i=X_i-Y_i$ $(i=1,2,\cdots,8)$ 是来自正态总体 $N(\mu_D,\sigma_D{}^2)$ 的样本，$\mu_D,\sigma_D{}^2$ 均未知. 问是

否可以认为早晨的身高比晚上的身高要高(取 $\alpha=0.05$)?

表 8-9

| 序号 | 1 | 2 | 3 | 4 | 5 | 6 | 7 | 8 |
|---|---|---|---|---|---|---|---|---|
| 早上($x_i$) | 172 | 168 | 180 | 181 | 160 | 163 | 165 | 177 |
| 晚上($y_i$) | 172 | 167 | 177 | 179 | 159 | 161 | 166 | 175 |

**解** 题中的数据属成对数据，且可认为成对数据之差来自正态总体 $N(\mu_D, \sigma_D^2)$，本题要求在显著性水平 $\alpha=0.05$ 下检验假设

$$H_0: \mu_D=0, \quad H_1: \mu_D>0.$$

由于方差未知，故采用 $t$ 检验，构造检验统计量

$$T=\frac{\overline{X}-\overline{Y}}{S_w\sqrt{\dfrac{1}{n_1}+\dfrac{1}{n_2}}}=\frac{\overline{D}}{S_D/\sqrt{n}}\sim t(n-1).$$

今 $n=8$，各对数据之差 $d_i=x_i-y_i\ (i=1,2,\cdots,8)$ 依次为

$$0,1,3,2,1,2,-1,2.$$

由此得 $\bar{d}=\frac{1}{8}\sum\limits_{i=1}^{8}d_i=1.25$，$s_D=1.2817$，$\alpha=0.05$，$t_\alpha(7)=t_{0.05}(7)=1.8946$，拒绝域为

$$T=\frac{\overline{D}-0}{S_D/\sqrt{n}}>t_\alpha(n-1)=1.8946.$$

因 $t$ 的观测值 $t=\dfrac{1.25-0}{1.2817/\sqrt{8}}=2.758>1.8946$，落在拒绝域之内，故在显著性水平 $\alpha=0.05$ 下拒绝 $H_0$，认为早晨的身高比晚上的身高要高.

**例 8.19** 在平炉上进行一项试验以确定改变操作方法的建议是否会增加钢的得率，试验是在同一只平炉上进行的. 每炼一炉钢时除操作方法外，其他条件都尽可能做到相同. 先采用标准方法炼一炉钢，然后用建议的新方法炼一炉，以后交替进行，各炼了 10 炉，其得率分别为

标准方法：78.1，72.4，76.2，74.3，77.4，78.4，76.0，75.5，76.7，77.3;

新方法：79.1，81.0，77.3，79.1，80.0，78.1，79.1，77.3，80.2，82.1.

设这两个样本相互独立，且分别来自正态分布 $N(\mu_1,\sigma^2)$ 和 $N(\mu_2,\sigma^2)$，$\mu_1$，$\mu_2$，$\sigma^2$ 均为未知，问建议的新操作方法能否提高得率？（取 $\alpha=0.05$）

**解** 由题意，需要检验假设

$$H_0: \mu_1 = \mu_2, \quad H_1: \mu_1 < \mu_2.$$

由于方差未知相等，故采用 $t$ 检验，构造检验统计量

$$T = \frac{\overline{X} - \overline{Y} - (\mu_1 - \mu_2)}{S_w \sqrt{\frac{1}{n_1} + \frac{1}{n_2}}} \sim t(n_1 + n_2 - 2).$$

分别求出标准方法和新方法下的样本均值和样本方差：

$n_1 = 10$，$\overline{x} = 76.23$，$s_1{}^2 = 3.325$，$n_2 = 10$，$\overline{y} = 79.43$，$s_2{}^2 = 2.225$，

且

$$s_w{}^2 = \frac{(n_1 - 1)s_1{}^2 + (n_2 - 1)s_2{}^2}{n_1 + n_2 - 2} = 2.775.$$

查表可知 $t_{0.05}(18) = 1.7341$，在显著性水平 $\alpha$ 下，得 $H_0$ 的拒绝域：

$$T < -t_\alpha(n_1 + n_2 - 2),$$

即 $T \leqslant -1.7341$. 计算统计量的观测值：

$$t = \frac{\overline{x} - \overline{y}}{s_w \sqrt{\frac{1}{n_1} + \frac{1}{n_2}}} = -4.295 \leqslant -t_{0.05}(18) = -1.7341,$$

落在拒绝域内，所以拒绝 $H_0$，接受 $H_1$，即认为建议的新操作方法较原来的方法为优.

### 8.3.2 两个正态总体方差的假设检验

设总体 $X \sim N(\mu_1, \sigma_1{}^2)$，$Y \sim N(\mu_2, \sigma_2{}^2)$，且设两总体独立，从两个总体中分别抽取简单样本 $X_1, X_2, \cdots, X_{n_1}$ 及 $Y_1, Y_2, \cdots, Y_{n_2}$，样本均值与样本方差分别是

$$\overline{X} = \frac{1}{n_1}\sum_{i=1}^{n_1} X_i, \quad S_1{}^2 = \frac{1}{n_1 - 1}\sum_{i=1}^{n_1}(X_i - \overline{X})^2,$$

$$\overline{Y} = \frac{1}{n_2}\sum_{i=1}^{n_2} Y_i, \quad S_2{}^2 = \frac{1}{n_2 - 1}\sum_{i=1}^{n_2}(Y_i - \overline{Y})^2.$$

定义

$$\hat{\sigma}_1{}^2 = \frac{1}{n_1}\sum_{i=1}^{n_1}(X_i - \mu_1)^2, \quad \hat{\sigma}_2{}^2 = \frac{1}{n_2}\sum_{i=1}^{n_2}(Y_i - \mu_2)^2.$$

1. *在总体均值 $\mu_1$ 与 $\mu_2$ 已知条件下，关于方差 $\sigma_1{}^2$ 和 $\sigma_2{}^2$ 的假设检验*

对方差可提出各种形式的统计假设，其统计推断方法都很类似. 这里详细介绍双侧检验问题，然后给出两个正态总体均值已知时方差的假设检验表.

$H_0: \sigma_1^2 = \sigma_2^2$， $H_1: \sigma_1^2 \neq \sigma_2^2$．（这是个双侧检验问题）

按照前面给定的假设检验的步骤如下：

（1） 作原假设与备择假设：$H_0: \sigma_1^2 = \sigma_2^2$，$H_1: \sigma_1^2 \neq \sigma_2^2$．

（2） 构造统计量：$F_1 = \dfrac{\max\{\hat{\sigma}_1^2, \hat{\sigma}_2^2\}}{\min\{\hat{\sigma}_1^2, \hat{\sigma}_2^2\}} \sim F(n_{分子}, n_{分母})$．

（3） 查表得临界值，得 $H_0$ 的拒绝域：在显著性水平 $\alpha$ 下，$H_0$ 的拒绝域为 $F_1 > F_{\alpha/2}(n_{分子}, n_{分母})$．

（4） 根据样本观测值计算统计量的值，下结论．由样本观测值 $x_1, x_2, \cdots, x_{n_1}$ 及 $y_1, y_2, \cdots, y_{n_2}$ 计算出

$$F_1 = \frac{\max\{\hat{\sigma}_1^2, \hat{\sigma}_2^2\}}{\min\{\hat{\sigma}_1^2, \hat{\sigma}_2^2\}}.$$

若 $F_1 > F_{\alpha/2}(n_{分子}, n_{分母})$ 则拒绝原假设 $H_0$，接受 $H_1$，认为总体方差不等 $\sigma_1^2 \neq \sigma_2^2$；否则接受原假设 $H_0$，认为 $\sigma_1^2 = \sigma_2^2$．

两个正态总体方差的假设检验表如表 8-10 所示．

表 8-10

| 原假设 $H_0$ | 备择假设 $H_1$ | 检验统计量 | 均值 $\mu_1, \mu_2$ 已知条件下，在显著性水平 $\alpha$ 下的拒绝域 |
|---|---|---|---|
| $\sigma_1^2 = \sigma_2^2$ | $\sigma_1^2 \neq \sigma_2^2$ | $F_1 = \dfrac{\max\{\hat{\sigma}_1^2, \hat{\sigma}_2^2\}}{\min\{\hat{\sigma}_1^2, \hat{\sigma}_2^2\}}$ | $F_1 > F_{\alpha/2}(n_{分子}, n_{分母})$ |
| $\sigma_1^2 = \sigma_2^2$ $(\sigma_1^2 \leqslant \sigma_2^2)$ | $\sigma_1^2 > \sigma_2^2$ | $F_1 = \dfrac{\hat{\sigma}_1^2}{\hat{\sigma}_2^2} \sim F(n_1, n_2)$ | $F_1 > F_\alpha(n_1, n_2)$ |
| $\sigma_1^2 = \sigma_2^2$ $(\sigma_1^2 \geqslant \sigma_2^2)$ | $\sigma_1^2 < \sigma_2^2$ | $F_1 = \dfrac{\hat{\sigma}_2^2}{\hat{\sigma}_1^2} \sim F(n_2, n_1)$ | $F_1 > F_\alpha(n_2, n_1)$ |

*2．在总体均值 $\mu_1$ 与 $\mu_2$ 未知条件下，关于方差 $\sigma_1^2$ 和 $\sigma_2^2$ 的假设检验*

对方差可提出各种形式的统计假设，其统计推断方法都很类似．这里详细介绍双侧检验问题，然后给出两个正态总体均值未知时方差的假设检验表．

$H_0: \sigma_1^2 = \sigma_2^2$， $H_1: \sigma_1^2 \neq \sigma_2^2$．（这是个双侧检验问题）

按照前面给定的假设检验的步骤如下：

（1） 作原假设与备择假设：$H_0: \sigma_1^2 = \sigma_2^2$，$H_1: \sigma_1^2 \neq \sigma_2^2$．

(2) 构造统计量：$F_2=\dfrac{\max\{S_1{}^2,S_2{}^2\}}{\min\{S_1{}^2,S_2{}^2\}}\sim F(n_{分子}-1,n_{分母}-1)$.

(3) 查表得临界值，得 $H_0$ 的拒绝域：在显著性水平 $\alpha$ 下，$H_0$ 的拒绝域为 $F_2>F_{\alpha/2}(n_{分子}-1,n_{分母}-1)$.

(4) 根据样本观测值计算统计量的值，下结论. 由样本观测值 $x_1$，$x_2,\cdots,x_{n_1}$ 及 $y_1,y_2,\cdots,y_{n_2}$ 计算出

$$F_1=\frac{\max\{S_1{}^2,S_2{}^2\}}{\min\{S_1{}^2,S_2{}^2\}}.$$

若 $F_2>F_{\alpha/2}(n_{分子}-1,n_{分母}-1)$ 则拒绝原假设 $H_0$，接受 $H_1$，认为总体方差不等 $\sigma_1{}^2\neq\sigma_2{}^2$；否则接受原假设 $H_0$，认为 $\sigma_1{}^2=\sigma_2{}^2$.

两个正态总体方差的假设检验表如表 8-11 所示.

表 8-11

| 原假设 $H_0$ | 备择假设 $H_1$ | 检验统计量 | 均值 $\mu_1,\mu_2$ 未知条件下，在显著性水平 $\alpha$ 下的拒绝域 |
|---|---|---|---|
| $\sigma_1{}^2=\sigma_2{}^2$ | $\sigma_1{}^2\neq\sigma_2{}^2$ | $F_2=\dfrac{\max\{S_1{}^2,S_2{}^2\}}{\min\{S_1{}^2,S_2{}^2\}}$ | $F_1>F_{\alpha/2}(n_{分子}-1,n_{分母}-1)$ |
| $\sigma_1{}^2=\sigma_2{}^2$ $(\sigma_1{}^2\leqslant\sigma_2{}^2)$ | $\sigma_1{}^2>\sigma_2{}^2$ | $F_2=\dfrac{S_1{}^2}{S_2{}^2}\sim F(n_1-1,n_2-1)$ | $F_2>F_\alpha(n_1-1,n_2-1)$ |
| $\sigma_1{}^2=\sigma_2{}^2$ $(\sigma_1{}^2\geqslant\sigma_2{}^2)$ | $\sigma_1{}^2<\sigma_2{}^2$ | $F_2=\dfrac{S_2{}^2}{S_1{}^2}\sim F(n_2-1,n_1-1)$ | $F_2>F_\alpha(n_2-1,n_1-1)$ |

**例 8.20** 有两台机器生产金属部件，分别在两台机器生产的部件中各取一容量 $n_1=60$，$n_2=40$ 的样本，测得部件重量的样本方差分别为 $s_1{}^2=15.46$，$s_2{}^2=9.66$. 设两样本独立，两总体分别服从 $N(\mu_1,\sigma_1{}^2)$ 和 $N(\mu_2,\sigma_2{}^2)$ 分布，试在显著性水平 $\alpha=0.05$ 下，检验假设 $H_0:\sigma_1{}^2\leqslant\sigma_2{}^2$.

**解** 假设检验 $H_0:\sigma_1{}^2\leqslant\sigma_2{}^2$，$H_1:\sigma_1{}^2>\sigma_2{}^2$，在假设检验 $H_0$ 成立时，构造统计量

$$F_1=\frac{S_1{}^2}{S_2{}^2}\leqslant\frac{S_1{}^2/\sigma_1{}^2}{S_2{}^2/\sigma_2{}^2}\sim F(60-1,40-1).$$

查 $F$ 分布表得

$F_\alpha(n_1-1,n_2-1)=F_{0.05}(60-1,40-1)=F_{0.05}(59,39)\approx1.64$，

拒绝域为 $F_2>1.64$.

由测量结果计算得统计量的观测值 $F=\frac{15.46}{9.66}\approx 1.60<1.64$，小概率事件没有发生，故接受 $H_0$.

**例 8.21**　分别用两个不同的计算机系统检索 10 个资料，测得平均检索时间及方差(单位：秒) 如下：

$$\overline{x}=3.097,\quad \overline{y}=3.179,\quad s_1{}^2=2.67,\quad s_2{}^2=1.21.$$

假定检索时间服从正态分布，问这两系统检索资料有无明显差别？（取 $\alpha=0.05$）

**解**　根据题中条件，首先检验 $H_0: \sigma_1{}^2=\sigma_2{}^2$，$H_1: \sigma_1{}^2\neq\sigma_2{}^2$，由题意知 $n_1=10$，$n_2=10$，$F_{0.025}(10-1,10-1)=4.03$，

$$F_{0.975}(10-1,10-1)=F_{0.975}(9,9)=0.248.$$

计算统计量的观测值：

$$F_1=\frac{s_1{}^2}{s_2{}^2}=\frac{2.67}{1.21}=2.12,$$

于是 $0.248<F_1=2.12<4.03$，故接受 $H_0$，认为 $\sigma_1{}^2=\sigma_2{}^2$.

再验证 $H_0: \mu_1=\mu_2$，$H_1: \mu_1\neq\mu_2$，取统计量

$$T=\frac{\overline{X}-\overline{Y}}{S_w\sqrt{\frac{1}{n_1}+\frac{1}{n_2}}},$$

其中 $S_w{}^2=\frac{(n_1-1)S_1{}^2+(n_2-1)S_2{}^2}{n_1+n_2-2}$，查表得

$$t_{\alpha/2}(n_1+n_2-2)=t_{0.025}(18)=2.101,$$

计算统计量的观测值

$$t=\frac{\overline{x}-\overline{y}}{s_w\sqrt{\frac{1}{n_1}+\frac{1}{n_2}}}=\frac{3.097-2.179}{\sqrt{\frac{10(2.67+1.21)}{18}}\sqrt{\frac{1}{10}+\frac{1}{10}}}=1.436<2.101,$$

故接受 $H_0$，认为两系统检索资料时间无明显差别.

## 习　题　8.3

1. 冶炼某种金属有两种方法，现各随机取一个样本，得产品杂质含量(单位：克) 如下：

甲：26.9，22.8，25.7，23.0，22.3，24.2，26.1，26.4，27.2，
30.2，24.5，29.5，25.1；

乙：22.6，22.5，20.6，23.5，24.3，21.9，20.6，23.2，23.4.

已知产品杂质含量服从正态分布，问

(1) 所含产品杂质方差是否相等？

(2) 甲种冶炼方法所生产产品杂质含量是否不大于乙种方法？

2. 设甲、乙两厂生产同样的灯泡，其寿命 $X,Y$ 分别服从正态分布 $N(\mu_1,\sigma_1{}^2),N(\mu_2,\sigma_2{}^2)$. 已知它们寿命的标准差分别为84 h和96 h，现从两厂生产的灯泡中各取60只，测得平均寿命甲厂为1 295 h，乙厂为1 230 h，能否认为两厂生产的灯泡寿命无显著差异($\alpha=0.05$)？

3. 一药厂生产一种新的止痛片，厂方希望验证服用新药后至开始起作用的时间间隔较原有止痛片至少缩短一半，因此厂方提出需检验假设

$$H_0:\mu_1\geqslant 2\mu_2,\quad H_1:\mu_1<2\mu_2,$$

此处 $\mu_1,\mu_2$ 分别是服用原有止痛片和服用新止痛片后至起作用的时间间隔的总体的均值. 设两总体均为正态分布且方差分别为已知值 $\sigma_1{}^2,\sigma_2{}^2$，现分别在两总体中取样本 $X_1,X_2,\cdots,X_{n_1}$ 和 $Y_1,Y_2,\cdots,Y_{n_2}$，设两个样本独立. 试给出上述假设 $H_0$ 的拒绝域，取显著性水平为 $\alpha$.

4. 某地某年高考后随机抽得15名男生、12名女生的物理考试成绩如下：

男生：49，48，47，53，51，43，39，57，56，46，42，44，55，44，40；

女生：46，40，47，51，43，36，43，38，48，54，48，34.

从这27名学生的成绩能说明这个地区男女生的物理考试成绩不相上下吗(显著性水平 $\alpha=0.05$)？

5. 设有种植玉米的甲、乙两个农业试验区，各分为10个小区，各小区的面积相同，除甲区各小区增施磷肥外，其他试验条件均相同，两个试验区的玉米产量(单位：kg)如下(假设玉米产量服从正态分布，且有相同的方差)：

甲区：65，60，62，57，58，63，60，57，60，58；

乙区：59，56，56，58，57，57，55，60，57，55.

试统计推断有否增施磷肥对玉米产量的影响($\alpha=0.05$).

6. 甲、乙两机床加工同一种零件，抽样测量其产品的数据(单位：毫米)，经计算得

甲机床：$n_1=80$，$\overline{x}=33.75$，$s_1=0.1$；

乙机床：$n_2=100$，$\overline{y}=34.15$，$s_2=0.15$.

问：在 $\alpha=0.01$ 下，两机床加工的产品尺寸有无显著差异？

7. 两台机床加工同种零件，分别从两台车床加工的零件中抽取6个和9个测量其直径，并计算得 $s_1{}^2=0.345$，$s_2{}^2=0.375$. 假定零件直径服从正态分布，试比较两台车床加工精度有无显著差异($\alpha=0.10$).

8. 甲、乙两厂生产同一种电阻，现从甲乙两厂的产品中分别随机抽取12个和10个样品，测得它们的电阻值后，计算出样本方差分别为 $s_1{}^2=1.40$，

$s_2^2=4.38$. 假设电阻值服从正态分布，在显著性水平 $\alpha=0.10$ 下，我们是否可以认为两厂生产的电阻值的方差相等？

9. 为比较甲、乙两种安眠药的疗效，将20名患者分成两组，每组10人，如服药后延长的睡眠时间分别服从正态分布，其数据如下(单位：小时)：

甲：5.5，4.6，4.4，3.4，1.9，1.6，1.1，0.8，0.1，－0.1；

乙：3.7，3.4，2.0，2.0，0.8，0.7，0，－0.1，－0.2，－1.6.

问：在显著性水平 $\alpha=0.05$ 下两种药的疗效有无显著差别？

## 8.4 总体分布拟合检验

在前面章节中，我们已经了解了假设检验的基本思想，并在总体分布类型已知的情况下，对其中的未知参数进行假设检验，这类统计检验统称为参数检验. 在实际中可能会遇到这样的问题，总体服从何种理论分布并不知道，这时就需要根据来自总体的样本对总体的分布提出一个假设进行推断，以判断总体服从何种分布. 这类统计检验称为非参数检验.

在概率论中，大家对分布产生的一般条件已有所了解，容易想到，每年爆发战争的次数，可以用一个泊松分布随机变量 $X$ 来近似描述. 也就是说，我们可以假设每年爆发战争次数分布 $X$ 近似泊松分布，那么，能否证实 $X$ 具有泊松分布的假设是正确的？ 又如，某工厂制造一批骰子，声称它是均匀的. 也就是说，在投掷中出现 1 ～ 6 点的概率都是 $\frac{1}{6}$，为检验骰子是否均匀，要把骰子实地投掷若干次，统计各点出现的频率与 $\frac{1}{6}$ 的差距. 问题是：得到的数据能否说明“骰子均匀”的假设是可信的？ 再如，某钟表厂对生产的钟进行精确性检查，抽取部分钟作试验，拨准后隔 24 小时以后进行检查，将每个钟的误差(快或慢)按秒记录下来，问该厂生产的钟的误差是否服从正态分布？

解决这类问题的工具之一是英国统计学家K. 皮尔逊在1900年发表的一篇文章中引进的——$\chi^2$ 检验法，这是一项很重要的工作，不少人把此项工作视为近代统计学的开端.

### 1. $\chi^2$ 拟合检验法的基本思想

$\chi^2$ 拟合检验法是在总体 $X$ 的分布未知时，根据来自总体的样本，检验关于总体分布的假设的一种检验方法. 使用 $\chi^2$ 拟合检验法对总体分布具体进行检验时，先提出原假设：

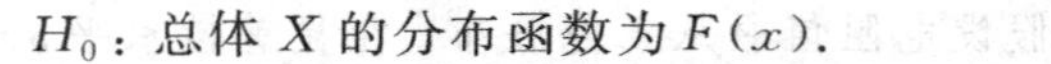

$$H_0\text{：总体 } X \text{ 的分布函数为 } F(x).$$

然后根据样本的经验分布和所假设的理论分布之间的吻合程度来决定是否接受原假设 $H_0$. 这种检验通常称为**拟合优度检验**，它是一种非参数检验. 一般地，我们总是根据样本观测值用直方图和经验分布函数，推断出总体可能服从的分布，然后作检验. 若在用 $\chi^2$ 拟合检验法检验假设 $H_0$ 时，若在 $H_0$ 下分布类型已知，但其参数未知，这时需在先用极大似然估计法估计参数，然后做检验.

2. $\chi^2$ 检验法的基本原理和步骤

$\chi^2$ 检验法的步骤如下：

(1) 提出原假设：

$$H_0\text{：总体 } X \text{ 服从某一具体的分布函数为 } F(x).$$

如果总体分布为离散型，则假设具体为

$$H_0\text{：总体 } X \text{ 的分布律为 } P\{X=x_i\}=p_i,\ i=1,2,\cdots.$$

如果总体分布为连续型，则假设具体为

$$H_0\text{：总体 } X \text{ 服从某一具体的概率密度函数为 } f(x).$$

(2) 总体 $X$ 可以分成 $k$ 类(互不相交的子集)，记为 $A_1,A_2,\cdots,A_k$. 将总体 $X$ 的取值范围分成 $k$ 个互不相交的小区间，记为 $A_1,A_2,\cdots,A_k$，如可取为

$$(a_0,a_1],\ (a_1,a_2],\ \cdots,\ (a_{k-2},a_{k-1}],\ (a_{k-1},a_k),$$

其中 $a_0$ 可取 $-\infty$，$a_k$ 可取 $+\infty$；区间的划分视具体情况而定，使每个小区间所含样本值个数不小于 5，而区间个数 $k$ 不要太大也不要太小.

(3) 把落入第 $i$ 个小区间 $A_i$ 的样本值的个数记为 $f_i$，称为**组频数**，所有组频数之和 $f_1+f_2+\cdots+f_k$ 等于样本容量 $n$.

(4) 当 $H_0$ 为真时，根据所假设的总体理论分布，可算出总体 $X$ 的值落入第 $i$ 个小区间 $A_i$ 的概率 $p_i(i=1,2,\cdots,k)$，于是 $np_i$ 就是落入第 $i$ 个小区间 $A_i$ 的样本值的理论频数.

(5) 当 $H_0$ 为真时，$n$ 次试验中样本值落入第 $i$ 个小区间 $A_i$ 的频率 $\dfrac{f_i}{n}$ 与概率 $p_i$ 应很接近，当 $H_0$ 不真时，则 $\dfrac{f_i}{n}$ 与 $p_i$ 相差较大. 基于这种思想，皮尔逊引进如下检验统计量：

$$\chi^2=\sum_{i=1}^{k}\frac{(f_i-np_i)^2}{np_i}.$$

统计量 $\chi^2$ 度量观测频数 $f_i$ 与理论频数 $np_i$ 的偏离程度. $\chi^2$ 越大，偏离程度越大. 并证明了下列结论：

**定理 8.1**　当 $n$ 充分大($n \geqslant 50$)时，则统计量

$$\chi^2 = \sum_{i=1}^{k} \frac{(f_i - np_i)^2}{np_i}$$

近似服从 $\chi^2(k-1)$ 分布，其中 $k$ 是所分区间或者子集的个数.

根据该定理，对给定的显著性水平 $\alpha$，确定 $c$ 值，使 $P\{\chi^2 \geqslant c\} = \alpha$，拒绝形式：$W = \{\chi^2 \geqslant c\}$，查 $\chi^2$ 分布表得拒绝域 $W = \{\chi^2 \geqslant \chi_\alpha^2(k-1)\}$. 若由所给的样本值 $x_1, x_2, \cdots, x_n$ 计算统计量 $\chi^2$ 的观测值落入拒绝域，则拒绝原假设 $H_0$，否则就认为差异不显著而接受原假设 $H_0$.

**注**　在使用皮尔逊 $\chi^2$ 检验法时，要求样本容量 $n \geqslant 50$，以及每个理论频数 $np_i \geqslant 5$ ($i = 1, 2, \cdots, k$)，否则应适当地合并相邻的小区间，使 $np_i$ 满足要求.

**例 8.22**　将一颗骰子掷 120 次，所得数据如表 8-12 所示. 问这颗骰子是否均匀、对称？(取 $\alpha = 0.05$)

表 8-12

| 点数 $i$ | 1 | 2 | 3 | 4 | 5 | 6 |
|---|---|---|---|---|---|---|
| 出现次数 $n_i$ | 23 | 26 | 21 | 20 | 15 | 16 |

**解**　若这颗骰子是均匀的、对称的，则 1 ～ 6 点中每点出现的可能性相同，都为 $\frac{1}{6}$. 如果用 $A_i$ 表示第 $i$ 点出现($i = 1, 2, \cdots, 6$)，则待检假设

$$H_0: P(A_i) = \frac{1}{6}, \quad i = 1, 2, \cdots, 6.$$

在 $H_0$ 成立的条件下，理论概率 $p_i = P(A_i) = \frac{1}{6}$，由 $n = 120$ 得频率 $np_i = 20$.

计算结果如表 8-13 所示.

表 8-13

| $i$ | 1 | 2 | 3 | 4 | 5 | 6 | 合计 |
|---|---|---|---|---|---|---|---|
| $f_i$ | 23 | 26 | 21 | 20 | 15 | 15 | 120 |
| $p_i$ | $\frac{1}{6}$ | $\frac{1}{6}$ | $\frac{1}{6}$ | $\frac{1}{6}$ | $\frac{1}{6}$ | $\frac{1}{6}$ | |
| $np_i$ | 20 | 20 | 20 | 20 | 20 | 20 | |
| $\frac{(f_i - np_i)^2}{np_i}$ | $\frac{9}{20}$ | $\frac{36}{20}$ | $\frac{1}{20}$ | 0 | $\frac{25}{20}$ | $\frac{25}{20}$ | 4.8 |

因为此分布不含未知参数，又 $k=6$，$\alpha=0.05$，查表得

$$\chi_{\alpha}^{2}(k-1)=\chi_{0.005}^{2}(5)=11.071.$$

由表 8-13，知

$$\chi^{2}=\sum_{i=1}^{6}\frac{(f_i-np_i)^2}{np_i}=4.8<11.071,$$

故接受 $H_0$，认为这颗骰子是均匀对称的.

**例 8.23** 一农场 10 年前在一鱼塘里按比例 20 : 15 : 40 : 25 投放了 4 种鱼：鲑鱼，鲈鱼，鲤鱼和鲇鱼的鱼苗. 现在在鱼塘里获得一样本如表 8-14 所示. 试在显著性水平 $\alpha=0.05$ 下检验各类鱼数量的比例较 10 年前是否有显著性改变.

表 8-14

| 序号 | 1 | 2 | 3 | 4 | 总计 |
|---|---|---|---|---|---|
| 种类 | 鲑鱼 | 鲈鱼 | 鲤鱼 | 鲇鱼 | $\sum=600$ |
| 数量(条) | 132 | 100 | 200 | 168 | |

**解** 以 $X$ 记鱼种类的序号，则 $X=1,2,3,4$. 按题意需检验假设

$H_0$：$X$ 的分布律为

| $X$ | 1 | 2 | 3 | 4 |
|---|---|---|---|---|
| $p_i$ | 0.2 | 0.15 | 0.40 | 0.25 |

$n=600$，$f_1=132$，$f_2=100$，$f_3=200$，$f_4=168$，检验统计量：

$$\chi^{2}=\sum_{i=1}^{4}\frac{(f_i-np_i)^2}{np_i}=\sum_{i=1}^{4}\frac{f_i{}^2}{np_i}-n.$$

$\alpha=0.05$，$\chi_{\alpha}^{2}(k-1)=\chi_{0.05}^{2}(3)=7.815$，拒绝域：

$$W=\{\chi^2\geqslant\chi_{\alpha}^{2}(k-1)\}=\{\chi^2\geqslant 7.815\}.$$

所需计算如表 8-15 所示.

观测值

$$\begin{aligned}\chi^{2}&=\sum_{i=1}^{4}\frac{(f_i-np_i)^2}{np_i}=\sum_{i=1}^{4}\frac{f_i{}^2}{np_i}-n\\&=611.14-600=11.14\\&>7.815,\end{aligned}$$

落在拒绝域内，拒绝原假设 $H_0$，即在显著性水平 $\alpha=0.05$ 下认为各类鱼数量的比例较 10 年前是有显著性改变.

表 8-15

| $A_i$ | $A_1$ | $A_2$ | $A_3$ | $A_4$ | 合计 |
|---|---|---|---|---|---|
| $f_i$ | 132 | 100 | 200 | 168 | |
| $p_i$ | 0.20 | 0.15 | 0.40 | 0.25 | |
| $np_i$ | 120 | 90 | 240 | 150 | |
| $\frac{f_i^2}{np_i}$ | 145.2 | 111.1 | 166.67 | 188.16 | 611.14 |

**例 8.24** 在数 $\pi=3.141\,592\,6\cdots$ 的前 800 位小数中，数字 0,1,…,9 出现的次数如表 8-16 所示. 利用 $\chi^2$ 检验法，检验这些数字是否服从均匀分布 ($\alpha=0.05$).

表 8-16

| 数字 $x_i$ | 0 | 1 | 2 | 3 | 4 | 5 | 6 | 7 | 8 | 9 |
|---|---|---|---|---|---|---|---|---|---|---|
| 频数 $f_i$ | 74 | 92 | 83 | 79 | 80 | 73 | 77 | 75 | 76 | 91 |

**解** 此均匀分布是离散型均匀分布，讨论的共 10 个数，各个数落在同一位置上的概率为 0.1，共计 800 个位置，理论频数为 $np_i=80$，没有未知参数（见表 8-17).

表 8-17

| $x_i$ | $f_i$ | $p_i$ | $np_i$ | $f_i-np_i$ | $(f_i-np_i)^2$ | $\frac{(f_i-np_i)^2}{np_i}$ |
|---|---|---|---|---|---|---|
| 0 | 74 | 0.1 | 80 | −6 | 36 | 0.45 |
| 1 | 92 | 0.1 | 80 | 12 | 114 | 1.8 |
| 2 | 83 | 0.1 | 80 | 3 | 9 | 0.1125 |
| 3 | 79 | 0.1 | 80 | −1 | 1 | 0.0125 |
| 4 | 80 | 0.1 | 80 | 0 | 0 | 0 |
| 5 | 73 | 0.1 | 80 | −7 | 49 | 0.6125 |
| 6 | 77 | 0.1 | 80 | −3 | 9 | 0.1125 |
| 7 | 75 | 0.1 | 80 | −5 | 25 | 0.3125 |
| 8 | 76 | 0.1 | 80 | −4 | 16 | 0.2 |
| 9 | 91 | 0.1 | 80 | 11 | 121 | 1.525 |
| 合计 | 800 | | | | | 5.125 |

因为此分布不含未知参数，又 $k=10$，$\alpha=0.05$，查表得

$$\chi_\alpha^2(k-1)=\chi_{0.05}^2(9)=16.9.$$

由表 8-17，知

$$\chi^2=\sum_{i=1}^{10}\frac{(f_i-np_i)^2}{np_i}=5.125<16.9,$$

故接受 $H_0$，认为这些数字是服从均匀分布的.

3. 总体含未知参数的情形

在对总体分布的假设检验中，有时只知道总体 $X$ 的分布函数的形式，但其中还含有未知参数，即分布函数为 $F(x;\theta_1,\theta_2,\cdots,\theta_r)$ 其中 $\theta_1,\theta_2,\cdots,\theta_r$ 为未知参数. 设 $X_1,X_2,\cdots,X_n$ 是取自总体 $X$ 的样本，现要用此样本来检验假设

$$H_0: \text{总体 } X \text{ 的分布函数为 } F(x;\theta_1,\theta_2,\cdots,\theta_r).$$

此类情况可按如下步骤进行检验：

(1) 利用样本 $X_1,X_2,\cdots,X_n$，求出 $\theta_1,\theta_2,\cdots,\theta_r$ 的极大似然估计 $\hat{\theta}_1$，$\hat{\theta}_2$，$\cdots$，$\hat{\theta}_r$.

(2) 在 $F(x,\theta_1,\theta_2,\cdots,\theta_r)$ 中用 $\hat{\theta}_i$ 代替 $\theta_i(i=1,2,\cdots,r)$，则 $F(x;\theta_1,\theta_2,\cdots,\theta_r)$ 就变成完全已知的分布函数 $F(x;\hat{\theta}_1,\hat{\theta}_2,\cdots,\hat{\theta}_r)$.

(3) 计算 $p_i$ 时，利用 $F(x;\hat{\theta}_1,\hat{\theta}_2,\cdots,\hat{\theta}_r)$ 计算 $p_i$ 的估计值 $\hat{p}_i(1,2,\cdots,k)$；当 $X$ 为连续型总体的分布时，

$$\hat{p}_i=P(A_i)=\int_{A_i}\hat{p}(x)\mathrm{d}x.$$

(4) 计算要检验的统计量

$$\chi^2=\sum_{i=1}^{k}\frac{(f_i-n\hat{p}_i)^2}{n\hat{p}_i},$$

当 $n$ 充分大时，统计量 $\chi^2$ 近似服从 $\chi_\alpha^2(k-r-1)$ 分布.

**定理 8.2** 当 $n$ 充分大($n\geqslant 50$) 时，则统计量

$$\chi^2=\sum_{i=1}^{k}\frac{(f_i-n\hat{p}_i)^2}{n\hat{p}_i}$$

近似服从 $\chi^2(k-r-1)$ 分布，即

$$\chi^2=\sum_{i=1}^{k}\frac{(f_i-n\hat{p}_i)^2}{n\hat{p}_i}\overset{\text{近似}}{\sim}\chi^2(k-r-1),$$

其中 $k$ 是所分区间或者子集的个数，$r$ 是理论分布中需要用观测值估计的未知参数的个数.

(5) 对给定的显著性水平 $\alpha$，得拒绝域

$$\left\{\chi^2=\sum_{i=1}^{k}\frac{(f_i-n\hat{p}_i)^2}{n\hat{p}_i}>\chi_\alpha^2(k-r-1)\right\},$$

即拒绝域 $W=\{\chi^2\geqslant\chi_\alpha^2(k-r-1)\}$.

**例 8.25**　表 8-18 记录了某城市 2001 年每天报火警的次数. 检验假设 $H_0$：一天报火警的次数 $X$ 服从泊松分布(取 $\alpha=0.01$).

表 8-18

| 一天报火警的次数 $X$ | 0 | 1 | 2 | 3 | 4 |
| --- | --- | --- | --- | --- | --- |
| 天数($f_i$) | 151 | 118 | 77 | 19 | 0 |

**解**　检验假设

$$H_0: X\sim P(\lambda)\Leftrightarrow H_0: \hat{p}_i=\frac{\lambda^i e^{-\lambda}}{i!}\ (i=0,1,\cdots).$$

$\lambda$ 的极大似然估计

$$\hat{\lambda}=\bar{x}=\frac{1}{n}\sum_{i=1}^{k}n_ix_i=\frac{0\times151+1\times118+2\times77+3\times19}{365}=0.9.$$

总体 $X$ 的取值 $\Omega=\{0,1,2,\cdots\}$，记 $A_1=\{X=0\}$，$A_2=\{X=1\}$，$A_3=\{X=2\}$，$A_4=\{X\geqslant3\}$，

$$\hat{p}_i=P\{X=i\}=\frac{\lambda^i e^{-\lambda}}{i!}=\frac{0.9^i e^{-0.9}}{i!},\quad i=0,1,2,\cdots,$$

于是

$$\hat{p}_1=P(A_1)=\frac{0.9^0 e^{-0.9}}{0!}=0.4066,$$

$$\hat{p}_2=P(A_2)=\frac{0.9^1 e^{-0.9}}{1!}=0.3659,$$

$$\hat{p}_3=P(A_3)=\frac{0.9^2 e^{-0.9}}{2!}=0.1647,$$

$$\hat{p}_4=1-\hat{p}_1-\hat{p}_2-\hat{p}_3=0.0628.$$

由题意并查表得 $k=4$，$r=1$，$\alpha=0.01$，

$$\chi_\alpha^2(k-r-1)=\chi_{0.01}^2(2)=9.21.$$

拒绝域：

$$W=\{\chi^2\geqslant\chi_\alpha^2(k-r-1)\}=\left\{\sum_{i=1}^{4}\frac{(f_i-n\hat{p}_i)^2}{n\hat{p}_i}\geqslant9.21\right\},$$

观测值

$$\chi^2=\sum_{i=1}^{4}\frac{(f_i-n\hat{p}_i)^2}{n\hat{p}_i}=7.2699,$$

由于观测值 $\chi^2=7.2699<9.21$，接受 $H_0$.

**例 8.26** 从1500年到1931年的432年间，每年爆发战争的次数可以看做一个随机变量，据统计，这432年间共爆发了299次战争，具体数据如表8-19所示. 根据所学知识和经验，每年爆发战争的次数 $X$，可以用一个泊松随机变量来近似描述，即可以假设每年爆发战争次数 $X$ 近似服从泊松分布. 于是问题归结为：如何利用上述数据检验 $X$ 是否服从泊松分布这一假设.

表 8-19

| 战争次数 $X$ | 0 | 1 | 2 | 3 | 4 |
|---|---|---|---|---|---|
| 发生 $X$ 次战争的次数 | 223 | 142 | 48 | 15 | 4 |

**解** 检验引例中对战争次数 $X$ 提出的假设

$$H_0: X \text{ 服从参数为 } \lambda \text{ 的泊松分布}.$$

根据观察结果，得参数 $\lambda$ 的极大似然估计为 $\hat{\lambda}=\overline{x}=0.69$. 按参数为0.69的泊松分布，计算事件 $X=i$ 的概率 $p_i$，$p_i$ 的估计是

$$\hat{p}_i=\frac{0.69^i}{i!}\mathrm{e}^{-0.69},\quad i=0,1,2,3,4.$$

根据引例所给数表，将有关计算结果列表如表8-20所示.

表 8-20

| 战争次数 $x$ | 0 | 1 | 2 | 3 | 4 | |
|---|---|---|---|---|---|---|
| 实测频数 $f_i$ | 223 | 142 | 48 | 15 | 4 | |
| $\hat{p}_i$ | 0.58 | 0.31 | 0.18 | 0.01 | 0.02 | |
| $n\hat{p}_i$ | 216.7 | 149.5 | 51.6 | 12.0 | 2.16 | |
| | | | | 14.16 | | |
| $\dfrac{f_i-n\hat{p}_i}{n\hat{p}_i}$ | 0.183 | 0.376 | 0.251 | 1.623 | | $\sum=2.433$ |

将 $n\hat{p}<5$ 的组予以合并，即将爆发3次及4次战争的组归并为一组. 因 $H_0$ 所假设的理论分布中有一个未知参数，故自由度为 $4-1-1=2$. 按 $\alpha=0.05$，自由度为2查 $\chi^2$ 分布表得 $\chi^2_{0.05}(2)=5.991$，因统计量 $\chi^2$ 的观测值

$$\chi^2 = 2.433 < 5.991,$$

未落入拒绝域. 故认为每年发生战争的次数 $X$ 服从参数为 0.69 的泊松分布.

**注**　对于连续型总体，检验假设 $H_0: X \sim f(x;\theta)$ $(x \in \Omega)$ 的主要步骤如下：

(1) 若 $f(x;\theta)$ 含未知参数 $\theta$，求 $\theta$ 的极大似然估计.

(2) 将总体 $X$ 的取值范围分为 $k$ 个互不相交的子集 $A_1, A_2, \cdots, A_k$.

(3) 统计样本观测值落在子区间 $A_1, A_2, \cdots, A_k$ 的频数 $f_1, f_2, \cdots, f_k$.

(4) 若 $H_0$ 为真时，即 $X \sim f(x;\theta)$，则

$$\hat{p}_i = P(A_i) = \int_{A_i} \hat{p}(x)\,\mathrm{d}x.$$

(5) 假设检验

$$H_0: X \sim f(x;\theta) \Leftrightarrow H_0: P(A_i) = \hat{p}_i,\ i = 1,2,\cdots,k.$$

**例 8.27**　自 1965.1.1 至 1971.2.9 共 2 231 天中，全世界记录到里氏震级 4 级和 4 级以上地震共 162 次，统计如表 8-21 所示. 试检验相继两次地震间隔的天数 $X$ 服从指数分布(取 $\alpha = 0.05$).

表 8-21

| 间隔天数 $x$ | 0～4 | 5～9 | 10～14 | 15～19 | 20～24 | 25～29 | 30～34 | 35～39 | 40 |
|---|---|---|---|---|---|---|---|---|---|
| 出现的频率 | 50 | 31 | 26 | 17 | 10 | 8 | 6 | 6 | 8 |

**解**　检验假设

$$H_0: X \sim p(x) = \frac{1}{\theta}\mathrm{e}^{-\frac{x}{\theta}} \quad (x > 0,\ \theta \text{ 未知}),$$

参数的极大似然估计

$$\hat{\theta} = \overline{x} = \frac{2\,231}{162} = 13.77,$$

$\Omega = \{x > 0\}$，将 $\Omega$ 分割为 $k = 9$ 个互不重叠的子区间. 如

$$A_1 = (0, 4.5],\ A_2 = (4.5, 9.5],\ \cdots,\ A_9 = (39.5, +\infty),$$

显然 $n = 162$，$f_1 = 50$，$f_2 = 31$，$\cdots$，$f_9 = 8$. 当 $H_0$ 为真时，

$$\hat{F}(x) = 1 - \mathrm{e}^{\frac{x}{13.77}} \quad (x > 0),$$

$$\hat{p}_i = P(A_i) = P(a_i < X \leqslant a_{i+1}) = \hat{F}(a_{i+1}) - \hat{F}(a_i),$$

于是

$$\hat{p}_1 = P(A_1) = P\{0 < X < 4.5\} = \hat{F}(4.5) - \hat{F}(0)$$
$$= 1 - \mathrm{e}^{0.326\,8},$$

$$\hat{p}_2 = P(A_2) = P\{4.5 < X \leqslant 9.5\} = \hat{F}(9.5) - \hat{F}(4.5) = 0.2196,$$

$$\cdots,$$

$$\hat{p}_9 = P(A_9) = 1 - \sum_{i=1}^{8} \hat{F}(A_i) = 0.0568.$$

$k=9$，$r=1$，$\alpha=0.05$，$\chi_\alpha^2(k-r-1)=\chi_{0.05}^2(7)=14.067$，拒绝域：

$$W = \{\chi^2 \geqslant \chi_\alpha^2(k-r-1)\} = \left\{\sum_{i=1}^{4} \frac{(f_i - n\hat{p}_i)^2}{n\hat{p}_i} \geqslant 14.067\right\}.$$

观测值

$$\chi^2 = \sum_{i=1}^{9} \frac{(f_i - n\hat{p}_i)^2}{n\hat{p}_i} = 1.5633 < 14.067,$$

接受 $H_0$. 即在显著性水平 $\alpha=0.05$ 下认为相继两次地震间隔的天数 $X$ 服从指数分布.

**例 8.28** 患某种疾病的 21 ～ 44 岁男子血压样本数据如下：

|  |  |  |  |  |  |  |  |  |  |  |
|---|---|---|---|---|---|---|---|---|---|---|
| 100 | 130 | 120 | 138 | 110 | 110 | 115 | 134 | 120 | 122 | 110 |
| 120 | 115 | 162 | 130 | 130 | 110 | 147 | 122 | 120 | 131 | 110 |
| 138 | 124 | 122 | 126 | 120 | 130 | 142 | 110 | 128 | 120 | 124 |
| 110 | 119 | 132 | 125 | 131 | 117 | 112 | 148 | 108 | 107 | 117 |
| 121 | 130 | 119 | 121 | 132 | 118 | 126 | 117 | 98 | 115 | 123 |
| 141 | 129 | 140 | 120 | 96 | 141 | 106 | 114 |  |  |  |

我们的问题是检验假设 $H_0: X \sim N(\mu, \sigma^2)$ $(\alpha=0.1)$.

**解** 假设检验

$$H_0: X \sim p(x) = \frac{1}{\sqrt{2\pi}\sigma} e^{-\frac{(x-\mu)^2}{2\sigma^2}} \quad (x \in \mathbf{R},\ \mu, \sigma \text{ 未知}).$$

参数极大似然估计

$$\hat{\mu} = \bar{x} = 122.59, \quad \hat{\sigma}^2 = \frac{1}{63}\sum_{i=1}^{63}(x_i - \bar{x})^2 = 12.389^2,$$

可知 $\Omega=(0,+\infty)$，将 $\Omega$ 分割为 $k=8$ 个互不重叠的子区间，如

$$A_1 = (0, 100.5],\ A_2 = (100.5, 110.5],\ \cdots,\ A_8 = (160.5, +\infty),$$

$$\hat{p}_i = P(A_i) = P\{a_i < X \leqslant a_{i+1}\} = \Phi\left(\frac{a_{i+1} - 122.59}{12.389}\right) - \Phi\left(\frac{a_i - 122.59}{12.389}\right),$$

于是

$$\hat{p}_1 = P(A_1) = P\{X \leqslant 100.5\}$$
$$= \Phi\left(\frac{100.5 - 122.59}{12.389}\right) = \Phi(-1.78)$$
$$= 0.0375,$$
$$\hat{p}_2 = P(A_2) = P\{100.5 < X \leqslant 110.5\}$$
$$= \Phi\left(\frac{110.5 - 122.59}{12.389}\right) - \Phi\left(\frac{100.5 - 122.59}{12.389}\right)$$
$$= \Phi(-0.98) - \Phi(-1.78)$$
$$= 0.126.$$

直至 $\hat{p}_8$，分组与计算结果如表 8-22 所示.

表 8-22 **血压数据的分组与计算结果表**

| 组 限 | 频数 $f_i$ | $p_i$ 估计值 | 理论频数 $np_i$ | $\frac{f_i^2}{np_i}$ |
|---|---|---|---|---|
| $A_1$：0 ~ 100.5 | 3 | 0.0375 } | 10.3005 | 16.407 |
| $A_2$：100.5 ~ 110.5 | 10 | 0.1260 } | | |
| $A_3$：110.5 ~ 120.5 | 18 | 0.2690 | 16.9470 | 19.118 |
| $A_4$：120.5 ~ 130.5 | 18 | 0.3064 | 19.3032 | 16.785 |
| $A_5$：130.5 ~ 140.5 | 8 | 0.1876 } | 16.4493 | 11.915 |
| $A_6$：140.5 ~ 150.5 | 5 | 0.0613 } | | |
| $A_7$：150.5 ~ 160.5 | 0 | 0.0112 } | | |
| $A_8$：160.5 ~ $+\infty$ | 1 | 0.001 | | |

由题意知 $k=4$，$r=2$，$\alpha=0.1$，$\chi_\alpha^2(k-r-1)=\chi_{0.1}^2(1)=2.706$，拒绝域：

$$W=\{\chi^2 \geqslant \chi_\alpha^2(k-r-1)\}=\left\{\sum_{i=1}^{4}\frac{(f_i-n\hat{p}_i)^2}{n\hat{p}_i} \geqslant 2.706\right\},$$

观测值 $\chi^2=\sum_{i=1}^{4}\frac{(f_i-n\hat{p}_i)^2}{n\hat{p}_i}=1.225<2.706$，接受 $H_0$.

## 习 题 8.4

1. 为募集社会福利基金，某地方政府发行福利彩票，中奖者用摇大转盘的方法确定最后中奖金额. 大转盘均分为 20 份，其中金额为 5 万，10 万，20 万，30 万，50 万，100 万的分布占 2 份，4 份，6 份，4 份，2 份，2 份. 假定大转盘是均匀的，则每一点朝下是等可能的，于是摇出各奖项的概率如下，现20人参加摇奖，摇得5万，10万，20万，30万，50万，100万的人数分别为2，6，6，3，3，0，由于没人摇到100万，于是有人怀疑大转盘是不均匀的，那么该怀疑是否成立呢？试在$\alpha=0.05$下检验转盘的均匀性.

2. 一箱子中有10种球分别标有号码1～10，从箱中有放回地摸球200次，得到的数据如表8-23所示. 问能否认为箱中各种球的个数相同($\alpha=0.05$)?

表 8-23

| $i$ | 1 | 2 | 3 | 4 | 5 | 6 | 7 | 8 | 9 | 10 |
|---|---|---|---|---|---|---|---|---|---|---|
| $f_i$ | 35 | 16 | 15 | 17 | 17 | 19 | 11 | 16 | 30 | 24 |

3. 在一次实验中，每隔一定时间时观察一次由某种铀所放射的到达计数器上的$\alpha$粒子数$X$，共观察了100次，得结果如表8-24所示. 表中$f_i$是观察到有$i$个$\alpha$粒子的次数. 从理论上考虑知$X$应服从泊松分布

$$P\{X=i\}=\frac{\lambda^i e^{-\lambda}}{i!},\quad i=0,1,2,\cdots.$$

试在水平0.05下检验假设

$$H_0: 总体X服从泊松分布P\{X=i\}=\frac{\lambda^i e^{-\lambda}}{i!},\ i=0,1,2,\cdots.$$

表 8-24 **铀放射的到达计数器上的$\alpha$粒子数的实验记录**

| $i$ | 0 | 1 | 2 | 3 | 4 | 5 | 6 | 7 | 8 | 9 | 10 | 11 | $\geqslant 12$ |
|---|---|---|---|---|---|---|---|---|---|---|---|---|---|
| $f_i$ | 1 | 5 | 16 | 17 | 26 | 11 | 9 | 9 | 2 | 1 | 2 | 1 | 0 |
| $A_i$ | $A_0$ | $A_1$ | $A_2$ | $A_3$ | $A_4$ | $A_5$ | $A_6$ | $A_7$ | $A_8$ | $A_9$ | $A_{10}$ | $A_{11}$ | $A_{12}$ |

4. 在高速公路收费站100分钟内观测到通过收费站的汽车共190辆，观测每分钟通过的汽车辆数，得到数据如表8-25所示. 则在显著性水平$\alpha=0.05$下检验这些数据是否来自泊松分布?

表 8-25

| 每分钟通过的汽车数$x_i$ | 0 | 1 | 2 | 3 | 4或更多 |
|---|---|---|---|---|---|
| 分钟数$n_i$ | 10 | 26 | 35 | 24 | 5 |

5. 检查产品质量时，在生产过程中每次抽取10个产品来检查，抽查100次，得到每10个产品中次品数的统计如表8-26所示. 利用$\chi^2$分布检验推测生产过程中出现次品的概率是否可以认为是不变的，即每次抽查的10个产品中次品数是否服从二项分布？（取显著性水平$\alpha=0.05$）

表 8-26

| 每10个产品中次品数$x_i$ | 0 | 1 | 2 | 3 | 4 | 5 | $\geqslant 6$ |
|---|---|---|---|---|---|---|---|
| 频数$n_i$ | 32 | 45 | 17 | 4 | 1 | 1 | 0 |

6. 测得200件混凝土制件的抗压强度，按区间分布如表8-27所示. 试在$\alpha=0.05$下检验接受抗压强度的分布服从正态分布.

表 8-27

| 抗压强度区间$(\alpha_{i-1},\alpha_i]$ | 频数$f_i$ |
|---|---|
| $(-\infty,200]$ | 10 |
| $(200,210]$ | 26 |
| $(210,220]$ | 56 |
| $(220,230]$ | 64 |
| $(230,240]$ | 30 |
| $(240,+\infty)$ | 14 |
| 合计 | 200 |

## 本章小结

本章讨论假设检验问题，假设检验是数理统计中根据一定假设条件由样本推断总体的一种方法. 具体的做法是：根据问题的需要对所研究的总体作某种假设，选取合适的统计量，使得在原假设成立时，由实际得到的样本的观测值，计算出统计量的值，并根据预先给定的显著性水平进行检验，作出拒绝或接受原假设的判断. 本章分别讨论了单个正态总体和两个正态总体的参数假设检验问题.

单个正态总体的均值与方差假设检验表如表8-28所示.

表 8-28

| 原假设 $H_0$ | 备择假设 $H_1$ | 检验统计量 | $H_0$ 为真时统计量的分布 | 拒绝域 |
|---|---|---|---|---|
| $\mu=\mu_0$ | $\mu\neq\mu_0$ | $U=\dfrac{\overline{X}-\mu_0}{\sigma_0/\sqrt{n}}$ $\sigma_0$ 已知 | $N(0,1)$ | $\lvert U\rvert\geqslant z_{\alpha/2}$ |
| $\mu\leqslant\mu_0$ | $\mu>\mu_0$ | | | $U>z_\alpha$ |
| $\mu\geqslant\mu_0$ | $\mu<\mu_0$ | | | $U<-z_\alpha$ |
| $\mu=\mu_0$ | $\mu\neq\mu_0$ | $T=\dfrac{\overline{X}-\mu_0}{S/\sqrt{n}}$ $\sigma_0$ 未知 | $t(n-1)$ | $\lvert T\rvert\geqslant t_{\alpha/2}(n-1)$ |
| $\mu\leqslant\mu_0$ | $\mu>\mu_0$ | | | $T>t_\alpha(n-1)$ |
| $\mu\geqslant\mu_0$ | $\mu<\mu_0$ | | | $T<-t_\alpha(n-1)$ |
| $\sigma^2={\sigma_0}^2$ | $\sigma^2\neq{\sigma_0}^2$ | $\chi^2=\dfrac{\sum\limits_{i=1}^{n}(X_i-\mu_0)^2}{{\sigma_0}^2}$ $\mu$ 已知 | $\chi^2(n)$ | $\chi^2>\chi^2_{\alpha/2}(n)$ 或 $\chi^2<\chi^2_{1-\alpha/2}(n)$ |
| $\sigma^2\leqslant{\sigma_0}^2$ | $\sigma^2>{\sigma_0}^2$ | | | $\chi^2>\chi^2_\alpha(n)$ |
| $\sigma^2\geqslant{\sigma_0}^2$ | $\sigma^2<{\sigma_0}^2$ | | | $\chi^2<\chi^2_{1-\alpha}(n)$ |
| $\sigma^2={\sigma_0}^2$ | $\sigma^2\neq{\sigma_0}^2$ | $\chi^2=\dfrac{(n-1)S^2}{{\sigma_0}^2}$ $\mu$ 未知 | $\chi^2(n-1)$ | $\chi^2<\chi^2_{1-\alpha/2}(n-1)$ 或 $\chi^2>\chi^2_{\alpha/2}(n-1)$ |
| $\sigma^2\leqslant{\sigma_0}^2$ | $\sigma^2>{\sigma_0}^2$ | | | $\chi^2>\chi^2_\alpha(n-1)$ |
| $\sigma^2\geqslant{\sigma_0}^2$ | $\sigma^2<{\sigma_0}^2$ | | | $\chi^2<\chi^2_{1-\alpha}(n-1)$ |

两个正态总体的均值与方差的假设检验表如表 8-29 所示.

表 8-29

| 原假设 $H_0$ | 备择假设 $H_1$ | 检验统计量 | 在显著性水平 $\alpha$ 下的拒绝域 |
|---|---|---|---|
| $\mu_1=\mu_2$ | $\mu_1\neq\mu_2$ | $U=\dfrac{\overline{X}-\overline{Y}}{\sqrt{\dfrac{{\sigma_1}^2}{n_1}+\dfrac{{\sigma_2}^2}{n_2}}}$ 方差已知 $\sigma^2=\sigma_0^2$ | $\lvert U\rvert\geqslant z_{\alpha/2}$ |
| $\mu_1\leqslant\mu_2$ | $\mu_1>\mu_2$ | | $U>z_\alpha$ |
| $\mu_1\geqslant\mu_2$ | $\mu_1<\mu_2$ | | $U<-z_\alpha$ |

续表

| 原假设 $H_0$ | 备择假设 $H_1$ | 检验统计量 | 在显著性水平 $\alpha$ 下的拒绝域 |
| --- | --- | --- | --- |
| $\mu_1 = \mu_2$ | $\mu_1 \neq \mu_2$ | $T = \dfrac{\overline{X} - \overline{Y}}{S_w \sqrt{\dfrac{1}{n_1} + \dfrac{1}{n_2}}}$ | $\lvert T \rvert \geqslant t_{\alpha/2}(n_1 + n_2 - 2)$ |
| $\mu_1 \leqslant \mu_2$ | $\mu_1 > \mu_2$ | | $T > t_\alpha(n_1 + n_2 - 2)$ |
| $\mu_1 \geqslant \mu_2$ | $\mu_1 < \mu_2$ | 方差未知但 $\sigma_1^2 = \sigma_2^2$ | $T < -t_\alpha(n_1 + n_2 - 2)$ |
| $\sigma_1^2 = \sigma_2^2$ | $\sigma_1^2 \neq \sigma_2^2$ | $F_1 = \dfrac{\max\{\hat{\sigma}_1^2, \hat{\sigma}_2^2\}}{\min\{\hat{\sigma}_1^2, \hat{\sigma}_2^2\}}$ 均值 $\mu_1, \mu_2$ 已知 | $F_1 > F_{\alpha/2}(n_{分子}, n_{分母})$ |
| $\sigma_1^2 \leqslant \sigma_2^2$ | $\sigma_1^2 > \sigma_2^2$ | $F_1 = \dfrac{\hat{\sigma}_1^2}{\hat{\sigma}_2^2} \sim F(n_1, n_2)$ 均值 $\mu_1, \mu_2$ 已知 | $F_1 > F_\alpha(n_1, n_2)$ |
| $\sigma_1^2 \geqslant \sigma_2^2$ | $\sigma_1^2 < \sigma_2^2$ | $F_1 = \dfrac{\hat{\sigma}_2^2}{\hat{\sigma}_1^2} \sim F(n_2, n_1)$ 均值 $\mu_1, \mu_2$ 已知 | $F_1 > F_\alpha(n_2, n_1)$ |
| $\sigma_1^2 = \sigma_2^2$ | $\sigma_1^2 \neq \sigma_2^2$ | $F_2 = \dfrac{\max\{S_1^2, S_2^2\}}{\min\{S_1^2, S_2^2\}}$ 均值 $\mu_1, \mu_2$ 未知 | $F_1 > F_{\alpha/2}(n_{分子} - 1, n_{分母} - 1)$ |
| $\sigma_1^2 \leqslant \sigma_2^2$ | $\sigma_1^2 > \sigma_2^2$ | $F_2 = \dfrac{S_1^2}{S_2^2} \sim F(n_1 - 1, n_2 - 1)$ 均值 $\mu_1, \mu_2$ 未知 | $F_2 > F_\alpha(n_1 - 1, n_2 - 1)$ |
| $\sigma_1^2 \geqslant \sigma_2^2$ | $\sigma_1^2 < \sigma_2^2$ | $F_2 = \dfrac{S_2^2}{S_1^2} \sim F(n_2 - 1, n_1 - 1)$ 均值 $\mu_1, \mu_2$ 未知 | $F_2 > F_\alpha(n_2 - 1, n_1 - 1)$ |

然而，在实践中我们常常会遇到一些问题的总体分布并不明确，或者总体参数的假设条件不成立，不能使用参数检验．这一类问题的检验应该采用统计学中的另一类方法，即非参数检验．非参数检验是通过检验总体分布情况来实现对总体参数的推断．本章接着介绍了最常用的 $\chi^2$ 拟合假设检验．

## 总习题八

### 一、选择题

1．关于检验水平 $\alpha$ 的设定，下列叙述错误的是(　　)．

A. $\alpha$ 的选取本质上是个实际问题，而非数学问题

B. 在检验实施之前，$\alpha$ 应是事先给定的，不可擅自改动

C. $\alpha$ 即为检验结果犯第一类错误的最大概率

D. 为了得到所希望的结论，可随时对 $\alpha$ 的值进行修正

2. 将由显著性水平所规定的拒绝域平分为两部分，置于概率分布的两边，每边占显著性水平的$\frac{1}{2}$，这是(　　).

A. 单侧检验　　B. 双侧检验

C. 右侧检验　　D. 左侧检验

3. 关于检验的拒绝域 $W$，置信水平 $\alpha$，及所谓的"小概率事件"，下列叙述错误的是（　）.

A. $\alpha$ 的值即是对究竟多大概率才算"小"概率的量化描述

B. 事件$\{(X_1,X_2,\cdots,X_n)\in W\mid H_0$ 为真$\}$即为一个小概率事件

C. 设$W$是样本空间的某个子集，指事件$\{(X_1,X_2,\cdots,X_n)\in W\mid H_0$ 为真$\}$

D. 确定恰当的 $W$ 是任何检验的本质问题

4. 设总体 $X\sim N(\mu,\sigma^2)$，$\sigma^2$ 未知，通过样本 $X_1,X_2,\cdots,X_n$ 检验假设 $H_0:\mu=\mu_0$，此问题拒绝域形式为(　　).

A. $\left\{\frac{\overline{X}-100}{S/\sqrt{n}}>C\right\}$　　B. $\left\{\frac{\overline{X}-100}{S/\sqrt{n}}<C\right\}$

C. $\left\{\left|\frac{\overline{X}-100}{S/\sqrt{n}}\right|>C\right\}$　　D. $\{\overline{X}>C\}$

5. 设 $X_1,X_2,\cdots,X_n$ 为来自总体 $N(\mu,\sigma^2)$ 的样本，若 $\mu$ 未知，

$$H_0:\sigma^2\leqslant 100,\quad H_1:\sigma^2>100,$$

$\alpha=0.05$，关于此检验问题，下列不正确的是(　　).

A. 检验统计量为$\frac{\sum_{i=1}^{n}(X_i-\overline{X})^2}{100}$

B. 在 $H_0$ 成立时，$\frac{(n-1)S^2}{100}\sim\chi^2(n-1)$

C. 拒绝域不是双边的

D. 拒绝域可以形如$\left\{\sum_{i=1}^{n}(X_i-\overline{X})^2>k\right\}$

6. 设总体 $X\sim N(\mu,3^2)$，$x_1,x_2,\cdots,x_n$ 是$X$ 的一组样本，在显著性水平 $\alpha=0.05$ 下，假设"总体均值等于 75"拒绝域为

$$W=\{x_1,x_2,\cdots,x_n\mid\overline{x}<74.02\cup\overline{x}>75.98\},$$

则样本容量 $n=($　$)$.

A. 36　　B. 64

C. 25　　D. 81

7. 在显著性水平 $\alpha=0.05$ 下，对正态总体期望 $\mu$ 进行假设 $H_0: \mu=\mu_0$ 的检验，若经检验原假设被接受，则在水平 $\alpha=0.01$ 下，下面结论正确的是(　).

A. 接受 $H_0$　　B. 拒绝 $H_0$

C. 可能接受也可能拒绝 $H_0$　　D. 不接受也不拒绝 $H_0$

**二、填空题**

1. 为了校正试用的普通天平，把在该天平上称量为 100 克的 10 个试样在计量标准天平上进行称量，得如下结果：

$$99.3, 98.7, 100.5, 101.2, 98.3,$$
$$99.7, 99.5, 102.1, 100.5, 99.2.$$

假设在天平上称量的结果服从正态分布，为检验普通天平与标准天平有无显著差异，$H_0$ 为________.

2. 设样本 $X_1, X_2, \cdots, X_{25}$ 来自总体 $N(\mu, 9)$，$\mu$ 未知，对于检验

$$H_0: \mu=\mu_0 \leftrightarrow H_1: \mu=\mu_0,$$

取拒绝域形如 $|\overline{X}-\mu_0| \geqslant k$，若取 $\alpha=0.05$，则 $k$ 值为________.

3. 设 $x_1, x_2, \cdots, x_n$ 是正态总体 $X \sim N(\mu, \sigma^2)$ 的一组样本. 现在需要在显著性水平 $\alpha=0.05$ 下检验假设 $H_0: \sigma^2={\sigma_0}^2$. 如果已知常数 $\mu$，则 $H_0$ 的拒绝域 $W_1=$________；如果未知常数 $u$，则 $H_0$ 的拒绝域 $W_2=$________.

4. 在一个假设检验问题中令 $H_0$ 是原假设，$H_1$ 是备择假设，则犯第一类错误的概率 $\alpha=P\{$________$\}$，犯第二类错误的概率 $\beta=P\{$________$\}$.

**三、计算题**

1. 假设某产品的重量服从正态分布，现在从一批产品中随机抽取 16 件，测得平均重量为 820 克，标准差为 60 克，试以显著性水平 $\alpha=0.01$ 与 $\alpha=0.05$，分别检验这批产品的平均重量是否是 800 克.

2. 某品牌彩电规定无故障时间为 10 000 小时，厂家采取改进措施，现在从新批量彩电中抽取 100 台，测得平均无故障时间为 10 150 小时，标准差为 500 小时，能否据此判断该彩电无故障时间有显著增加($\alpha=0.01$)?

3. 医院从 2008 年元旦出生的新生儿中随机抽取了 50 名，测量他们的平均体重为 3300 克，而 2007 年元旦时抽取的 50 名新生儿的平均体重是 3 200 克. 现假设根据以往的调查，新生儿体重的标准差是65 克. 试问：在 $\alpha=0.05$

的显著性水平下检验新生儿体重在这两年中是否有显著的变化?

4. 某种导线要求其平均拉力强度为 1 200 公斤，一批产品在出厂时抽取了 100 个样品，测试结果 $\overline{x}=1\,150$ 公斤，$s=230$ 公斤. 若以 $\alpha=0.01$ 能否认为这批产品的平均拉力强度低于 1200 公斤?

5. 某市全部职工中，平常订阅某种报纸的占 40%，最近从订阅率来看似乎出现减少的现象，随机抽 200 户职工家庭进行调查，有 76 户职工订阅该报纸. 问报纸的订阅率是否显著降低($\alpha=0.05$)?

6. 冶炼某种金属有两种方法，现各随机取一个样本，得产品种杂质含量(单位：克)如下：

甲：26.9，22.8，25.7，23.0，22.3，24.2，26.1，26.4，27.2，30.2，24.5，29.5，25.1；

乙：22.6，22.5，20.6，23.5，24.3，21.9，20.6，23.2，23.4.

已知产品杂质含量服从正态分布，问

(1) 所含产品杂质方差是否相等?

(2) 甲种冶炼方法所生产产品杂质含量是否不大于乙种方法?

# 附表 1

## 标准正态分布函数数值表

$$\Phi(z)=P\{Z\leqslant z\}=\int_{-\infty}^{z}\frac{1}{\sqrt{2\pi}}\mathrm{e}^{-\frac{x^2}{2}}\mathrm{d}x$$

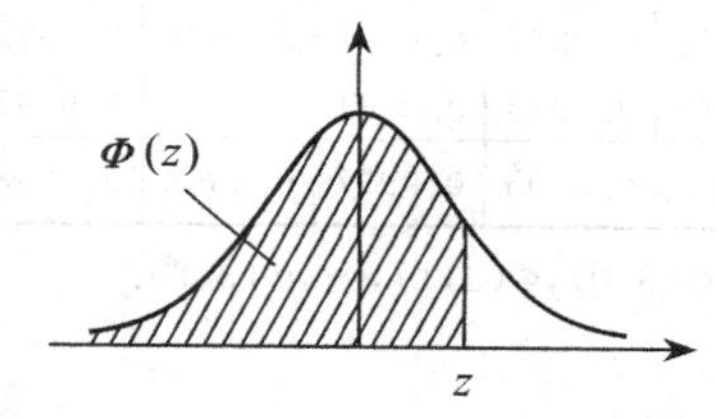


| z | 0.00 | 0.01 | 0.02 | 0.03 | 0.04 | 0.05 | 0.06 | 0.07 | 0.08 | 0.09 |
|---|---|---|---|---|---|---|---|---|---|---|
| 0.0 | 0.5000 | 0.5040 | 0.5080 | 0.5120 | 0.5160 | 0.5199 | 0.5239 | 0.5279 | 0.5319 | 0.5359 |
| 0.1 | 0.5398 | 0.5438 | 0.5478 | 0.5517 | 0.5557 | 0.5596 | 0.5636 | 0.5675 | 0.5714 | 0.5753 |
| 0.2 | 0.5793 | 0.5832 | 0.5871 | 0.5910 | 0.5948 | 0.5987 | 0.6026 | 0.6064 | 0.6103 | 0.6141 |
| 0.3 | 0.6179 | 0.6217 | 0.6255 | 0.6293 | 0.6331 | 0.6368 | 0.6406 | 0.6443 | 0.6480 | 0.6517 |
| 0.4 | 0.6554 | 0.6591 | 0.6628 | 0.6664 | 0.6700 | 0.6736 | 0.6772 | 0.6808 | 0.6844 | 0.6879 |
| 0.5 | 0.6915 | 0.6950 | 0.6985 | 0.7019 | 0.7054 | 0.7088 | 0.7123 | 0.7157 | 0.7190 | 0.7224 |
| 0.6 | 0.7257 | 0.7291 | 0.7324 | 0.7357 | 0.7389 | 0.7422 | 0.7454 | 0.7486 | 0.7517 | 0.7549 |
| 0.7 | 0.7580 | 0.7611 | 0.7642 | 0.7673 | 0.7703 | 0.7734 | 0.7764 | 0.7794 | 0.7823 | 0.7852 |
| 0.8 | 0.7881 | 0.7910 | 0.7939 | 0.7967 | 0.7995 | 0.8023 | 0.8051 | 0.8078 | 0.8106 | 0.8133 |
| 0.9 | 0.8159 | 0.8186 | 0.8212 | 0.8238 | 0.8264 | 0.8289 | 0.8315 | 0.8340 | 0.8365 | 0.8389 |
| 1.0 | 0.8413 | 0.8438 | 0.8461 | 0.8485 | 0.8508 | 0.8531 | 0.8554 | 0.8577 | 0.8599 | 0.8621 |
| 1.1 | 0.8643 | 0.8665 | 0.8686 | 0.8708 | 0.8729 | 0.8749 | 0.8770 | 0.8790 | 0.8810 | 0.8830 |
| 1.2 | 0.8849 | 0.8869 | 0.8888 | 0.8907 | 0.8925 | 0.8944 | 0.8962 | 0.8980 | 0.8997 | 0.9015 |
| 1.3 | 0.9032 | 0.9049 | 0.9066 | 0.9082 | 0.9099 | 0.9115 | 0.9131 | 0.9147 | 0.9162 | 0.9177 |
| 1.4 | 0.9192 | 0.9207 | 0.9222 | 0.9236 | 0.9251 | 0.9265 | 0.9278 | 0.9292 | 0.9306 | 0.9319 |
| 1.5 | 0.9332 | 0.9345 | 0.9357 | 0.9370 | 0.9382 | 0.9394 | 0.9406 | 0.9418 | 0.9430 | 0.9441 |
| 1.6 | 0.9452 | 0.9463 | 0.9474 | 0.9484 | 0.9495 | 0.9505 | 0.9515 | 0.9525 | 0.9535 | 0.9545 |
| 1.7 | 0.9554 | 0.9564 | 0.9573 | 0.9582 | 0.9591 | 0.9599 | 0.9608 | 0.9616 | 0.9625 | 0.9633 |
| 1.8 | 0.9641 | 0.9648 | 0.9656 | 0.9664 | 0.9671 | 0.9678 | 0.9686 | 0.9693 | 0.9700 | 0.9706 |
| 1.9 | 0.9713 | 0.9719 | 0.9726 | 0.9732 | 0.9738 | 0.9744 | 0.9750 | 0.9756 | 0.9762 | 0.9767 |

续表

| z | 0.00 | 0.01 | 0.02 | 0.03 | 0.04 | 0.05 | 0.06 | 0.07 | 0.08 | 0.09 |
|---|---|---|---|---|---|---|---|---|---|---|
| 2.0 | 0.9772 | 0.9778 | 0.9783 | 0.9788 | 0.9793 | 0.9798 | 0.9803 | 0.9808 | 0.9812 | 0.9817 |
| 2.1 | 0.9821 | 0.9826 | 0.9830 | 0.9834 | 0.9838 | 0.9842 | 0.9846 | 0.9850 | 0.9854 | 0.9857 |
| 2.2 | 0.9861 | 0.9864 | 0.9868 | 0.9871 | 0.9874 | 0.9878 | 0.9881 | 0.9884 | 0.9887 | 0.9890 |
| 2.3 | 0.9893 | 0.9896 | 0.9898 | 0.9901 | 0.9904 | 0.9906 | 0.9909 | 0.9911 | 0.9913 | 0.9916 |
| 2.4 | 0.9918 | 0.9920 | 0.9922 | 0.9925 | 0.9927 | 0.9929 | 0.9931 | 0.9932 | 0.9934 | 0.9936 |
| 2.5 | 0.9938 | 0.9940 | 0.9941 | 0.9943 | 0.9945 | 0.9946 | 0.9948 | 0.9949 | 0.9951 | 0.9952 |
| 2.6 | 0.9953 | 0.9955 | 0.9956 | 0.9957 | 0.9959 | 0.9960 | 0.9961 | 0.9962 | 0.9963 | 0.9964 |
| 2.7 | 0.9965 | 0.9966 | 0.9967 | 0.9968 | 0.9969 | 0.9970 | 0.9971 | 0.9972 | 0.9973 | 0.9974 |
| 2.8 | 0.9974 | 0.9975 | 0.9976 | 0.9977 | 0.9977 | 0.9978 | 0.9979 | 0.9979 | 0.9980 | 0.9981 |
| 2.9 | 0.9981 | 0.9982 | 0.9982 | 0.9983 | 0.9984 | 0.9984 | 0.9985 | 0.9985 | 0.9986 | 0.9986 |
| 3.0 | 0.9987 | 0.9990 | 0.9993 | 0.9995 | 0.9997 | 0.9998 | 0.9998 | 0.9999 | 0.9999 | 1.0000 |

注：表中末行系函数值 $\Phi(3,0),\Phi(3,1),\cdots,\Phi(3,9)$.

# 附表 2

## 泊松分布的数值表

$$P\{X \geqslant n\} = \sum_{k=n}^{\infty} \frac{e^{-\lambda}\lambda^k}{k!}$$

| n \ λ | 0.2 | 0.3 | 0.4 | 0.5 | 0.6 | 0.7 | 0.8 |
|---|---|---|---|---|---|---|---|
| 0 | 1.0000000 | 1.0000000 | 1.0000000 | 1.0000000 | 1.0000000 | 1.0000000 | 1.0000000 |
| 1 | 0.1812692 | 0.2591818 | 0.3296800 | 0.393469 | 0.451188 | 0.503415 | 0.550671 |
| 2 | 0.0175231 | 0.0369363 | 0.0615519 | 0.090204 | 0.121901 | 0.155805 | 0.191208 |
| 3 | 0.0011485 | 0.0035995 | 0.0079263 | 0.014388 | 0.023115 | 0.034142 | 0.047423 |
| 4 | 0.0000568 | 0.0002658 | 0.0007765 | 0.001752 | 0.003358 | 0.005753 | 0.009080 |
| 5 | 0.0000023 | 0.0000158 | 0.0000612 | 0.000172 | 0.000394 | 0.000786 | 0.001411 |
| 6 | 0.0000001 | 0.0000008 | 0.0000040 | 0.000014 | 0.000039 | 0.000090 | 0.000184 |
| 7 | | | 0.0000002 | 0.000000 | 0.000003 | 0.000009 | 0.000021 |
| 8 | | | | | | 0.000001 | 0.000002 |

| n \ λ | 0.9 | 1.0 | 1.2 | 1.4 | 1.6 | 1.8 | 2.0 |
|---|---|---|---|---|---|---|---|
| 0 | 1.0000000 | 1.0000000 | 1.0000000 | 1.000000 | 1.000000 | 1.000000 | 1.00000 |
| 1 | 0.593430 | 0.632121 | 0.698806 | 0.753403 | 0.798103 | 0.834701 | 0.86466 |
| 2 | 0.227518 | 0.264241 | 0.337373 | 0.408167 | 0.475069 | 0.537163 | 0.59399 |
| 3 | 0.062857 | 0.080301 | 0.120513 | 0.166502 | 0.216642 | 0.269379 | 0.32332 |
| 4 | 0.013459 | 0.018988 | 0.033769 | 0.053725 | 0.078813 | 0.108708 | 0.14288 |
| 5 | 0.002344 | 0.003660 | 0.007746 | 0.014253 | 0.023682 | 0.036407 | 0.05265 |
| 6 | 0.000343 | 0.000594 | 0.001500 | 0.003201 | 0.006040 | 0.010378 | 0.01656 |
| 7 | 0.000043 | 0.000083 | 0.000251 | 0.000622 | 0.001336 | 0.002549 | 0.00453 |
| 8 | 0.000005 | 0.000010 | 0.000037 | 0.000107 | 0.000260 | 0.000562 | 0.00110 |
| 9 | | 0.000001 | 0.000005 | 0.000016 | 0.000045 | 0.000110 | 0.00024 |
| 10 | | | 0.000001 | 0.000002 | 0.000007 | 0.000019 | 0.00005 |
| 11 | | | | | 0.000001 | 0.000003 | 0.00001 |

续表

| λ / n | 2.5 | 3.0 | 3.5 | 4.0 | 4.5 | 5.0 |
|---|---|---|---|---|---|---|
| 0 | 1.000000 | 1.000000 | 1.000000 | 1.000000 | 1.000000 | 1.000000 |
| 1 | 0.917915 | 0.950213 | 0.969803 | 0.981684 | 0.988891 | 0.993262 |
| 2 | 0.712703 | 0.800852 | 0.864112 | 0.908422 | 0.938901 | 0.959572 |
| 3 | 0.456187 | 0.576810 | 0.679153 | 0.761897 | 0.826422 | 0.875348 |
| 4 | 0.242424 | 0.352768 | 0.463367 | 0.566530 | 0.657704 | 0.734974 |
| 5 | 0.108822 | 0.184737 | 0.274555 | 0.371163 | 0.467896 | 0.559507 |
| 6 | 0.042021 | 0.083918 | 0.142386 | 0.214870 | 0.297070 | 0.384039 |
| 7 | 0.014187 | 0.033509 | 0.065288 | 0.110674 | 0.168949 | 0.237817 |
| 8 | 0.004247 | 0.011905 | 0.026739 | 0.051134 | 0.086586 | 0.133372 |
| 9 | 0.001140 | 0.003803 | 0.009874 | 0.021363 | 0.040257 | 0.068094 |
| 10 | 0.000277 | 0.001102 | 0.003315 | 0.008132 | 0.017093 | 0.031828 |
| 11 | 0.000062 | 0.000292 | 0.001019 | 0.002840 | 0.006669 | 0.013695 |
| 12 | 0.000013 | 0.000071 | 0.000289 | 0.000915 | 0.002404 | 0.005453 |
| 13 | 0.000002 | 0.000016 | 0.000076 | 0.000274 | 0.000805 | 0.002019 |
| 14 | | 0.000003 | 0.000019 | 0.000076 | 0.000252 | 0.000698 |
| 15 | | 0.000001 | 0.000004 | 0.000020 | 0.000074 | 0.000226 |
| 16 | | | 0.000001 | 0.000005 | 0.000020 | 0.000069 |
| 17 | | | | 0.000001 | 0.000005 | 0.000020 |
| 18 | | | | | 0.000001 | 0.000005 |
| 19 | | | | | | 0.000001 |

# 附表 3

## $\chi^2$ 分布表

$$P\{\chi^2 > \chi_\alpha^2(n)\} = \alpha$$

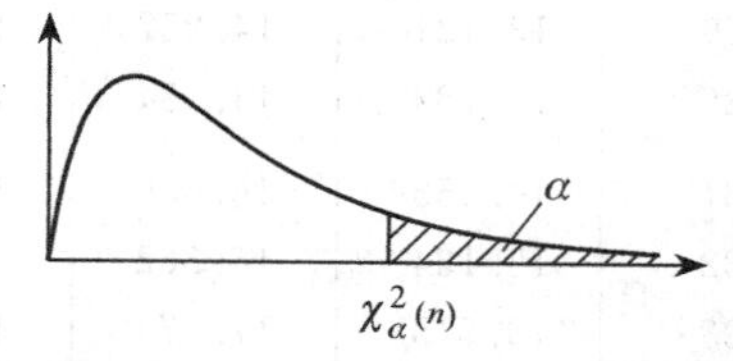


| $n$ \ $\alpha$ | 0.995 | 0.990 | 0.975 | 0.95 | 0.90 | 0.75 |
|---|---|---|---|---|---|---|
| 1 | — | — | 0.001 | 0.004 | 0.016 | 0.102 |
| 2 | 0.010 | 0.020 | 0.051 | 0.103 | 0.211 | 0.575 |
| 3 | 0.072 | 0.115 | 0.216 | 0.352 | 0.584 | 1.213 |
| 4 | 0.207 | 0.297 | 0.484 | 0.711 | 1.064 | 1.923 |
| 5 | 0.412 | 0.554 | 0.831 | 1.145 | 1.610 | 2.675 |
| 6 | 0.076 | 0.872 | 1.237 | 1.635 | 2.204 | 3.455 |
| 7 | 0.989 | 1.239 | 1.690 | 2.167 | 2.833 | 4.255 |
| 8 | 1.344 | 1.646 | 2.180 | 2.733 | 3.490 | 5.071 |
| 9 | 1.735 | 2.088 | 2.700 | 3.325 | 4.168 | 5.899 |
| 10 | 2.156 | 2.558 | 3.247 | 3.940 | 4.865 | 6.737 |
| 11 | 2.603 | 3.053 | 3.816 | 4.575 | 5.578 | 7.584 |
| 12 | 3.074 | 3.571 | 4.404 | 5.226 | 6.304 | 8.438 |
| 13 | 3.565 | 4.107 | 5.009 | 5.892 | 7.042 | 9.299 |
| 14 | 4.075 | 4.660 | 5.629 | 6.571 | 7.790 | 10.165 |
| 15 | 4.601 | 5.229 | 6.262 | 7.261 | 8.547 | 11.037 |
| 16 | 5.142 | 5.812 | 6.908 | 7.962 | 9.312 | 11.912 |
| 17 | 5.697 | 6.408 | 7.564 | 8.672 | 10.085 | 12.792 |
| 18 | 6.265 | 7.015 | 8.231 | 9.390 | 10.865 | 13.675 |
| 19 | 6.844 | 7.633 | 8.907 | 10.117 | 11.651 | 14.562 |
| 20 | 7.434 | 8.260 | 9.591 | 10.851 | 12.443 | 15.452 |
| 21 | 8.034 | 8.897 | 10.283 | 11.591 | 13.240 | 16.344 |
| 22 | 8.643 | 9.542 | 10.982 | 12.338 | 14.042 | 17.240 |
| 23 | 9.260 | 10.196 | 11.689 | 13.091 | 14.848 | 18.137 |

续表

| $n$ \ $\alpha$ | 0.995 | 0.990 | 0.975 | 0.95 | 0.90 | 0.75 |
|---|---|---|---|---|---|---|
| 24 | 9.886 | 10.856 | 12.401 | 13.848 | 15.659 | 19.037 |
| 25 | 10.520 | 11.524 | 13.120 | 14.611 | 16.473 | 19.939 |
| 26 | 11.160 | 12.198 | 13.844 | 15.349 | 17.292 | 20.843 |
| 27 | 11.808 | 12.879 | 14.573 | 16.151 | 18.114 | 21.749 |
| 28 | 12.461 | 13.565 | 15.308 | 16.928 | 18.939 | 22.657 |
| 29 | 13.121 | 14.257 | 16.047 | 17.708 | 19.768 | 23.567 |
| 30 | 13.787 | 14.954 | 16.791 | 18.493 | 20.599 | 24.478 |
| 31 | 14.458 | 16.656 | 17.539 | 19.281 | 21.434 | 25.390 |
| 32 | 15.134 | 16.362 | 18.291 | 20.072 | 22.271 | 26.304 |
| 33 | 15.815 | 17.074 | 19.047 | 20.807 | 23.110 | 27.219 |
| 34 | 16.501 | 17.789 | 19.806 | 21.664 | 23.952 | 28.136 |
| 35 | 17.192 | 18.509 | 20.569 | 22.465 | 24.797 | 29.054 |
| 36 | 17.877 | 19.233 | 21.336 | 23.269 | 25.613 | 29.973 |
| 37 | 18.586 | 19.960 | 22.106 | 24.075 | 26.492 | 30.893 |
| 38 | 19.289 | 20.691 | 22.878 | 24.884 | 27.343 | 31.815 |
| 39 | 19.996 | 21.426 | 23.654 | 25.695 | 28.196 | 32.737 |
| 40 | 20.707 | 22.164 | 24.433 | 26.509 | 29.051 | 33.660 |
| 41 | 21.421 | 22.906 | 25.215 | 27.326 | 29.907 | 34.585 |
| 42 | 22.168 | 23.650 | 25.999 | 27.144 | 30.765 | 35.510 |
| 43 | 22.859 | 24.398 | 26.785 | 28.965 | 31.625 | 36.430 |
| 44 | 23.584 | 25.143 | 27.575 | 27.787 | 32.487 | 37.363 |
| 45 | 24.311 | 25.901 | 28.366 | 30.612 | 33.350 | 38.291 |

| $n$ \ $\alpha$ | 0.25 | 0.10 | 0.05 | 0.025 | 0.01 | 0.005 |
|---|---|---|---|---|---|---|
| 1 | 1.323 | 2.706 | 3.841 | 5.024 | 6.635 | 7.789 |
| 2 | 2.773 | 4.605 | 5.991 | 7.378 | 9.210 | 10.597 |
| 3 | 4.108 | 6.251 | 7.815 | 9.348 | 11.345 | 12.838 |
| 4 | 5.385 | 7.779 | 9.488 | 11.143 | 13.277 | 14.860 |
| 5 | 6.626 | 9.236 | 11.071 | 12.833 | 15.086 | 16.750 |
| 6 | 7.841 | 10.645 | 12.592 | 14.449 | 16.812 | 18.548 |
| 7 | 9.037 | 12.017 | 14.067 | 16.013 | 18.475 | 20.278 |
| 8 | 10.219 | 13.362 | 15.507 | 17.535 | 20.090 | 21.955 |
| 9 | 11.389 | 14.684 | 16.919 | 19.023 | 21.666 | 23.589 |
| 10 | 12.549 | 15.987 | 18.307 | 20.483 | 23.209 | 25.188 |

续表

| $n$ \ $\alpha$ | 0.25 | 0.10 | 0.05 | 0.025 | 0.01 | 0.005 |
|---|---|---|---|---|---|---|
| 11 | 13.701 | 17.275 | 19.675 | 21.920 | 24.725 | 26.757 |
| 12 | 14.845 | 18.549 | 21.026 | 23.337 | 26.217 | 28.299 |
| 13 | 15.984 | 19.812 | 22.363 | 24.736 | 27.688 | 29.819 |
| 14 | 17.117 | 21.064 | 23.685 | 26.119 | 29.141 | 31.319 |
| 15 | 18.245 | 22.307 | 24.996 | 27.488 | 30.578 | 32.801 |
| 16 | 19.369 | 23.542 | 26.296 | 28.845 | 32.000 | 34.267 |
| 17 | 20.489 | 24.769 | 27.587 | 30.191 | 33.409 | 35.718 |
| 18 | 21.605 | 35.989 | 28.869 | 31.526 | 34.805 | 37.156 |
| 19 | 22.718 | 27.204 | 30.144 | 32.852 | 36.191 | 38.582 |
| 20 | 23.828 | 28.412 | 31.410 | 34.479 | 37.566 | 39.997 |
| 21 | 24.935 | 29.615 | 32.671 | 35.479 | 38.932 | 41.401 |
| 22 | 26.039 | 30.813 | 33.924 | 36.781 | 40.289 | 42.796 |
| 23 | 27.141 | 32.007 | 35.172 | 38.076 | 41.638 | 44.181 |
| 24 | 28.241 | 33.196 | 36.415 | 39.364 | 42.980 | 45.559 |
| 25 | 29.339 | 34.382 | 37.652 | 40.646 | 44.314 | 46.928 |
| 26 | 30.435 | 35.563 | 38.885 | 41.923 | 45.642 | 48.290 |
| 27 | 31.528 | 36.741 | 40.113 | 43.194 | 46.963 | 49.645 |
| 28 | 32.620 | 37.916 | 41.337 | 44.461 | 48.278 | 50.993 |
| 29 | 33.711 | 39.087 | 42.557 | 45.722 | 49.588 | 52.336 |
| 30 | 34.800 | 40.256 | 43.773 | 46.979 | 50.892 | 53.672 |
| 31 | 35.887 | 41.422 | 44.985 | 48.232 | 52.191 | 55.003 |
| 32 | 36.973 | 42.585 | 46.194 | 49.480 | 53.486 | 56.328 |
| 33 | 38.053 | 43.745 | 47.400 | 50.725 | 54.776 | 57.648 |
| 34 | 39.141 | 44.903 | 48.602 | 51.966 | 56.061 | 58.964 |
| 35 | 40.223 | 46.059 | 49.802 | 53.203 | 57.342 | 60.275 |
| 36 | 41.304 | 47.212 | 50.998 | 54.437 | 58.619 | 61.581 |
| 37 | 42.383 | 48.363 | 52.192 | 55.668 | 59.892 | 62.883 |
| 38 | 43.462 | 49.513 | 53.384 | 56.896 | 61.162 | 64.181 |
| 39 | 44.539 | 50.660 | 54.572 | 58.120 | 62.428 | 65.476 |
| 40 | 45.616 | 51.805 | 55.758 | 59.342 | 63.691 | 66.766 |
| 41 | 46.962 | 52.949 | 53.942 | 60.561 | 64.950 | 68.053 |
| 42 | 47.766 | 54.090 | 58.124 | 61.777 | 66.206 | 69.336 |
| 43 | 48.840 | 55.230 | 59.304 | 62.990 | 67.459 | 70.606 |
| 44 | 49.913 | 56.369 | 60.481 | 64.201 | 68.710 | 71.893 |
| 45 | 50.985 | 57.505 | 61.656 | 65.410 | 69.957 | 73.166 |

# 附表 4

## $t$ 分布表

$$P\{t > t_\alpha(n)\} = \alpha$$

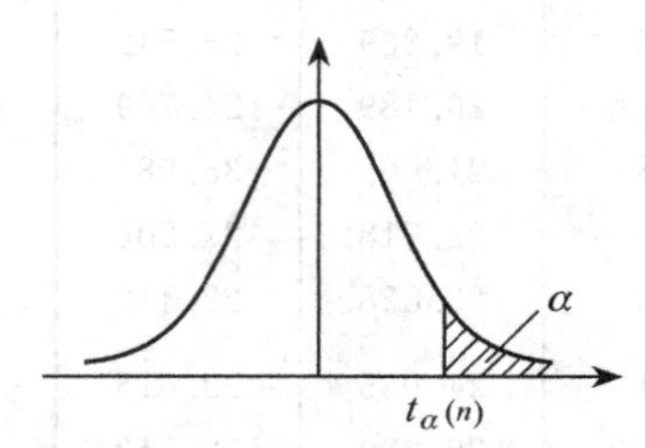


| $n$ \ $\alpha$ | 0.25 | 0.100 | 0.050 | 0.025 | 0.01 | 0.005 |
|---|---|---|---|---|---|---|
| 1 | 1.000 | 3.078 | 6.314 | 12.706 | 31.821 | 63.660 |
| 2 | 0.817 | 1.886 | 2.920 | 4.303 | 6.965 | 9.925 |
| 3 | 0.765 | 1.638 | 2.353 | 3.182 | 4.541 | 5.841 |
| 4 | 0.741 | 1.533 | 2.132 | 2.776 | 3.747 | 4.604 |
| 5 | 0.727 | 1.476 | 2.015 | 2.571 | 3.365 | 4.032 |
| 6 | 0.718 | 1.440 | 1.943 | 2.447 | 3.143 | 3.707 |
| 7 | 0.711 | 1.415 | 1.895 | 2.365 | 2.998 | 3.499 |
| 8 | 0.706 | 1.397 | 1.860 | 2.306 | 2.896 | 3.355 |
| 9 | 0.703 | 1.383 | 1.833 | 2.262 | 2.821 | 3.250 |
| 10 | 0.700 | 1.372 | 1.812 | 2.228 | 2.764 | 3.169 |
| 11 | 0.697 | 1.363 | 1.796 | 2.201 | 2.718 | 3.106 |
| 12 | 0.695 | 1.356 | 1.782 | 2.179 | 2.681 | 3.055 |
| 13 | 0.694 | 1.350 | 1.771 | 2.160 | 2.650 | 3.012 |
| 14 | 0.692 | 1.345 | 1.761 | 2.145 | 2.624 | 2.977 |
| 15 | 0.691 | 1.341 | 1.753 | 2.131 | 2.602 | 2.947 |
| 16 | 0.690 | 1.337 | 1.746 | 2.120 | 2.583 | 2.921 |
| 17 | 0.689 | 1.333 | 1.740 | 2.110 | 2.567 | 2.898 |
| 18 | 0.688 | 1.330 | 1.734 | 2.101 | 2.552 | 2.878 |
| 19 | 0.688 | 1.328 | 1.729 | 2.093 | 2.539 | 2.861 |
| 20 | 0.687 | 1.325 | 1.725 | 2.086 | 2.528 | 2.845 |

续表

| $n$ \ $\alpha$ | 0.25 | 0.100 | 0.050 | 0.025 | 0.01 | 0.005 |
|---|---|---|---|---|---|---|
| 21 | 0.686 | 1.323 | 1.721 | 2.080 | 2.518 | 2.831 |
| 22 | 0.686 | 1.321 | 1.717 | 2.074 | 2.508 | 2.819 |
| 23 | 0.685 | 1.319 | 1.714 | 2.069 | 2.500 | 2.807 |
| 24 | 0.685 | 1.318 | 1.711 | 2.064 | 2.492 | 2.797 |
| 25 | 0.684 | 1.316 | 1.708 | 2.060 | 2.485 | 2.787 |
| 26 | 0.684 | 1.315 | 1.706 | 2.056 | 2.479 | 2.779 |
| 27 | 0.684 | 1.314 | 1.703 | 2.052 | 2.473 | 2.771 |
| 28 | 0.683 | 1.313 | 1.701 | 2.048 | 2.467 | 2.763 |
| 29 | 0.683 | 1.311 | 1.699 | 2.045 | 2.462 | 2.756 |
| 30 | 0.683 | 1.310 | 1.697 | 2.042 | 2.457 | 2.750 |
| 40 | 0.681 | 1.303 | 1.684 | 2.021 | 2.423 | 2.704 |
| 50 | 0.679 | 1.299 | 1.676 | 2.009 | 2.403 | 2.678 |
| 60 | 0.679 | 1.296 | 1.671 | 2.000 | 2.390 | 2.660 |
| 80 | 0.678 | 1.292 | 1.664 | 1.990 | 2.374 | 2.639 |
| 100 | 0.677 | 1.290 | 1.660 | 1.984 | 2.364 | 2.626 |
| 120 | 0.677 | 1.289 | 1.658 | 1.980 | 2.358 | 2.617 |
| $\infty$ | 0.674 | 1.282 | 1.645 | 1.960 | 2.326 | 2.576 |

# 附表 5

## $F$ 分布表

$$P\{F > F_{\alpha}(n_1, n_2)\} = \alpha$$

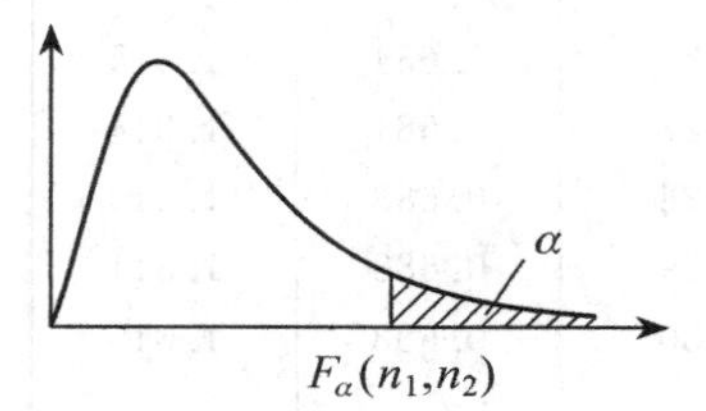


$\alpha = 0.05$

| $n_2$ \ $n_1$ | 1 | 2 | 3 | 4 | 5 | 6 | 7 | 8 | 9 | 10 |
|---|---|---|---|---|---|---|---|---|---|---|
| 1 | 161.4 | 199.5 | 215.7 | 224.6 | 230.2 | 234.0 | 236.8 | 238.9 | 240.5 | 241.9 |
| 2 | 18.51 | 19.00 | 19.20 | 19.30 | 19.30 | 19.30 | 19.40 | 19.40 | 19.40 | 19.40 |
| 3 | 10.1 | 9.55 | 9.28 | 9.12 | 9.01 | 8.94 | 8.89 | 8.85 | 8.81 | 8.79 |
| 4 | 7.71 | 6.94 | 6.59 | 6.39 | 6.26 | 6.16 | 6.09 | 6.04 | 6.00 | 5.96 |
| 5 | 6.61 | 5.79 | 5.41 | 5.19 | 5.05 | 4.95 | 4.88 | 4.82 | 4.77 | 4.74 |
| 6 | 5.99 | 5.14 | 4.76 | 4.53 | 4.39 | 4.28 | 4.21 | 4.15 | 4.10 | 4.06 |
| 7 | 5.59 | 4.74 | 4.35 | 4.12 | 3.97 | 3.87 | 3.79 | 3.73 | 3.68 | 3.64 |
| 8 | 5.32 | 4.46 | 4.07 | 3.84 | 3.69 | 3.58 | 3.50 | 3.44 | 3.39 | 3.35 |
| 9 | 5.12 | 4.26 | 3.86 | 3.63 | 3.48 | 3.37 | 3.29 | 3.23 | 3.18 | 3.14 |
| 10 | 4.96 | 4.10 | 3.71 | 3.48 | 3.33 | 3.22 | 3.14 | 3.07 | 3.02 | 2.98 |
| 11 | 4.84 | 3.98 | 3.59 | 3.36 | 3.20 | 3.09 | 3.01 | 2.95 | 2.90 | 2.85 |
| 12 | 4.75 | 3.89 | 3.49 | 3.26 | 3.11 | 3.00 | 2.91 | 2.85 | 2.80 | 2.75 |
| 13 | 4.67 | 3.81 | 3.41 | 3.18 | 3.03 | 2.92 | 2.83 | 2.77 | 2.71 | 2.67 |
| 14 | 4.60 | 3.74 | 3.34 | 3.11 | 2.96 | 2.85 | 2.76 | 2.70 | 2.65 | 2.60 |
| 15 | 4.54 | 3.68 | 3.29 | 3.06 | 2.90 | 2.79 | 2.71 | 2.64 | 2.59 | 2.54 |
| 16 | 4.49 | 3.63 | 3.24 | 3.01 | 2.85 | 2.74 | 2.66 | 2.59 | 2.54 | 2.49 |
| 17 | 4.45 | 3.59 | 3.20 | 2.96 | 2.81 | 2.70 | 2.61 | 2.55 | 2.49 | 2.45 |
| 18 | 4.41 | 3.55 | 3.16 | 2.93 | 2.77 | 2.66 | 2.58 | 2.51 | 2.46 | 2.41 |
| 19 | 4.38 | 3.52 | 3.13 | 2.90 | 2.74 | 2.63 | 2.54 | 2.48 | 2.42 | 2.38 |
| 20 | 4.35 | 3.49 | 3.10 | 2.87 | 2.71 | 2.60 | 2.51 | 2.45 | 2.39 | 2.35 |

续表

| $n_2$ \ $n_1$ | 1 | 2 | 3 | 4 | 5 | 6 | 7 | 8 | 9 | 10 |
|---|---|---|---|---|---|---|---|---|---|---|
| 21 | 4.32 | 3.47 | 3.07 | 2.84 | 2.68 | 2.57 | 2.49 | 2.42 | 2.37 | 2.32 |
| 22 | 4.30 | 3.44 | 3.05 | 2.82 | 2.66 | 2.55 | 2.46 | 2.40 | 2.34 | 2.30 |
| 23 | 4.28 | 3.42 | 3.03 | 2.80 | 2.64 | 2.53 | 2.44 | 2.37 | 2.32 | 2.27 |
| 24 | 4.26 | 3.40 | 3.01 | 2.78 | 2.62 | 2.51 | 2.42 | 2.36 | 2.30 | 2.25 |
| 25 | 4.24 | 3.39 | 2.99 | 2.76 | 2.60 | 2.49 | 2.40 | 2.34 | 2.28 | 2.24 |
| 26 | 4.23 | 3.37 | 2.98 | 2.74 | 2.59 | 2.47 | 2.39 | 2.32 | 2.27 | 2.22 |
| 27 | 4.21 | 3.35 | 2.96 | 2.73 | 2.57 | 2.46 | 2.37 | 2.31 | 2.25 | 2.20 |
| 28 | 4.20 | 3.34 | 2.95 | 2.71 | 2.56 | 2.45 | 2.36 | 2.29 | 2.24 | 2.19 |
| 29 | 4.18 | 3.33 | 2.93 | 2.70 | 2.55 | 2.43 | 2.35 | 2.28 | 2.22 | 2.18 |
| 30 | 4.17 | 3.32 | 2.92 | 2.69 | 2.53 | 2.42 | 2.33 | 2.27 | 2.21 | 2.16 |
| 40 | 4.08 | 3.23 | 2.84 | 2.61 | 2.45 | 2.34 | 2.25 | 2.18 | 2.12 | 2.08 |
| 60 | 4.00 | 3.15 | 2.76 | 2.53 | 2.37 | 2.25 | 2.17 | 2.10 | 2.04 | 1.99 |
| 120 | 3.92 | 3.07 | 2.68 | 2.45 | 2.29 | 2.17 | 2.09 | 2.02 | 1.96 | 1.91 |
| ∞ | 3.84 | 3.00 | 2.60 | 2.37 | 2.21 | 2.10 | 2.01 | 1.94 | 1.88 | 1.83 |

| $n_2$ \ $n_1$ | 12 | 15 | 20 | 24 | 30 | 40 | 60 | 120 | ∞ | |
|---|---|---|---|---|---|---|---|---|---|---|
| 1 | 243.9 | 245.9 | 249.0 | 248.1 | 250.1 | 251.1 | 252.2 | 253.3 | 254.3 | |
| 2 | 19.41 | 19.43 | 19.45 | 19.45 | 19.46 | 19.47 | 19.48 | 19.49 | 19.50 | |
| 3 | 8.74 | 8.70 | 8.66 | 8.64 | 8.62 | 8.59 | 8.57 | 8.55 | 8.53 | |
| 4 | 5.91 | 5.86 | 5.80 | 5.77 | 5.75 | 5.72 | 5.69 | 5.66 | 5.63 | |
| 5 | 4.68 | 4.62 | 4.56 | 4.53 | 4.50 | 4.46 | 4.43 | 4.40 | 4.36 | |
| 6 | 4.00 | 3.94 | 3.87 | 3.84 | 3.81 | 3.77 | 3.74 | 3.70 | 3.67 | |
| 7 | 3.57 | 3.51 | 3.44 | 3.41 | 3.38 | 3.34 | 3.30 | 3.27 | 3.23 | |
| 8 | 3.28 | 3.22 | 3.15 | 3.12 | 3.08 | 3.04 | 3.01 | 2.97 | 2.93 | |
| 9 | 3.07 | 3.01 | 2.94 | 2.90 | 2.86 | 2.83 | 2.79 | 2.75 | 2.71 | |
| 10 | 2.91 | 2.85 | 2.77 | 2.74 | 2.70 | 2.66 | 2.62 | 2.58 | 2.54 | |
| 11 | 2.79 | 2.72 | 2.65 | 2.61 | 2.57 | 2.53 | 2.49 | 2.45 | 2.40 | |
| 12 | 2.69 | 2.62 | 2.54 | 2.51 | 2.47 | 2.43 | 2.38 | 2.34 | 2.30 | |
| 13 | 2.60 | 2.53 | 2.46 | 2.42 | 2.38 | 2.34 | 2.30 | 2.25 | 2.21 | |
| 14 | 2.53 | 2.46 | 2.39 | 2.35 | 2.31 | 2.27 | 2.22 | 2.18 | 2.13 | |
| 15 | 2.48 | 2.40 | 2.33 | 2.29 | 2.25 | 2.20 | 2.16 | 2.11 | 2.07 | |
| 16 | 2.42 | 2.35 | 2.28 | 2.24 | 2.19 | 2.15 | 2.11 | 2.06 | 2.01 | |
| 17 | 2.38 | 2.31 | 2.23 | 2.19 | 2.15 | 2.10 | 2.06 | 2.01 | 1.96 | |
| 18 | 2.34 | 2.27 | 2.19 | 2.15 | 2.11 | 2.06 | 2.02 | 1.97 | 1.92 | |

续表

| $n_2$ \ $n_1$ | 12 | 15 | 20 | 24 | 30 | 40 | 60 | 120 | ∞ |
|---|---|---|---|---|---|---|---|---|---|
| 19 | 2.31 | 2.23 | 2.16 | 2.11 | 2.07 | 2.03 | 1.98 | 1.93 | 1.88 |
| 20 | 2.28 | 2.20 | 2.12 | 2.08 | 2.04 | 1.99 | 1.95 | 1.90 | 1.84 |
| 21 | 2.25 | 2.18 | 2.10 | 2.05 | 2.01 | 1.96 | 1.92 | 1.87 | 1.81 |
| 22 | 2.23 | 2.15 | 2.07 | 2.03 | 1.98 | 1.94 | 1.89 | 1.84 | 1.78 |
| 23 | 2.20 | 2.13 | 2.05 | 2.01 | 1.96 | 1.91 | 1.86 | 1.81 | 1.76 |
| 24 | 2.18 | 2.11 | 2.03 | 1.98 | 1.94 | 1.89 | 1.84 | 1.79 | 1.73 |
| 25 | 2.16 | 2.09 | 2.01 | 1.96 | 1.92 | 1.87 | 1.82 | 1.77 | 1.71 |
| 26 | 2.15 | 2.07 | 1.99 | 1.95 | 1.90 | 1.85 | 1.80 | 1.75 | 1.69 |
| 27 | 2.13 | 2.06 | 1.97 | 1.93 | 1.88 | 1.84 | 1.79 | 1.73 | 1.67 |
| 28 | 2.12 | 2.04 | 1.96 | 1.91 | 1.87 | 1.82 | 1.77 | 1.71 | 1.65 |
| 29 | 2.10 | 2.03 | 1.94 | 1.90 | 1.85 | 1.81 | 1.75 | 1.70 | 1.64 |
| 30 | 2.09 | 2.01 | 1.93 | 1.89 | 1.84 | 1.79 | 1.74 | 1.68 | 1.62 |
| 40 | 2.00 | 1.92 | 1.84 | 1.79 | 1.74 | 1.69 | 1.64 | 1.58 | 1.51 |
| 60 | 1.92 | 1.84 | 1.75 | 1.70 | 1.65 | 1.59 | 1.53 | 1.47 | 1.39 |
| 120 | 1.83 | 1.75 | 1.66 | 1.61 | 1.55 | 1.55 | 1.43 | 1.35 | 1.25 |
| ∞ | 1.75 | 1.67 | 1.57 | 1.52 | 1.46 | 1.39 | 1.32 | 1.22 | 1.00 |

$\alpha = 0.10$

| $n_2$ \ $n_1$ | 1 | 2 | 3 | 4 | 5 | 6 | 7 | 8 | 9 | 10 |
|---|---|---|---|---|---|---|---|---|---|---|
| 1 | 39.86 | 49.50 | 53.59 | 55.83 | 57.24 | 58.20 | 58.91 | 59.44 | 59.86 | 60.19 |
| 2 | 8.53 | 9.00 | 9.16 | 9.24 | 9.29 | 9.33 | 9.35 | 9.37 | 9.38 | 9.39 |
| 3 | 5.54 | 5.46 | 5.39 | 5.34 | 5.31 | 5.28 | 5.27 | 5.25 | 5.24 | 5.23 |
| 4 | 4.54 | 4.32 | 4.19 | 4.11 | 4.05 | 4.01 | 3.98 | 3.95 | 3.94 | 3.92 |
| 5 | 4.06 | 3.78 | 3.62 | 3.52 | 3.45 | 3.40 | 3.37 | 3.34 | 3.32 | 3.30 |
| 6 | 3.78 | 3.46 | 3.29 | 3.18 | 3.11 | 3.05 | 3.01 | 2.98 | 2.96 | 2.94 |
| 7 | 3.59 | 3.26 | 3.07 | 2.96 | 2.88 | 2.83 | 2.78 | 2.75 | 2.72 | 2.70 |
| 8 | 3.46 | 3.11 | 2.92 | 2.81 | 2.73 | 2.67 | 2.62 | 2.59 | 2.56 | 2.54 |
| 9 | 3.36 | 3.01 | 2.81 | 2.69 | 2.61 | 2.55 | 2.51 | 2.47 | 2.44 | 2.42 |
| 10 | 3.29 | 2.92 | 2.73 | 2.61 | 2.52 | 2.46 | 2.41 | 2.38 | 2.35 | 2.32 |
| 11 | 3.23 | 2.86 | 2.66 | 2.54 | 2.45 | 2.39 | 2.34 | 2.30 | 2.27 | 2.25 |
| 12 | 3.18 | 2.81 | 2.61 | 2.48 | 2.39 | 2.33 | 2.28 | 2.24 | 2.21 | 2.19 |
| 13 | 3.14 | 2.76 | 2.56 | 2.43 | 2.35 | 2.28 | 2.23 | 2.20 | 2.16 | 2.14 |

续表

| $n_2$ \ $n_1$ | 1 | 2 | 3 | 4 | 5 | 6 | 7 | 8 | 9 | 10 |
|---|---|---|---|---|---|---|---|---|---|---|
| 14 | 3.10 | 2.73 | 2.52 | 2.39 | 2.31 | 2.24 | 2.19 | 2.15 | 2.12 | 2.10 |
| 15 | 3.07 | 2.70 | 2.49 | 2.36 | 2.27 | 2.21 | 2.16 | 2.12 | 2.09 | 2.06 |
| 16 | 3.05 | 2.67 | 2.46 | 2.33 | 2.24 | 2.18 | 2.13 | 2.09 | 2.06 | 2.03 |
| 17 | 3.03 | 2.64 | 2.44 | 2.31 | 2.22 | 2.15 | 2.10 | 2.06 | 2.03 | 2.00 |
| 18 | 3.01 | 2.62 | 2.42 | 2.29 | 2.20 | 2.13 | 2.08 | 2.04 | 2.00 | 1.98 |
| 19 | 2.99 | 2.61 | 2.40 | 2.27 | 2.18 | 2.11 | 2.06 | 2.02 | 1.98 | 1.96 |
| 20 | 2.97 | 2.59 | 2.38 | 2.25 | 2.16 | 2.09 | 2.04 | 2.00 | 1.96 | 1.94 |
| 21 | 2.96 | 2.57 | 2.36 | 2.23 | 2.14 | 2.08 | 2.02 | 1.98 | 1.95 | 1.92 |
| 22 | 2.95 | 2.56 | 2.35 | 2.22 | 2.13 | 2.06 | 2.01 | 1.97 | 1.93 | 1.90 |
| 23 | 2.94 | 2.55 | 2.34 | 2.21 | 2.11 | 2.05 | 1.99 | 1.95 | 1.92 | 1.89 |
| 24 | 2.93 | 2.54 | 2.33 | 2.19 | 2.10 | 2.04 | 1.98 | 1.94 | 1.91 | 1.88 |
| 25 | 2.92 | 2.53 | 2.32 | 2.18 | 2.09 | 2.02 | 1.97 | 1.93 | 1.89 | 1.87 |
| 26 | 2.91 | 2.52 | 2.31 | 2.17 | 2.08 | 2.01 | 1.96 | 1.92 | 1.88 | 1.86 |
| 27 | 2.90 | 2.51 | 2.30 | 2.17 | 2.07 | 2.00 | 1.95 | 1.91 | 1.87 | 1.85 |
| 28 | 2.89 | 2.50 | 2.29 | 2.16 | 2.06 | 2.00 | 1.94 | 1.90 | 1.87 | 1.84 |
| 29 | 2.89 | 2.50 | 2.28 | 2.15 | 2.06 | 1.99 | 1.93 | 1.89 | 1.86 | 1.83 |
| 30 | 2.88 | 2.49 | 2.28 | 2.14 | 2.03 | 1.98 | 1.93 | 1.88 | 1.85 | 1.82 |
| 40 | 2.84 | 2.44 | 2.23 | 2.09 | 2.00 | 1.93 | 1.87 | 1.83 | 1.79 | 1.76 |
| 60 | 2.79 | 2.39 | 2.18 | 2.04 | 1.95 | 1.87 | 1.82 | 1.77 | 1.74 | 1.71 |
| 120 | 2.75 | 2.35 | 2.13 | 1.99 | 1.90 | 1.82 | 1.77 | 1.72 | 1.68 | 1.65 |
| $\infty$ | 2.71 | 2.30 | 2.08 | 1.94 | 1.85 | 1.77 | 1.72 | 1.67 | 1.63 | 1.60 |

| $n_2$ \ $n_1$ | 12 | 15 | 20 | 24 | 30 | 40 | 60 | 120 | $\infty$ |
|---|---|---|---|---|---|---|---|---|---|
| 1 | 60.71 | 61.22 | 61.74 | 62.00 | 62.26 | 62.53 | 62.79 | 63.06 | 63.33 |
| 2 | 9.41 | 9.42 | 9.44 | 9.45 | 9.46 | 9.47 | 9.47 | 9.48 | 9.49 |
| 3 | 5.22 | 5.20 | 5.18 | 5.18 | 5.17 | 5.16 | 5.15 | 5.14 | 5.13 |
| 4 | 3.90 | 3.87 | 3.84 | 3.83 | 3.82 | 3.80 | 3.79 | 3.78 | 4.76 |
| 5 | 3.27 | 3.24 | 3.21 | 3.19 | 3.17 | 3.16 | 3.14 | 3.12 | 3.10 |
| 6 | 2.90 | 2.87 | 2.84 | 2.82 | 2.80 | 2.78 | 2.76 | 2.74 | 2.72 |
| 7 | 2.67 | 2.63 | 2.59 | 2.58 | 2.56 | 2.54 | 2.51 | 2.49 | 2.47 |
| 8 | 2.50 | 2.46 | 2.42 | 2.40 | 2.38 | 2.36 | 2.34 | 2.32 | 2.29 |
| 9 | 2.38 | 2.34 | 2.30 | 2.28 | 2.25 | 2.23 | 2.21 | 2.18 | 2.16 |
| 10 | 2.28 | 2.24 | 2.20 | 2.18 | 2.16 | 2.13 | 2.11 | 2.08 | 2.06 |

续表

| $n_2$ \ $n_1$ | 12 | 15 | 20 | 24 | 30 | 40 | 60 | 120 | ∞ |
|---|---|---|---|---|---|---|---|---|---|
| 11 | 2.21 | 2.17 | 2.12 | 2.10 | 2.08 | 2.05 | 2.03 | 2.00 | 1.97 |
| 12 | 2.15 | 2.10 | 2.06 | 2.04 | 2.01 | 1.99 | 1.96 | 1.93 | 1.90 |
| 13 | 2.10 | 2.05 | 2.01 | 1.98 | 1.96 | 1.93 | 1.90 | 1.88 | 1.85 |
| 14 | 2.05 | 2.01 | 1.96 | 1.94 | 1.91 | 1.89 | 1.86 | 1.83 | 1.80 |
| 15 | 2.02 | 1.97 | 1.92 | 1.90 | 1.87 | 1.85 | 1.82 | 1.79 | 1.76 |
| 16 | 1.99 | 1.94 | 1.89 | 1.87 | 1.84 | 1.81 | 1.78 | 1.75 | 1.72 |
| 17 | 1.96 | 1.91 | 1.86 | 1.84 | 1.81 | 1.78 | 1.75 | 1.72 | 1.69 |
| 18 | 1.93 | 1.89 | 1.84 | 1.81 | 1.78 | 1.75 | 1.72 | 1.69 | 1.66 |
| 19 | 1.91 | 1.86 | 1.81 | 1.79 | 1.76 | 1.73 | 1.70 | 1.67 | 1.63 |
| 20 | 1.89 | 1.84 | 1.79 | 1.77 | 1.74 | 1.71 | 1.68 | 1.64 | 1.61 |
| 21 | 1.87 | 1.83 | 1.78 | 1.75 | 1.72 | 1.69 | 1.66 | 1.62 | 1.59 |
| 22 | 1.86 | 1.81 | 1.76 | 1.73 | 1.70 | 1.67 | 1.64 | 1.60 | 1.57 |
| 23 | 1.84 | 1.80 | 1.74 | 1.72 | 1.69 | 1.66 | 1.62 | 1.59 | 1.55 |
| 24 | 1.83 | 1.78 | 1.73 | 1.70 | 1.67 | 1.64 | 1.61 | 1.57 | 1.53 |
| 25 | 1.82 | 1.77 | 1.72 | 1.69 | 1.66 | 1.63 | 1.59 | 1.56 | 1.52 |
| 26 | 1.81 | 1.76 | 1.71 | 1.68 | 1.65 | 1.61 | 1.58 | 1.54 | 1.50 |
| 27 | 1.80 | 1.75 | 1.70 | 1.67 | 1.64 | 1.60 | 1.57 | 1.53 | 1.49 |
| 28 | 1.79 | 1.74 | 1.69 | 1.66 | 1.63 | 1.59 | 1.56 | 1.52 | 1.48 |
| 29 | 1.78 | 1.73 | 1.68 | 1.65 | 1.62 | 1.58 | 1.55 | 1.51 | 1.47 |
| 30 | 1.77 | 1.72 | 1.67 | 1.64 | 1.61 | 1.57 | 1.54 | 1.50 | 1.46 |
| 40 | 1.71 | 1.66 | 1.61 | 1.57 | 1.54 | 1.51 | 1.47 | 1.42 | 1.38 |
| 60 | 1.66 | 1.60 | 1.54 | 1.51 | 1.48 | 1.44 | 1.40 | 1.35 | 1.29 |
| 120 | 1.60 | 1.55 | 1.48 | 1.45 | 1.41 | 1.37 | 1.32 | 1.26 | 1.19 |
| ∞ | 1.55 | 1.49 | 1.42 | 1.38 | 1.34 | 1.30 | 1.24 | 1.17 | 1.00 |

$\alpha=0.025$

| $n_2$ \ $n_1$ | 1 | 2 | 3 | 4 | 5 | 6 | 7 | 8 | 9 | 10 |
|---|---|---|---|---|---|---|---|---|---|---|
| 1 | 647.8 | 799.5 | 864.2 | 899.6 | 921.8 | 937.1 | 948.2 | 956.7 | 963.0 | 969.0 |
| 2 | 38.51 | 39.00 | 39.17 | 39.25 | 39.30 | 39.33 | 39.36 | 39.37 | 39.39 | 39.40 |
| 3 | 17.44 | 16.04 | 15.44 | 15.10 | 14.88 | 14.73 | 14.62 | 14.54 | 14.47 | 14.42 |
| 4 | 12.22 | 10.65 | 9.98 | 9.60 | 9.36 | 9.20 | 9.07 | 8.98 | 8.90 | 8.84 |
| 5 | 10.01 | 8.43 | 7.76 | 7.39 | 7.15 | 6.98 | 6.85 | 6.76 | 6.68 | 6.62 |

续表

| $n_2$ \ $n_1$ | 1 | 2 | 3 | 4 | 5 | 6 | 7 | 8 | 9 | 10 |
|---|---|---|---|---|---|---|---|---|---|---|
| 6 | 8.81 | 7.26 | 6.60 | 6.23 | 5.99 | 5.82 | 5.70 | 5.60 | 5.52 | 5.46 |
| 7 | 8.07 | 6.54 | 5.89 | 5.52 | 5.29 | 5.12 | 4.99 | 4.90 | 4.82 | 4.76 |
| 8 | 7.57 | 6.06 | 5.42 | 5.05 | 4.82 | 4.65 | 4.53 | 4.43 | 4.36 | 4.30 |
| 9 | 7.21 | 5.71 | 5.08 | 4.72 | 4.48 | 4.32 | 4.20 | 4.10 | 4.03 | 3.96 |
| 10 | 6.94 | 5.46 | 4.83 | 4.47 | 4.24 | 4.07 | 3.95 | 3.85 | 3.78 | 3.72 |
| 11 | 6.72 | 5.26 | 4.63 | 4.28 | 4.04 | 3.88 | 3.76 | 3.66 | 3.59 | 3.53 |
| 12 | 6.55 | 5.10 | 4.47 | 4.12 | 3.89 | 3.73 | 3.61 | 3.51 | 3.44 | 3.37 |
| 13 | 6.41 | 4.97 | 4.35 | 4.00 | 3.77 | 3.60 | 3.48 | 3.39 | 3.31 | 3.25 |
| 14 | 6.30 | 4.86 | 4.24 | 3.89 | 3.66 | 3.50 | 3.38 | 3.29 | 3.21 | 3.15 |
| 15 | 6.20 | 4.77 | 4.15 | 3.80 | 3.58 | 3.41 | 3.29 | 3.20 | 3.12 | 3.06 |
| 16 | 6.12 | 4.69 | 4.08 | 3.73 | 3.50 | 3.34 | 3.22 | 3.12 | 3.05 | 2.99 |
| 17 | 6.04 | 4.62 | 4.01 | 3.66 | 3.44 | 3.28 | 3.16 | 3.06 | 2.98 | 2.92 |
| 18 | 5.98 | 4.56 | 3.95 | 3.61 | 3.38 | 3.22 | 3.10 | 3.01 | 2.93 | 2.87 |
| 19 | 5.92 | 4.51 | 3.90 | 3.56 | 3.33 | 3.17 | 3.05 | 2.96 | 2.88 | 2.82 |
| 20 | 5.87 | 4.46 | 3.86 | 3.51 | 3.29 | 3.13 | 3.01 | 2.91 | 2.84 | 2.77 |
| 21 | 5.83 | 4.42 | 3.82 | 3.48 | 3.25 | 3.09 | 2.97 | 2.87 | 2.80 | 2.73 |
| 22 | 5.79 | 4.38 | 3.78 | 3.44 | 3.22 | 3.05 | 2.93 | 2.84 | 2.76 | 2.70 |
| 23 | 5.75 | 4.35 | 3.75 | 3.41 | 3.18 | 3.02 | 2.90 | 2.81 | 2.73 | 2.67 |
| 24 | 5.72 | 4.32 | 3.72 | 3.38 | 3.15 | 2.99 | 2.87 | 2.78 | 2.70 | 2.64 |
| 25 | 5.69 | 4.29 | 3.69 | 3.35 | 3.13 | 2.97 | 2.85 | 2.75 | 2.68 | 2.61 |
| 26 | 5.66 | 4.27 | 3.67 | 3.33 | 3.10 | 2.94 | 2.82 | 2.73 | 2.65 | 2.59 |
| 27 | 5.63 | 4.24 | 3.65 | 3.31 | 3.08 | 2.92 | 2.80 | 2.71 | 2.63 | 2.57 |
| 28 | 5.61 | 4.22 | 3.63 | 3.29 | 3.06 | 2.90 | 2.78 | 2.69 | 2.61 | 2.55 |
| 29 | 5.59 | 4.20 | 3.61 | 3.27 | 3.04 | 2.88 | 2.76 | 2.67 | 2.59 | 2.53 |
| 30 | 5.57 | 4.18 | 3.59 | 3.25 | 3.03 | 2.87 | 2.75 | 2.65 | 2.57 | 2.51 |
| 40 | 5.42 | 4.05 | 3.46 | 3.13 | 2.90 | 2.74 | 2.62 | 2.53 | 2.45 | 2.39 |
| 60 | 5.29 | 3.93 | 3.34 | 3.01 | 2.79 | 2.63 | 2.51 | 2.41 | 2.33 | 2.27 |
| 120 | 5.15 | 3.80 | 3.23 | 2.89 | 2.67 | 2.52 | 2.39 | 2.30 | 2.22 | 2.16 |
| ∞ | 5.02 | 3.69 | 3.12 | 2.79 | 2.57 | 2.41 | 2.29 | 2.19 | 2.11 | 2.05 |

| $n_2$ \ $n_1$ | 12 | 15 | 20 | 24 | 30 | 40 | 60 | 120 | ∞ |
|---|---|---|---|---|---|---|---|---|---|
| 1 | 977.0 | 985.0 | 993.0 | 997.0 | 1001 | 1006 | 1010 | 1014 | 1018 |
| 2 | 39.41 | 39.43 | 39.45 | 39.46 | 39.46 | 39.47 | 39.48 | 39.49 | 39.50 |
| 3 | 14.34 | 14.25 | 14.17 | 14.12 | 14.08 | 14.04 | 13.99 | 13.95 | 13.90 |

续表

| $n_2$ \ $n_1$ | 12 | 15 | 20 | 24 | 30 | 40 | 60 | 120 | ∞ |
|---|---|---|---|---|---|---|---|---|---|
| 4 | 8.75 | 8.66 | 8.56 | 8.51 | 8.46 | 8.41 | 8.36 | 8.31 | 8.26 |
| 5 | 6.52 | 6.43 | 6.33 | 6.28 | 6.23 | 6.18 | 6.12 | 6.07 | 6.02 |
| 6 | 5.37 | 5.27 | 5.17 | 5.12 | 5.07 | 5.01 | 4.96 | 4.90 | 4.85 |
| 7 | 4.67 | 4.57 | 4.47 | 4.42 | 4.36 | 4.31 | 4.25 | 4.20 | 4.14 |
| 8 | 4.20 | 4.10 | 4.00 | 3.95 | 3.89 | 3.84 | 3.78 | 3.73 | 3.67 |
| 9 | 3.87 | 3.77 | 3.67 | 3.61 | 3.56 | 3.51 | 3.45 | 3.39 | 3.33 |
| 10 | 3.62 | 3.52 | 3.42 | 3.37 | 3.31 | 3.26 | 3.20 | 3.14 | 3.08 |
| 11 | 3.43 | 3.33 | 3.23 | 3.17 | 3.12 | 3.06 | 3.00 | 2.94 | 2.88 |
| 12 | 3.28 | 3.18 | 3.07 | 3.02 | 2.96 | 2.91 | 2.85 | 2.79 | 2.72 |
| 13 | 3.15 | 3.05 | 2.95 | 2.89 | 2.84 | 2.78 | 2.72 | 2.66 | 2.60 |
| 14 | 3.05 | 2.95 | 2.84 | 2.79 | 2.73 | 2.67 | 2.61 | 2.55 | 2.49 |
| 15 | 2.96 | 2.86 | 2.76 | 2.70 | 2.64 | 2.59 | 2.52 | 2.46 | 2.40 |
| 16 | 2.89 | 2.79 | 2.68 | 2.63 | 2.57 | 2.51 | 2.45 | 2.38 | 2.32 |
| 17 | 2.82 | 2.72 | 2.62 | 2.56 | 2.50 | 2.44 | 2.38 | 2.32 | 2.25 |
| 18 | 2.77 | 2.67 | 2.56 | 2.50 | 2.44 | 2.38 | 2.32 | 2.26 | 2.19 |
| 19 | 2.72 | 2.62 | 2.51 | 2.45 | 2.39 | 2.33 | 2.27 | 2.20 | 2.13 |
| 20 | 2.68 | 2.57 | 2.46 | 2.41 | 2.35 | 2.29 | 2.22 | 2.16 | 2.09 |
| 21 | 2.64 | 2.53 | 2.42 | 2.37 | 2.31 | 2.25 | 2.18 | 2.11 | 2.04 |
| 22 | 2.60 | 2.50 | 2.39 | 2.33 | 2.27 | 2.21 | 2.14 | 2.08 | 2.00 |
| 23 | 2.57 | 2.47 | 2.36 | 2.30 | 2.24 | 2.18 | 2.11 | 2.04 | 1.97 |
| 24 | 2.54 | 2.44 | 2.33 | 2.27 | 2.21 | 2.15 | 2.08 | 2.01 | 1.94 |
| 25 | 2.51 | 2.41 | 2.30 | 2.24 | 2.18 | 2.12 | 2.05 | 1.98 | 1.91 |
| 26 | 2.49 | 2.39 | 2.28 | 2.22 | 2.16 | 2.09 | 2.03 | 1.95 | 1.88 |
| 27 | 2.47 | 2.36 | 2.25 | 2.19 | 2.13 | 2.07 | 2.00 | 1.93 | 1.85 |
| 28 | 2.45 | 2.34 | 2.23 | 2.17 | 2.11 | 2.05 | 1.98 | 1.91 | 1.83 |
| 29 | 2.43 | 2.32 | 2.21 | 2.15 | 2.09 | 2.03 | 1.96 | 1.89 | 1.81 |
| 30 | 2.41 | 2.31 | 2.20 | 2.14 | 2.07 | 2.01 | 1.94 | 1.87 | 1.79 |
| 40 | 2.29 | 2.18 | 2.07 | 2.01 | 1.94 | 1.88 | 1.80 | 1.72 | 1.64 |
| 60 | 2.17 | 2.06 | 1.94 | 1.88 | 1.82 | 1.74 | 1.67 | 1.58 | 1.48 |
| 120 | 2.05 | 1.94 | 1.82 | 1.76 | 1.69 | 1.61 | 1.53 | 1.43 | 1.31 |
| ∞ | 1.94 | 1.83 | 1.71 | 1.64 | 1.57 | 1.48 | 1.39 | 1.27 | 1.00 |

$\alpha=0.01$

| $n_2$ \ $n_1$ | 1 | 2 | 3 | 4 | 5 | 6 | 7 | 8 | 9 | 10 |
|---|---|---|---|---|---|---|---|---|---|---|
| 1 | 4052 | 4999.5 | 5403 | 5625 | 5764 | 5859 | 5928 | 5982 | 6022 | 6056 |
| 2 | 98.50 | 99.00 | 99.17 | 99.25 | 99.30 | 99.33 | 99.36 | 99.37 | 99.39 | 99.40 |
| 3 | 34.12 | 30.82 | 29.46 | 28.71 | 28.24 | 27.91 | 27.67 | 27.49 | 27.35 | 27.23 |
| 4 | 21.20 | 18.00 | 16.69 | 15.98 | 15.52 | 15.21 | 14.98 | 14.80 | 14.66 | 14.55 |
| 5 | 16.26 | 13.27 | 12.06 | 11.39 | 10.97 | 10.67 | 10.46 | 10.29 | 10.29 | 10.16 |
| 6 | 13.75 | 10.92 | 9.78 | 9.15 | 8.75 | 8.47 | 8.26 | 8.10 | 7.98 | 7.87 |
| 7 | 12.25 | 9.55 | 8.45 | 7.85 | 7.46 | 7.19 | 6.99 | 6.84 | 6.72 | 6.62 |
| 8 | 11.26 | 8.65 | 7.59 | 7.01 | 6.63 | 6.37 | 6.18 | 6.03 | 5.91 | 5.81 |
| 9 | 10.56 | 8.02 | 6.99 | 6.42 | 6.06 | 5.80 | 5.61 | 5.47 | 5.35 | 5.26 |
| 10 | 10.04 | 7.56 | 6.55 | 5.99 | 5.64 | 5.39 | 5.20 | 5.06 | 4.94 | 4.85 |
| 11 | 9.65 | 7.21 | 6.22 | 5.67 | 5.32 | 5.07 | 4.89 | 4.74 | 4.63 | 4.54 |
| 12 | 9.33 | 6.93 | 5.95 | 5.41 | 5.06 | 4.82 | 4.64 | 4.50 | 4.39 | 4.30 |
| 13 | 9.07 | 6.70 | 5.74 | 5.21 | 4.86 | 4.62 | 4.44 | 4.30 | 4.19 | 4.10 |
| 14 | 8.86 | 6.51 | 5.56 | 5.04 | 4.69 | 4.46 | 4.28 | 4.14 | 4.03 | 3.94 |
| 15 | 8.68 | 6.36 | 5.42 | 4.89 | 4.36 | 4.32 | 4.14 | 4.00 | 3.89 | 3.80 |
| 16 | 8.53 | 6.23 | 5.29 | 4.77 | 4.44 | 4.20 | 4.03 | 3.89 | 3.78 | 3.69 |
| 17 | 8.40 | 6.11 | 5.18 | 4.67 | 4.34 | 4.10 | 3.93 | 3.79 | 3.68 | 3.59 |
| 18 | 8.29 | 6.01 | 5.09 | 4.58 | 4.25 | 4.01 | 3.84 | 3.71 | 3.60 | 3.51 |
| 19 | 8.18 | 5.93 | 5.01 | 4.50 | 4.17 | 3.94 | 3.77 | 3.63 | 3.52 | 3.43 |
| 20 | 8.10 | 5.85 | 4.94 | 4.43 | 4.10 | 3.87 | 3.70 | 3.56 | 3.46 | 3.37 |
| 21 | 8.02 | 5.78 | 4.87 | 4.37 | 4.04 | 3.81 | 3.64 | 3.51 | 3.40 | 3.31 |
| 22 | 7.95 | 5.72 | 4.82 | 4.31 | 3.99 | 3.76 | 3.59 | 3.45 | 3.35 | 3.26 |
| 23 | 7.88 | 5.66 | 4.76 | 4.26 | 3.94 | 3.71 | 3.54 | 3.41 | 3.30 | 3.21 |
| 24 | 7.82 | 5.61 | 4.72 | 4.22 | 3.90 | 3.67 | 3.50 | 3.36 | 3.26 | 3.17 |
| 25 | 7.77 | 5.57 | 4.68 | 4.18 | 3.85 | 3.63 | 3.46 | 3.32 | 3.22 | 3.13 |
| 26 | 7.72 | 5.53 | 4.64 | 4.14 | 3.82 | 3.59 | 3.42 | 3.29 | 3.18 | 3.09 |
| 27 | 7.68 | 5.49 | 4.60 | 4.11 | 3.78 | 3.56 | 3.39 | 3.26 | 3.15 | 3.06 |
| 28 | 7.64 | 5.45 | 4.57 | 4.07 | 3.75 | 3.53 | 3.36 | 3.23 | 3.12 | 3.03 |
| 29 | 7.60 | 5.42 | 4.54 | 4.04 | 3.73 | 3.50 | 3.33 | 3.20 | 3.09 | 3.00 |
| 30 | 7.56 | 5.39 | 4.51 | 4.02 | 3.70 | 3.47 | 3.30 | 3.17 | 3.07 | 2.98 |
| 40 | 7.31 | 5.18 | 4.31 | 3.83 | 3.51 | 3.29 | 3.12 | 2.99 | 2.89 | 2.80 |
| 60 | 7.08 | 4.98 | 4.13 | 3.65 | 3.34 | 3.12 | 2.95 | 2.82 | 2.72 | 2.63 |
| 120 | 6.85 | 4.79 | 3.95 | 3.48 | 3.17 | 2.96 | 2.79 | 2.66 | 2.56 | 2.47 |
| $\infty$ | 6.63 | 4.61 | 3.78 | 3.32 | 3.02 | 2.80 | 2.64 | 2.51 | 2.41 | 2.32 |

续表

| $n_2$ \ $n_1$ | 12 | 15 | 20 | 24 | 30 | 40 | 60 | 120 | ∞ |
|---|---|---|---|---|---|---|---|---|---|
| 1 | 6106 | 6157 | 6209 | 6235 | 6261 | 6287 | 6313 | 6339 | 6366 |
| 2 | 99.42 | 99.43 | 99.45 | 99.46 | 99.47 | 99.47 | 99.48 | 99.49 | 99.50 |
| 3 | 27.05 | 26.87 | 26.69 | 26.60 | 26.50 | 26.41 | 26.32 | 26.22 | 26.13 |
| 4 | 14.37 | 14.20 | 14.02 | 13.93 | 13.84 | 13.75 | 13.65 | 13.56 | 13.46 |
| 5 | 9.89 | 9.72 | 9.55 | 9.47 | 9.38 | 9.29 | 9.20 | 9.11 | 9.02 |
| 6 | 7.72 | 7.56 | 7.40 | 7.31 | 7.23 | 7.14 | 7.06 | 6.97 | 6.88 |
| 7 | 6.47 | 6.31 | 6.16 | 6.07 | 5.99 | 5.91 | 5.82 | 5.74 | 5.65 |
| 8 | 5.67 | 5.52 | 5.36 | 5.28 | 5.20 | 5.12 | 5.03 | 4.95 | 4.46 |
| 9 | 5.11 | 4.96 | 4.81 | 4.73 | 4.65 | 4.57 | 4.48 | 4.40 | 4.31 |
| 10 | 4.71 | 4.56 | 4.41 | 4.33 | 4.25 | 4.17 | 4.08 | 4.00 | 3.91 |
| 11 | 4.40 | 4.25 | 4.10 | 4.02 | 3.94 | 3.86 | 3.78 | 3.69 | 3.60 |
| 12 | 4.16 | 4.01 | 3.86 | 3.78 | 3.70 | 3.62 | 3.54 | 3.45 | 3.36 |
| 13 | 3.96 | 3.82 | 3.66 | 3.59 | 3.51 | 3.43 | 3.34 | 3.25 | 3.17 |
| 14 | 3.80 | 3.66 | 3.51 | 3.43 | 3.35 | 3.27 | 3.18 | 3.09 | 3.00 |
| 15 | 3.67 | 3.52 | 3.37 | 3.29 | 3.21 | 3.13 | 3.05 | 2.96 | 2.87 |
| 16 | 3.55 | 3.41 | 3.26 | 3.18 | 3.10 | 3.02 | 2.93 | 2.84 | 2.75 |
| 17 | 3.46 | 3.31 | 3.16 | 3.08 | 3.00 | 2.92 | 2.83 | 2.75 | 2.65 |
| 18 | 3.37 | 3.23 | 3.08 | 3.00 | 2.92 | 2.84 | 2.75 | 2.66 | 2.57 |
| 19 | 3.30 | 3.15 | 3.00 | 2.92 | 2.84 | 2.76 | 2.67 | 2.58 | 2.59 |
| 20 | 3.23 | 3.09 | 2.94 | 2.86 | 2.78 | 2.69 | 2.61 | 2.52 | 2.42 |
| 21 | 3.17 | 3.03 | 2.88 | 2.80 | 2.72 | 2.64 | 2.55 | 2.46 | 2.36 |
| 22 | 3.12 | 2.98 | 2.83 | 2.75 | 2.67 | 2.58 | 2.50 | 2.40 | 2.31 |
| 23 | 3.07 | 2.93 | 2.78 | 2.70 | 2.62 | 2.54 | 2.45 | 2.35 | 2.26 |
| 24 | 3.03 | 2.89 | 2.74 | 2.66 | 2.58 | 2.49 | 2.40 | 2.31 | 2.21 |
| 25 | 2.99 | 2.85 | 2.70 | 2.62 | 2.54 | 2.45 | 2.36 | 2.27 | 2.17 |
| 26 | 2.96 | 2.81 | 2.66 | 2.58 | 2.50 | 2.42 | 2.33 | 2.23 | 2.13 |
| 27 | 2.93 | 2.78 | 2.63 | 2.55 | 2.47 | 2.38 | 2.29 | 2.20 | 2.10 |
| 28 | 2.90 | 2.75 | 2.60 | 2.52 | 2.44 | 2.35 | 2.26 | 2.17 | 2.06 |
| 29 | 2.87 | 2.73 | 2.57 | 2.49 | 2.41 | 2.33 | 2.23 | 2.14 | 2.03 |
| 30 | 2.84 | 2.70 | 2.55 | 2.47 | 2.39 | 2.30 | 2.21 | 2.11 | 2.01 |
| 40 | 2.66 | 2.52 | 2.37 | 2.29 | 2.20 | 2.11 | 2.02 | 1.92 | 1.80 |
| 60 | 2.50 | 2.35 | 2.20 | 2.12 | 2.03 | 1.94 | 1.84 | 1.73 | 1.60 |
| 120 | 2.34 | 2.19 | 2.03 | 1.95 | 1.86 | 1.76 | 1.66 | 1.53 | 1.38 |
| ∞ | 2.18 | 2.04 | 1.88 | 1.79 | 1.70 | 1.59 | 1.47 | 1.32 | 1.00 |

# 部分习题答案

## 习 题 1.1

**1.** (1) $\Omega=\{(男,男),(男,女),(女,男),(女,女)\}$,

$A=\{(男,女),(女,男),(女,女)\}$;

(2) $\Omega=\{0,1,2,\cdots,n,\cdots\}$, $A=\{0,1,2,3,4\}$;

(3) $\Omega=\{x\mid x\geqslant 0,\ x\in\mathbf{R}\}$, $A=\{x\mid 1\,000\leqslant x\leqslant 2\,000,\ x\in\mathbf{R}\}$.

**2.** (1) $A\cup B=\{1,2,3,5\}$; (2) $AB=\{1,3\}$; (3) $\overline{A}=\{2,4,6\}$;

(4) $\overline{B}=\{4,5,6\}$; (5) $\overline{A\cup B}=\{4,6\}$; (6) $\overline{AB}=\{2,4,5,6\}$;

(7) $\overline{A}\cup\overline{B}=\{2,4,5,6\}$; (8) $\overline{A}\,\overline{B}=\{4,6\}$.

**3.** (1) $AB\overline{C}$; (2) $(A\cup B)\overline{C}$; (3) $ABC\cup\overline{A}\,\overline{B}\,\overline{C}$;

(4) $\overline{A}\,\overline{B}\,\overline{C}\cup A\overline{B}\,\overline{C}\cup\overline{A}B\overline{C}\cup\overline{A}\,\overline{B}C$;

(5) $AB\overline{C}\cup A\overline{B}C\cup\overline{A}BC$;

(6) $AB\overline{C}\cup A\overline{B}C\cup\overline{A}BC\cup ABC$, 简记为 $AB+AC+BC$;

(7) $\overline{A}\,\overline{B}\,\overline{C}\cup A\overline{B}\,\overline{C}\cup\overline{A}B\overline{C}\cup\overline{A}\,\overline{B}C\cup AB\overline{C}\cup A\overline{B}C\cup\overline{A}BC$, 简记为$\overline{ABC}$.

**6.** (1) $A\cup(B-A)\cup(C-A-B)$;

(2) $(B-A-C)\cup(AB-ABC)\cup(BC-ABC)$;

(3) $C\cup(AB-ABC)$.

## 习 题 1.2

**1.** (1) $\frac{3}{7}$; (2) $\frac{4}{7}$.

**2.** (1) $\frac{5}{42}$; (2) $\frac{1}{28}$.

**3.** (1) $\frac{15}{28}$; (2) $\frac{5}{14}$; (3) $\frac{3}{28}$; (4) $\frac{13}{28}$.

**4.** (1) $\frac{1}{6}$; (2) $\frac{1}{2}$; (3) $\frac{1}{3}$; (4) $\frac{1}{5}$.

**5.** $\frac{5}{6}$. **6.** $1-\frac{A_{365}^{n}}{365^{n}}$.

**7.** (1) $\dfrac{C_{13}^{1}C_{4}^{2}C_{12}^{3}C_{4}^{1}C_{4}^{1}C_{4}^{1}}{C_{52}^{5}}\approx 0.423$;  (2) $\dfrac{C_{13}^{2}C_{4}^{2}C_{4}^{2}C_{11}^{1}C_{4}^{1}}{C_{52}^{5}}\approx 0.047\,5$;

(3) $\dfrac{C_{9}^{1}C_{4}^{1}}{C_{52}^{5}}\approx 0.000\,014$.

**8.** (1) $\dfrac{A_{a}^{1}A_{a+b-1}^{k-1}}{A_{a+b}^{k}}=\dfrac{a}{a+b}$;  (2) $\dfrac{A_{a}^{1}A_{b}^{k-1}}{A_{a+b}^{k}}$.

**9.** $\dfrac{2}{5}$.  **10.** $\dfrac{5}{9}$.  **11.** 0.2, 0.4, 0.9, 0.3, 0.1, 0.1, 0.7, 0.5.

**12.** 0.2.  **13.** 0.7.  **14.** 0.7.

**15.** (1) $\dfrac{5}{8}$;  (2) $\dfrac{3}{8}$.

## 习 题 1.3

**1.** 0.4.  **2.** $\dfrac{1}{3}$.  **3.** 0.25.  **4.** 0.7, 0.25.  **5.** $\dfrac{19}{58}$.

**6.** 0.988, 0.829.  **7.** $\dfrac{b}{a+b}\cdot\dfrac{b+c}{a+b+c}\cdot\dfrac{a}{a+b+2c}$.  **8.** 0.61.

**9.** $\dfrac{20}{21}$.  **10.** 0.0034.  **11.** 乘火车.

## 习 题 1.4

**2.** $\dfrac{1}{2}$, $\dfrac{1}{2}$.  **3.** 0.6.  **4.** $\dfrac{1}{4}$.

**5.** (1) 0.56;  (2) 0.24; (3) 0.94.

**6.** 0.95, 0.05.

**7.** (1) 0.153 6;  (2) 0.998 4.

**8.** (1) 0.590 49;  (2) 0.918 54.

**9.** 4.

## 总 习 题 一

一、填空题

**1.** $\dfrac{3}{5}$.  **2.** $\dfrac{2}{5}$.  **3.** 0.3, 0.5.  **4.** 0.6.  **5.** $\dfrac{1}{6}$.  **6.** 0.5.

**7.** 0.58.  **8.** 0.75.  **9.** $\dfrac{3}{7}$.  **10.** $1-(1-p)^{n}$; $(1-p)^{n}+np\,(1-p)^{n-1}$.

**11.** $\dfrac{1}{3}$.

二、选择题

**1.** C.  **2.** A.  **3.** D.  **4.** A.  **5.** B.  **6.** C.  **7.** A.  **8.** D.

**9.** C.  **10.** D.  **11.** C.  **12.** D.

三、计算题

**1.** $\frac{5}{6}$.

**2.** (1) $\frac{n!}{N^n}$; (2) $\frac{1}{C_N^n}$.

**3.** 0.8, 0.7, 0.2, 0.3, 0.1, 0.

**4.** (1) $\frac{1}{2}, \frac{1}{5}$; (2) $\frac{3}{10}$, 0; (3) $\frac{2}{5}, \frac{1}{10}$.

**5.** (1) $B \subset A$, 0.6; (2) $\overline{A} \subset B$, 0.3.

**6.** (1) $\frac{5}{8}$; (3) $\frac{3}{8}$.

**7.** (1) 0.027; (2) 0.296.

**8.** 0.004 5, 0.000 125. **9.** 0.923.

**10.** $\dfrac{\left(\frac{5}{6}\right)^{n-1}\left(\frac{1}{6}\right)}{1-\left(\frac{5}{6}\right)^{m+n}}$. **11.** 0.595. **12.** $\frac{29}{90}, \frac{20}{61}$.

## 习 题 2.1

**1.** C. 2. $\ln 2$, 1, $\ln\frac{5}{4}$. **3.** $a=\frac{1}{2}, b=\frac{1}{\pi}, \frac{1}{2}$.

## 习 题 2.2

**1.** 不是.

**2.** $F(x)=\begin{cases}0, & x<-1,\\ \frac{1}{8}, & -1\leqslant x<0,\\ \frac{1}{4}, & 0\leqslant x<1,\\ \frac{1}{2}, & 1\leqslant x<2,\\ 1, & 2\leqslant x,\end{cases}$ $\frac{1}{4}$, 0, $\frac{1}{4}$.

**3.**

| $X$ | 3 | 4 | 5 |
|---|---|---|---|
| $P$ | 0.1 | 0.3 | 0.6 |

**4.** (1)

| $X$ | 0 | 1 | 2 | 3 | 4 |
|---|---|---|---|---|---|
| $P$ | 0.202 6 | 0.450 8 | 0.281 7 | 0.057 8 | 0.003 1 |

(2)

| $X$ | 0 | 1 | 2 | 3 | 4 | 5 | 6 |
|---|---|---|---|---|---|---|---|
| $P$ | 0.262 1 | 0.393 2 | 0.245 8 | 0.081 9 | 0.015 4 | 0.001 5 | 0.000 1 |

**5.** $\frac{15}{64}$.　　**6.** $\frac{2}{3}e^{-2}$.

**7.** (1) 0.029 771;　(2) 0.002 84.

**8.** (1) 0.8153;　(2) 6.

## 习 题 2.3

**1.** $\frac{1}{\pi}, \frac{2}{3}$.　　**2.** $F(x)=\begin{cases}0, & x<0,\\ \frac{1}{2}x^2, & 0\leqslant x<1,\\ -\frac{1}{2}x^2+2x-1, & 1\leqslant x<2,\\ 1, & x\geqslant 2.\end{cases}$

**3.** (1) $A=\frac{1}{2}$;　(2) $F(x)=\begin{cases}\frac{1}{2}e^x, & x<0,\\ 1-\frac{1}{2}e^{-x}, & x\geqslant 0;\end{cases}$

(3) $P\{0<X<1\}=\frac{1}{2}(1-e^{-1})$.

**4.** (1) $\lambda=1$;　(2) $f(x)=\begin{cases}xe^{-x}, & x>0,\\ 0, & x\leqslant 0;\end{cases}$

(3) $P\{X\leqslant 1\}=1-2e^{-1}$, $P\{X>2\}=3e^{-2}$.

**5.** $\frac{4}{5}$.　　**6.** $1-e^{-\frac{1}{2}}$.

**7.** $P\{Y=k\}=C_5^k(e^{-2})^k(1-e^{-2})^{5-k}$, $k=0,1,2,3,4,5$; $P\{Y\geqslant 1\}=1-(1-e^{-2})^5$.

**8.** $x>1.65$.

**9.** $P\{2<X\leqslant 5\}=0.5328$, $P\{-4<X\leqslant 10\}=0.9996$,

$P\{|X|>2\}=0.6977$, $P\{X>3\}=0.5$, $c=3$.

**10.** $d<3.3$.

**11.** (1) 0.158 7;　(2) 0.819 0.

**12.** (1) 0.831 4;　(2) 0.573;　(3) 0.995.

## 习 题 2.4

**1.** (1)

| $Y$ | 0 | 1.5 | 2 | 4 | 6 |
|---|---|---|---|---|---|
| $P$ | $\frac{1}{8}$ | $\frac{1}{4}$ | $\frac{1}{8}$ | $\frac{1}{6}$ | $\frac{1}{3}$ |

(2)

| $Z$ | 0 | 0.25 | 4 | 16 |
|---|---|---|---|---|
| $P$ | $\frac{1}{8}$ | $\frac{1}{4}$ | $\frac{7}{24}$ | $\frac{1}{3}$ |

**2.** $f_Y(y)=\begin{cases}0, & y\leqslant 0,\\ \dfrac{1}{\sqrt{2\pi y}}\mathrm{e}^{-\frac{y}{2}}, & y>0.\end{cases}$

**3.** $f_Y(y)=\begin{cases}\dfrac{3}{4}(y-1)(3-y), & 1<y<3,\\ 0, & \text{其他}.\end{cases}$

**4.** $f_Y(y)=\begin{cases}\mathrm{e}^{-y}, & y>0,\\ 0, & y\leqslant 0.\end{cases}$ **5.** $f_Y(y)=\begin{cases}1, & 0\leqslant y\leqslant 1,\\ 0, & \text{其他}.\end{cases}$

**6.** $f_Y(y)=\begin{cases}\dfrac{\lambda}{y^{\lambda+1}}, & y>1,\\ 0, & y\leqslant 1.\end{cases}$

## 总习题二

一、填空题

**1.** 2. **2.** $\dfrac{8}{27}$. **3.** $F(x)=\begin{cases}\dfrac{1}{2}\mathrm{e}^{x}, & x<0,\\ 1-\dfrac{1}{2}\mathrm{e}^{-x}, & x\geqslant 0.\end{cases}$ **4.** 4.

**5.** 1; $\dfrac{1}{2}$. **6.** $\dfrac{9}{64}$. **7.** [1,3]. **8.** 0.987 6. **9.** 0.2. **10.** 6.5.

**11.** $f_Y(y)=\dfrac{1}{2\sqrt{2\pi}}\mathrm{e}^{-\frac{(y-1)^2}{8}}$. **12.** $f_Y(y)=\begin{cases}\dfrac{1}{4}y^{-\frac{1}{2}} & 0<y<4,\\ 0, & \text{其他}.\end{cases}$

二、选择题

**1.** C. **2.** A. **3.** B. **4.** A. **5.** B.
**6.** C. **7.** B. **8.** C. **9.** A. **10.** D.

三、计算题

**1.** $F(x)=\begin{cases}0, & x<1,\\ 0.2, & 1\leqslant x<2,\\ 0.5, & 2\leqslant x<3,\\ 1, & 3\leqslant x.\end{cases}$

**2.** $F(x)=\begin{cases}0, & x<-1,\\ \dfrac{5}{16}(x+1)+\dfrac{1}{18}, & -1\leqslant x<1,\\ 1, & x\geqslant 1.\end{cases}$ **3.** $\dfrac{20}{27}$.

**4.** $1-\mathrm{e}^{-1}$. **5.** 0.682. **6.** 0.064; 0.009. **7.** 0.96; 0.87.

**8.** $F(t)=\begin{cases}1-\mathrm{e}^{-\lambda t}, & t>0,\\ 0, & t\leqslant 0;\end{cases}$ $Q=\mathrm{e}^{-8\lambda}$.

**9.** $P\{Y=k\}=C_n^k\cdot 0.01^k\cdot 0.99^{n-k}(k=0,1,\cdots,n)$. **10.** $\dfrac{3(1-y^2)}{\pi[1+(1-y)^6]}$.

**11.** $f_Y(y)=\begin{cases}\dfrac{1}{y^2}, & y\geqslant 1,\\ 0, & \text{其他}.\end{cases}$ **12.** $F_Y(y)=\begin{cases}0, & y<0,\\ y, & 0\leqslant y\leqslant 1,\\ 1, & y>1.\end{cases}$

## 习 题 3.1

**1.** 0.25，0.6，0.45，0.75.

**2.** 联合分布律为

| X \ Y | 1 | 2 | 3 | $p_{i\cdot}$ |
|---|---|---|---|---|
| 1 | 0 | $\frac{1}{6}$ | $\frac{1}{12}$ | $\frac{1}{4}$ |
| 2 | $\frac{1}{6}$ | $\frac{1}{6}$ | $\frac{1}{6}$ | $\frac{1}{2}$ |
| 3 | $\frac{1}{12}$ | $\frac{1}{6}$ | 0 | $\frac{1}{4}$ |
| $p_{\cdot j}$ | $\frac{1}{4}$ | $\frac{1}{2}$ | $\frac{1}{4}$ | |

边缘分布律为

| X | 1 | 2 | 3 |
|---|---|---|---|
| P | $\frac{1}{4}$ | $\frac{1}{2}$ | $\frac{1}{4}$ |

| Y | 1 | 2 | 3 |
|---|---|---|---|
| P | $\frac{1}{4}$ | $\frac{1}{2}$ | $\frac{1}{4}$ |

**3.** (1) 联合分布律为

| X \ Y | 0 | 1 | $p_{i\cdot}$ |
|---|---|---|---|
| 0 | $\frac{16}{25}$ | $\frac{4}{25}$ | $\frac{4}{5}$ |
| 1 | $\frac{4}{25}$ | $\frac{1}{25}$ | $\frac{1}{5}$ |
| $p_{\cdot j}$ | $\frac{4}{5}$ | $\frac{1}{5}$ | |

边缘分布律为

| X | 0 | 1 |
|---|---|---|
| P | $\frac{4}{5}$ | $\frac{1}{5}$ |

| Y | 0 | 1 |
|---|---|---|
| P | $\frac{4}{5}$ | $\frac{1}{5}$ |

(2) 联合分布律为

| X \ Y | 0 | 1 | $p_{i\cdot}$ |
|---|---|---|---|
| 0 | $\frac{28}{45}$ | $\frac{8}{45}$ | $\frac{4}{5}$ |
| 1 | $\frac{8}{45}$ | $\frac{1}{45}$ | $\frac{1}{5}$ |
| $p_{\cdot j}$ | $\frac{4}{5}$ | $\frac{1}{5}$ | |

边缘分布律为

| $X$ | 0 | 1 |
|---|---|---|
| $P$ | $\frac{4}{5}$ | $\frac{1}{5}$ |

| $Y$ | 0 | 1 |
|---|---|---|
| $P$ | $\frac{4}{5}$ | $\frac{1}{5}$ |

**4.** (1) $A=2$；　(2) $F(x,y)=\begin{cases}(1-e^{-x})(1-e^{-2y}), & x>0,\ y>0,\\ 0, & \text{其他};\end{cases}$

(3) $P\{0\leqslant X\leqslant 1, 0\leqslant Y\leqslant 2\}=(1-e^{-1})(1-e^{-4})$；

(4) $f_X(x)=\begin{cases}e^{-x}, & x>0,\\ 0, & x\leqslant 0,\end{cases}$ $f_Y(y)=\begin{cases}2e^{-2y}, & y>0,\\ 0, & y\leqslant 0.\end{cases}$

**5.** $\frac{3}{4}$.

**6.** $f_X(x)=\begin{cases}8x+4, & -\frac{1}{2}\leqslant x\leqslant 0,\\ 0, & \text{其他},\end{cases}$ $f_Y(y)=\begin{cases}2-2y, & 0\leqslant y\leqslant 1,\\ 0, & \text{其他}.\end{cases}$

**7.** $f_X(x)=\begin{cases}\dfrac{2\sqrt{R^2-x^2}}{\pi R^2}, & -R\leqslant x\leqslant R,\\ 0, & \text{其他},\end{cases}$

$f_Y(y)=\begin{cases}\dfrac{2\sqrt{R^2-y^2}}{\pi R^2}, & -R\leqslant y\leqslant R,\\ 0, & \text{其他}.\end{cases}$

**8.** $f_X(x)=\begin{cases}\frac{3}{2}-x, & 0\leqslant x\leqslant 1,\\ 0, & \text{其他},\end{cases}$ $f_Y((y)=\begin{cases}\frac{3}{2}-y, & 0\leqslant y\leqslant 1,\\ 0, & \text{其他}.\end{cases}$

**9.** (1) $f_X(x)=\begin{cases}4x(1-x^2), & 0\leqslant x\leqslant 1,\\ 0, & \text{其他},\end{cases}$ $f_Y(y)=\begin{cases}4y^3, & 0\leqslant y\leqslant 1,\\ 0, & \text{其他};\end{cases}$

(2) $\frac{7}{16}$.

## 习 题 3.2

**1.**

| $j$ | 1 | 2 | 3 |
|---|---|---|---|
| $P\{Y=j\mid X=1\}$ | $\frac{1}{13}$ | $\frac{3}{13}$ | $\frac{9}{13}$ |
| $P\{Y=j\mid X=2\}$ | $\frac{4}{24}$ | $\frac{7}{24}$ | $\frac{13}{24}$ |
| $P\{Y=j\mid X=3\}$ | $\frac{3}{29}$ | $\frac{9}{29}$ | $\frac{17}{29}$ |
| $P\{Y=j\mid X=4\}$ | $\frac{2}{34}$ | $\frac{1}{34}$ | $\frac{31}{34}$ |

| $i$ | 1 | 2 | 3 | 4 |
|---|---|---|---|---|
| $P\{X=i\mid Y=1\}$ | $\frac{1}{10}$ | $\frac{4}{10}$ | $\frac{3}{10}$ | $\frac{2}{10}$ |
| $P\{X=i\mid Y=2\}$ | $\frac{3}{20}$ | $\frac{7}{20}$ | $\frac{9}{20}$ | $\frac{1}{20}$ |
| $P\{X=i\mid Y=3\}$ | $\frac{9}{70}$ | $\frac{13}{70}$ | $\frac{17}{70}$ | $\frac{31}{70}$ |

**2.** 当 $0<y<1$ 时，有

$$f_{X\mid Y}(x\mid y)=\frac{f(x,y)}{f_Y(y)}=\begin{cases}\dfrac{2(1-x-y)}{(1-y)^2}, & 0<x<1-y,\\ 0, & \text{其他};\end{cases}$$

当 $0<x<1$ 时，有

$$f_{Y\mid X}(y\mid x)=\frac{f(x,y)}{f_X(x)}=\begin{cases}\dfrac{6y(1-x-y)}{(1-x)^3}, & 0<y<1-x,\\ 0, & \text{其他}.\end{cases}$$

**3.** $\frac{47}{64}$.

## 习 题 3.3

**1.** $a=\frac{2}{9}$, $b=\frac{1}{9}$.

**2.** $(X,Y)$ 的联合分布律为

| $X\backslash Y$ | $-1$ | 1 | 2 |
|---|---|---|---|
| 0 | 0.06 | 0.06 | 0.18 |
| 1 | 0.14 | 0.14 | 0.42 |

所求概率为 $P\{X\leqslant Y\}=0.8$.

**3.** $X$ 与 $Y$ 相互独立.

**4.** $f(x,y)=\begin{cases}25\mathrm{e}^{-5y}, & 0\leqslant x\leqslant 0.2,\ y>0,\\ 0, & \text{其他},\end{cases}$ 所求概率为 $P\{X\geqslant Y\}=\mathrm{e}^{-1}$.

**5.** $X$ 与 $Y$ 相互独立.　　6. $k=24$, $X$ 与 $Y$ 不相互独立.

## 习 题 3.4

**1.** $Z_1,Z_2,Z_3,Z_4$ 的分布律分别为

| $Z_1=X+Y$ | 2 | 3 | 4 | 5 |
|---|---|---|---|---|
| $P$ | $\frac{1}{4}$ | $\frac{3}{8}$ | $\frac{1}{4}$ | $\frac{1}{8}$ |

| $Z_2=XY$ | 1 | 2 | 3 | 6 |
|---|---|---|---|---|
| $P$ | $\frac{1}{4}$ | $\frac{3}{8}$ | $\frac{1}{4}$ | $\frac{1}{8}$ |

| $Z_3=\max\{X,Y\}$ | 1 | 2 | 3 |
|---|---|---|---|
| $P$ | $\frac{1}{4}$ | $\frac{3}{8}$ | $\frac{3}{8}$ |

| $Z_4=\min\{X,Y\}$ | 1 | 2 |
|---|---|---|
| $P$ | $\frac{5}{8}$ | $\frac{1}{8}$ |

**2.** $P\{Z=k\}=C_2^k\left(\frac{1}{4}\right)^k\left(\frac{1}{4}\right)^{2-k}$, $k=0,1,2$.

**3.** $f_Z(z)=\begin{cases}z, & 0\leqslant z<1,\\ 2-z, & 1\leqslant z<2,\\ 0 & \text{其他}.\end{cases}$

**4.** (1) $f_U(u)=\begin{cases}2\mathrm{e}^{-u}-2\mathrm{e}^{-2u}, & u>0,\\ 0, & u\leqslant 0;\end{cases}$

(2) $f_V(v)=\begin{cases}2\mathrm{e}^{-2v}, & v>0,\\ 0, & v\leqslant 0.\end{cases}$

## 总习题三

一、填空题

**1.** $\frac{1}{6}$. **2.** $\frac{1}{9}$.

**3.**

| $Z_1$ | $-1$ | 1 |
|---|---|---|
| $P$ | $\frac{1}{16}$ | $\frac{15}{16}$ |

| $Z_2$ | $-1$ | 1 |
|---|---|---|
| $P$ | $\frac{15}{16}$ | $\frac{1}{16}$ |

**4.** $\frac{1}{4}$. **5.** $\frac{1}{4}$. **6.** $a=\frac{5}{3}$ 或 $a=\frac{7}{3}$. **7.** $a=0.4$, $b=0.1$.

二、选择题

**1.** D. **2.** B. **3.** B. **4.** A. **5.** A. **6.** B.

三、解答题

**1.** (1) $a=0.2$, $b=0.1$, $c=0.1$;

(2)

| $Z$ | $-2$ | $-1$ | 0 | 1 | 2 |
|---|---|---|---|---|---|
| $P$ | 0.2 | 0.1 | 0.3 | 0.3 | 0.1 |

(3) $P\{X=Z\}=0.2$.

2.

| X \ Y | 0 | 2 |
| --- | --- | --- |
| −1 | $\frac{1}{4}$ | 0 |
| 0 | 0 | $\frac{1}{2}$ |
| 1 | $\frac{1}{4}$ | 0 |

3. (1) $f_Y(y)=F'_Y(y)=\begin{cases}\dfrac{3}{8\sqrt{y}}, & 0<y<1,\\ \dfrac{1}{8\sqrt{y}}, & 1\leqslant y<4,\\ 0, & 其他;\end{cases}$ (2) $F\left(-\frac{1}{2},4\right)=\frac{1}{4}$.

4. $f_U(u)=0.3f_Y(u-1)+0.7f_Y(u-2)$.

5. (1) $f_X(x)=\begin{cases}\int_0^{2x}1\,\mathrm{d}y=2x, & 0<x<1,\\ 0, & 其他,\end{cases}$

$f_Y(y)=\begin{cases}\int_{\frac{y}{2}}^{1}1\,\mathrm{d}x=1-\dfrac{y}{2}, & 0<y<2,\\ 0, & 其他;\end{cases}$

(2) $f_Z(z)=\begin{cases}1-\dfrac{z}{2}, & 0\leqslant z<2,\\ 0, & 其他;\end{cases}$ (3) $P\left\{Y\leqslant\frac{1}{2}\,\middle|\,X\leqslant\frac{1}{2}\right\}=\frac{3}{4}$.

6. (1) $f(x,y)=\begin{cases}\dfrac{1}{x}, & 0<y<x<1,\\ 0, & 其他;\end{cases}$ (2) $f_Y(y)=\begin{cases}-\ln y, & 0<y<1,\\ 0, & 其他;\end{cases}$

(3) $1-\ln 2$.

7. (1) 不相互独立； (2) $1-2\mathrm{e}^{-\frac{1}{2}}+\mathrm{e}^{-1}$.

8. $f_Z(z)=\begin{cases}z^2, & 0\leqslant z<1,\\ 2z-z^2, & 1\leqslant z<2,\\ 0, & 其他.\end{cases}$

## 习 题 4.1

1. 0, 2, 3. 2. 0.32. 3. 4.5. 4. 0. 5. $c=3$, $\alpha=2$.

6. 2, $\frac{1}{3}$. 7. 2, $\frac{1}{3}$, $\frac{1}{6}$. 8. 0.4, 2.3, 0.9.

9. $\frac{1}{2}$, 1, $\frac{3}{2}$, $\frac{1}{2}$. 10. 21. 11. 3 500.

## 习 题 4.2

1. 2. 2. 2, 2. 3. 0.45. 4. 2. 5. 3, 192.

**6.** 0.24, 0.71.  **7.** $\frac{1}{12}$, 1.

## 习 题 4.3

**1.** 4, 18, 6, 1.  **2.** 7.4, 25.6.  **3.** 44.

**4.** $-0.02$, $-0.0484$.  **5.** 0, 0.  **6.** $-\frac{1}{2}$.

**7.** (1) $\rho=\frac{1}{2}$;  (2) $D(r_P)=13x^2-6x+9$;  (3) $x=\frac{3}{13}$, $0\leqslant x\leqslant\frac{6}{13}$.

## 总 习 题 四

一、填空题

**1.** 1, $\frac{1}{2}$.  **2.** 4.  **3.** $\frac{4}{3}$.  **4.** 10.4.  **5.** $\sqrt{\frac{2}{\pi}}$.

**6.** $\frac{1}{e}$.  **7.** $\frac{8}{9}$.  **8.** $-0.02$.  **9.** 6.  **10.** $\frac{2}{3}$.

二、选择题

**1.** C.  **2.** B.  **3.** B.  **4.** A.  **5.** C.

**6.** B.  **7.** D.  **8.** B.  **9.** A.  **10.** A.

三、解答题

**1.** (1) $E(Z)=\frac{1}{3}, D(Z)=3$;  (2) $\rho_{XZ}=0$.

**2.** 14 167.  **3.** $\mu=11-\frac{1}{2}\ln\frac{25}{21}$.  **4.** 5.2.

**5.** (1) $f_1(x)=\frac{1}{\sqrt{2\pi}}e^{-\frac{x^2}{2}}$, $f_2(y)=\frac{1}{\sqrt{2\pi}}e^{-\frac{y^2}{2}}$, $\rho_{XY}=0$;  (2) 不独立.

**6.** (1)

| X \ Y | $-1$ | 1 |
|---|---|---|
| $-1$ | $\frac{1}{4}$ | 0 |
| 1 | $\frac{1}{2}$ | $\frac{1}{4}$ |

(2) 2.

**7.** (1)

| X \ Y | 0 | 1 |
|---|---|---|
| 0 | $\frac{2}{3}$ | $\frac{1}{12}$ |
| 1 | $\frac{1}{6}$ | $\frac{1}{12}$ |

(2) $\frac{\sqrt{15}}{15}$;

(3)

| $Z$ | 0 | 1 | 2 |
|---|---|---|---|
| $P$ | $\frac{2}{3}$ | $\frac{1}{4}$ | $\frac{1}{12}$ |

**8.** (1) $1-\frac{1}{n}$;　(2) $-\frac{1}{n}$;　(3) $\frac{1}{2}$.

## 习 题 5.1

**1.** $\frac{2}{45}$.　**2.** $P\{|X-Y|\geqslant 6\}\leqslant\frac{D(X-Y)}{6^2}=\frac{3}{36}=\frac{1}{12}$.

**3.** $p>\frac{39}{40}$.　**4.** $n\geqslant 18\,750$.　**6.** 是.　7. $\overline{x}_n\xrightarrow{P}\frac{a+b}{2}$.

**8.** 当 $n$ 很大时, $\lambda\approx\overline{x}=\frac{1}{n}\sum_{i=1}^{n}x_i$.　**9.** 可以.

## 习 题 5.2

**1.** 0.022 8.　**2.** 0.863 4, 0.136 6.　**3.** 69.

**4.** $\Phi(2.5)=0.993\,8$.　**5.** $2\Phi(4.36)-1=0.999$.

**6.** (1) $1-\Phi(1.147)=0.125\,7$;　(2) $\Phi(2.5)=0.993\,8$.

**7.** $\Phi(1.33)-\Phi(-1.33)=0.816\,4$.

**8.** $X\sim B(100,0.2)$, $X$ 的分布律为

$$P\{X=k\}=C_{100}^{k}\cdot 0.2^{k}\cdot 0.8^{100-k},\quad k=0,1,2,\cdots,100.$$

**9.** 643.

## 总 习 题 五

一、填空题

**1.** $\frac{2}{3}$.　**2.** $\frac{1}{4}$.　**3.** $\frac{1}{2}$.　**4.** 0.866 4.

二、选择题

**1.** B.　**2.** A.　**3.** D.　**4.** C.

三、计算题

**1.** $\forall\varepsilon>0$, $P\{|\overline{X}-\mu|\geqslant\varepsilon\}\leqslant\frac{\sigma^2}{n\varepsilon^2}$.

**2.** $\forall\varepsilon>0$, $P\{|\overline{X}-1|\geqslant\varepsilon\}\leqslant\frac{1^2}{n\varepsilon^2}$, $P\{|\overline{X}-\mu|<4\}\leqslant 1-\frac{1}{16n}$.

**3.** $\int_{\frac{a-np}{\sqrt{npq}}}^{\frac{b-np}{\sqrt{npq}}}\frac{1}{\sqrt{2\pi}}e^{-\frac{t^2}{2}}dt$.　**4.** 18 750.　**5.** 0.998.　**6.** 0.954 4.　**7.** 16.

**8.** (1) 0.629 4;　(2) 81.

**9.** 2 123.

## 习 题 6.1

**1.** 总体是该地区所有老人的血压,个体是该地区每个老人的血压, 样本是抽取的 20

名老人的血压，样本容量是 20.

**2.** 总体是该班级的所有学生，个体是该班级的每一个学生，样本是抽取的 10 名学生，样本容量是 10.

**4.** $p^{\sum\limits_{i=1}^{n} x_i} q^{nn_1-\sum\limits_{i=1}^{n} x_i} \prod\limits_{i=1}^{n} C_n^{x_i}$.

**5.** $f(x_1,x_2,\cdots,x_n)=\begin{cases}\lambda^n e^{\lambda\sum\limits_{i=1}^{n} x_i}, & x_1,x_2,\cdots,x_n \geqslant 0,\\ 0, & \text{其他}.\end{cases}$

**6.** $f(x_1,x_2,\cdots,x_n)=\begin{cases}\theta^{-n}, & 0<x_1,x_2,\cdots,x_n<\theta,\\ 0, & \text{其他}.\end{cases}$

## 习 题 6.2

**1.** 2.39, 0.000 822 2, 0.028 67.　　**2.** ((1),(3)).　　**3.** ((1),(3)).

## 习 题 6.3

**1.** $a=\frac{1}{20}$, $b=\frac{1}{100}$.　　**2.** $a=\frac{1}{4}$, $b=\frac{1}{8}$, $c=\frac{1}{12}$, $d=\frac{1}{16}$, $m=4$.

**3.** $X\sim\chi^2(10n)$.　　**4.** $F(n,1)$.　　**5.** $C_n^k p^k(1-p)^{n-k}$.

## 习 题 6.4

一、填空题

**1.** $\overline{X}\sim N\left(\mu,\frac{\sigma^2}{n}\right)$.

**2.** $Y=\sum\limits_{i=1}^{n} X_i\sim\chi^2(10n)$.

**3.** $E(\overline{X})=\frac{1}{2}(a+b)$, $D(\overline{X})=\frac{1}{12n}(b-a)^2$, $E(S^2)=\frac{1}{12}(b-a)^2$.

**4.** $a=\frac{1}{5}$, $b=\frac{1}{25}$, $X\sim\chi^2(2)$.

**5.** 自由度为 9 的 $t$ 分布.

**6.** $\chi^2(n-1)$, $\chi^2(n-1)$.

二、选择题

**1.** B.　　**2.** C.　　**3.** B.　　**4.** A.　　**5.** C.　　**6.** A.

三、计算题

**1.** 0.045 6.　　**2.** 0.991 6, 0.890 4, 96.　　**3.** 0.5.

**4.** (1) 0.99;　　(2) $\frac{2\sigma^4}{15}$.

**5.** $\frac{1}{3}$.　　**7.** 35.　　**8.** 0.9.　　**9.** 0.9.

## 总习题六

一、填空题

**1.** $p^{\sum_{i=1}^{n}x_i}(1-p)^{n-\sum_{i=1}^{n}x_i}$.　　**2.** $F(n_2,n_1)$.　　**3.** 20.

**4.** $\chi^2(n-1)$; $\chi^2(n)$; $(n-1)\sigma^2$; $2n\sigma^4$.　　**5.** 0.95.　　**6.** $n$.

二、选择题

**1.** A.　　**2.** B.　　**3.** A.　　**4.** A.

三、计算题

**1.** (1) 总体是所有工人生产的产品，样本为$(X_1,X_2,\cdots,X_5)$，样本值为 13.70，13.15，13.08，13.11，13.11，样本容量为 $n=5$；

(2) 13.23，0.069 5，0.055 7.

**2.** $P(x_1,x_2,\cdots,x_n)=\left(\frac{m}{N}\right)^{\sum_{i=1}^{n}x_i}\left(1-\frac{m}{N}\right)^{n-\sum_{i=1}^{n}x_i}$.

**3.** $f(x_1,x_2,\cdots,x_n)=\left(\frac{1}{\sqrt{2\pi}\sigma}\right)^n e^{-\frac{1}{2\sigma^2}\sum_{i=1}^{n}(x_i-\mu)^2}$.

**4.** (1),(3).　　**5.** $a=\frac{1}{3}$, $b=\frac{1}{2}$.　　**7.** 0.045 6.　　**8.** 25.　　**9.** 26.105.

**10.** (1) $p$, $\frac{pq}{n}$, $pq$;　　(2) $\frac{1}{\lambda}$, $\frac{1}{n\lambda^2}$, $\frac{1}{\lambda^2}$;　　(3) $\theta$, $\frac{\theta^2}{3n}$, $\frac{\theta^3}{3}$.

## 习题 7.1

**1.** 参数 $p$ 的矩估计值 $\hat{p}_1=\bar{x}$，极大似然估计值 $\hat{p}_2=\bar{x}$.

**2.** 参数 $p$ 的矩估计值 $\hat{p}_1=\frac{1}{\bar{x}}$，极大似然估计值 $\hat{p}_2=\frac{1}{\bar{x}}$.

**3.** 参数 $\theta$ 的矩估计值 $\hat{\theta}_1=\frac{\bar{x}}{\bar{x}-1}$，参数 $\theta$ 的极大似然估计值 $\hat{\theta}_2=\frac{n}{\sum_{i=1}^{n}\ln x_i}$.

**4.** 元件的平均寿命和寿命分布的标准差的矩估计分别为 1 143.75 和 96.056 2.

**5.** $\theta$ 的矩估计为 $\hat{\theta}=2\bar{x}=2.68$.

**6.** 该厂晶体管平均寿命的最大似然估计值 $\hat{\theta}=\frac{1}{\bar{x}}=533$.

**7.** $P\{X>10\}$ 的矩估计值与极大似然估计值

$$\hat{P}=1-\Phi\left\{\frac{10-\bar{x}}{\sqrt{\frac{1}{n}\sum_{i=1}^{n}x_i^2-\bar{x}^2}}\right\}=1-\Phi(-0.554\ 1)=\Phi(0.554\ 1)=0.71.$$

**8.** (1) $\lambda$ 的极大似然估计值 $\hat{\lambda}=2.5$；　　(2) $P\{X>2\}=0.456\ 2$.

**9.** $\lambda^2$ 的无偏估计为 $\hat{\lambda^2}=\bar{x}^2-\frac{1}{n}\bar{x}$.

**10.** (2) 对 $\mu$ 的无偏估计量更有效.

**12.** (2) $D(\overline{X})=\frac{\sigma^2}{n}$.

## 习 题 7.2

**1.** 轮胎平均寿命的区间估计为(31 216,32 784).

**2.** 该药品有效成分含量均值 $\mu$ 的置信度为 0.9 的置信区间为(25.69,26.02),置信度为 $\alpha=0.95$ 的置信区间为(25.64,26.06).

**3.** 总体均值的置信水平为 0.90 的置信区间为(2.207 5,2.222 5).

**4.** 该市新生婴儿平均体重 $\mu$ 的置信度为 0.95 的置信区间为(2.744 8,3.815 2).

**5.** 总体方差 $\sigma^2$ 的置信水平为 95% 的置信区间为(0.014 8,0.119 3).

**6.** 总体方差 $\sigma^2$ 的置信水平为 95% 置信区间为(5.238 6,22.995 8).

**7.** 总体方差 $\sigma^2$ 的置信水平为 95% 置信区间为(0.014 8,0.119 3).

**8.** $\mu_1-\mu_2$ 的置信水平为 95% 置信区间为(−0.899,0.019).

**9.** $\mu_1-\mu_2$ 的置信水平为 95% 置信区间为(−0.101,2.901).

**10.** $\mu_1-\mu_2$ 的置信水平为 95% 的置信区间为(3.42,8.58).

**11.** 方差比$\frac{\sigma_X^2}{\sigma_Y^2}$ 的置信水平为 95% 的置信区间为(0.34,3.95).

**12.** (1) 零件的直径的方差比$\frac{{\sigma_1}^2}{{\sigma_2}^2}$ 的置信水平为 90% 的置信区间为(0.257,2.819);

(2) 零件的直径的方差比$\frac{{\sigma_1}^2}{{\sigma_2}^2}$ 的置信水平为 90% 的置信区间为(0.227,2.966).

## 习 题 7.3

**1.** 参数 $\lambda$ 的置信系数为 95% 的置信区间为(14.81,15.59).

**2.** (1) 下岗工人中女性的比例的点估计 0.56;

(2) 该地区下岗工人中女性的比例 95% 的置信水平的置信区间为(0.40,0.72);

(3) 不能.

**3.** 这批产品中的次品率 $p$ 的置信水平为 90% 的置信区间为(0.044,0.125).

**4.** $\lambda$ 的置信水平为 95% 的置信区间为(3.56,4.49).

**5.** 参数 $\lambda$ 的置信水平为 95% 的置信区间为($4.02\times10^{-4}$,$5.98\times10^{-4}$).

## 总 习 题 七

**1.** 总体均值的矩估计 $\hat{\mu}=74.002$,方差的矩估计 $\hat{\sigma}^2=0.000\,006\,9$.

**2.** $\lambda$ 的矩估计值与极大似然估计值均为 $\hat{\lambda}_1=\hat{\lambda}_2=1$.

**3.** 总体均值、方差估计分别为 28.695,0.918 5.

**4.** 参数 $\theta$ 的矩估计值 $\hat{\theta}=\frac{\bar{x}}{1-\bar{x}}$，参数 $\theta$ 的极大似然估计值 $\hat{\theta}=-\frac{n}{\sum_{i=1}^{n}\ln x_i}$.

**8.** $\hat{\mu}_2$ 更有效.

**9.** (1) $\sum_{i=1}^{n}c_i=1$； (2) $c_1=c_2=\cdots=c_n=\frac{1}{n}$.

**11.** 大班幼儿身高均值 $\mu$ 的置信水平为 95% 的置信区间为(110.43,119.53).

**12.** 游客平均消费额的 95% 的置信区间为(112.007, 127.993).

**13.** 炮弹发射的速度 $\sigma^2$ 的置信度为 90% 的置信区间为(5.0185, 40.367).

## 习 题 8.1

一、单项选择题

**1.** C. 2. C. 3. A. 4. C. 5. C.

**6.** A. 7. A. 8. B. 9. B. 10. A.

## 习 题 8.2

**1.** A. 2. A. 3. C.

**4.** 可认为每包平均重量为 50 公斤.

**5.** 该机器工作正常.

**6.** 在显著性水平 $\alpha=0.01$ 下确定这批元件不合格.

**7.** 在显著性水平 $\alpha=0.05$ 下确定该日打包机工作正常.

**8.** 在显著性水平 $\alpha=0.05$ 下，新机床加工零件椭圆度与以前有显著差别.

**9.** 在显著性水平 $\alpha=0.05$ 下，该制造商的声称是可信的.

**10.** 在显著性水平 $\alpha=0.01$ 下，干部的平均年龄有明显的下降.

**11.** 在显著性水平 $\alpha=0.05$ 下，调查结果支持该调查人的看法.

**12.** 在显著性水平 $\alpha=0.05$ 下，这些数据还不能证实该会长的看法.

## 习 题 8.3

**1.** (1) 无明显差异；

(2) 甲种冶炼方法所生产产品杂质含量大于乙种方法.

**2.** 在显著性水平 $\alpha=0.05$ 下，认为两厂生产的灯泡寿命有显著差异.

**3.** $H_0$ 的拒绝域为 $W=\left\{\frac{\bar{x}-2\bar{y}}{\sqrt{\frac{{\sigma_1}^2}{n_1}+\frac{4{\sigma_2}^2}{n_2}}}<-z_\alpha\right\}$.

**4.** 在显著性水平 $\alpha=0.05$ 下，认为这一地区男女生的物理考试成绩不相上下.

**5.** 在显著性水平 $\alpha=0.05$ 下，可认为有否增施磷肥对玉米产量的改变有统计意义.

**6.** 在 $\alpha=0.01$ 下，认为两机床加工的产品尺寸有显著差异.

**7.** 在 $\alpha=0.01$ 下，认为两车床加工精度无差异.

**8.** 在 $\alpha=0.10$ 下，认为两厂生产的电阻值的方差不同.

**9.** 先在 $\mu_1,\mu_2$ 未知条件下接受原假设 $H_0$，因此在 $\alpha=0.05$ 下认为 ${\sigma_1}^2={\sigma_2}^2$. 其次，在 ${\sigma_1}^2={\sigma_2}^2$ 但其均值未知的条件下接受原假设 $H_0'$，因此在显著性水平 $\alpha=0.05$ 下可认为 $\mu_1=\mu_2$.

## 习 题 8.4

**1.** 在显著性水平 $\alpha=0.05$ 下，认为大转盘是均匀的.

**2.** 在显著性水平 $\alpha=0.05$ 下，认为箱中各种球的个数不相同.

**3.** 在显著性水平 $\alpha=0.05$ 下，认为样本来自泊松分布总体.

**4.** 在显著性水平 $\alpha=0.05$ 下，每分钟通过收费站的汽车辆数来不服从泊松分布.

**5.** 在显著性水平 $\alpha=0.05$ 下，每次抽查的 10 个产品中次品数是不服从二项分布.

**6.** 在 $\alpha=0.05$ 下，接受抗压强度的分布服从正态分布.

## 总 习 题 八

一、选择题

**1.** D.　　2. B.　　3. C.　　4. C.　　5. B.　　6. A.　　7. A.

二、填空题

**1.** $\mu=100$.

**2.** 1.176.

**3.** $$W_1=\left\{\frac{1}{{\sigma_0}^2}\sum_{i=1}^{n}(x_i-u)^2>\chi^2_{0.025}(n)\cup\frac{1}{{\sigma_0}^2}\sum_{i=1}^{n}(x_i-u)^2<\chi^2_{0.975}(n)\right\},$$

$$W_2=\left\{\frac{(n-1)s^2}{{\sigma_0}^2}>\chi^2_{0.025}(n-1)\cup\frac{(n-1)s^2}{{\sigma_0}^2}<\chi^2_{0.975}(n-1)\right\}.$$

**4.** $\alpha=P\{$接受 $H_1\mid H_0$ 成立$\}$，$\beta=P\{$接受 $H_0\mid H_1$ 成立$\}$.

三、计算题

**1.** 在显著性水平 $\alpha=0.01$ 与 $\alpha=0.05$ 下，都可以认为这批产品的平均重量是800克.

**2.** 在显著性水平 $\alpha=0.01$ 下，认为该彩电无故障时间有显著增加.

**3.** 在显著性水平 $\alpha=0.05$ 下，认为新生儿体重在这两年中有显著的变化.

**4.** 在显著性水平 $\alpha=0.01$ 下，不能认为这批产品的平均拉力强度低于 1 200 公斤.

**5.** 在 $\alpha=0.05$ 的显著性水平下，抽样没有表明报纸的订阅率显著下降.

**6.** (1) 无明显差异；

(2) 甲种冶炼方法所生产产品杂质含量大于乙种方法.